辽宁省“十二五”普通高等教育本科省级规划教材

电磁波工程基础

——电磁理论基础 微波技术

高建平　屈乐乐　杨天虹　编著

北京航空航天大学出版社

内容简介

本书旨在使电子信息工程和通信工程专业的本科生或从事相关专业的科技人员熟悉并掌握电磁波传播的有关理论、基本概念及其在工程实际中的应用。全书分上、下两篇。上篇为电磁理论基础，主要介绍矢量分析，电磁场的基本方程、定理及分析方法，正弦均匀平面电磁波的传播特性及反射、折射定律等内容；下篇为微波技术，主要介绍几种典型微波传输线的导波特性、长线理论、阻抗匹配理论及方法、微波谐振腔、微波网络理论及微波定向耦合器等内容。

各章之后均附有一定数量的具有启发性、针对性和工程性的习题。

本书既可以作为电子信息工程和通信工程专业本科生的教材，也可供相关专业的科技人员参考。

图书在版编目(CIP)数据

电磁波工程基础 ：电磁理论基础、微波技术 / 高建平，屈乐乐，杨天虹编著. -- 北京 ：北京航空航天大学出版社，2015.5

ISBN 978-7-5124-1747-2

Ⅰ. ①电… Ⅱ. ①高… ②屈… ③杨… Ⅲ. ①电磁理论②微波技术 Ⅳ. ①O441②TN015

中国版本图书馆 CIP 数据核字(2015)第 064398 号

电磁波工程基础——电磁理论基础 微波技术

高建平　屈乐乐　杨天虹　编著

责任编辑　张军香

*

北京航空航天大学出版社出版发行

北京市海淀区学院路 37 号(邮编 100191)　http://www.buaapress.com.cn

发行部电话:(010)82317024　传真:(010)82328026

读者信箱: goodtextbook@126.com　邮购电话:(010)82316936

北京市同江印刷有限公司印装　各地书店经销

*

开本:710×1 000　1/16　印张:18　字数:384 千字

2015 年 9 月第 1 版　2015 年 9 月第 1 次印刷　印数:3 000 册

ISBN 978-7-5124-1747-2　定价:39.00 元

前　言

作为辽宁省"十二五"普通高等教育本科省级规划教材，本书针对电子信息工程和通信工程专业的特点，结合作者多年教学和科研实践的体会，把电磁场理论和微波技术两部分内容合理整合，全面系统地论述了电磁波传播的有关理论、基本概念及其在工程实际中的应用。

全书分上、下两篇。上篇为电磁理论基础，主要介绍矢量分析，电磁场的基本方程、定理及分析方法，正弦均匀平面电磁波的传播特性及反射、折射定律等内容；下篇为微波技术，主要介绍几种典型微波传输线的导波特性、长线理论、阻抗匹配理论及方法、微波谐振腔、微波网络理论及微波定向耦合器等内容。

作者在对电磁对偶原理、电磁波的调制及不失真传播条件、分支阻抗调配器的理论(解析)设计(计算)、波导四螺钉阻抗调配器原理、变负载阶梯阻抗变换器的设计及矩形微波谐振腔的单模谐振条件等内容的论述中，皆有一些独自的见解。

为使全书的整体结构更为流畅，作者把某些必要(但显复杂)的理论推导列于书后的附录中。读者可自行选学这部分内容。

本书由高建平任主编，主笔第1、2、3、4章并统稿全书内容，屈乐乐任副主编，主笔第5、6、7、8章并统稿下篇内容；杨天虹主笔第9、10章。鉴于作者水平有限，书中若有不足之处，恳请各位同行和读者不吝指正。

作　者

2015年1月

目　录

上篇　电磁理论基础

第1章　矢量分析 …… 2

1.1　标量、矢量及场的概念 …… 2
1.2　矢量的运算规则 …… 3
1.3　正交坐标系 …… 4
1.4　矢量的运算方法 …… 8
1.5　空间微分元 …… 10
1.6　标量函数(场)的梯度 …… 13
1.7　矢量场的散度 …… 16
1.8　矢量场的旋度 …… 19
1.9　场论(初步) …… 22
习　题 …… 24

第2章　电磁场的基本理论 …… 27

2.1　电磁场的基本物理量 …… 27
2.2　麦克斯韦方程组 …… 29
2.3　坡印亭定理 …… 34
2.4　电磁场的边界条件 …… 36
2.5　正弦电磁场的复域研究方法 …… 41
2.6　时变电磁场的唯一性定理 …… 47
2.7　电磁对偶原理 …… 49
2.8　等效原理 …… 51
习　题 …… 52

第3章　正弦均匀平面电磁波在自由空间的传播 …… 55

3.1　波动方程 …… 55
3.2　理想介质中的正弦均匀平面电磁波 …… 57
3.3　导电媒质中的正弦均匀平面电磁波 …… 68
3.4　电磁波的调制、色散、相速与群速 …… 75

3.5 电磁波的极化特性 …… 80
习 题 …… 85

第4章 SUPW的反射和折射 …… 88

4.1 SUPW的反射、折射定律 …… 88
4.2 SUPW对平面边界的垂直入射 …… 90
4.3 SUPW对介质分界面的斜入射 …… 99
4.4 SUPW对理想导体表面的斜入射 …… 110
习 题 …… 115

下篇 微波技术

引 言 …… 120

第5章 微波传输线 …… 121

5.1 概 述 …… 121
5.2 微波传输线的基本方程(导波方程) …… 122
5.3 矩形波导 …… 126
5.4 同轴线 …… 137
习 题 …… 139

第6章 长线理论 …… 141

6.1 概 述 …… 141
6.2 传输线方程及其解 …… 142
6.3 均匀无耗长线的主要参数 …… 146
6.4 均匀无耗长线的工作状态 …… 151
6.5 圆 图 …… 162
习 题 …… 174

第7章 长线的阻抗匹配 …… 178

7.1 匹配的基本概念 …… 178
7.2 电抗(电纳)元件 …… 179
7.3 分支阻抗调配器 …… 182
7.4 阶梯阻抗变换器 …… 189
习 题 …… 200

第8章　微波谐振腔 …… 204

8.1　概　述 …… 204
8.2　微波谐振腔的品质因数 …… 205
8.3　微波谐振腔的激励与耦合 …… 207
8.4　同轴谐振腔 …… 209
8.5　矩形谐振腔 …… 214
习　题 …… 218

第9章　微波网络理论简介 …… 221

9.1　概　述 …… 221
9.2　二端口微波网络 …… 223
9.3　多端口微波网络 …… 235
习　题 …… 242

第10章　定向耦合器 …… 244

10.1　概　述 …… 244
10.2　波导匹配双T …… 248
10.3　双分支定向耦合器 …… 252
习　题 …… 261

附录A　散度计算式的推导 …… 263

附录B　旋度计算式的推导 …… 265

附录C　矢量恒等式 …… 267

附录D　无线电频段的划分 …… 268

附录E　复波数的推导 …… 271

附录F　国产矩形波导参数表 …… 273

附录G　分支阻抗调配器的计算机辅助设计 …… 275

参考文献 …… 278

上篇　电磁理论基础

第1章　矢量分析

本章仅限于在实数域内介绍矢量的定义、性质及有关运算。

1.1　标量、矢量及场的概念

一、标　量

数学上的标量就是只用数值即可表示的量(记为$A,T,a,t,\cdots$)。

一个标量可以是时间或空间坐标的函数。

物理中的标量(如:温度、电流、能量等)还需要带相应的量纲。

二、矢　量

1. 定　义

矢量是指既有大小又有方向且满足平行四边形法则的量,记为$\boldsymbol{A},\boldsymbol{B},\boldsymbol{a}$,$\boldsymbol{b}$等。

图1.1所示描述了矢量满足平行四边形法则的含义:$\boldsymbol{A}$与$\boldsymbol{B}$之和等于以$\boldsymbol{A}$与$\boldsymbol{B}$为邻边所做的平行四边形的(夹于$\boldsymbol{A}$与$\boldsymbol{B}$之间的)对角线。

$\boldsymbol{A}$矢量的大小(或长度)称为其模值,记为$|\boldsymbol{A}|$或A,是一个正实数。

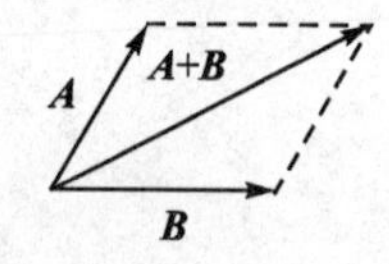

图1.1　平行四边形法则

2. 矢量相等

对矢量$\boldsymbol{A}$与$\boldsymbol{B}$,若有$|\boldsymbol{A}|=|\boldsymbol{B}|$且两矢量同方向,则称$\boldsymbol{A}$与$\boldsymbol{B}$相等,记为$\boldsymbol{A}=\boldsymbol{B}$。

3. 矢量的负值

矢量$\boldsymbol{A}$的负值(记为$-\boldsymbol{A}$)是一个矢量,其模值与$\boldsymbol{A}$相同但方向相反。

4. 单位矢量

若矢量$\boldsymbol{A}$的长度为1(即$|\boldsymbol{A}|=1$),则称其为单位矢量,记为$\hat{\mathbf{A}}$。一般有

$$\hat{\mathbf{A}}=\frac{\mathbf{A}}{A}$$

5. 零矢量

若矢量$\boldsymbol{A}$的模值为零(即$|\boldsymbol{A}|=0$),则称其为零矢量。

三、场

1. 定　义

广义而言，所有具有分布特性（即为时、空坐标的函数）的物理量，都可以视为具有相应物理意义的场。

2. 标量场

如果所研究的量是标量，则对应于标量场。在标量场中，每一时刻、每一位置都对应一个标量值。如：地球周围大气的温度及含氧量即可视为标量场。

3. 矢量场

如果所研究的量是矢量，则对应于一个矢量场。在矢量场中，每一时刻、每一位置都对应一个矢量值。如：地球周围的风速、地球的引力均可视为矢量场。

在数学领域，为便于研究问题，常抽象出标量场和矢量场而不考虑其物理特性，这也是本章讨论问题的基点。

1.2　矢量的运算规则

一、矢量和

1. 定　义

$\boldsymbol{C}=\boldsymbol{A}+\boldsymbol{B}$：如图1.2所示，$\boldsymbol{A}$与$\boldsymbol{B}$的和等于$\boldsymbol{C}$。$\boldsymbol{C}$是这样一个矢量，当把$\boldsymbol{A}$的终端与$\boldsymbol{B}$的始端置于一处时，$\boldsymbol{C}$由$\boldsymbol{A}$的始端指到$\boldsymbol{B}$的终端。

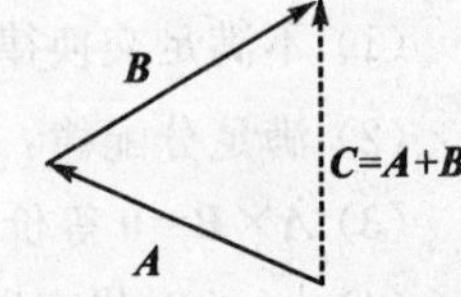

图1.2　矢量和

2. 性　质

(1) 满足交换律：$\boldsymbol{A}+\boldsymbol{B}=\boldsymbol{B}+\boldsymbol{A}$。

(2) 满足结合律：$\boldsymbol{A}+(\boldsymbol{B}+\boldsymbol{D})=(\boldsymbol{A}+\boldsymbol{B})+\boldsymbol{D}$。

二、矢量与标量相乘（数乘）

1. 定　义

标量f（实数）与矢量$\boldsymbol{A}$之积为矢量，其大小为f的绝对值与$|\boldsymbol{A}|$之积；其方向为：当$f>0$时，与$\boldsymbol{A}$的方向相同；当$f<0$时，与$\boldsymbol{A}$的方向相反。

2. 性　质

(1) 满足交换律：$f\boldsymbol{A}=\boldsymbol{A}f$。

(2) 满足结合律：$g(f\boldsymbol{A})=(gf)\boldsymbol{A}=f(g\boldsymbol{A})$。

(3) 满足分配律：$(g+f)\boldsymbol{A}=g\boldsymbol{A}+f\boldsymbol{A}$，

$$f(\boldsymbol{A}+\boldsymbol{B})=f\boldsymbol{A}+f\boldsymbol{B}。$$

三、矢量的标积(点积)

1. 定 义

两矢量($\boldsymbol{A}$ 与 $\boldsymbol{B}$)的标积为标量,等于两矢量的模与两矢量正向夹角的余弦三者之积。记为

$$\boldsymbol{A} \cdot \boldsymbol{B} = |\boldsymbol{A}||\boldsymbol{B}| \cos \alpha$$

式中:角度 α 为 $\boldsymbol{A}$ 与 $\boldsymbol{B}$ 的正向夹角,如图 1.3 所示。

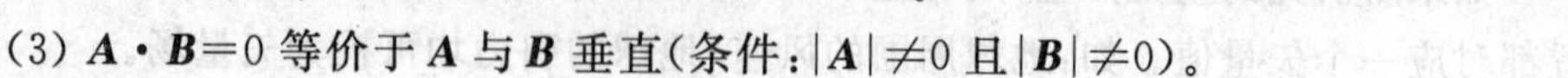

图 1.3 矢量的点积

2. 性 质

(1) 满足交换律:$\boldsymbol{A} \cdot \boldsymbol{B} = \boldsymbol{B} \cdot \boldsymbol{A}$。

(2) 满足分配律:$\boldsymbol{A} \cdot (\boldsymbol{B} + \boldsymbol{D}) = \boldsymbol{A} \cdot \boldsymbol{B} + \boldsymbol{A} \cdot \boldsymbol{D}$。

(3) $\boldsymbol{A} \cdot \boldsymbol{B} = 0$ 等价于 $\boldsymbol{A}$ 与 $\boldsymbol{B}$ 垂直(条件:$|\boldsymbol{A}| \neq 0$ 且 $|\boldsymbol{B}| \neq 0$)。

(4) 若 $|\boldsymbol{A}| = 1$,则 $\boldsymbol{A} \cdot \boldsymbol{B}$ 代表矢量 $\boldsymbol{B}$ 在 $\boldsymbol{A}$ 方向的投影。

四、矢量的矢积(叉积)

1. 定 义

两矢量($\boldsymbol{A}$ 与 $\boldsymbol{B}$)的矢积为矢量,表示为

$$\boldsymbol{A} \times \boldsymbol{B} = \hat{\boldsymbol{n}} |\boldsymbol{A}||\boldsymbol{B}| \sin \alpha$$

式中:α 为 $\boldsymbol{A}$ 与 $\boldsymbol{B}$ 的正向夹角;$\hat{\boldsymbol{n}}$ 为垂直于 $\boldsymbol{A}$ 和 $\boldsymbol{B}$ 的单位矢量,且 $\hat{\boldsymbol{n}}$ 与由 $\boldsymbol{A}$(经 α 角)到 $\boldsymbol{B}$ 满足右手法则,如图 1.4 所示。

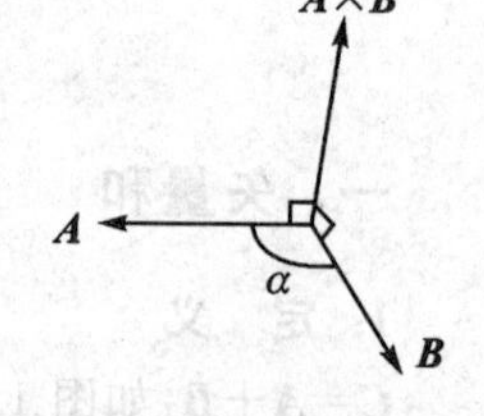

图 1.4 矢量的矢积

2. 性 质

(1) 不满足交换律:$\boldsymbol{A} \times \boldsymbol{B} = -\boldsymbol{B} \times \boldsymbol{A} \neq \boldsymbol{B} \times \boldsymbol{A}$。

(2) 满足分配律:$\boldsymbol{A} \times (\boldsymbol{B} + \boldsymbol{D}) = \boldsymbol{A} \times \boldsymbol{B} + \boldsymbol{A} \times \boldsymbol{D}$。

(3) $\boldsymbol{A} \times \boldsymbol{B} = \boldsymbol{0}$ 等价于 $\boldsymbol{A}$ 与 $\boldsymbol{B}$ 平行(条件:$|\boldsymbol{A}| \neq 0$ 且 $|\boldsymbol{B}| \neq 0$)。

(4) $|\boldsymbol{A} \times \boldsymbol{B}|$ 代表以 $\boldsymbol{A}$ 与 $\boldsymbol{B}$ 为邻边所作的平行四边形的面积。

以上定义了矢量的 4 种基本运算(规则),关于矢量的其他(更复杂的)运算可以由上面的 4 种运算派生出来。

靠“运算规则”进行矢量运算很不方便,还需进一步探讨矢量的运算方法,这必须在一定的坐标系中方能实现。

1.3 正交坐标系

一、直角坐标系

1. P 点的坐标

如图 1.5 所示,空间任意一点 P 在直角坐标系中的坐标为(x, y, z)。

2. *P* 点的坐标单位矢量

如图 1.6 所示，空间任意一点 P 点的坐标单位矢量为 $(\hat{\boldsymbol{x}},\hat{\boldsymbol{y}},\hat{\boldsymbol{z}})$，它们分别指向对应坐标增值方向，且三者互相垂直，满足如下关系

$$\hat{\boldsymbol{x}}\times\hat{\boldsymbol{y}}=\hat{\boldsymbol{z}},\quad \hat{\boldsymbol{y}}\times\hat{\boldsymbol{z}}=\hat{\boldsymbol{x}},\quad \hat{\boldsymbol{z}}\times\hat{\boldsymbol{x}}=\hat{\boldsymbol{y}}$$

【注】$\hat{\boldsymbol{x}},\hat{\boldsymbol{y}},\hat{\boldsymbol{z}}$ 皆为常矢量。

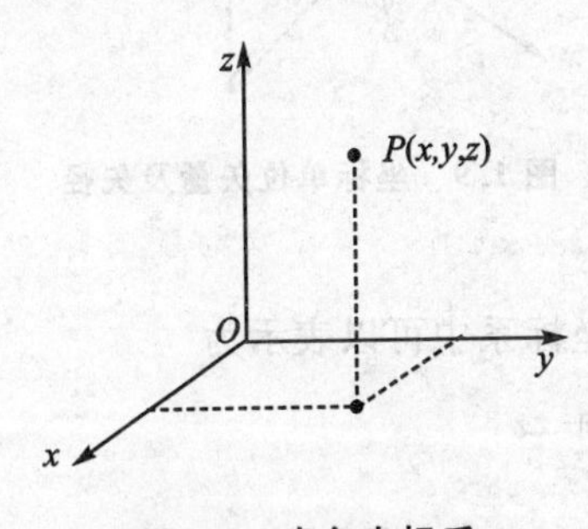

图 1.5　直角坐标系

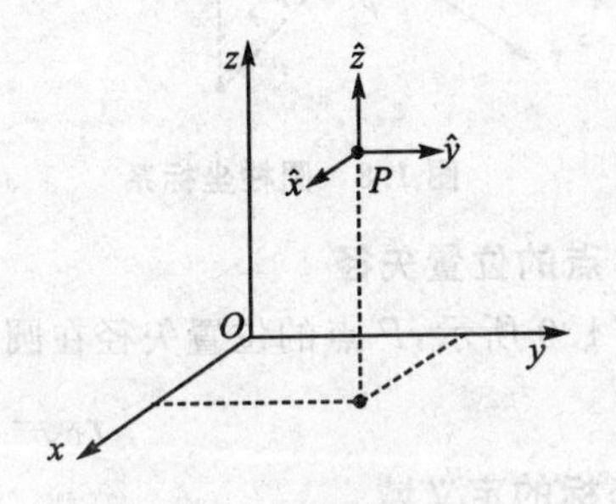

图 1.6　坐标单位矢量

3. *P* 点的位置矢径

如图 1.7 所示，空间任意一点 P 点的位置矢径为

$$\boldsymbol{r}_P=\hat{\boldsymbol{x}}x+\hat{\boldsymbol{y}}y+\hat{\boldsymbol{z}}z=\boldsymbol{r}_x+\boldsymbol{r}_y+\boldsymbol{r}_z$$

4. 坐标的定义域

$$|x|<\infty,\quad |y|<\infty,\quad |z|<\infty$$

5. 几何解释

$x=x_0$（常数）——平行于 Oyz 坐标面的全平面。

$y=y_0$（常数）——平行于 Ozx 坐标面的全平面。

$z=z_0$（常数）——平行于 Oxy 坐标面的全平面。

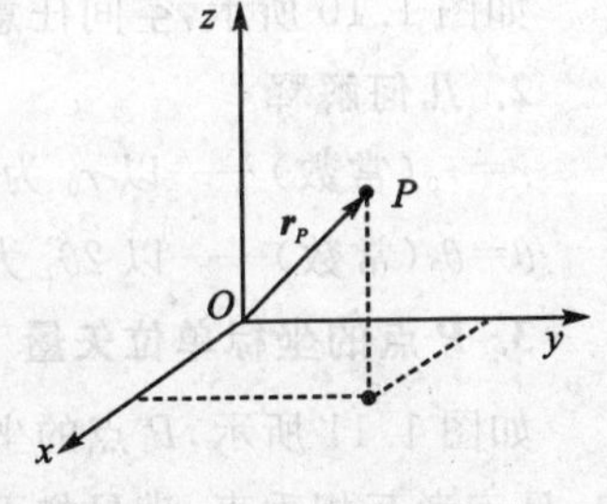

图 1.7　*P* 点的矢径

二、圆柱坐标系

1. *P* 点的坐标

如图 1.8 所示，空间任意一点 P 在圆柱坐标系中的坐标为 (ρ,φ,z)。

2. 几何解释

$\rho=\rho_0$（常数）——半径为 ρ_0 的圆柱面（以 z 轴为几何对称轴）。

$\varphi=\varphi_0$（常数）——半平面（以 z 轴为边界）。

3. *P* 点的坐标单位矢量

如图 1.9 所示，P 点的坐标单位矢量为 $(\hat{\boldsymbol{\rho}},\hat{\boldsymbol{\varphi}},\hat{\boldsymbol{z}})$，它们分别指向对应坐标增值方向，且三者互相垂直，满足如下关系

$$\hat{\boldsymbol{\rho}}\times\hat{\boldsymbol{\varphi}}=\hat{\boldsymbol{z}},\quad \hat{\boldsymbol{\varphi}}\times\hat{\boldsymbol{z}}=\hat{\boldsymbol{\rho}},\quad \hat{\boldsymbol{z}}\times\hat{\boldsymbol{\rho}}=\hat{\boldsymbol{\varphi}}$$

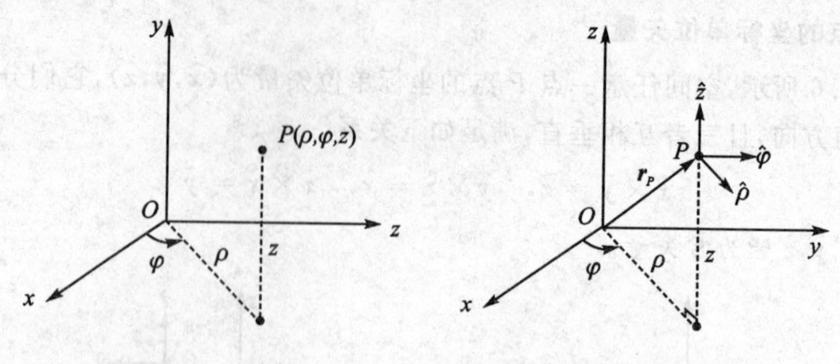

图 1.8 圆柱坐标系　　　　图 1.9 坐标单位矢量及矢径

4. *P* 点的位置矢径

如图 1.9 所示，P 点的位置矢径在圆柱坐标系中可以表示为

$$\boldsymbol{r}_P = \hat{\boldsymbol{\rho}}\rho + \hat{z}z$$

5. 坐标的定义域

$$0 \leqslant \rho < \infty, \quad 0 \leqslant \varphi \leqslant 2\pi, \quad |z| < \infty$$

三、球坐标系

1. *P* 点的坐标

如图 1.10 所示，空间任意一点 P 在球坐标系中的坐标为(r,θ,φ)。

2. 几何解释

$r=r_0$（常数）——以 r_0 为半径的球面（以坐标原点为球心）。

$\theta=\theta_0$（常数）——以 $2\theta_0$ 为顶角的圆锥面（锥顶在坐标原点，z 轴为几何对称轴）。

3. *P* 点的坐标单位矢量

如图 1.11 所示，P 点的坐标单位矢量为$(\hat{\boldsymbol{r}},\hat{\boldsymbol{\theta}},\hat{\boldsymbol{\varphi}})$，它们分别指向对应坐标增值方向，且三者互相垂直，满足如下关系

$$\hat{\boldsymbol{r}} \times \hat{\boldsymbol{\theta}} = \hat{\boldsymbol{\varphi}}, \quad \hat{\boldsymbol{\theta}} \times \hat{\boldsymbol{\varphi}} = \hat{\boldsymbol{r}}, \quad \hat{\boldsymbol{\varphi}} \times \hat{\boldsymbol{r}} = \hat{\boldsymbol{\theta}}$$

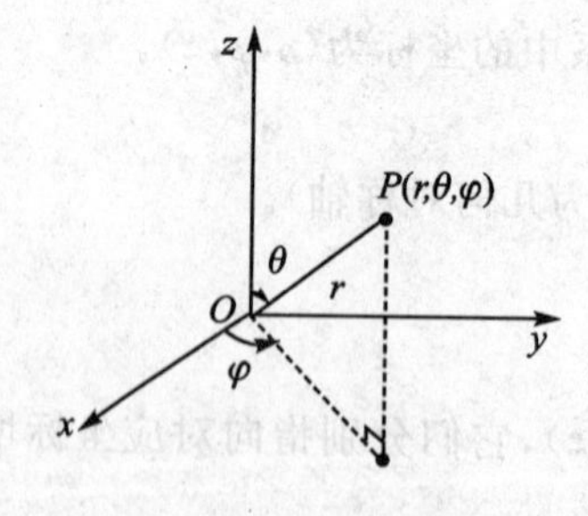

图 1.10 球坐标系　　　　图 1.11 坐标单位矢量及矢径

4. *P* 点的位置矢径

如图 1.11 所示，P 点的位置矢径为

$$\boldsymbol{r}_P = \hat{\boldsymbol{r}} r$$

5. 坐标的定义域

$$0 \leqslant r < \infty,\quad 0 \leqslant \theta \leqslant \pi,\quad 0 \leqslant \varphi \leqslant 2\pi$$

四、广义正交坐标系(统一记法)

以上 3 种正交坐标系会经常用到,必须熟练掌握。为讨论问题方便,常统一用广义正交坐标系来描述上面 3 种正交坐标系。

1. *P* 点的坐标

P 点的坐标为(u_1, u_2, u_3)。

2. *P* 点的坐标单位矢量

P 点的坐标单位矢量为$(\hat{\boldsymbol{u}}_1, \hat{\boldsymbol{u}}_2, \hat{\boldsymbol{u}}_3)$,它们分别沿相应坐标增值方向,且三者互相垂直,满足如下关系

$$\hat{\boldsymbol{u}}_1 \times \hat{\boldsymbol{u}}_2 = \hat{\boldsymbol{u}}_3,\quad \hat{\boldsymbol{u}}_2 \times \hat{\boldsymbol{u}}_3 = \hat{\boldsymbol{u}}_1,\quad \hat{\boldsymbol{u}}_3 \times \hat{\boldsymbol{u}}_1 = \hat{\boldsymbol{u}}_2$$

五、三种常用坐标系之间的变换关系

1. 坐标变换关系

(1) 直角坐标与圆柱坐标的变换关系

$$\begin{cases} x = \rho\cos\varphi \\ y = \rho\sin\varphi \\ \rho = (x^2 + y^2)^{1/2} \\ \varphi = \arctan\dfrac{y}{x} \end{cases}$$

(2) 直角坐标与球坐标的变换关系

$$\begin{cases} x = r\sin\theta\cos\varphi \\ y = r\sin\theta\sin\varphi \\ z = r\cos\theta \\ r = (x^2 + y^2 + z^2)^{1/2} \\ \theta = \arctan\dfrac{(x^2 + y^2)^{1/2}}{z} \end{cases}$$

(3) 圆柱坐标与球坐标的变换关系

$$\begin{cases} \rho = r\sin\theta \\ z = r\cos\theta \\ r = (\rho^2 + z^2)^{1/2} \\ \theta = \arctan\dfrac{\rho}{z} \end{cases}$$

2. 坐标单位矢量之间的变换关系

各种坐标系的坐标单位矢量之间的变换关系分别如表 1.1、表 1.2 和表 1.3 所列。

表 1.1 直角坐标系与圆柱坐标系的变换

圆柱坐标 \ 直角坐标	$\hat{\boldsymbol{x}}$	$\hat{\boldsymbol{y}}$	$\hat{\boldsymbol{z}}$
$\hat{\boldsymbol{\rho}}$	$\cos\varphi$	$\sin\varphi$	0
$\hat{\boldsymbol{\varphi}}$	$-\sin\varphi$	$\cos\varphi$	0
$\hat{\boldsymbol{z}}$	0	0	1

表 1.2 直角坐标系与球坐标系的变换

球坐标 \ 直角坐标	$\hat{\boldsymbol{x}}$	$\hat{\boldsymbol{y}}$	$\hat{\boldsymbol{z}}$
$\hat{\boldsymbol{r}}$	$\sin\theta\cos\varphi$	$\sin\theta\sin\varphi$	$\cos\theta$
$\hat{\boldsymbol{\theta}}$	$\cos\theta\cos\varphi$	$\cos\theta\sin\varphi$	$-\sin\theta$
$\hat{\boldsymbol{\varphi}}$	$-\sin\varphi$	$\cos\varphi$	0

表 1.3 圆柱坐标系与球坐标系的变换

球坐标 \ 圆柱坐标	$\hat{\boldsymbol{\rho}}$	$\hat{\boldsymbol{\varphi}}$	$\hat{\boldsymbol{z}}$
$\hat{\boldsymbol{r}}$	$\sin\theta$	0	$\cos\theta$
$\hat{\boldsymbol{\theta}}$	$\cos\theta$	0	$-\sin\theta$
$\hat{\boldsymbol{\varphi}}$	0	1	0

根据表 1.1～表 1.3 可得到不同坐标系下各坐标单位矢量的变换关系，例如：

$$\begin{cases}\hat{\boldsymbol{x}} = \hat{\boldsymbol{\rho}}\cos\varphi - \hat{\boldsymbol{\varphi}}\sin\varphi \\ \hat{\boldsymbol{r}} = \hat{\boldsymbol{x}}\sin\theta\cos\varphi + \hat{\boldsymbol{y}}\sin\theta\sin\varphi + \hat{\boldsymbol{z}}\cos\theta\end{cases}$$

【讨论】 $\hat{\boldsymbol{\rho}},\hat{\boldsymbol{\varphi}},\hat{\boldsymbol{r}},\hat{\boldsymbol{\theta}}$ 坐标单位矢量的方向随空间位置的变化而改变，一般来讲，它们均为变矢量。

1.4 矢量的运算方法

一、矢量的分量表示法

(1) 直角坐标系

$$\begin{cases}\boldsymbol{A} = \hat{\boldsymbol{x}}A_x + \hat{\boldsymbol{y}}A_y + \hat{\boldsymbol{z}}A_z \\ |\boldsymbol{A}| = (A_x^2 + A_y^2 + A_z^2)^{1/2}\end{cases}$$

(2) 圆柱坐标系

$$\begin{cases}\boldsymbol{A} = \hat{\boldsymbol{\rho}}A_\rho + \hat{\boldsymbol{\varphi}}A_\varphi + \hat{\boldsymbol{z}}A_z \\ |\boldsymbol{A}| = (A_\rho^2 + A_\varphi^2 + A_z^2)^{1/2}\end{cases}$$

(3) 球坐标系

$$\begin{cases}\boldsymbol{A} = \hat{\boldsymbol{r}}A_r + \hat{\boldsymbol{\theta}}A_\theta + \hat{\boldsymbol{\varphi}}A_\varphi \\ |\boldsymbol{A}| = (A_r^2 + A_\theta^2 + A_\varphi^2)^{1/2}\end{cases}$$

(4) 广义正交坐标系

$$\boldsymbol{A}=\sum_{i=1}^{3}\hat{\boldsymbol{u}}_i A_i$$

$$|\boldsymbol{A}|=\left(\sum_{i=1}^{3}A_i^2\right)^{1/2}$$

【讨论】同一矢量在不同坐标系中的分量表示式也不同，矢量的3个分量在3种常用正交坐标系之间的变换关系与坐标单位矢量的变换关系相同，可参考表1.1～表1.3。例如：

$$\begin{cases}A_x=A_\rho\cos\varphi-A_\varphi\sin\varphi\\ A_r=A_x\sin\theta\cos\varphi+A_y\sin\theta\sin\varphi+A_z\cos\theta\end{cases}$$

二、矢量的运算方法

在广义正交坐标系中，有

$$\boldsymbol{A}=\sum_{i=1}^{3}\hat{\boldsymbol{u}}_i A_i$$

(1) 矢量和

$$\boldsymbol{A}+\boldsymbol{B}=\sum_{i=1}^{3}\hat{\boldsymbol{u}}_i A_i+\sum_{i=1}^{3}\hat{\boldsymbol{u}}_i B_i=\sum_{i=1}^{3}\hat{\boldsymbol{u}}_i(A_i+B_i) \tag{1-1}$$

(2) 矢量与标量相乘

$$f\boldsymbol{A}=f\sum_{i=1}^{3}\hat{\boldsymbol{u}}_i A_i=\sum_{i=1}^{3}\hat{\boldsymbol{u}}_i(fA_i) \tag{1-2}$$

(3) 矢量的标积(点积)

$$\boldsymbol{A}\cdot\boldsymbol{B}=\left(\sum_{i=1}^{3}\hat{\boldsymbol{u}}_i A_i\right)\cdot\left(\sum_{i=1}^{3}\hat{\boldsymbol{u}}_i B_i\right)$$

利用关系式

$$\hat{\boldsymbol{u}}_i\cdot\hat{\boldsymbol{u}}_j=\begin{cases}1 & (i=j)\\ 0 & (i\neq j)\end{cases}$$

可得

$$\boldsymbol{A}\cdot\boldsymbol{B}=\sum_{i=1}^{3}A_i B_i \tag{1-3}$$

(4) 矢量的矢积(叉积)

$$\boldsymbol{A}\times\boldsymbol{B}=\left(\sum_{i=1}^{3}\hat{\boldsymbol{u}}_i A_i\right)\times\left(\sum_{i=1}^{3}\hat{\boldsymbol{u}}_i B_i\right)$$

利用关系式 $\hat{\boldsymbol{u}}_i\times\hat{\boldsymbol{u}}_i=0$， $\hat{\boldsymbol{u}}_1\times\hat{\boldsymbol{u}}_2=\hat{\boldsymbol{u}}_3$， $\hat{\boldsymbol{u}}_2\times\hat{\boldsymbol{u}}_3=\hat{\boldsymbol{u}}_1$，$\hat{\boldsymbol{u}}_3\times\hat{\boldsymbol{u}}_1=\hat{\boldsymbol{u}}_2$ 及 $\hat{\boldsymbol{u}}_i\times\hat{\boldsymbol{u}}_j=-\hat{\boldsymbol{u}}_j\times\hat{\boldsymbol{u}}_i$，可得

$$\boldsymbol{A}\times\boldsymbol{B}=\hat{\boldsymbol{u}}_1(A_2B_3-B_2A_3)+\hat{\boldsymbol{u}}_2(A_3B_1-B_3A_1)+\hat{\boldsymbol{u}}_3(A_1B_2-B_1A_2) \tag{1-4}$$

式(1-4)可简记为

$$\boldsymbol{A}\times\boldsymbol{B}=\begin{vmatrix}\hat{\boldsymbol{u}}_1 & \hat{\boldsymbol{u}}_2 & \hat{\boldsymbol{u}}_3\\ A_1 & A_2 & A_3\\ B_1 & B_2 & B_3\end{vmatrix} \tag{1-5}$$

式(1-5)右侧按行列式展开规则展开即可得式(1-4)。

1.5 空间微分元

在将要研究的矢量微分与积分中,常需用到线、面、体微分元,本节介绍线微分元、面微分元和体微分元在正交坐标系中的表示方法。

一、线微分元——线元

1. 直角坐标系中的线元

(1) 沿坐标单位矢量方向的线元

$$\begin{cases}\mathrm{d}\boldsymbol{l}_1=\pm\hat{\boldsymbol{x}}\mathrm{d}l_1=\hat{\boldsymbol{x}}\mathrm{d}x\\ \mathrm{d}\boldsymbol{l}_2=\pm\hat{\boldsymbol{y}}\mathrm{d}l_2=\hat{\boldsymbol{y}}\mathrm{d}y\\ \mathrm{d}\boldsymbol{l}_3=\pm\hat{\boldsymbol{z}}\mathrm{d}l_3=\hat{\boldsymbol{z}}\mathrm{d}z\end{cases}$$

(2) 沿任意方向的线元

如图 1.12 所示,沿任意方向的线元 $\mathrm{d}\boldsymbol{l}$ 可表示成沿坐标单位矢量方向的 3 个分量的矢量和,即

$$\mathrm{d}\boldsymbol{l}=\sum_{i=1}^{3}\mathrm{d}\boldsymbol{l}_i=\hat{\boldsymbol{x}}\mathrm{d}x+\hat{\boldsymbol{y}}\mathrm{d}y+\hat{\boldsymbol{z}}\mathrm{d}z \tag{1-6}$$

$$|\mathrm{d}\boldsymbol{l}|=[(\mathrm{d}x)^2+(\mathrm{d}y)^2+(\mathrm{d}z)^2]^{1/2} \tag{1-7}$$

2. 圆柱坐标系中的线元

(1) 沿坐标单位矢量方向的线元

如图 1.13 所示,在圆柱坐标系中,有

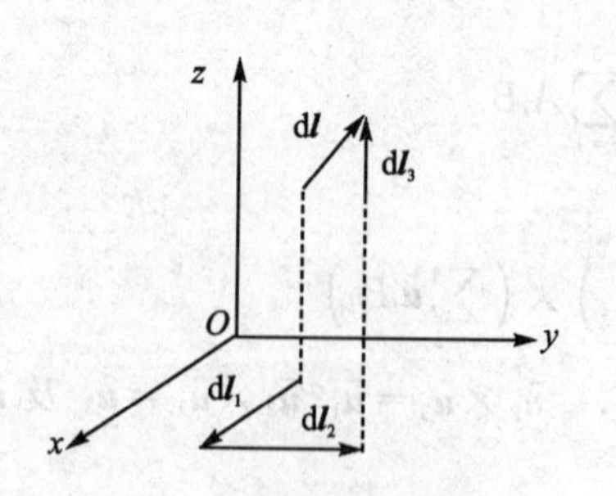

图 1.12 直角坐标系中的线元

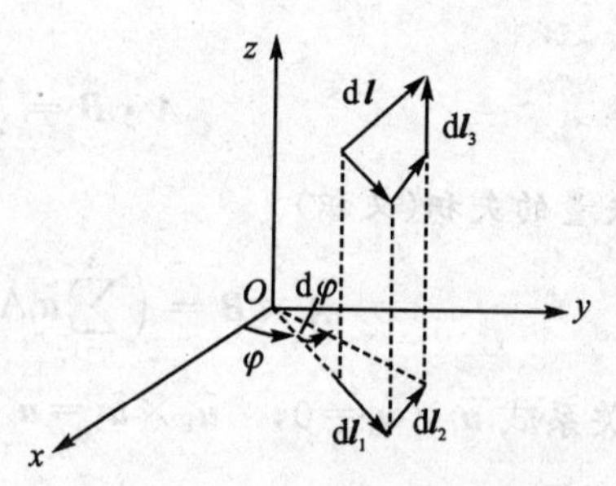

图 1.13 圆柱坐标系中的线元

$$\begin{cases}\mathrm{d}\boldsymbol{l}_1=\hat{\boldsymbol{\rho}}\mathrm{d}\rho\\ \mathrm{d}\boldsymbol{l}_2=\pm\hat{\boldsymbol{\varphi}}\mathrm{d}l_2=\hat{\boldsymbol{\varphi}}\rho\mathrm{d}\varphi\\ \mathrm{d}\boldsymbol{l}_3=\hat{\boldsymbol{z}}\mathrm{d}z\end{cases}$$

(2) 沿任意方向的线元

仿直角坐标系中的方法，在圆柱坐标系中沿任意方向的线元 d$\boldsymbol{l}$ 可以表示为

$$\mathrm{d}\boldsymbol{l}=\sum_{i=1}^{3}\mathrm{d}\boldsymbol{l}_i=\hat{\boldsymbol{\rho}}\mathrm{d}\rho+\hat{\boldsymbol{\varphi}}\rho\mathrm{d}\varphi+\hat{\boldsymbol{z}}\mathrm{d}z \tag{1-8}$$

$$|\mathrm{d}\boldsymbol{l}|=[(\mathrm{d}\rho)^2+(\rho\mathrm{d}\varphi)^2+(\mathrm{d}z)^2]^{1/2} \tag{1-9}$$

3. 球坐标系中的线元

(1) 沿坐标单位矢量方向的线元

如图 1.14 所示，在球坐标系中，有

$$\begin{cases}\mathrm{d}\boldsymbol{l}_1=\hat{\boldsymbol{r}}\mathrm{d}r\\ \mathrm{d}\boldsymbol{l}_2=\hat{\boldsymbol{\theta}}r\mathrm{d}\theta\\ \mathrm{d}\boldsymbol{l}_3=\hat{\boldsymbol{\varphi}}\rho\mathrm{d}\varphi=\hat{\boldsymbol{\varphi}}r\sin\theta\mathrm{d}\varphi\end{cases}$$

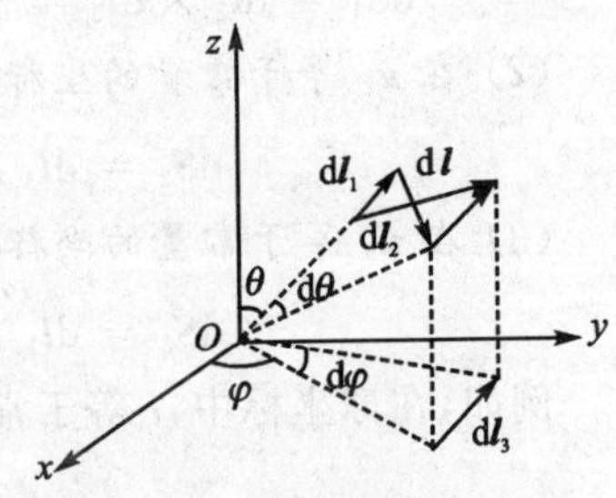

图 1.14 球坐标系中的线元

(2) 沿任意方向的线元

$$\mathrm{d}\boldsymbol{l}=\sum_{i=1}^{3}\mathrm{d}\boldsymbol{l}_i=\hat{\boldsymbol{r}}\mathrm{d}r+\hat{\boldsymbol{\theta}}r\mathrm{d}\theta+\hat{\boldsymbol{\varphi}}r\sin\theta\mathrm{d}\varphi \tag{1-10}$$

$$|\mathrm{d}\boldsymbol{l}|=[(\mathrm{d}r)^2+(r\mathrm{d}\theta)^2+(r\sin\theta\mathrm{d}\varphi)^2]^{1/2} \tag{1-11}$$

4. 广义正交坐标系中的线元

(1) 沿坐标单位矢量方向的线元

$$\mathrm{d}\boldsymbol{l}_i=\hat{\boldsymbol{u}}_i h_i\mathrm{d}u_i=\pm\hat{\boldsymbol{u}}_i\mathrm{d}l_i\quad(i=1,2,3)$$

式中：$h_i=\left|\dfrac{\mathrm{d}l_i}{\mathrm{d}u_i}\right|$为沿 $\hat{\boldsymbol{u}}_i$ 方向的线度量系数。

例如：在直角坐标系中

$$h_1=h_2=h_3=1$$

在圆柱坐标系中

$$h_1=h_3=1,\quad h_2=\rho$$

在球坐标系中

$$h_1=1,\quad h_2=r,\quad h_3=r\sin\theta$$

易见，凡是沿具有长度量纲的坐标单位矢量方向，其线度量系数皆为 1；凡是沿具有角度量纲的坐标单位矢量方向，其对应的线性度量系数均不为 1。

(2) 沿任意方向的线元

$$\mathrm{d}\boldsymbol{l}=\sum_{i=1}^{3}\mathrm{d}\boldsymbol{l}_i=\sum_{i=1}^{3}\hat{\boldsymbol{u}}_i h_i\mathrm{d}u_i \tag{1-12}$$

$$|\,d\boldsymbol{l}\,| = \left[\sum_{i=1}^{3}(h_i du_i)^2\right]^{1/2} \tag{1-13}$$

二、面微分元——面元

在正交坐标系中，以 $d\boldsymbol{l}_1$ 与 $d\boldsymbol{l}_2$、$d\boldsymbol{l}_2$ 与 $d\boldsymbol{l}_3$、$d\boldsymbol{l}_3$ 与 $d\boldsymbol{l}_1$ 为邻边皆构成矩形面元，该面元的法向可定义为两有向线元矢积的方向。在广义正交坐标系中，可定义如下3种有向面元。

(1) 在 u_1 等于常量的坐标面内

$$d\boldsymbol{S}_1 = d\boldsymbol{l}_2 \times d\boldsymbol{l}_3 = \pm\hat{\boldsymbol{u}}_2 \times \hat{\boldsymbol{u}}_3 dl_2 dl_3 = \hat{\boldsymbol{u}}_1 h_2 h_3 du_2 du_3 = \pm\hat{\boldsymbol{u}}_1 dS_1 \tag{1-14}$$

(2) 在 u_2 等于常量的坐标面内

$$d\boldsymbol{S}_2 = d\boldsymbol{l}_3 \times d\boldsymbol{l}_1 = \hat{\boldsymbol{u}}_2 h_1 h_3 du_1 du_3 = \pm\hat{\boldsymbol{u}}_2 dS_2 \tag{1-15}$$

(3) 在 u_3 等于常量的坐标面内

$$d\boldsymbol{S}_3 = d\boldsymbol{l}_1 \times d\boldsymbol{l}_2 = \hat{\boldsymbol{u}}_3 h_1 h_2 du_1 du_2 = \pm\hat{\boldsymbol{u}}_3 dS_3 \tag{1-16}$$

例如，在球坐标中，r 等于常数的球面上，有向面元为

$$d\boldsymbol{S}_1 = d\boldsymbol{S}_r = \hat{\boldsymbol{r}}r^2\sin\theta d\theta d\varphi \tag{1-17}$$

在圆柱坐标系中，ρ 等于常数的圆柱(侧)面上，有向面元为

$$d\boldsymbol{S}_1 = d\boldsymbol{S}_\rho = \hat{\boldsymbol{\rho}}\rho d\varphi dz \tag{1-18}$$

【讨论】沿任意方向的有向面元($d\boldsymbol{S}$)总可以表示成在3个坐标面内的有向面元的矢量和，即

$$d\boldsymbol{S} = \sum_{i=1}^{3} d\boldsymbol{S}_i \tag{1-19}$$

式中：$d\boldsymbol{S}_i$ 分别由式(1-14)、式(1-15)和式(1-16)给出。

三、体微分元——体元

在正交坐标系中，以 $d\boldsymbol{l}_1$、$d\boldsymbol{l}_2$ 和 $d\boldsymbol{l}_3$ 为邻边可构成一个直角六面体，其体积在不同坐标系中分别表示如下：

(1) 在广义正交坐标系中

$$dV = dl_1 dl_2 dl_3 = h_1 h_2 h_3\,|\,du_1 du_2 du_3\,| \tag{1-20}$$

(2) 在直角坐标系中

$$dV = |\,dx dy dz\,| \tag{1-21}$$

该体元如图1.15(a)所示。

(3) 在圆柱体坐标系中

$$dV = \rho\,|\,d\rho d\varphi dz\,| \tag{1-22}$$

该体元如图1.15(b)所示。

(4) 在球坐标系中

$$dV = r^2\sin\theta\,|\,dr d\theta d\varphi\,| \tag{1-23}$$

该体元如图 1.15(c)所示。

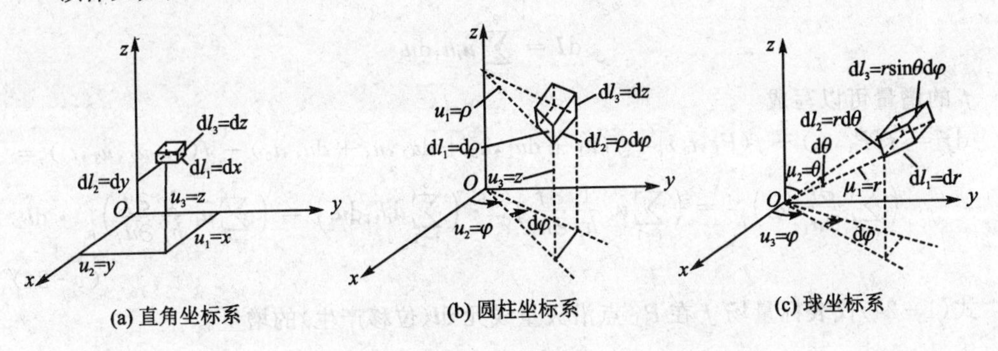

(a) 直角坐标系　(b) 圆柱坐标系　(c) 球坐标系

图 1.15　体微分元

1.6　标量函数(场)的梯度

在许多场合,需要研究标量场的空间变化规律,这种变化规律可以用标量场的梯度来描述。

一、等值面

【定义】　在标量场中,某一确定时刻($t=t_0$),场值相等的点的集合(一般为曲面)称为等值面。

例如,令 $f(u_1,u_2,u_3,t_0)=f_0$,可得到一个等值面(记为 S)。易知,任意一点 $P(u_1,u_2,u_3)\subset S$,总可以满足 $f(P,t_0)=f(u_1,u_2,u_3,t_0)=f_0$。

二、标量函数(场)的增量

设标量场 $f(u_1,u_2,u_3,t)$一阶连续可微。在 $t=t_0$ 时刻,令

$$f(P,t_0)=f(u_1,u_2,u_3,t_0)=f_0$$

可得 f 的一个等值面 S,今给 f 一个微小的(恒定)增量 df,即令

$$f(P',t_0)=f(u_1',u_2',u_3',t_0)=f_0+df$$

则可得 f 的另一等值面 S',如图 1.16 所示。

记两等值面上相距最近的两点分别为

$$P_1(u_1,u_2,u_3)\subset S$$

$$P_1'(u_1',u_2',u_3')\subset S'$$

则由 f 的一阶连续可微性知,P_1'的坐标还可以表示成

$$P_1'(u_1',u_2',u_3')=P_1'(u_1+du_1,u_2+du_2,u_3+du_3)$$

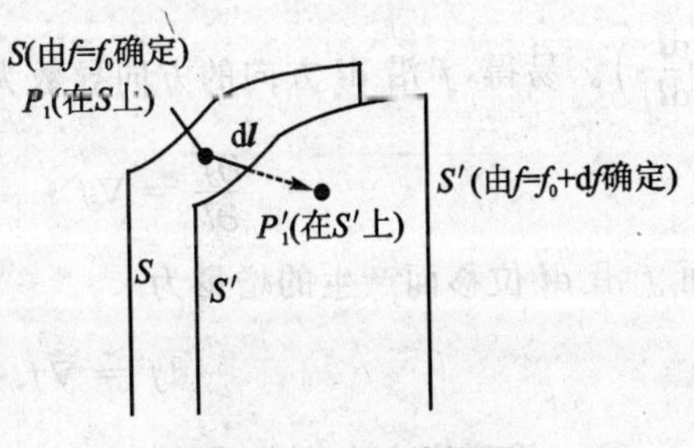

图 1.16　f 的等值面

由 P_1 点指到 P'_1 点的位移矢量(线元)为

$$\mathrm{d}\boldsymbol{l}=\sum_{i=1}^{3}\hat{\boldsymbol{u}}_i h_i \mathrm{d}u_i$$

f 的增量可以写成

$$\mathrm{d}f=f(P'_1,t_0)-f(P_1,t_0)=f(u_1+\mathrm{d}u_1,u_2+\mathrm{d}u_2,u_3+\mathrm{d}u_3,t_0)-f(u_1,u_2,u_3,t_0)=$$
$$\left(\sum_{i=1}^{3}\frac{\partial f}{\partial u_i}\mathrm{d}u_i\right)_{P_1}=\left(\sum_{i=1}^{3}\hat{\boldsymbol{u}}_i\frac{1}{h_i}\frac{\partial f}{\partial u_i}\right)_{P_1}\cdot\left(\sum_{i=1}^{3}\hat{\boldsymbol{u}}_i h_i \mathrm{d}u_i\right)=\left(\sum_{i=1}^{3}\hat{\boldsymbol{u}}_i\frac{1}{h_i}\frac{\partial f}{\partial u_i}\right)_{P_1}\cdot\mathrm{d}\boldsymbol{l} \tag{1-24}$$

式(1-24)代表标量场 f 在 P_1 点沿矢量线元 $\mathrm{d}\boldsymbol{l}$(位移产生)的增量。

三、标量函数(场)的梯度

1. 梯度的定义

式(1-24)表明,f 沿 $\mathrm{d}\boldsymbol{l}$ 位移而产生的增量为两矢量的点积。其中一个矢量为 $\mathrm{d}\boldsymbol{l}$($\mathrm{d}\boldsymbol{l}$ 的大小和方向当然要影响 $\mathrm{d}f$ 值);而另一矢量则仅仅与标量场 f 本身的性质有关(与 $\mathrm{d}\boldsymbol{l}$ 无关),该矢量描述了 f 的空间变化规律——称其为标量场 f 的梯度。

标量函数(场)f 的梯度为

$$\left.\begin{aligned}\mathbf{grad}f=\nabla f=\sum_{i=1}^{3}\hat{\boldsymbol{u}}_i\frac{1}{h_i}\frac{\partial f}{\partial u_i}\\ |\nabla f|=\left[\sum_{i=1}^{3}\left(\frac{1}{h_i}\frac{\partial f}{\partial u_i}\right)^2\right]^{1/2}\end{aligned}\right\} \tag{1-25}$$

2. 梯度的性质

① 梯度是矢量(一般为时、空坐标的函数)。

② 当保持时间不变时,有如下结论:“f 的梯度等于零”等价于“f 等于常量”。

③ 梯度的大与小代表对应的标量场变化的快与慢。

【证明】 f 沿 $\mathrm{d}\boldsymbol{l}$ 位移的增量为

$$\mathrm{d}f=\nabla f\cdot\mathrm{d}\boldsymbol{l}=|\nabla f||\mathrm{d}\boldsymbol{l}|\cos\alpha$$

式中:α 为∇f 与 $\mathrm{d}\boldsymbol{l}$ 的正向夹角。易见:$|\nabla f|$增大(α 及$|\mathrm{d}\boldsymbol{l}|$不变)时,$|\mathrm{d}f|$也增大。

④ 方向导数。f 沿 $\mathrm{d}\boldsymbol{l}$ 方向的变化率称为 f 沿 $\mathrm{d}\boldsymbol{l}$ 方向的方向导数$\left(\text{记为}\frac{\partial f}{\partial l},\hat{\boldsymbol{l}}=\frac{\mathrm{d}\boldsymbol{l}}{|\mathrm{d}\boldsymbol{l}|}\right)$。易得,$f$ 沿 $\mathrm{d}\boldsymbol{l}$ 方向的方向导数为

$$\frac{\partial f}{\partial l}=\nabla f\cdot\frac{\mathrm{d}\boldsymbol{l}}{|\mathrm{d}\boldsymbol{l}|}=|\nabla f|\cos\alpha \tag{1-26}$$

而 f 沿 $\mathrm{d}\boldsymbol{l}$ 位移而产生的增量为

$$\mathrm{d}f=\nabla f\cdot\mathrm{d}\boldsymbol{l}=\frac{\partial f}{\partial l}|\mathrm{d}\boldsymbol{l}| \tag{1-27}$$

⑤ f 沿梯度方向变化最快。

【证明】由式(1-26)易知：保持$|\nabla f|$不变时，沿梯度方向($\alpha=0$)，f增加最快；逆梯度方向($\alpha=\pi$)，f减小最快。

⑥ f在某点的梯度恒垂直于该点的等值面。

【证明】在同一等值面S内任取相近的两点：$P_1\subset S, P_2\subset S$，记$\mathrm{d}\boldsymbol{l}$为由$P_1$点指到$P_2$点的位移，则$\mathrm{d}\boldsymbol{l}$在等值面$S$内，此时$\mathrm{d}f=f(P_1,t_0)-f(P_2,t_0)=0=\nabla f\cdot\mathrm{d}\boldsymbol{l}$，由此得：$\nabla f$垂直于$\mathrm{d}\boldsymbol{l}$($|\nabla f|\neq 0$且$|\mathrm{d}\boldsymbol{l}|\neq 0$)，再由$\mathrm{d}\boldsymbol{l}$方向的任意性(固定$P_1$，改变$P_2$即可使$\mathrm{d}\boldsymbol{l}$方向变化)，即知：在$P_1$点$\nabla f$垂直于等值面$S$。

⑦ ∇f沿空间曲线(l)的线积分与路径无关。

【证明】$\int_l \nabla f\cdot\mathrm{d}\boldsymbol{l}=\int_l \mathrm{d}f=f(P_2,t_0)-f(P_1,t_0)$。其中，$P_1$与$P_2$分别为积分路径$l$的起点与终点。

【推论】∇f沿任意闭合路径的线积分恒为零。

四、梯度在3种常用正交坐标系中的表达式

(1) 直角坐标系

$$\nabla f=\hat{\boldsymbol{x}}\frac{\partial f}{\partial x}+\hat{\boldsymbol{y}}\frac{\partial f}{\partial y}+\hat{\boldsymbol{z}}\frac{\partial f}{\partial z} \tag{1-28}$$

(2) 圆柱坐标系

$$\nabla f=\hat{\boldsymbol{\rho}}\frac{\partial f}{\partial \rho}+\frac{\hat{\boldsymbol{\varphi}}}{\rho}\frac{\partial f}{\partial \varphi}+\hat{\boldsymbol{z}}\frac{\partial f}{\partial z} \tag{1-29}$$

(3) 球坐标系

$$\nabla f=\hat{\boldsymbol{r}}\frac{\partial f}{\partial r}+\frac{\hat{\boldsymbol{\theta}}}{r}\frac{\partial f}{\partial \varphi}+\frac{\hat{\boldsymbol{\varphi}}}{r\sin\theta}\frac{\partial f}{\partial \varphi} \tag{1-30}$$

【例1-1】已知：$f(x,y,z)=\sin\frac{x}{2}\cos\frac{y}{3}\mathrm{e}^{-z}$。求该函数在点$P(\pi,3\pi,10)$处的最大变化率及其方向，并求沿$\boldsymbol{l}=\hat{\boldsymbol{x}}+\hat{\boldsymbol{y}}+\hat{\boldsymbol{z}}$方向在点$P$的方向导数。

【解】(1)先求∇f

$$\nabla f=\hat{\boldsymbol{x}}\frac{\partial f}{\partial x}+\hat{\boldsymbol{y}}\frac{\partial f}{\partial y}+\hat{\boldsymbol{z}}\frac{\partial f}{\partial z}=\hat{\boldsymbol{x}}\frac{1}{2}\cos\frac{x}{2}\cos\frac{y}{3}\mathrm{e}^{-z}-\hat{\boldsymbol{y}}\frac{1}{3}\sin\frac{x}{2}\sin\frac{y}{3}\mathrm{e}^{-z}-\hat{\boldsymbol{z}}\sin\frac{x}{2}\cos\frac{y}{3}\mathrm{e}^{-z}$$

(2) f在P点的最大变化率应为

$$|\nabla f|_P=\mathrm{e}^{-10}$$

对应的方向应为梯度方向，即

$$\left.\frac{\nabla f}{|\nabla f|}\right|_P=\hat{\boldsymbol{z}}$$

(3) 在P点沿$\boldsymbol{l}$的方向导数为

$$\left.\frac{\partial f}{\partial l}\right|_P=\nabla f|_P\cdot\frac{\boldsymbol{l}}{|\boldsymbol{l}|}=(\hat{\boldsymbol{z}}\mathrm{e}^{-10})\cdot\frac{1}{\sqrt{3}}(\hat{\boldsymbol{x}}+\hat{\boldsymbol{y}}+\hat{\boldsymbol{z}})=\frac{1}{\sqrt{3}}\mathrm{e}^{-10}=\frac{\sqrt{3}}{3}\mathrm{e}^{-10}$$

(4)由$\left.\frac{\partial f}{\partial x}\right|_P=\nabla f|_P\cdot\hat{\boldsymbol{x}}=0$及$\left.\frac{\partial f}{\partial y}\right|_P=\nabla f|_P\cdot\hat{\boldsymbol{y}}=0$，可知标量场 f 在 P 点沿 $\hat{\boldsymbol{x}}$ 及 $\hat{\boldsymbol{y}}$ 方向不变化，进而可知 f 在 P 点沿平行于 Oxy 坐标面的任意方向都不变化。

1.7 矢量场的散度

一、散度的定义

矢量场 $\boldsymbol{A}(u_1,u_2,u_3,t)=\sum_{i=1}^{3}\hat{\boldsymbol{u}}_iA_i$ 的散度定义为

$$\mathrm{div}\boldsymbol{A}=\nabla\cdot\boldsymbol{A}=\lim_{\|\Delta V\|\to 0}\left(\frac{\oint\!\!\!\oint_S \boldsymbol{A}\cdot \mathrm{d}\boldsymbol{S}}{\Delta V}\right) \tag{1-31}$$

式中：ΔV 为任意形状的体积微元，ΔV 的边界(面)为 S，$\mathrm{d}\boldsymbol{S}=\hat{\boldsymbol{n}}\mathrm{d}S$($\hat{\boldsymbol{n}}$ 为 S 的外法向单位矢量)，$\|\Delta V\|\to 0$ 表示 ΔV 收缩于一点。

二、散度的计算式

1. 条　件

$\boldsymbol{A}$ 一阶连续可微。

2. 结　论

$$\nabla\cdot\boldsymbol{A}=\frac{1}{h_1h_2h_3}\left[\frac{\partial}{\partial u_1}(A_1h_2h_3)+\frac{\partial}{\partial u_2}(A_2h_3h_1)+\frac{\partial}{\partial u_3}(A_3h_1h_2)\right] \tag{1-32}$$

3. 证明(思路)

利用散度的定义式(1-31)，取体元 $\Delta V=\mathrm{d}V$ 为直角六面体并使其界面(S)分别平行于对应的坐标面。计算 $\boldsymbol{A}$ 的面积分时注意到 $\boldsymbol{A}$ 一阶连续可微及 h_1,h_2,h_3 均可能是位置坐标的函数并应用中值定理即可(详细证明过程参见附录 A)。

4. 推　论

在直角坐标系中

$$\nabla\cdot\boldsymbol{A}=\frac{\partial A_x}{\partial x}+\frac{\partial A_y}{\partial y}+\frac{\partial A_z}{\partial z} \tag{1-33}$$

在圆柱坐标系中

$$\nabla\cdot\boldsymbol{A}=\frac{1}{\rho}\frac{\partial}{\partial\rho}(\rho A_\rho)+\frac{1}{\rho}\frac{\partial A_\varphi}{\partial\varphi}+\frac{\partial A_z}{\partial z} \tag{1-34}$$

在球坐标系中

$$\nabla\cdot\boldsymbol{A}=\frac{1}{r^2}\frac{\partial}{\partial r}(r^2A_r)+\frac{1}{r\sin\theta}\frac{\partial}{\partial\theta}(\sin\theta A_\theta)+\frac{1}{r\sin\theta}\frac{\partial A_\varphi}{\partial\varphi} \tag{1-35}$$

三、高斯定理

1. 内　容

当 $\boldsymbol{A}$ 及 $\nabla\cdot\boldsymbol{A}$ 在体积 V(界面为 S)上可积时，有

$$\oint\!\!\!\oint_S \boldsymbol{A}\cdot\mathrm{d}\boldsymbol{S}=\iiint_V \nabla\cdot\boldsymbol{A}\mathrm{d}V \tag{1-36}$$

2. 证　明

将体积 V 微分成 N 个($N\to\infty$)体元，对第 i 号体元 $\mathrm{d}V_i$(界面为 S_i)应用散度的定义式(注意：$\mathrm{d}V_i\to 0$)，可得

$$(\nabla\cdot\boldsymbol{A})_i\mathrm{d}V_i=\oint\!\!\!\oint_{S_i}\boldsymbol{A}\cdot\mathrm{d}\boldsymbol{S}$$

上式对 i 从 $1\to N$ 求和，注意：$N\to\infty$；$\mathrm{d}V_i\to 0$；$\nabla\cdot\boldsymbol{A}$ 及 $\boldsymbol{A}$ 可积，即有

$$\lim_{N\to\infty}\sum_{i=1}^{N}(\nabla\cdot\boldsymbol{A})_i\mathrm{d}V_i=\iiint_V\nabla\cdot\boldsymbol{A}\mathrm{d}V=\lim_{N\to\infty}\sum_{i=1}^{N}\oint\!\!\!\oint_{S_i}\boldsymbol{A}\cdot\mathrm{d}\boldsymbol{S}$$

在上式右侧和式中，所有内部体元界面必与其周围体元界面相重合，但外法向方向却相反；因此，在 V 内部的面积分的贡献将全部抵消，而只有与 V 的界面 S 相重合的面积上的积分才能对和式有贡献，于是有

$$\iiint_V\nabla\cdot\boldsymbol{A}\mathrm{d}V=\oint\!\!\!\oint_S\boldsymbol{A}\cdot\mathrm{d}\boldsymbol{S}$$

四、几点讨论

① 矢量的散度是时、空坐标的标量函数。

② 仅就位置坐标而言，“常矢量”的散度为零，反之不成立。

③ 高斯定理的物理意义：式(1-36)左侧为矢量 $\boldsymbol{A}$ 穿出闭合曲面 S 的净通量，右侧为 S 所包围的 $\boldsymbol{A}$ 的散度源，$\nabla\cdot\boldsymbol{A}$ 可视为 $\boldsymbol{A}$ 的散度源密度。

④ 高斯定理的应用：当求面积分 $\oint\!\!\!\oint_S\boldsymbol{A}\cdot\mathrm{d}\boldsymbol{S}$ 较难时，可用高斯定理以体积分 $\iiint_V\nabla\cdot\boldsymbol{A}\mathrm{d}V$ 代之。需要注意的是，应用高斯定理求体积分时，必须首先求矢量的散度，如需利用计算式(1-32)来求，则矢量 $\boldsymbol{A}$ 必须满足一阶连续可微的条件，此条件高于高斯定理成立所要求的条件。

【例 1-2】已知矢量场 $\boldsymbol{A}=\hat{\boldsymbol{r}}/r^2$，试在球体 V：$r\leqslant a,0\leqslant\theta\leqslant\pi,0\leqslant\varphi\leqslant 2\pi$ 及其界面 S：$r=a,0\leqslant\theta\leqslant\pi,0\leqslant\varphi\leqslant 2\pi$ 上验证高斯定理。

【解】　先求 V 内的体积分

$$\nabla\cdot\boldsymbol{A}=\frac{1}{r^2}\frac{\partial}{\partial r}(r^2A_r)=0$$

$$\iiint_V\nabla\cdot\boldsymbol{A}\mathrm{d}V=0$$

再求 S 上的面积分

$$\mathrm{d}\boldsymbol{S} = \hat{\boldsymbol{r}}a^2\sin\theta\mathrm{d}\theta\mathrm{d}\varphi$$

$$\oint\!\!\!\oint_S \boldsymbol{A}\cdot\mathrm{d}\boldsymbol{S} = \int_0^{2\pi}\mathrm{d}\varphi\int_0^{\pi}\frac{\hat{\boldsymbol{r}}}{a^2}\cdot\hat{\boldsymbol{r}}a^2\sin\theta\mathrm{d}\theta = 4\pi$$

易见：$\iiint_V \nabla\cdot\boldsymbol{A}\mathrm{d}V \neq \oint\!\!\!\oint_S \boldsymbol{A}\cdot\mathrm{d}\boldsymbol{S}$，但这不能说明高斯定理不成立，原因是，在验证的过程中曾利用了散度的计算式，该式要求 $\boldsymbol{A}$ 矢量在所论区域 $V(S)$ 一阶连续可微，但在球心处，$\boldsymbol{A}$ 却是奇异的，从而导致所求的散度（在球心处）有误，进而使得体积分与面积分不等。

若将本例的体积 V 改成 $V_1: b\leqslant r\leqslant a, 0\leqslant\theta\leqslant\pi, 0\leqslant\varphi\leqslant 2\pi$，则可验证，在 V_1 及其界面上高斯定理成立。

【例 1-3】求面积分 $I = \oint\!\!\!\oint_S \boldsymbol{A}\cdot\mathrm{d}\boldsymbol{S}$，其中，$\boldsymbol{A} = \hat{\boldsymbol{x}}x + \hat{\boldsymbol{y}}y + \hat{\boldsymbol{z}}z$，$S$ 为球心在直角坐标系中的点(1,2,3)处，半径为 a 的球面。

【解】【方法Ⅰ】直接求解：

S 的球面方程为

$$(x-1)^2 + (y-2)^2 + (z-3)^2 = a^2$$

平移坐标使 S 的球心位于 $O'-x'y'z'$ 系的坐标原点（即令 $x'=x-1, y'=y-2, z'=z-3$），可得原球面方程为

$$x'^2 + y'^2 + z'^2 = a^2$$

$\boldsymbol{A}$ 矢量变成

$$\boldsymbol{A} = (\hat{\boldsymbol{x}}'x' + \hat{\boldsymbol{y}}'y' + \hat{\boldsymbol{z}}'z') + (\hat{\boldsymbol{x}}' + 2\hat{\boldsymbol{y}}' + 3\hat{\boldsymbol{z}}') = \boldsymbol{A}_1 + \boldsymbol{A}_2$$

式中，$\boldsymbol{A}_1 = \hat{\boldsymbol{x}}'x' + \hat{\boldsymbol{y}}'y' + \hat{\boldsymbol{z}}'z'$，$\boldsymbol{A}_2 = \hat{\boldsymbol{x}}' + 2\hat{\boldsymbol{y}}' + 3\hat{\boldsymbol{z}}'$（$\boldsymbol{A}_2$ 为常矢量）。

原面积分分为两部分，$I = I_1 + I_2$，其中 $I_1 = \oint\!\!\!\oint_S \boldsymbol{A}_1\cdot\mathrm{d}\boldsymbol{S}$，$I_2 = \oint\!\!\!\oint_S \boldsymbol{A}_2\cdot\mathrm{d}\boldsymbol{S}$。

求积分 I_1 时，引入球坐标系，S 的方程为

$$x'^2 + y'^2 + z'^2 = r^2 = a^2$$

$$\boldsymbol{A}_1 = \hat{\boldsymbol{r}}r$$

$$\mathrm{d}\boldsymbol{S} = \hat{\boldsymbol{r}}a^2\sin\theta\mathrm{d}\theta\mathrm{d}\varphi$$

$$I_1 = \int_0^{2\pi}\mathrm{d}\varphi\int_0^{\pi}(\hat{\boldsymbol{r}}a)\cdot\hat{\boldsymbol{r}}a^2\sin\theta\mathrm{d}\theta = 4\pi a^3$$

求积分 I_2 时，利用坐标单位矢量的变换关系

$$\hat{\boldsymbol{r}} = \hat{\boldsymbol{x}}'\sin\theta\cos\varphi + \hat{\boldsymbol{y}}'\sin\theta\sin\varphi + \hat{\boldsymbol{z}}'\cos\theta$$

可得

$$I_2 = \int_0^{2\pi}\mathrm{d}\varphi\int_0^{\pi}(\hat{\boldsymbol{x}}' + 2\hat{\boldsymbol{y}}' + 3\hat{\boldsymbol{z}}')\cdot\hat{\boldsymbol{r}}a^2\sin\theta\mathrm{d}\theta =$$

$$\int_0^{2\pi} d\varphi \int_0^{\pi} (\sin^2\theta\cos\varphi + 2\sin^2\theta\sin\varphi + 3\sin\theta\cos\theta) a^2 d\theta = 0$$

最后得
$$I = I_1 + I_2 = \oiint_S \boldsymbol{A} \cdot d\boldsymbol{S} = 4\pi a^3$$

【方法Ⅱ】应用高斯定理，以体积分代之。

$$\nabla\cdot \boldsymbol{A} = \frac{\partial A_x}{\partial x} + \frac{\partial A_y}{\partial y} + \frac{\partial A_z}{\partial z} = 3$$

$$\iiint_V \nabla\cdot \boldsymbol{A} dV = 3 \cdot \frac{4\pi}{3} a^3 = 4\pi a^3 = I$$

五、调和量的定义及计算式

【定义Ⅰ】标量场 f 的调和量定义为

$$\nabla^2 f = \nabla\cdot(\nabla f) \tag{1-37}$$

即 f 的调和量为先求 f 的梯度再求梯度的散度。

【计算式】当标量场 f 二阶连续可微时，其调和量可由下式计算

$$\nabla^2 f = \frac{1}{h_1 h_2 h_3}\left[\frac{\partial}{\partial u_1}\left(\frac{h_2 h_3}{h_1}\frac{\partial f}{\partial u_1}\right) + \frac{\partial}{\partial u_2}\left(\frac{h_3 h_1}{h_2}\frac{\partial f}{\partial u_2}\right) + \frac{\partial}{\partial u_3}\left(\frac{h_1 h_2}{h_3}\frac{\partial f}{\partial u_3}\right)\right] \tag{1-38}$$

在直角坐标系中，有

$$\nabla^2 f = \frac{\partial^2 f}{\partial x^2} + \frac{\partial^2 f}{\partial y^2} + \frac{\partial^2 f}{\partial z^2} \tag{1-39}$$

在圆柱坐标系中，有

$$\nabla^2 f = \frac{1}{\rho}\frac{\partial}{\partial \rho}\left(\rho\frac{\partial f}{\partial \rho}\right) + \frac{1}{\rho^2}\frac{\partial^2 f}{\partial \varphi^2} + \frac{\partial^2 f}{\partial z^2} \tag{1-40}$$

在球坐标系中，有

$$\nabla^2 f = \frac{1}{r^2}\frac{\partial}{\partial r}\left(r^2\frac{\partial f}{\partial r}\right) + \frac{1}{r^2\sin\theta}\frac{\partial}{\partial \theta}\left(\sin\theta\frac{\partial f}{\partial \theta}\right) + \frac{1}{r^2\sin^2\theta}\frac{\partial^2 f}{\partial \varphi^2} \tag{1-41}$$

【定义Ⅱ】在直角坐标系中，$\boldsymbol{A}$ 矢量的调和量定义为

$$\nabla^2 \boldsymbol{A} = \nabla^2(\hat{\boldsymbol{x}}A_x + \hat{\boldsymbol{y}}A_y + \hat{\boldsymbol{z}}A_z) = \hat{\boldsymbol{x}}\,\nabla^2 A_x + \hat{\boldsymbol{y}}\,\nabla^2 A_y + \hat{\boldsymbol{z}}\,\nabla^2 A_z \tag{1-42}$$

1.8　矢量场的旋度

一、旋度的定义

矢量场 $\boldsymbol{A} = \sum_{i=1}^{3} \hat{\boldsymbol{u}}_i A_i$ 的旋度为一个矢量，定义为

$$\mathrm{Curl}\,\boldsymbol{A} = \nabla\times\boldsymbol{A} = \sum_{i=1}^{3} \hat{\boldsymbol{u}}_i \lim_{\|\Delta S_i\|\to 0} \frac{\oint_{l_i} \boldsymbol{A}\cdot d\boldsymbol{l}}{\Delta S_i} \tag{1-43}$$

式中规定：l_i 为在 u_i 等于常数的坐标面内的闭合积分路径，沿 l_i 的积分方向与 $\hat{\boldsymbol{u}}_i$ 满足右手法则（如图 1.17 所示）；ΔS_i 为在 u_i 等于常数的坐标面内以 l_i 为周界的面元面积，$\|\Delta S_i\|\to 0$ 表示该面元向一点收缩。

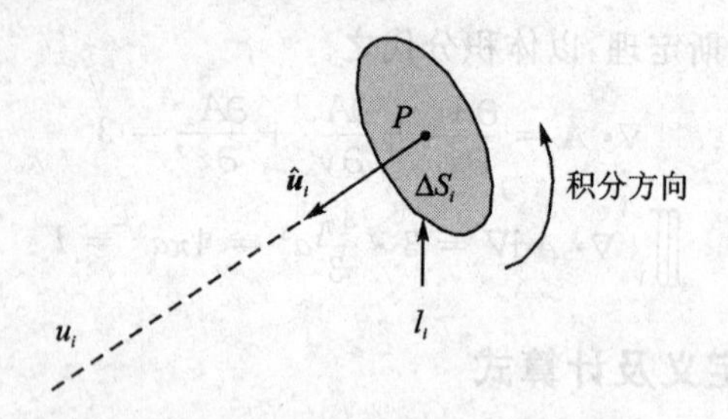

图 1.17　l_i 的方向与 $\hat{\boldsymbol{u}}_i$ 满足右手法则

二、旋度的计算式

1. 条　件

$\boldsymbol{A}$ 一阶连续可微。

2. 结　论

$$\nabla\times\boldsymbol{A}=\frac{1}{h_1h_2h_3}\begin{vmatrix} h_1\hat{\boldsymbol{u}}_1 & h_2\hat{\boldsymbol{u}}_2 & h_3\hat{\boldsymbol{u}}_3 \\ \dfrac{\partial}{\partial u_1} & \dfrac{\partial}{\partial u_2} & \dfrac{\partial}{\partial u_3} \\ h_1A_1 & h_2A_2 & h_3A_3 \end{vmatrix}=\frac{1}{h_1h_2h_3}\left\{h_1\hat{\boldsymbol{u}}_1\left[\frac{\partial(h_3A_3)}{\partial u_2}-\frac{\partial(h_2A_2)}{\partial u_3}\right]+\right.$$

$$\left.h_2\hat{\boldsymbol{u}}_2\left[\frac{\partial(h_1A_1)}{\partial u_3}-\frac{\partial(h_3A_3)}{\partial u_1}\right]+h_3\hat{\boldsymbol{u}}_3\left[\frac{\partial(h_2A_2)}{\partial u_1}-\frac{\partial(h_1A_1)}{\partial u_2}\right]\right\} \tag{1-44}$$

3. 证明（思路）

利用旋度的定义式(1-43)，分别对每个分量进行证明，取对应的积分回路为矩形（各边分别与相应坐标轴平行）微元，注意 $\boldsymbol{A}$ 矢量一阶连续可微，且 h_1、h_2 和 h_3 均可能是位置坐标的函数，应用中值定理即可（详细证明过程可参见附录 B）。

4. 推　论

在直角坐标系中，有

$$\nabla\times\boldsymbol{A}=\hat{\boldsymbol{x}}\left(\frac{\partial A_z}{\partial y}-\frac{\partial A_y}{\partial z}\right)+\hat{\boldsymbol{y}}\left(\frac{\partial A_x}{\partial z}-\frac{\partial A_z}{\partial x}\right)+\hat{\boldsymbol{z}}\left(\frac{\partial A_y}{\partial x}-\frac{\partial A_x}{\partial y}\right) \tag{1-45}$$

在圆柱坐标系中，有

$$\nabla\times\boldsymbol{A}=\hat{\boldsymbol{\rho}}\left[\frac{1}{\rho}\frac{\partial A_z}{\partial\varphi}-\frac{\partial A_\varphi}{\partial z}\right]+\hat{\boldsymbol{\varphi}}\left[\frac{\partial A_\rho}{\partial z}-\frac{\partial A_z}{\partial\rho}\right]+\hat{\boldsymbol{z}}\left[\frac{1}{\rho}\frac{\partial}{\partial\rho}(\rho A_\varphi)-\frac{1}{\rho}\frac{\partial A_\rho}{\partial\varphi}\right] \tag{1-46}$$

在球坐标系中，有

$$\nabla\times\boldsymbol{A}=\frac{\hat{\boldsymbol{r}}}{r\sin\theta}\left[\frac{\partial}{\partial\theta}(\sin\theta A_\varphi)-\frac{\partial A_\theta}{\partial\varphi}\right]+\frac{\hat{\boldsymbol{\theta}}}{r\sin\theta}\left[\frac{\partial A_r}{\partial\varphi}-\sin\theta\frac{\partial}{\partial r}(rA_\varphi)\right]+$$

$$\frac{\hat{\boldsymbol{\varphi}}}{r}\left[\frac{\partial(rA_\theta)}{\partial r}-\frac{\partial A_r}{\partial\theta}\right] \tag{1-47}$$

三、斯托克斯定理

1. 内　容

若 $\boldsymbol{A}$ 及 $\nabla\times\boldsymbol{A}$ 在闭合曲线 l(所围曲面为 S)上可积，则有

$$\oint_l \boldsymbol{A}\cdot \mathrm{d}\boldsymbol{l}=\iint_S \nabla\times\boldsymbol{A}\cdot\mathrm{d}\boldsymbol{S} \tag{1-48}$$

式中：S 的形状不限，只需以 l 为界，在 S 上 $\nabla\times\boldsymbol{A}$ 可积且 S 的法向与 l 的环绕积分方向满足右手法则即可。

2. 证　明

把面积 S 微分成 $N(N\to\infty)$ 个面元：$\mathrm{d}\boldsymbol{S}_i=\hat{\boldsymbol{n}}_i\mathrm{d}S_i$，$\mathrm{d}\boldsymbol{S}_i$ 的周界为 l_i(其环绕方向与 $\hat{\boldsymbol{n}}_i$ 成右手法则)，在微分情况下，$\mathrm{d}\boldsymbol{S}_i$ 可视为平面面元，l_i 为平面曲线。由旋度的定义式(1-43)，有

$$\hat{\boldsymbol{n}}_i\cdot(\nabla\times\boldsymbol{A})\mathrm{d}S_i=(\nabla\times\boldsymbol{A})\cdot\mathrm{d}\boldsymbol{S}_i=\oint_{l_i}\boldsymbol{A}\cdot\mathrm{d}\boldsymbol{l}$$

求和并利用 $\nabla\times\boldsymbol{A}$ 的可积性，得

$$\lim_{N\to\infty}\sum_{i=1}^{N}\nabla\times\boldsymbol{A}\cdot\mathrm{d}\boldsymbol{S}_i=\iint_S\nabla\times\boldsymbol{A}\cdot\mathrm{d}\boldsymbol{S}=\lim_{N\to\infty}\sum_{i=1}^{N}\oint_{l_i}\boldsymbol{A}\cdot\mathrm{d}\boldsymbol{l}$$

上式右侧和式中，在所有位于 $\boldsymbol{S}$ 内部面元的边界(指非 $\boldsymbol{S}$ 的边界)上皆作了两次相反方向的线积分，其贡献为零，最后，只有在 $\boldsymbol{S}$ 的边界(l)上的积分才对和式有贡献，从而得

$$\oint_l\boldsymbol{A}\cdot\mathrm{d}\boldsymbol{l}=\iint_S\nabla\times\boldsymbol{A}\cdot\mathrm{d}\boldsymbol{S}$$

四、几点讨论

① 旋度是时、空坐标的矢量函数。

② 仅就位置坐标而言，“常矢量”的旋度为零，反之不成立。

③ 斯托克斯定理的物理意义：式(1-48)左侧为 $\boldsymbol{A}$ 矢量沿 l 的环流量，右侧为 l 所围的矢量的旋度源，$\nabla\times\boldsymbol{A}$ 可视为 $\boldsymbol{A}$ 的旋度源密度。

④ 斯托克斯定理的应用：式(1-48)表明，在满足定量条件时，$\boldsymbol{A}$ 的闭合线积分与 $\nabla\times\boldsymbol{A}$ 的面积分相等。据此，当求 $\boldsymbol{A}$ 的线积分较难时，可由求 $\nabla\times\boldsymbol{A}$ 的面积分代之。但要注意，应用斯托克斯定理以面积分代求线积分时，由于需要利用计算式(1-44)求 $\nabla\times\boldsymbol{A}$，应要求 $\boldsymbol{A}$ 矢量一阶连续可微(此条件高于斯托克斯定理成立所要求的条件)。

【例 1-4】已知矢量场 $\boldsymbol{A}=\hat{\boldsymbol{\varphi}}\cot\theta$，试在半球面 $S_1: x^2+y^2+z^2=a^2\,(z\geqslant 0)$ 上验证斯托克斯定理。

【解】(1) $\nabla\times\boldsymbol{A}=\dfrac{-1}{r}(\hat{\boldsymbol{\theta}}\cot\theta+\hat{\boldsymbol{r}})$，

$$\iint_{S_1}\nabla\times\boldsymbol{A}\cdot\mathrm{d}\boldsymbol{S}=\int_0^{2\pi}\mathrm{d}\varphi\int_0^{\pi/2}(\nabla\times\boldsymbol{A})\cdot\hat{\boldsymbol{r}}a^2\sin\theta\mathrm{d}\theta\,|_{r=a}=-2\pi a=I_{S_1}$$

另一方面，S_1 的周界为 $l_1: r=a, \theta=\frac{\pi}{2}, 0\leqslant\varphi\leqslant 2\pi$，则有

$$\oint_{l_1} \boldsymbol{A}\cdot \mathrm{d}\boldsymbol{l} = \int_0^{2\pi} \boldsymbol{A}\cdot\hat{\boldsymbol{\varphi}}\, a\,\mathrm{d}\varphi\,|_{\theta=\frac{\pi}{2}} = 0 = I_{l_1}$$

易见，$I_{l_1}\neq I_{S_1}$，原因是在验证过程中，曾利用计算式(1-47)求出了$\nabla\times\boldsymbol{A}$，但由于$\boldsymbol{A}$矢量在$S_1$上不满足一阶连续可微的条件($\theta=0$ 为奇异点)，故使得所求的$\nabla\times\boldsymbol{A}$有误，导致 $I_{l_1}\neq I_{S_1}$。

(2) 为验证斯托克斯定理，应除去$\boldsymbol{A}$的奇异点($r=a,\theta=0$)，如图 1.18 所示。作小圆周 l_3:$\{r=a,\theta=\theta_1,0\leqslant\varphi\leqslant 2\pi\}$($l_3$ 与 l_1 反方向环绕)，取闭合路径 l 为：$l_1\to l_2\to l_3\to l_4\to l_1$。当 l_2 紧靠 l_4 时，此闭合路径(l)所围面积为 $S: r=a, \theta_1\leqslant\theta\leqslant\frac{\pi}{2}, 0\leqslant\varphi\leqslant 2\pi$，在 S 上，$\boldsymbol{A}$ 矢量一阶连续可微。

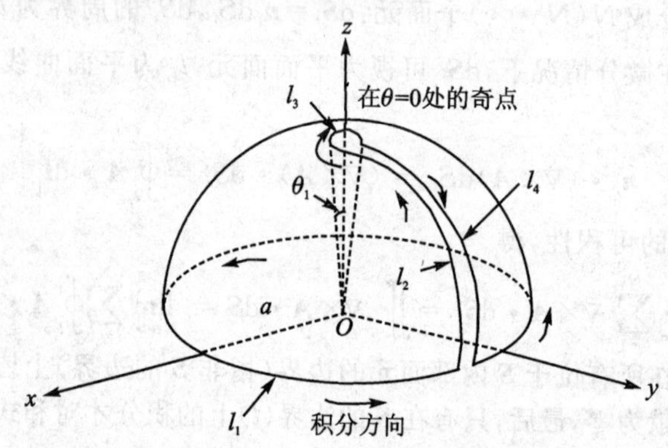

图 1.18　验证斯托克斯定理的半球面

$$I_S = \int_0^{2\pi}\mathrm{d}\varphi\int_{\theta_1}^{\frac{\pi}{2}}(\nabla\times\boldsymbol{A})\cdot\hat{\boldsymbol{r}}a^2\sin\theta\mathrm{d}\theta = -2\pi a\cos\theta_1$$

注意到 l_2 紧靠 l_4 且两者方向相反，对应的线积分相互抵消，可得

$$I_l = \oint_l \boldsymbol{A}\cdot\mathrm{d}\boldsymbol{l} = \oint_{l_3}\boldsymbol{A}\cdot\mathrm{d}\boldsymbol{l}$$

在 l_3 上有 $\mathrm{d}\boldsymbol{l}=-\hat{\boldsymbol{\varphi}}\,a\sin\theta_1\mathrm{d}\varphi, \boldsymbol{A}=\hat{\boldsymbol{\varphi}}\cot\theta_1$，代入上式得

$$I_l = \int_0^{2\pi}(\hat{\boldsymbol{\varphi}}\cot\theta_1)\cdot(-\hat{\boldsymbol{\varphi}}\,a\sin\theta_1\mathrm{d}\varphi) = -2\pi a\cos\theta_1 = I_S$$

可见，斯托克斯定理在 $S(l)$上成立。

1.9　场论(初步)

一、梯度场无旋

1. 结　论

若标量场 f 二阶连续可微，则 f 的梯度的旋度恒为零，即$\nabla\times(\nabla f)=0$。

2. 证 明

在直角坐标系中，有

$$\nabla f = \hat{\boldsymbol{x}}\frac{\partial f}{\partial x} + \hat{\boldsymbol{y}}\frac{\partial f}{\partial y} + \hat{\boldsymbol{z}}\frac{\partial f}{\partial z}$$

$$\nabla\times(\nabla f) = \hat{\boldsymbol{x}}\left(\frac{\partial^2 f}{\partial z\partial y} - \frac{\partial^2 f}{\partial y\partial z}\right) + \hat{\boldsymbol{y}}\left(\frac{\partial^2 f}{\partial x\partial z} - \frac{\partial^2 f}{\partial z\partial x}\right) + \hat{\boldsymbol{z}}\left(\frac{\partial^2 f}{\partial y\partial x} - \frac{\partial^2 f}{\partial x\partial y}\right) = 0$$

其中，f 二阶连续可微时，其二阶混合偏导数与次序无关。

3. 应 用

旋度为零的矢量场称为守恒场。在应用中，当矢量场 $\boldsymbol{A}$ 为守恒场时，若直接求 $\boldsymbol{A}$ 较困难，则可把 $\boldsymbol{A}$ 表示成 $\boldsymbol{A}=\nabla f$，由此，可通过先求标量场 f 再求 $\boldsymbol{A}$ 来简化求 $\boldsymbol{A}$ 的过程。

例如： 求解静电场的电场强度 $\boldsymbol{E}$ 时，可先定义静电位（令 $\boldsymbol{E}=-\nabla U$），然后，先求静电位 U 再求 $\boldsymbol{E}$。

4. 几种等价的结论

$\boldsymbol{A}$ 是守恒场 $\Leftrightarrow \nabla\times\boldsymbol{A}=0 \Leftrightarrow \boldsymbol{A}=\nabla f \Leftrightarrow \boldsymbol{A}$ 的线积分与路径无关 $\Leftrightarrow \boldsymbol{A}$ 沿任意闭合路径的线积分为零。

二、旋度场无散

1. 结 论

若 $\boldsymbol{A}$ 矢量二阶连续可微，则有 $\nabla\cdot(\nabla\times\boldsymbol{A})=0$

2. 证 明

如图 1.19 所示，在矢量场 $\boldsymbol{A}$ 中任取一体积 V（界面为 S），据高斯定理有

$$\iiint_V \nabla\cdot(\nabla\times\boldsymbol{A})\mathrm{d}V = \oiint_S \nabla\times\boldsymbol{A}\cdot\mathrm{d}\boldsymbol{S} = \iint_{S_1} \nabla\times\boldsymbol{A}\cdot\mathrm{d}\boldsymbol{S} + \iint_{S_2} \nabla\times\boldsymbol{A}\cdot\mathrm{d}\boldsymbol{S}$$

式中：$\mathrm{d}\boldsymbol{S}=\hat{n}\mathrm{d}S$，$S=S_1+S_2$。

对上式右侧两个面积分应用斯托克斯定理，注意到 S_1 的法向与 l 成右手法则，S_2 的法向与 l 成左手法则（与 $-l$ 成右手法则），可得

$$\iint_{S_2} \nabla\times\boldsymbol{A}\cdot\mathrm{d}\boldsymbol{S} = \oint_{-l}\boldsymbol{A}\cdot\mathrm{d}\boldsymbol{l} = -\oint_l \boldsymbol{A}\cdot\mathrm{d}\boldsymbol{l} = -\iint_{S_1}\nabla\times\boldsymbol{A}\cdot\mathrm{d}\boldsymbol{S}$$

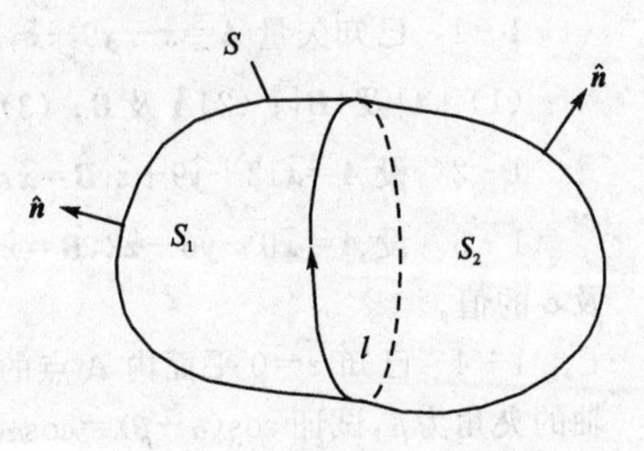

图 1.19 旋度场无散的证明

进而得

$$\iiint_V \nabla\cdot(\nabla\times\boldsymbol{A})\mathrm{d}V = \oiint_S \nabla\times\boldsymbol{A}\cdot\mathrm{d}\boldsymbol{S} = 0$$

由于上式对于任意的体积 V 都成立，从而有

$$\nabla\cdot\nabla\times\boldsymbol{A} = 0$$

3. 应　用

若矢量场 $\boldsymbol{B}$ 的散度恒为零，而直接求 $\boldsymbol{B}$ 较为困难，则可把 $\boldsymbol{B}$ 表示成 $\boldsymbol{B}=\nabla\times\boldsymbol{A}$，若求 $\boldsymbol{A}$ 比直接求 $\boldsymbol{B}$ 容易，则旋度场无散的结论就得到了应用。

例如：直接求恒流磁场的磁感应强度 $\boldsymbol{B}$ 时需利用毕-萨定律（较难），此时，可借助于引入矢量磁位 $\boldsymbol{A}(\boldsymbol{B}=\nabla\times\boldsymbol{A})$ 来简化求 $\boldsymbol{B}$ 的过程。

三、亥姆霍兹定理

1. 亥姆霍兹定理

设矢量场 $\boldsymbol{F}(r)$ 的导数在无限区间中连续有界，若已知其散度为 $\nabla\cdot\boldsymbol{F}=b(\boldsymbol{r}')$，其旋度为 $\nabla\times\boldsymbol{F}=\boldsymbol{C}(\boldsymbol{r}')$（$\boldsymbol{r}'\subset V'$，$V'$ 是 $\boldsymbol{F}$ 的散度源和旋度源所在的有限空间），则

$$\boldsymbol{F}(\boldsymbol{r})=-\nabla U+\nabla\times\boldsymbol{A} \tag{1-49}$$

式中：

$$U(\boldsymbol{r})=\frac{1}{4\pi}\iiint_{V'}\frac{b(\boldsymbol{r}')}{|\boldsymbol{r}-\boldsymbol{r}'|}\mathrm{d}V' \tag{1-50}$$

$$\boldsymbol{A}(\boldsymbol{r})=\frac{1}{4\pi}\iiint_{V'}\frac{\boldsymbol{C}(\boldsymbol{r}')}{|\boldsymbol{r}-\boldsymbol{r}'|}\mathrm{d}V' \tag{1-51}$$

2. 解　释

① 式(1-49)～式(1-51)中，对变量 $\boldsymbol{r}'$（源点的位置矢径）进行积分，对变量 $\boldsymbol{r}$（场点的位置矢径）进行微分。

② 任意矢量场的源只可能有两种：散度源和旋度源。

③ 任意矢量场总可表示成两个矢量场之和，其中一个由散度源决定（构成守恒场），另一个由旋度源决定（构成无散场）。

习　题

1-1　已知矢量 $\boldsymbol{A}=\hat{\boldsymbol{x}}-\hat{\boldsymbol{y}}9-\hat{\boldsymbol{z}}$，$\boldsymbol{B}=\hat{\boldsymbol{x}}2-\hat{\boldsymbol{y}}4+\hat{\boldsymbol{z}}3$，求：

(1) $|\boldsymbol{A}|$ 及 $|\boldsymbol{B}|$；(2)$\hat{\boldsymbol{A}}$ 及 $\hat{\boldsymbol{B}}$；(3)$\boldsymbol{A}+\boldsymbol{B}$；(4)$\boldsymbol{A}-\boldsymbol{B}$；(5)$\boldsymbol{A}\cdot\boldsymbol{B}$；(6)$\boldsymbol{A}\times\boldsymbol{B}$。

1-2　设 $\boldsymbol{A}=\hat{\boldsymbol{x}}12+\hat{\boldsymbol{y}}9+\hat{\boldsymbol{z}}$，$\boldsymbol{B}=\hat{\boldsymbol{x}}a+\hat{\boldsymbol{y}}b$，为使 $\boldsymbol{B}\perp\boldsymbol{A}$ 且 $|\boldsymbol{B}|=1$，试确定 a 和 b 的值。

1-3　设 $\boldsymbol{A}=\hat{\boldsymbol{x}}9-\hat{\boldsymbol{y}}6-\hat{\boldsymbol{z}}2$，$\boldsymbol{B}=\hat{\boldsymbol{x}}a+\hat{\boldsymbol{y}}b+\hat{\boldsymbol{z}}c$，为使 $\boldsymbol{B}/\!/\boldsymbol{A}$ 且 $|\boldsymbol{B}|=1$，试确定 a、b 及 c 的值。

1-4　已知 $z=0$ 平面内 A 点的矢径 $\boldsymbol{r}_A$ 与 x 轴的夹角为 α，B 点的矢径 $\boldsymbol{r}_B$ 与 x 轴的夹角为 β，试证 $\cos(\alpha-\beta)=\cos\alpha\cos\beta+\sin\alpha\sin\beta$。

1-5　一个三角形的边长分别为 A、B、C，其 A 边与 B 边的夹角为 α，试用矢量运算导出边长 C 的计算公式（用 A、B、α 表示）。

1-6　求 $f(x,y,z)=x^2yz$ 在点(2,3,1)处的梯度及沿 $\boldsymbol{l}=\hat{\boldsymbol{x}}3+\hat{\boldsymbol{y}}4+\hat{\boldsymbol{z}}5$ 方向的方向导数。

1-7　已知两标量场分别为 $f_1=f_0\mathrm{e}^{-x}\sin\dfrac{\pi y}{4}$，$f_2=f_0 r\cos\theta$，试在点 $P(x,y,z)=P(2,2,0)$ 处求它们的梯度。

1-8　在 $r=1$ 与 $r=2$ 两个球面之间的区域中存在矢量场 $\boldsymbol{D}=\hat{\boldsymbol{r}}\dfrac{\cos^2\varphi}{r^3}$。试分别计算：

(1) $\oint\!\!\!\oint_S \boldsymbol{D}\cdot\mathrm{d}\boldsymbol{S}$；(2) $\iiint_V \nabla\cdot\boldsymbol{D}\mathrm{d}V$。

1-9　计算面积分

$$I=\oint\!\!\!\oint_S[\hat{\boldsymbol{x}}xz^2+\hat{\boldsymbol{y}}x^2y+\hat{\boldsymbol{z}}y^2z]\cdot\mathrm{d}\boldsymbol{S}$$

S 是 $z=0$ 与 $z=(a^2-x^2-y^2)^{\frac{1}{2}}$ 所围成的半球区域的外表面。

1-10　设 $\boldsymbol{A}=\hat{\boldsymbol{x}}xy-\hat{\boldsymbol{y}}2x$，试计算面积分

$$I=\iint_S(\nabla\times\boldsymbol{A})\cdot\mathrm{d}\boldsymbol{S}$$

S 为 $x^2+y^2\leqslant 9$，$z=0$，$x\geqslant 0$，$y\geqslant 0$，并验证斯托克斯定理。

1-11　已知 $\boldsymbol{A}=\hat{\boldsymbol{\rho}}a+\hat{\boldsymbol{\varphi}}b+\hat{\boldsymbol{z}}c$，式中 a,b,c 均为常数，问：$\boldsymbol{A}$ 是常矢量吗？试求 $\nabla\cdot\boldsymbol{A}$ 和 $\nabla\times\boldsymbol{A}$。

1-12　试求下面各矢量的散度和旋度：

(1) $\boldsymbol{A}_1=\hat{\boldsymbol{x}}xy^2z^3+\hat{\boldsymbol{y}}x^3z+\hat{\boldsymbol{z}}x^2y^2$；

(2) $\boldsymbol{A}_2=\hat{\boldsymbol{\rho}}\rho^2\cos\varphi+\hat{\boldsymbol{z}}\rho^2\sin\varphi$；

(3) $\boldsymbol{A}_3=\hat{\boldsymbol{r}}r\sin\theta+\dfrac{\hat{\boldsymbol{\theta}}}{r}\sin\theta+\dfrac{\hat{\boldsymbol{\varphi}}}{r^2}\cos\theta$。

1-13　已知 A 点矢径为 $\boldsymbol{r}_A$，B 点矢径为 $\boldsymbol{r}_B$，试求 A 与 B 的间距 $|\boldsymbol{r}_A-\boldsymbol{r}_B|$ 在3种常用坐标系中的表达式。

1-14　已知某点在圆柱坐标系中的位置为 $\left(4,\dfrac{2}{3}\pi,3\right)$，求该点在相应的直角坐标系及球坐标系中的位置(坐标)。

1-15　已知两个位置矢径 $\boldsymbol{r}_1$ 和 $\boldsymbol{r}_2$ 的终点坐标分别为 (r_1,θ_1,φ_1) 和 (r_2,θ_2,φ_2)，求证 $\boldsymbol{r}_1$ 与 $\boldsymbol{r}_2$ 之间的夹角 ξ 满足关系式 $\cos\xi=\sin\theta_1\sin\theta_2\cos(\varphi_1-\varphi_2)+\cos\theta_1\cos\theta_2$。

1-16　若 C 为常数，$\boldsymbol{A}$ 和 $\boldsymbol{k}$ 为常矢量，求证：

(1) $\nabla\mathrm{e}^{C\boldsymbol{k}\cdot\boldsymbol{r}}=C\boldsymbol{k}\mathrm{e}^{C\boldsymbol{k}\cdot\boldsymbol{r}}$；(2) $\nabla\cdot(\boldsymbol{A}\mathrm{e}^{C\boldsymbol{k}\cdot\boldsymbol{r}})=C\boldsymbol{k}\cdot\boldsymbol{A}\mathrm{e}^{C\boldsymbol{k}\cdot\boldsymbol{r}}$；(3) $\nabla\times(\boldsymbol{A}\mathrm{e}^{C\boldsymbol{k}\cdot\boldsymbol{r}})=C\boldsymbol{k}\times\boldsymbol{A}\mathrm{e}^{C\boldsymbol{k}\cdot\boldsymbol{r}}$。

1-17　已知 $\boldsymbol{r}=\hat{\boldsymbol{x}}x+\hat{\boldsymbol{y}}y+\hat{\boldsymbol{z}}z$，求证：

(1) $\nabla\times\boldsymbol{r}=0$；(2) $\nabla\times\dfrac{\boldsymbol{r}}{r}=0$；(3) $\nabla\times[\boldsymbol{r}f(r)]=0$ [$f(r)$ 是 r 的函数]。

1-18　已知标量函数 $f_1(x,y,z)=xy^2z$，$f_2(\rho,\varphi,z)=\rho z\sin\varphi$，$f_3(r,\theta,\varphi)=\dfrac{\sin\theta}{r^2}$；试求：$\nabla^2 f_1$、$\nabla^2 f_2$、$\nabla^2 f_3$。

1-19　设位置矢径 $\boldsymbol{r}=\hat{\boldsymbol{x}}x+\hat{\boldsymbol{y}}y+\hat{\boldsymbol{z}}z$ 与直角坐标系 x、y、z 轴正向夹角为 α、β、γ。试用直角坐标(x,y,z)表示 α、β、γ，并证明 $\cos^2\alpha+\cos^2\beta+\cos^2\gamma=1$。

1-20　已知位置矢径 $\boldsymbol{r}=\hat{\boldsymbol{x}}x+\hat{\boldsymbol{y}}y+\hat{\boldsymbol{z}}z$，求证：

(1) $\nabla\cdot\left(\dfrac{\hat{\boldsymbol{r}}}{r^2}\right)=0$；(2) $\nabla\cdot(\hat{\boldsymbol{r}}r^n)=(n+2)r^{n-1}\ (r\neq0)$。

1-21　已知矢量 $\boldsymbol{A}=\hat{\boldsymbol{x}}a+\hat{\boldsymbol{y}}b+\hat{\boldsymbol{z}}c$（$a$、$b$、$c$ 均为常量），试求：

(1) $\boldsymbol{A}$ 是否为常矢量；

(2) $\boldsymbol{A}$ 在圆柱坐标系中的表示式；

(3) $\boldsymbol{A}$ 在球坐标系中的表示式；

(4) $\nabla\cdot\boldsymbol{A}$ 和 $\nabla\times\boldsymbol{A}$。

1-22　已知矢量 $\boldsymbol{A}=\hat{\boldsymbol{r}}a+\hat{\boldsymbol{\theta}}b+\hat{\boldsymbol{\varphi}}c$（$a$、$b$、$c$ 均为常量），试求：

(1) $\boldsymbol{A}$ 是否为常矢量；

(2) $\boldsymbol{A}$ 在直角坐标系中的表示式；

(3) $\boldsymbol{A}$ 在圆柱坐标系中的表示式；

(4) $\nabla\cdot\boldsymbol{A}$ 和 $\nabla\times\boldsymbol{A}$。

1-23　求证：$\iiint_V \nabla f\,\mathrm{d}V=\oint_S f\,\mathrm{d}\boldsymbol{S}$（$S$ 为 V 的界面）。

（提示：任给常矢量 $\boldsymbol{a}$，有 $\nabla\cdot(\boldsymbol{a}f)=\boldsymbol{a}\cdot\nabla f$，对等式两端作体积分并应用高斯定理即可。）

1-24　求证：$\iint_S \nabla f\times\mathrm{d}\boldsymbol{S}=-\oint_l f\,\mathrm{d}\boldsymbol{l}$（$l$ 为 S 的周界，l 的绕向与 S 的法向满足右手法则）。

（提示：任给常矢量 $\boldsymbol{a}$，有 $\nabla\times(\boldsymbol{a}f)=\nabla f\times\boldsymbol{a}$，对等式两端作面积分并应用斯托克斯定理。）

1-25　试推求直角坐标系与圆柱坐标系的坐标单位矢量之间的变换关系式。

1-26　已知矢量 $\boldsymbol{A}_1$ 和 $\boldsymbol{A}_2$ 分别为

$$\boldsymbol{A}_1=\hat{\boldsymbol{x}}(3y^2-2x)+\hat{\boldsymbol{y}}x^2+\hat{\boldsymbol{z}}2z;\quad \boldsymbol{A}_2=\hat{\boldsymbol{\rho}}z^2\sin\varphi+\hat{\boldsymbol{\varphi}}z^2\cos\varphi+\hat{\boldsymbol{z}}2\rho z\sin\varphi$$

试判断哪一个矢量可以表示为标量函数的梯度，哪一个矢量可以表示为矢量函数的旋度。

1-27　设 $\boldsymbol{A}$ 为常矢量，$\boldsymbol{B}$ 为变矢量（与时间无关）。

(1) 当 $\boldsymbol{A}\cdot\boldsymbol{B}=f$ 为常量时，描述相应的几何意义；

(2) 当 $\boldsymbol{A}\times\boldsymbol{B}=\boldsymbol{C}$ 为常量时，描述相应的几何意义；

(3) 试证明：$\boldsymbol{B}=(f\boldsymbol{A}+\boldsymbol{C}\times\boldsymbol{A})/A^2$。

第2章　电磁场的基本理论

2.1　电磁场的基本物理量

本书采用国际单位制。在国际单位制中有7个基本单位，分别为：时间，秒(s)；长度，米(m)；热力学温度，开[尔文](K)；电流，安[培](A)；质量，千克(kg)；发光强度，坎[德拉](cd)；物质的量，摩[尔](mol)。

物理学中其他物理量的单位均可由上述7个基本单位来表示。下面介绍电磁理论中的基本物理量。

一、电场强度($\boldsymbol{E}$)

将一个小实验电荷δq置于电场($\boldsymbol{E}$)中，若δq受到电场的作用力为$\delta\boldsymbol{F}$，则定义δq所在位置的电场强度为$\boldsymbol{E}=\delta\boldsymbol{F}/\delta q$(单位正电荷所受的电场力)，电场强度的单位是V/m。

【注】一般来讲，引入的实验电荷δq应该足够小，其对原来电场的影响可以忽略。

二、电位移矢量($\boldsymbol{D}$)

将物质置于电场($\boldsymbol{E}$)中，物质将被极化，极化的程度可用极化强度矢量($\boldsymbol{P}$)来描述，一般有$\boldsymbol{P}=\varepsilon_0\chi_e\boldsymbol{E}$，单位为$C/m^2$。$\chi_e$称为物质的极化率，无量纲；$\varepsilon_0=8.85\times10^{-12}$ F/m，称为真空介电常数(或真空电容率)。

物质中某点的电位移矢量为

$$\boldsymbol{D}=\varepsilon_0\boldsymbol{E}+\boldsymbol{P}=\varepsilon_0(1+\chi_e)\boldsymbol{E}=\varepsilon_0\varepsilon_r\boldsymbol{E}=\varepsilon\boldsymbol{E}$$

式中：ε为物质的介电常数，是物质结构的函数(由物质的微观结构所决定)，可为常量、变量或张量；$\varepsilon_r=1+\chi_e$，为物质的相对介电常数。

三、磁感应强度($\boldsymbol{B}$)

若点电荷δq以速度$\boldsymbol{v}$在磁场($\boldsymbol{B}$)中运动，受到的磁场力为$\delta\boldsymbol{F}$，则该位置的磁感应强度满足

$$\delta\boldsymbol{F}=\delta q\boldsymbol{v}\times\boldsymbol{B}$$

式中：$\boldsymbol{B}$的单位为特斯拉(T)。

四、磁场强度($\boldsymbol{H}$)

把物质置于磁场($\boldsymbol{B}$)中，物质将被磁化，磁化的程度可用磁化强度矢量($\boldsymbol{M}$)来描

述，一般有$\boldsymbol{M}=\dfrac{\chi_m}{\mu_0(1+\chi_m)}\boldsymbol{B}$，单位为 A/m。$\chi_m$ 称为物质的磁化率（无纲量）；$\mu_0=4\pi\times 10^{-7}$ H/m，称为真空磁导率。

物质中某点的磁场强度为

$$\boldsymbol{H}=\frac{1}{\mu_0}\boldsymbol{B}-\boldsymbol{M}$$

即

$$\boldsymbol{B}=\mu_0(\boldsymbol{H}+\boldsymbol{M})=\mu_0(1+\chi_m)\boldsymbol{H}=\mu_0\mu_r\boldsymbol{H}=\mu\boldsymbol{H}$$

式中：$\mu=\mu_0\mu_r$，为物质的磁导率，是物质（微观）结构的函数，可为常量、变量或张量；$\mu_r=1+\chi_m$，为物质的相对磁导率。

五、电荷、电荷密度

1. 电　荷

大量实验结果表明：世间仅存在两种电荷（正电荷或负电荷）；所有电荷都是基本电荷的整数倍。基本电荷为$\pm e_0=\pm 1.60\times 10^{-19}$ C（一个电子带电荷为$-e_0$；一个质子带电荷$+e_0$）。所有实际电荷均可表示为

$$q=\pm ne_0\quad (n=0,1,2,\cdots)$$

从微观角度看，实际电荷都是呈离散分布的。

2. 电荷密度

若宏观体积微元 δV 内包含的的电荷为 δq，则定义（自由）电荷的体密度（单位：C/m^3）为

$$\rho_V=\frac{\delta q}{\delta V}$$

【解释】

① 若电荷分布在曲面 S 上（近似认为），则对应为电荷的面密度（$\rho_S=\delta q/\delta S$）。

② 为了使电荷密度的定义具有实用性（使 ρ_V 连续），δV 必须满足宏观小（可视为宏观体元），微观大（其内可以包含多个基本电荷）的条件。

一般情况，原子的平均半径为 10^{-10} m，原子核（中的质子）带正电荷，核外电子带负电荷，如取体元 $\delta V=10^{-21}\ m^3$（宏观小），则 δV 内可包含 10^9 个原子（微观大）。

六、电流、电流密度

1. 电　流

若在 δt 时间内穿过面积 S 的净（余）电荷量为 δq，则流过 S 的电流定义为

$$I=\left.\frac{\delta q}{\delta t}\right|_S$$

【解释】

① 从微观角度看，电流是呈离散分布的。

② 电流是一个总体量(描述单位时间内穿过整个面积 S 的净电荷)。

③ 电流是标量。

2. 电流体密度($\boldsymbol{J}$)

$\boldsymbol{J}$ 的方向为正电荷的(平均)运动方向，若流过与 $\boldsymbol{J}$ 垂直的平面面元 $\delta S_{\perp}$ 的电流为 δI，则 $\boldsymbol{J}$ 的大小为 $|\boldsymbol{J}|=\dfrac{\delta I}{\delta S_{\perp}}$，$\boldsymbol{J}$ 的单位为 $\mathrm{A/m^2}$。

【解释】

① 若电流在某一曲面上流动(近似认为)，则对应为电流的面密度 $\boldsymbol{J}_S$($\boldsymbol{J}_S$ 描述了单位时间内穿过曲面 S 上的某一曲线的净电荷量及正电荷的运动方向的分布情况)。

② 为了使电流密度具有实用性(连续性)，$\delta S_{\perp}$ 应该满足宏观小，微观大的条件。

③ 由 $\boldsymbol{J}$ 的定义可得流过曲面 S 的总的(体)电流为

$$I=\iint_S \boldsymbol{J}\cdot \mathrm{d}\boldsymbol{S}$$

④ 本书涉及的电流仅限于传导电流(存在于导体之中)，在导体中 $\boldsymbol{J}$ 与 $\boldsymbol{E}$ 的关系为

$$\boldsymbol{J}=\sigma\boldsymbol{E}$$

式中：σ 称为导体的电导率，单位为 S/m。

以上介绍的各物理量中，$\boldsymbol{E}$、$\boldsymbol{D}$、$\boldsymbol{B}$、$\boldsymbol{H}$ 构成了电磁场的基本场(矢)量，ρ_V、$\boldsymbol{J}$ 构成了电磁场的源。

2.2　麦克斯韦方程组

一、电磁理论发展简介

电磁理论经 2 000 多年的漫长路程而逐步完善，纵观其发展史大致可分为 3 个阶段。

1. 初级阶段

起初，人类对电现象与磁现象的认识一直是独立发展的。公元前 200 多年就发现了电现象，接着证明了电荷的存在；电荷的定向运动形成电流，进而发现了以电流为源的(静)磁现象。

电荷与电流之间满足电荷守恒定律

$$\oint\!\!\!\oint_S \boldsymbol{J}\cdot \mathrm{d}\boldsymbol{S}=-\iiint_V \frac{\partial \rho_V}{\partial t}\mathrm{d}V$$

该式的物理意义：流出闭合曲面 S 的总电流等于单位时间内 S 所围的体积 V 中电荷的减少量。

电荷的存在促使一些科学家去专门研究其作用(静电场)。18世纪末,库仑提出了库仑定律,接着,高斯提出了电场的高斯定理

$$\oiint_S \boldsymbol{D} \cdot \mathrm{d}\boldsymbol{S} = \iiint_V \rho_V \mathrm{d}V$$

该式的物理意义:穿出闭合曲面 S 的电通量等于 S 所围的体积 V 中的总电荷。至此,形成了比较完整的静电学。

电流的存在促使一些科学家去专门研究静磁场。19世纪初,毕奥、萨法尔两人提出了毕-萨定律,接着又提出了安培环路定律及磁场的高斯定理。

安培环路定律

$$\oint_l \boldsymbol{H} \cdot \mathrm{d}\boldsymbol{l} = \iint_S \boldsymbol{J} \cdot \mathrm{d}\boldsymbol{S}$$

磁场的高斯定理

$$\oiint_S \boldsymbol{B} \cdot \mathrm{d}\boldsymbol{S} = 0$$

安培环路定律的物理意义:磁场强度沿闭合路径 l 的环流量等于 l 所围的总电流;磁场的高斯定理的物理意义:穿出闭合曲面的磁通量恒为零。至此,形成了比较完整的静磁学。

洛伦兹给出了电场及磁场对电荷 q 的作用力为 $\boldsymbol{F}=q(\boldsymbol{E}+\boldsymbol{v}\times\boldsymbol{B})$($\boldsymbol{v}$ 为 q 的运动速度)。

本阶段的特点:电场与磁场的研究相互独立地进行及发展。

2. 过渡阶段

在电与磁一直分离的历史前提下,法拉第以他超群的实验才能和想象力提出了(法拉第)电磁感应定律

$$\oint_l \boldsymbol{E} \cdot \mathrm{d}\boldsymbol{l} = -\iint_S \frac{\partial \boldsymbol{B}}{\partial t} \cdot \mathrm{d}\boldsymbol{S}$$

该式的物理意义:导电回路(l)中的感应电动势等于该回路所围面积的磁通量(时间)变化率的负值。

法拉第首次从一个方面把电与磁联系起来,为电磁理论的发展做出了贡献。但他的理论具有一定的局限性:其一是只提出了时变磁场可以产生电场;其二是仅限于导电回路。因此,法拉第未能更深刻地揭示出电磁的本质。电磁学在此阶段徘徊了十几年。

3. 完善阶段

1864年,具有数学天才的麦克斯韦开创了电磁领域的新纪元。他的两大功绩是:

① 深化(补充)了法拉第电磁感应定律,提出了涡旋电场的假说,即无论有无导电回路,法拉第定律都成立。

② 提出了位移电流的假说,给出了改进的安培环路定律

$$\oint_l \boldsymbol{H} \cdot \mathrm{d}\boldsymbol{l} = \iint_S \left(\boldsymbol{J} + \frac{\partial \boldsymbol{D}}{\partial t}\right) \cdot \mathrm{d}\boldsymbol{S}$$

该式的物理意义：磁场强度沿闭合路径 l 的环流量等于 l 所围的传导电流与位移电流之和(称为全电流)。

麦克斯韦的两个假说全面地揭示了电场与磁场之间的内在联系。一年后(1865年)，他又以电磁场的基本方程组(称为麦克斯韦方程组——M 组)为理论依据，用数学的方法论证了电磁波的存在。

1888 年，赫兹通过实验第一次发现了电磁波，证实了 M 组的正确性。发现电磁波是人类文明进程的一个飞跃，为现代通信奠定了坚实的基础。

二、麦克斯韦方程组(积分形式的 M 组)

1. 麦克斯韦方程组(M 组)

$$\oint_l \boldsymbol{E} \cdot \mathrm{d}\boldsymbol{l} = -\iint_S \frac{\partial \boldsymbol{B}}{\partial t} \cdot \mathrm{d}\boldsymbol{S} \tag{2-1}$$

$$\oint_l \boldsymbol{H} \cdot \mathrm{d}\boldsymbol{l} = \iint_S \left(\boldsymbol{J} + \frac{\partial \boldsymbol{D}}{\partial t}\right) \cdot \mathrm{d}\boldsymbol{S} \tag{2-2}$$

$$\oint\!\!\!\oint_S \boldsymbol{D} \cdot \mathrm{d}\boldsymbol{S} = \iiint_V \rho_V \mathrm{d}V \tag{2-3}$$

$$\oint\!\!\!\oint_S \boldsymbol{B} \cdot \mathrm{d}\boldsymbol{S} = 0 \tag{2-4}$$

$$\oint\!\!\!\oint_S \boldsymbol{J} \cdot \mathrm{d}\boldsymbol{S} = -\iiint_V \frac{\partial \rho_V}{\partial t} \mathrm{d}V \tag{2-5}$$

$$\boldsymbol{F} = q(\boldsymbol{E} + \boldsymbol{v} \times \boldsymbol{B}) \tag{2-6}$$

其中场量之间满足如下组成关系

$$\boldsymbol{D} = \varepsilon \boldsymbol{E},\quad \boldsymbol{B} = \mu \boldsymbol{H},\quad \boldsymbol{J} = \sigma \boldsymbol{E}$$

2. 几点讨论

① M 组是分析宏观电磁问题的理论依据。

② M 组只适用于宏观场合(在微观场合，应该用量子理论)。

③ M 组是线性方程组(指场量与源量之间的关系)，满足线性叠加原理。

三、微分形式的 M 组

1. M 组的微分形式

设场、源各量在所讨论区域一阶连续可微，则式(2-1)～式(2-5)可转换成

$$\nabla \times \boldsymbol{E} = -\frac{\partial \boldsymbol{B}}{\partial t} \tag{2-7}$$

$$\nabla \times \boldsymbol{H} = \boldsymbol{J} + \frac{\partial \boldsymbol{D}}{\partial t} \tag{2-8}$$

$$\nabla \cdot \boldsymbol{D} = \rho_V \tag{2-9}$$

$$\nabla\cdot \boldsymbol{B}=0 \tag{2-10}$$

$$\nabla\times \boldsymbol{J}=-\frac{\partial\rho_V}{\partial t} \tag{2-11}$$

式(2-7)～式(2-11)称为微分形式的M组。

2. 几点讨论

① 微分形式的M组只适用于场量及源量一阶连续可微的情况，否则，只能用(积分)M组。

② 微分形式的M组反映了场与源之间的局部特性。

③ $\boldsymbol{J}$ 为磁场的旋度源之一，ρ_V 为电场的散度源(磁场无散度源)，时变电场与时变磁场互为对方的旋度源。

④ 微分形式的M组满足线性叠加原理。

四、电磁场中物质的分类

物质的存在决定了物质中的电磁场具有组成关系：$\boldsymbol{D}=\varepsilon\boldsymbol{E}$，$\boldsymbol{B}=\mu\boldsymbol{H}$，$\boldsymbol{J}=\sigma\boldsymbol{E}$。其中，$\varepsilon$、$\mu$、$\sigma$ 既与物质的微观结构有关，又可能与场量相关(即：ε,μ,σ 可能是 x,y,z，$|\boldsymbol{E}|$，$|\boldsymbol{H}|$，$\hat{\boldsymbol{E}}$，$\hat{\boldsymbol{H}}$ 等参量的函数)。ε,μ,σ 这3个参数描述了物质在电磁场中所表现出的宏观属性，而确定这3个参数则需用微观理论。下面，按照 ε,μ,σ 的不同形式对电磁场中的物质进行分类。

① 线性(Linear)物质：若 ε,μ,σ 均与(所加的场量)$|\boldsymbol{E}|$ 及 $|\boldsymbol{H}|$ 无关，则称对应的物质为线性物质。

② 各向同性(Isotropic)物质：若 ε,μ,σ 均与(所加场量的方向)$\hat{\boldsymbol{E}}$ 及 $\hat{\boldsymbol{H}}$ 无关，则称对应的物质为各向同性物质。

③ 均匀(Homogeneous)物质：若 ε,μ,σ 均与物质的局部位置(x,y,z)无关，则称对应的物质为均匀物质。

综上可知，对于线性、各向同性、均匀的物质(称为LIH物质)，其对应的 ε,μ,σ 均为常量，这是最常见的情况(如不特别强调，本书皆限于讨论LIH物质)。

五、位移电流的产生

1. 矛盾的形成

把原始的安培环路定律应用于充放电过程中的平行板电容器电路，如图2.1所示，对于 $l(S_1)$ 及 $l(S_2)$ 分别得

$$\oint_l \boldsymbol{H}\cdot \mathrm{d}\boldsymbol{l}=\begin{cases}\iint_{S_1}\boldsymbol{J}\cdot \mathrm{d}\boldsymbol{S}=i\\ \iint_{S_2}\boldsymbol{J}\cdot \mathrm{d}\boldsymbol{S}=0\end{cases}$$

同一积分有两种结果(矛盾)。

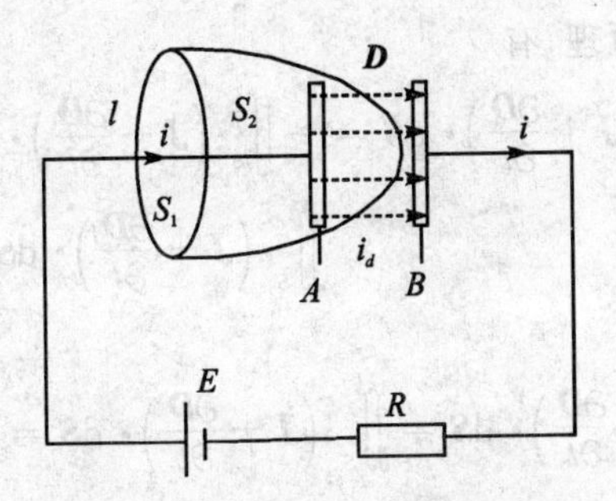

图 2.1　充(放)电的电容器电路

2. 解决矛盾的方法

(1) 引入位移电流

根据麦克斯韦的位移电流假说,两极板之间(有时变电场的位置)有位移电流(i_d),其密度(位移电流密度)定义为

$$\boldsymbol{J}_d=\frac{\partial \boldsymbol{D}}{\partial t} \tag{2-12}$$

此位移电流与传导电流同样成为磁场的旋度源,即

$$\oint_l \boldsymbol{H}\cdot \mathrm{d}\boldsymbol{l}=\iint_S\left(\boldsymbol{J}+\frac{\partial \boldsymbol{D}}{\partial t}\right)\cdot \mathrm{d}\boldsymbol{S}$$

(2)全电流连续性原理

流出任意闭合曲面的全电流恒为零,即

$$\oiint_S(\boldsymbol{J}+\boldsymbol{J}_d)\cdot \mathrm{d}\boldsymbol{S}=0$$

称 $\boldsymbol{J}+\boldsymbol{J}_d$ 为全电流密度。

【证明】利用电荷守恒定律及电场的高斯定理,可得

$$\oiint_S(\boldsymbol{J}+\boldsymbol{J}_d)\cdot \mathrm{d}\boldsymbol{S}=\oiint_S\boldsymbol{J}\cdot \mathrm{d}\boldsymbol{S}+\oiint_S\frac{\partial \boldsymbol{D}}{\partial t}\cdot \mathrm{d}\boldsymbol{S}=-\iiint_V\frac{\partial \rho_V}{\partial t}\mathrm{d}V+\frac{\partial}{\partial t}\left(\iiint_V\rho_V\mathrm{d}V\right)=0$$

(3) 利用全电流连续性原理解决矛盾

如图 2.2 所示,S_1,S_2 为以 l 为周界的开曲面(S_1,S_2 的法向均与 l 成右手法则)。令闭曲面 $S=S_1+S_2$(在 S 上积分时,以外法向 $\hat{\boldsymbol{n}}$ 为正),即有 $\hat{\boldsymbol{n}}_2=\hat{\boldsymbol{n}}$,$\hat{\boldsymbol{n}}_1=-\hat{\boldsymbol{n}}$。

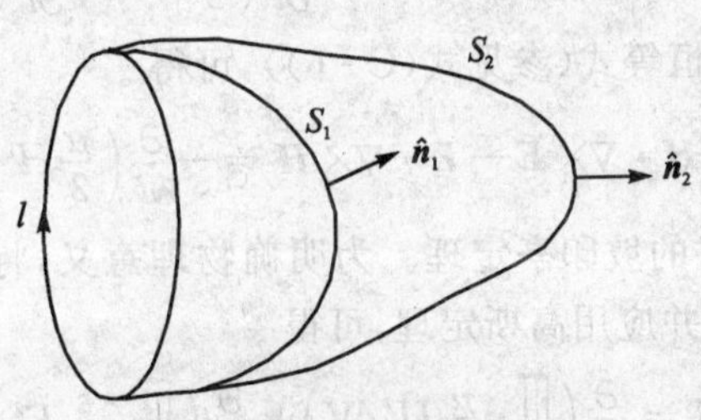

图 2.2　S_1 与 S_2 构成闭合曲面

根据全电流连续性原理,有

$$\oiint_{S}\left(\boldsymbol{J}+\frac{\partial \boldsymbol{D}}{\partial t}\right)\cdot \mathrm{d}\boldsymbol{S}=-\iint_{S_1}\left(\boldsymbol{J}+\frac{\partial \boldsymbol{D}}{\partial t}\right)\cdot \mathrm{d}\boldsymbol{S}+\iint_{S_2}\left(\boldsymbol{J}+\frac{\partial \boldsymbol{D}}{\partial t}\right)\cdot \mathrm{d}\boldsymbol{S}=0$$

进而有

$$\iint_{S_1}\left(\boldsymbol{J}+\frac{\partial \boldsymbol{D}}{\partial t}\right)\cdot \mathrm{d}\boldsymbol{S}=\iint_{S_2}\left(\boldsymbol{J}+\frac{\partial \boldsymbol{D}}{\partial t}\right)\cdot \mathrm{d}\boldsymbol{S}=\oint_{l}\boldsymbol{H}\cdot \mathrm{d}\boldsymbol{l}$$

2.3 坡印亭定理

一、引　言

电荷在电场中受电场力的作用而运动时,电场力对电荷做功,说明电场有能量——电场能量。

载有电流的导线受磁场力的作用而运动时,磁场力对导线做功,说明磁场有能量——磁场能量。

在导体中,电荷定向运动形成电流,由于存在一定的电阻,将产生焦耳热(功率)。

本节讨论电磁场中各种能量的关系(由坡印亭定理来描述)。

二、电磁场的能量关系

1. 条　件

体积 V(界面 S)内各场量及源量一阶连续可微,V 内无外加能源。

2. 坡印亭定理

在 V 上可应用微分形式的 M 组,用 $\boldsymbol{H}$ 点积式(2-7),用 $\boldsymbol{E}$ 点积式(2-8)再相减,可得

$$\boldsymbol{H}\cdot(\nabla\times\boldsymbol{E})-\boldsymbol{E}\cdot(\nabla\times\boldsymbol{H})=-\boldsymbol{H}\cdot\frac{\partial \boldsymbol{B}}{\partial t}-\boldsymbol{E}\cdot\frac{\partial \boldsymbol{D}}{\partial t}-\boldsymbol{E}\cdot\boldsymbol{J}=-\frac{\partial}{\partial t}\left(\frac{\mu}{2}H^2\right)-\frac{\partial}{\partial t}\left(\frac{\mu}{2}E^2\right)-\sigma E^2$$

上式左侧利用矢量恒等式(参见式(C-6)),可得

$$\nabla\cdot(\boldsymbol{E}\times\boldsymbol{H})=\boldsymbol{H}\cdot\nabla\times\boldsymbol{E}-\boldsymbol{E}\cdot\nabla\times\boldsymbol{H}=-\frac{\partial}{\partial t}\left(\frac{\mu}{2}H^2+\frac{\varepsilon}{2}E^2\right)-\sigma E^2 \quad (2-13)$$

式(2-13)称为微分形式的坡印亭定理。为明确物理意义,将其变成积分形式,将该式两侧在体积 V 上积分并应用高斯定理,可得

$$-\oiint_{S}\boldsymbol{E}\times\boldsymbol{H}\cdot \mathrm{d}\boldsymbol{S}=\frac{\partial}{\partial \boldsymbol{t}}\left(\iiint_{V}\frac{\mu}{2}H^2\mathrm{d}V\right)+\frac{\partial}{\partial t}\left(\iiint_{V}\frac{\varepsilon}{2}E^2\mathrm{d}V\right)+\iiint_{V}\sigma E^2\mathrm{d}V \quad (2-14)$$

此即积分形式的坡印亭定理。

3. 坡印亭定理的物理意义

(1) 磁场能量

令

$$W_{\mathrm{m}} = \iiint_V \frac{1}{2}\mu H^2 \mathrm{d}V$$

称 W_{m} 为体积 V 内的磁场能量，单位为焦耳(J)。$\dfrac{\partial W_{\mathrm{m}}}{\partial t}$为体积 V 内磁场能量的时间变化率。

$$w_{\mathrm{m}} = \frac{1}{2}\mu H^2 = \frac{1}{2}\boldsymbol{B}\cdot\boldsymbol{H} \tag{2-15}$$

代表磁场能量密度。

(2) 电场能量

令

$$W_{\mathrm{e}} = \iiint_V \frac{1}{2}\varepsilon E^2 \mathrm{d}V$$

称 W_{e} 为体积 V 内的电场能量，单位为焦耳(J)。

$$w_{\mathrm{e}} = \frac{1}{2}\varepsilon E^2 = \frac{1}{2}\boldsymbol{D}\cdot\boldsymbol{E} \tag{2-16}$$

代表电场能量密度。

(3) 焦耳热(功率)

令

$$P_{\mathrm{L}} = \iiint_V \sigma E^2 \mathrm{d}V \tag{2-17}$$

称 P_{L} 为体积 V 内导体的焦耳热(功率)，单位为瓦(W)。

(4) 坡印亭矢量(电磁功率流面密度矢量)

令

$$\boldsymbol{S} = \boldsymbol{E}\times\boldsymbol{H} \tag{2-18}$$

称 $\boldsymbol{S}$ 为电磁功率流面密度矢量——坡印亭矢量，单位为 $\mathrm{W/m^2}$。

易见，$\boldsymbol{S}$ 的大小代表在 V 的界面 S 上电磁功率的面密度；$\boldsymbol{S}$ 的方向代表在 V 的界面 S 上电磁功率流动的方向。

(5) 进入 V 内的电磁功率

令

$$P_{\mathrm{in}} = -\oint_S \boldsymbol{E}\times\boldsymbol{H}\cdot\mathrm{d}\boldsymbol{S} \tag{2-19}$$

P_{in}代表经 V 的界面 S 流进 V 内的总电磁功率——单位时间内进入 V 内的总电磁能量。

(6) 坡印亭定理的物理意义

式(2-14)可写成

$$P_{in} = \frac{\partial}{\partial t}(W_m + W_e) + P_L \tag{2-20}$$

则坡印亭定理的物理意义可叙述为:外界经闭合曲面 S 流入 V 内的全部电磁功率等于 V 内导体的焦耳热(功率)与 V 内的电磁场能量的时间增加率之和——电磁场中的能量守恒定律。

三、几点讨论

① 由于 W_m、W_e、P_L 必为有限值(能量不可能无限大),所以,$\boldsymbol{E}$、$\boldsymbol{H}$、$\boldsymbol{J}$ 均为有限值($\boldsymbol{D}$、$\boldsymbol{B}$ 亦然)。

② 因 $\boldsymbol{S}=\boldsymbol{E}\times\boldsymbol{H}$ 必为有限值,故$\frac{\partial \boldsymbol{E}}{\partial t}$、$\frac{\partial \boldsymbol{D}}{\partial t}$、$\frac{\partial \boldsymbol{B}}{\partial t}$、$\frac{\partial \boldsymbol{H}}{\partial t}$必为有限值。

2.4 电磁场的边界条件

一、引 言

一般而言,在单一物质中,电磁场量都是连续的。但在实际工程中,常会遇到所讨论区域中有几种不同物质的情况,此时,可能出现场量不连续现象。在两种不同物质($\varepsilon_1,\mu_1,\sigma_1;\varepsilon_2,\mu_2,\sigma_2$)的分界面附近,有下述 3 种情况可导致场量不连续分布:

① 两种物质的电磁参量(ε,μ,σ)在分界面两侧突变。

② 分界面上积聚有面电荷分布(ρ_S 为面电荷密度)。

③ 分界面上的面电荷定向运动形成面电流分布($\boldsymbol{J}_S$ 为面电流密度)。

当场量不连续分布时,微分形式的 M 组不适用,只能应用(积分形式的)M 组来讨论分界面两侧场量之间的(定量)关系——边界条件。

二、电磁场的边界条件

如图 2.3 所示,设两种不同物质(Ⅰ与Ⅱ)的分界面为 S,有向面元 ΔS(可视为平面)的法向量 $\hat{\boldsymbol{n}}$ 由Ⅱ区指向Ⅰ区,S 上分布着面电荷(密度为 ρ_S)和面电流(密度为 $\boldsymbol{J}_S$),下面推导两区靠近分界面处场量的关系——边界条件。

1. 电位移矢量的法向分量

如图 2.4 所示,在分界面 ΔS 两侧作一扁圆柱形闭合曲面 S,满足如下条件:上、下底面平行且对称于分界面(大小均为 ΔS),上底面位于区域Ⅰ,下底面位于区域Ⅱ,圆柱高($2h$)与横截面半径(R)相比为高阶无穷小量。

利用电场的高斯定理式(2-3),并注意 $\boldsymbol{D}$ 为有限值可得

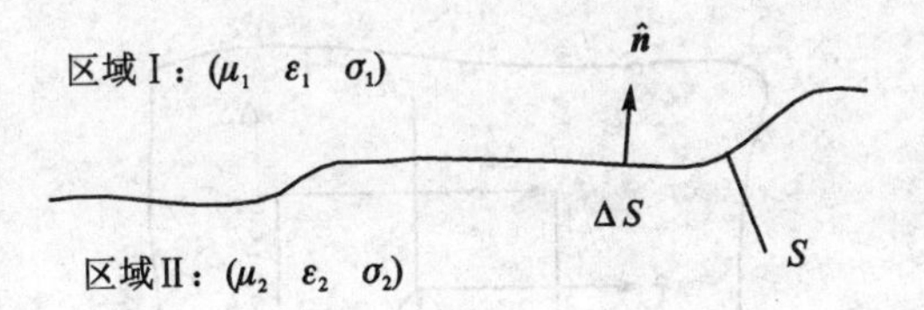

图 2.3　两种物质分界面

$$\oiint_S \boldsymbol{D} \cdot \mathrm{d}\boldsymbol{S} = \hat{\boldsymbol{n}} \cdot \boldsymbol{D}_1 \Delta S - \hat{\boldsymbol{n}} \cdot \boldsymbol{D}_2 \Delta S = \iiint_V \rho_V \mathrm{d}V = q = \rho_S \Delta S$$

即

$$\hat{\boldsymbol{n}} \cdot (\boldsymbol{D}_1 - \boldsymbol{D}_2) = D_{1n} - D_{2n} = \rho_S \tag{2-21}$$

2. 磁感应强度的法向分量

仿式(2-21)的推导过程，由式(2-4)可得

$$\hat{\boldsymbol{n}} \cdot (\boldsymbol{B}_1 - \boldsymbol{B}_2) = B_{1n} - B_{2n} = 0 \tag{2-22}$$

3. 电流密度的法向分量

仿式(2-21)的推导过程，由式(2-5)可得

$$\hat{\boldsymbol{n}} \cdot (\boldsymbol{J}_1 - \boldsymbol{J}_2) = J_{1n} - J_{2n} = -\frac{\partial \rho_S}{\partial t} \tag{2-23}$$

4. 磁场强度的切向分量

如图 2.5 所示，在 ΔS(分界面)两侧作一矩形积分路径 l，l 满足如下条件：两长边线元为 $\Delta \boldsymbol{l}_1 = \hat{\tau} \Delta l = -\Delta \boldsymbol{l}_2$，$\Delta \boldsymbol{l}_1$ 及 $\Delta \boldsymbol{l}_2$ 分别位于区域Ⅰ和区域Ⅱ并与分界面对称平行，两短边线元均垂直于分界面且其长度($2h$)较 Δl 为高阶无穷小量，设 l 所围平面(S)的右手法则法向单位矢量为 $\hat{\boldsymbol{n}}'$，则有 $\hat{\boldsymbol{n}}' \times \hat{\boldsymbol{n}} = \hat{\boldsymbol{\tau}}$，$\hat{\boldsymbol{n}} \times \hat{\boldsymbol{\tau}} = \hat{\boldsymbol{n}}'$，$\hat{\boldsymbol{\tau}} \times \hat{\boldsymbol{n}}' = \hat{\boldsymbol{n}}$。

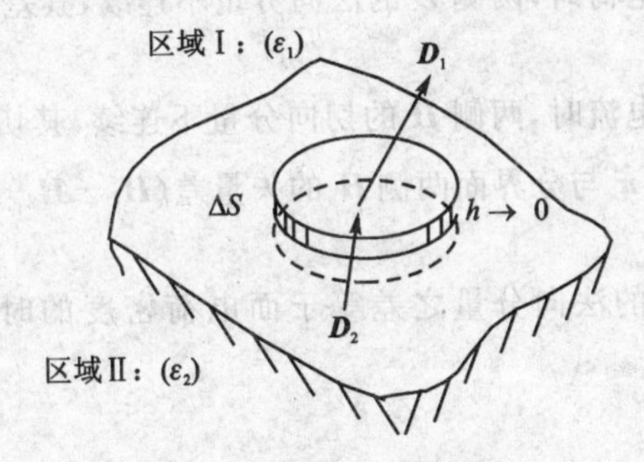

图 2.4　$\boldsymbol{D}$ 的法向分量条件

利用式(2-2)并注意 $\boldsymbol{H}$ 及 $\frac{\partial \boldsymbol{D}}{\partial t}$ 为有限值，可得

$$\oint_l \boldsymbol{H} \cdot \mathrm{d}\boldsymbol{l} = \hat{\boldsymbol{\tau}} \cdot \boldsymbol{H}_1 \Delta l - \hat{\boldsymbol{\tau}} \cdot \boldsymbol{H}_2 \Delta l = \iint_S \left(\boldsymbol{J} + \frac{\partial \boldsymbol{D}}{\partial t}\right) \cdot \mathrm{d}\boldsymbol{S} =$$

$$\boldsymbol{J}_S \cdot \hat{\boldsymbol{n}}' \Delta l + \frac{\partial \boldsymbol{D}_1}{\partial t} \cdot \hat{\boldsymbol{n}}' h \Delta l + \frac{\partial \boldsymbol{D}_2}{\partial t} \cdot \hat{\boldsymbol{n}}' h \Delta l = \boldsymbol{J}_S \cdot \hat{\boldsymbol{n}}' \Delta l$$

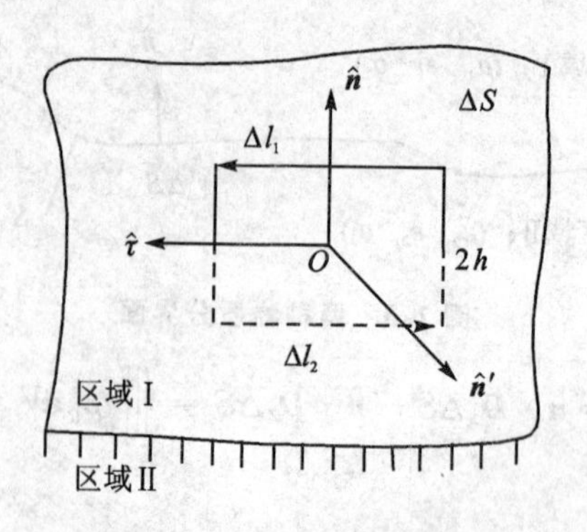

图 2.5 H 的切向分量条件

即

$$\hat{\tau}\cdot(\boldsymbol{H}_1-\boldsymbol{H}_2)=(\hat{n}'\times\hat{n})\cdot(\boldsymbol{H}_1-\boldsymbol{H}_2)=[\hat{n}\times(\boldsymbol{H}_1-\boldsymbol{H}_2)]\cdot\hat{n}'=\boldsymbol{J}_S\cdot\hat{n}'$$

将矩形回路 l 绕 $\hat{n}$ 旋转($\hat{n}'$连续改变方向),上式仍成立,再注意到 $\hat{n}'$、$\boldsymbol{J}$ 及 $\hat{n}\times(\boldsymbol{H}_1-\boldsymbol{H}_2)$共平面(皆平行于分界面),即得

$$\hat{n}\times(\boldsymbol{H}_1-\boldsymbol{H}_2)=\boldsymbol{J}_S \tag{2-24}$$

5. 电场强度的切向分量

仿式(2-24)的推导过程,利用式(2-1)可得

$$\hat{n}\times(\boldsymbol{E}_1-\boldsymbol{E}_2)=0 \tag{2-25}$$

式(2-21)~式(2-25)统称为电磁场的边界条件,其物理解释如下:

① 任何分界面两侧 $\boldsymbol{E}$ 的切向分量总是连续的[对应于式(2-25)];

② 任何分界面两侧 $\boldsymbol{B}$ 的法向分量总是连续的[对应于式(2-22)];

③ 分界面上有面电荷时,两侧 $\boldsymbol{D}$ 的法向分量不连续,其差值等于面电荷密度[对应于式(2-21)];

④ 分界面上有面电流时,两侧 $\boldsymbol{H}$ 的切向分量不连续,其切向分量之差(为矢量)等于$|\boldsymbol{J}_S|$,$\boldsymbol{J}_S$ 的方向为 $\hat{n}$ 与分界面两侧 $\boldsymbol{H}$ 的矢量差($\boldsymbol{H}_1-\boldsymbol{H}_2$)之矢积的方向[对应于式(2-24)];

⑤ 分界面两侧 $\boldsymbol{J}$ 的法向分量之差等于面电荷密度的时间偏导数[对应于式(2-23)]。

三、几点讨论

① 两种介质的边界条件。对于介质($\sigma=0$),其分界面上无面电荷及面电流($\rho_S=0,\boldsymbol{J}_S=0$),此时的边界条件为

$$\hat{n}\times(\boldsymbol{E}_1-\boldsymbol{E}_2)=0,\quad \hat{n}\times(\boldsymbol{H}_1-\boldsymbol{H}_2)=0$$

$$\hat{n}\cdot(\boldsymbol{D}_1-\boldsymbol{D}_2)=0,\quad \hat{n}\cdot(\boldsymbol{B}_1-\boldsymbol{B}_2)=0$$

② 介质与理想导体的边界条件。设区域Ⅰ为介质,区域Ⅱ为理想导体,由于理

想导体中不存在电磁场(参见第 3 章)，所以，边界条件为

$$\hat{\boldsymbol{n}} \times \boldsymbol{E}_1 = 0, \quad \hat{\boldsymbol{n}} \times \boldsymbol{H}_1 = \boldsymbol{J}_S$$

$$\hat{\boldsymbol{n}} \cdot \boldsymbol{D}_1 = \rho_S, \quad \hat{\boldsymbol{n}} \cdot \boldsymbol{B}_1 = 0$$

$$\hat{\boldsymbol{n}} \cdot \boldsymbol{J}_1 = -\frac{\partial \rho_S}{\partial t}$$

③ 可以证明，在时变场条件下，只要 $\boldsymbol{E}$ 的切向分量边界条件满足，则 $\boldsymbol{B}$ 的法向分量边界条件必然成立；若 $\boldsymbol{H}$ 的切向分量边界条件满足，则 $\boldsymbol{D}$ 的法向分量边界条件也自然满足。因此，在求解变电磁场时，只需应用 $\boldsymbol{E}$ 和 $\boldsymbol{H}$ 在分界面两侧的切向分量边界条件即可。

【例 2-1】同轴线横截面如图 2.6 所示[沿轴线(z 轴)结构均匀]，$0 \leqslant \rho \leqslant a$ 为内导体；$a \leqslant \rho \leqslant b$ 为填充的介质；$b \leqslant \rho \leqslant c$ 为外导体，$z=0$ 处接直流电压(源)U_0(外导体接地)，$z=L$ 处接负载电阻 R，设导体和介质均为理想的(无耗)，试就该系统验证坡印亭定理及电磁场的边界条件。

【分析】

① 本系统具有圆柱对称性(场量与 φ 坐标无关)。

② 忽略边缘效应时，场量与 z 坐标无关。

③ 负载电阻 R 消耗的能量(焦耳热)应等于电源提供的能量(因源与负载之间的传输区段无损耗且电磁场与时间无关)。

④ 内导体电流 I_0 沿 z 轴方向流动且均匀分布在表面，$\boldsymbol{J}_{Sa} = \hat{\boldsymbol{z}} \dfrac{I_0}{2\pi a}$；外导体电流 I_0 沿负 z 轴方向流动且均匀分布于内表面，$\boldsymbol{J}_{Sb} = -\hat{\boldsymbol{z}} \dfrac{I_0}{2\pi b}$。

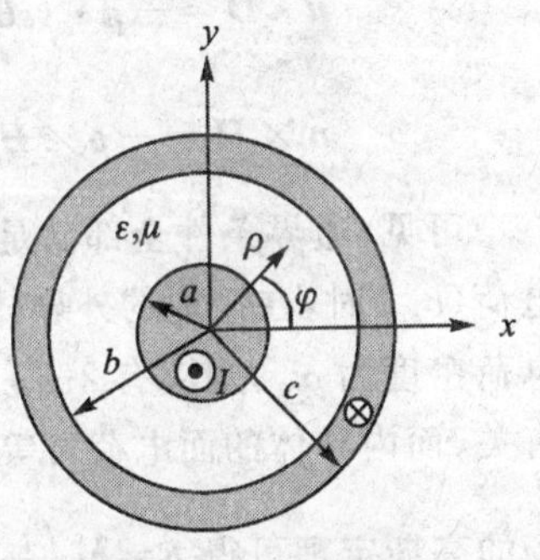

图 2.6　同轴线

⑤ 内、外导体之间的区域无源(此区域有 $\nabla \cdot \boldsymbol{E} = 0, \nabla \times \boldsymbol{H} = 0$)。

【解】(1)求 $\boldsymbol{E}$ 及 $\boldsymbol{H}$($a \leqslant \rho \leqslant b$)。根据分析结果，有 $\boldsymbol{E} = \hat{\boldsymbol{\rho}} \dfrac{E_0}{\rho}, \boldsymbol{H} = \hat{\boldsymbol{\varphi}} \dfrac{H_0}{\rho}$，$E_0, H_0$ 可如下确定：电场强度由内导体向外导体($\rho = b$)作线积分，等于内、外导体间的电压

$$\int_a^b \boldsymbol{E} \cdot \hat{\boldsymbol{\rho}} \mathrm{d}\rho = E_0 \ln \frac{b}{a} = U_0$$

即 $\boldsymbol{E} = \hat{\boldsymbol{\rho}} \dfrac{U_0}{\rho \ln(b/a)}$。磁场强度沿 ρ 为常量($a \leqslant \rho \leqslant b$)的圆周的线积分等于内导体电流(安培环路定律)

$$\oint_l \boldsymbol{H} \cdot \mathrm{d}\boldsymbol{l} = \int_0^{2\pi} \boldsymbol{H} \cdot \hat{\boldsymbol{\varphi}} \rho \mathrm{d}\varphi \,|_{(\rho\text{不变})} = 2\pi H_0 = I_0$$

即 $\boldsymbol{H} = \hat{\varphi} \dfrac{I_0}{2\pi\rho}$。

(2) 验证边界条件。内、外导体均为理想导体,其内部电磁场为零,在 $\rho=a$ 及 $\rho=b$ 处,电磁场应满足理想导体边界条件。

$\rho=a$(此处 $\hat{\boldsymbol{n}}=\hat{\boldsymbol{\rho}}$)时有

$$\hat{\boldsymbol{n}}\cdot\boldsymbol{B}=\hat{\boldsymbol{\rho}}\cdot(\mu\boldsymbol{H})=0\quad(\boldsymbol{B}\text{ 的法向分量条件})$$

$$\hat{\boldsymbol{n}}\times\boldsymbol{E}=\hat{\boldsymbol{\rho}}\times\boldsymbol{E}=0\quad(\boldsymbol{E}\text{ 的切向分量条件})$$

$$\hat{\boldsymbol{n}}\cdot\boldsymbol{D}=\hat{\boldsymbol{\rho}}\cdot(\varepsilon\boldsymbol{E})=\frac{\varepsilon U_0}{a\ln(b/a)}=\rho_{Sa}\quad(\boldsymbol{D}\text{ 的法向分量条件})$$

$$\hat{\boldsymbol{n}}\times\boldsymbol{H}=\hat{\boldsymbol{\rho}}\times\boldsymbol{H}=\hat{\boldsymbol{z}}\frac{I_0}{2\pi a}=\boldsymbol{J}_{Sa}\quad(\boldsymbol{H}\text{ 的切向分量条件})$$

$\rho=b$(此处 $\hat{\boldsymbol{n}}=-\hat{\boldsymbol{\rho}}$)时有

$$\hat{\boldsymbol{n}}\cdot\boldsymbol{B}=-\hat{\boldsymbol{\rho}}\cdot(\mu\boldsymbol{H})=0\quad(\boldsymbol{B}\text{ 的法向分量条件})$$

$$\hat{\boldsymbol{n}}\times\boldsymbol{E}=-\hat{\boldsymbol{\rho}}\times\boldsymbol{E}=0\quad(\boldsymbol{E}\text{ 的切向分量条件})$$

$$\hat{\boldsymbol{n}}\cdot\boldsymbol{D}=-\hat{\boldsymbol{\rho}}\cdot(\varepsilon\boldsymbol{E})=\frac{-\varepsilon U_0}{b\ln(b/a)}=\rho_{Sb}\quad(\boldsymbol{D}\text{ 的法向分量条件})$$

$$\hat{\boldsymbol{n}}\times\boldsymbol{H}=-\hat{\boldsymbol{\rho}}\times\boldsymbol{H}=-\hat{\boldsymbol{z}}\frac{I_0}{2\pi a}=\boldsymbol{J}_{Sb}\quad(\boldsymbol{H}\text{ 的切向分量条件})$$

可见,边界条件全部满足。关于 ρ_{Sa} 及 ρ_{Sb} 可作如下解释:当内导体表面均匀分布电荷(ρ_{Sa})时,在接地的外导体内表面应产生等量异号的感应电荷(设外导体内表面电荷密度为 ρ_{Sb},则应有 $2\pi a\rho_{Sa}=-2\pi b\rho_{Sb}$);另由圆柱对称性,$\boldsymbol{E}$ 仅与内导体上的电荷有关,而内导体的面电荷可等效为沿轴线分布的线电荷(线密度为 $\rho_l=2\pi a\rho_{Sa}$,由电场的高斯定理可得 $\boldsymbol{E}=\hat{\boldsymbol{\rho}}\dfrac{\rho_l}{2\pi\varepsilon\rho}$),由此可见,由 $\boldsymbol{D}$ 的法向分量条件而得到的 ρ_{Sa} 和 ρ_{Sb} 是合理的。

(3) 验证坡印亭定理。由于沿线无损耗,所以负载电阻 R 得到的功率为

$$P_R=I_0U_0$$

$z=0$ 处电压源输入到同轴线系统的功率为

$$P_{\text{in}}=I_0U_0$$

由于同轴线系统中的电场能量及磁场能量与时间无关(稳态情况),故有

$$P_{\text{in}}=P_R$$

但是,源的功率由什么途径传给负载呢?这个问题可由坡印亭定理得到满意的解释。

沿线任意横截面($a\leqslant\rho\leqslant b,0\leqslant z\leqslant L$)上,皆有

$$\boldsymbol{S}=\boldsymbol{E}\times\boldsymbol{H}=\left[\hat{\boldsymbol{\rho}}\frac{U_0}{\rho\ln(b/a)}\right]\times\left[\hat{\boldsymbol{\varphi}}\frac{I_0}{2\pi\rho}\right]=\hat{\boldsymbol{z}}\frac{I_0U_0}{2\pi\rho^2\ln(b/a)}$$

易见,在内、外导体之间的区域内,有电磁功率沿 $\hat{\boldsymbol{z}}$ 方向由源向负载流动(传输),其面密度由 $\boldsymbol{S}$ 给出,总的传输功率应为 $\boldsymbol{S}$ 在横截面($a\leqslant\rho\leqslant b$)上的面积分(面元为 $\mathrm{d}\boldsymbol{S}=$

$\hat{z}\rho\mathrm{d}\rho\mathrm{d}\varphi$)，即

$$\int_0^{2\pi}\mathrm{d}\varphi\int_a^b \boldsymbol{S}\cdot\hat{z}\rho\mathrm{d}\rho = I_0U_0$$

把面积分的积分面移到电磁功率的唯一入口($z=0, 0\leqslant\varphi\leqslant 2\pi, a\leqslant\rho\leqslant b, \boldsymbol{S}\neq 0$，在本系统的界面的 S 的其他部位，$\boldsymbol{S}\cdot\hat{\boldsymbol{n}}=0$)处，即得

$$P_{\mathrm{in}} = \oiint_S \boldsymbol{S}\cdot\mathrm{d}\boldsymbol{S} = I_0U_0 = P_R$$

由于系统无传输损耗，且电、磁能量与时间无关，因此，进入系统的电磁功率全部由负载所得。

需要指出：实用的同轴线系统其内、外导体总要有一定的损耗(非理想导体)，这时，导体内部有轴向电场，导体表面($\rho=a$ 及 $\rho=b$)处将存在切向(轴向)电场分量，从而导致坡印亭矢量除具有轴向分量外，还产生一定的横向分量(代表总输入功率的一部分将进入导体区域以补偿导体的损耗)，此横向分量的大小取决于导体损耗的大小。

2.5　正弦电磁场的复域研究方法

一、引　言

在时变情况下，场、源各量均为四维时空坐标(x,y,z,t)的函数[见 M 组式(2-1)～式(2-6)]。在某些情况(如正弦电磁场)下，经适当变换可把四维时空变量的 M 组变成三维位置坐标变量的 M 组，从而简化计算。

在通信工程中，场、源各量多是时间的正弦函数(称为正弦电磁场或时谐电磁场)，或经过傅里叶变换表示成正弦电磁场的线性叠加。研究正弦电磁场是本书的主要内容。

二、复域量

1. 复数的定义

如图 2.7 所示，在复平面内可定义复数 $\dot{Z}$ 为

$$\dot{Z} = x + \mathrm{j}y \quad (\mathrm{j} = \sqrt{-1})$$

复数的辐角为

$$\varphi = \arctan\frac{y}{x}$$

复数的模为

$$|\dot{Z}| = (x^2+y^2)^{1/2}$$

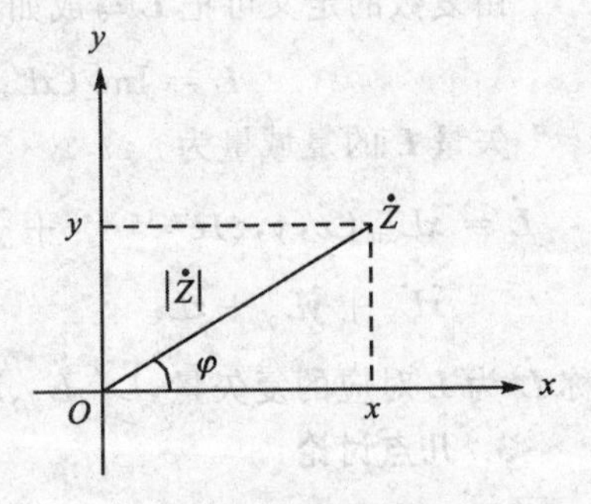

图 2.7　复平面

复数的实部为

$$x = |\dot{Z}| \cos\varphi = \mathrm{Re}[\dot{Z}]$$

复数的虚部为

$$y = |\dot{Z}| \sin\varphi = \mathrm{Im}[\dot{Z}]$$

复数的共轭为

$$\dot{Z}^* = x - \mathrm{j}y$$

复数的3种(等价)表示方法为

$$\dot{Z} = x + \mathrm{j}y \qquad (\text{定义法})$$

$$\dot{Z} = |\dot{Z}| (\cos\varphi + \mathrm{j}\sin\varphi) \qquad (\text{三角函数法})$$

$$\dot{Z} = |\dot{Z}| \mathrm{e}^{\mathrm{j}\varphi} \qquad (\text{指数法})$$

2. 复域量的定义

随时间作正弦变化的标量可以表示成

$$\phi(x,y,z,t) = \phi_{\mathrm{m}}(x,y,z)\sin[\omega t + \varphi(x,y,z)] \tag{2-26}$$

式中:ϕ_{m} 为振幅,φ 为初相位,ω 为角频率,它们均与时间无关。

由复数的定义可把 ϕ 写成如下形式

$$\phi = \mathrm{Im}[\phi_{\mathrm{m}}\mathrm{e}^{\mathrm{j}(\omega t+\varphi)}] = \mathrm{Im}[\phi_{\mathrm{m}}\mathrm{e}^{\mathrm{j}\varphi}\mathrm{e}^{\mathrm{j}\omega t}] \tag{2-27a}$$

标量 ϕ 的复域量为

$$\dot{\phi}(x,y,z) = \phi_{\mathrm{m}}(x,y,z)\mathrm{e}^{\mathrm{j}\varphi(x,y,z)} \tag{2-28}$$

随时间作正弦变化的矢量可以表示成

$$\begin{aligned}\boldsymbol{L} = \hat{\boldsymbol{x}}L_x + \hat{\boldsymbol{y}}L_y + \hat{\boldsymbol{z}}L_z = \hat{\boldsymbol{x}}L_{x\mathrm{m}}(x,y,z)\sin[\omega t + \varphi_x(x,y,z)] + \\ \hat{\boldsymbol{y}}L_{y\mathrm{m}}(x,y,z)\sin[\omega t + \varphi_y(x,y,z)] + \hat{\boldsymbol{z}}L_{z\mathrm{m}}(x,y,z)\sin[\omega t + \varphi_z(x,y,z)]\end{aligned} \tag{2-29}$$

由复数的定义可把 $\boldsymbol{L}$ 写成如下形式

$$\boldsymbol{L} = \mathrm{Im}[(\hat{\boldsymbol{x}}L_{x\mathrm{m}}\mathrm{e}^{\mathrm{j}\varphi_x} + \hat{\boldsymbol{y}}L_{y\mathrm{m}}\mathrm{e}^{\mathrm{j}\varphi_y} + \hat{\boldsymbol{z}}L_{z\mathrm{m}}\mathrm{e}^{\mathrm{j}\varphi_z})\mathrm{e}^{\mathrm{j}\omega t}] \tag{2-30a}$$

矢量 $\boldsymbol{L}$ 的复域量为

$$\begin{aligned}\dot{\boldsymbol{L}} = \hat{\boldsymbol{x}}L_{x\mathrm{m}}(x,y,z)\mathrm{e}^{\mathrm{j}\varphi_x(x,y,z)} + \hat{\boldsymbol{y}}L_{y\mathrm{m}}(x,y,z)\mathrm{e}^{\mathrm{j}\varphi_y(x,y,z)} + \hat{\boldsymbol{z}}L_{z\mathrm{m}}(x,y,z)\mathrm{e}^{\mathrm{j}\varphi_z(x,y,z)} = \\ \hat{\boldsymbol{x}}\dot{L}_x + \hat{\boldsymbol{y}}\dot{L}_y + \hat{\boldsymbol{z}}\dot{L}_z\end{aligned} \tag{2-31}$$

称 $\dot{\boldsymbol{L}}$ 为 $\boldsymbol{L}$ 对应的复矢量,$\dot{L}_x$、$\dot{L}_y$、$\dot{L}_z$ 为复矢量 $\dot{\boldsymbol{L}}$ 的复分量。

3. 几点讨论

① ϕ 与 $\dot{\phi}$,$\boldsymbol{L}$ 与 $\dot{\boldsymbol{L}}$,可视为实(时)域量与复(频)域量的"变换对",其变换关系为

$$\phi = \mathrm{Im}[\dot{\phi}\mathrm{e}^{\mathrm{j}\omega t}] \tag{2-27b}$$

$$\boldsymbol{L} = \mathrm{Im}[\dot{\boldsymbol{L}}\mathrm{e}^{\mathrm{j}\omega t}] \tag{2-30b}$$

利用上述关系式可由实域量求得复域量，或反之。

② $\dot{\phi}$、$\dot{\boldsymbol{L}}$ 仅是三维位置坐标的函数。

③ $\dot{\boldsymbol{L}}$ 是复域中的矢量，复矢量的和、数乘、点积、矢积、散度及旋度等运算的方法与实域中的矢量运算方法相同。但要注意：复矢量不同于实域中的矢量（复矢量不满足平行四边形法则），它仅仅是为简化计算而引入的“中间量”。

④ 规定

$$|\dot{\boldsymbol{L}}| = (\dot{\boldsymbol{L}} \cdot \dot{\boldsymbol{L}}^*)^{1/2} = (L_{xm}^2 + L_{ym}^2 + L_{zm}^2)^{1/2} \text{—— 实模}$$

$$\dot{L} = (\dot{\boldsymbol{L}} \cdot \dot{\boldsymbol{L}})^{1/2} = (\dot{L}_x^2 + \dot{L}_y^2 + \dot{L}_z^2)^{1/2} \text{—— 复模}$$

⑤ 同频率正弦量在实域与在复域中的线性运算等价。

设 f_1 与 f_2 为非时变量，则有

$$f_1\phi_1(\omega) + f_2\phi_2(\omega) = \mathrm{Im}[(f_1\dot{\phi}_1 + f_2\dot{\phi}_2)\mathrm{e}^{\mathrm{j}\omega t}]$$

$$f_1\boldsymbol{L}_1(\omega) + f_2\boldsymbol{L}_2(\omega) = \mathrm{Im}[(f_1\dot{\boldsymbol{L}}_1 + f_2\dot{\boldsymbol{L}}_2)\mathrm{e}^{\mathrm{j}\omega t}]$$

⑥ 在实域与复域中的非线性运算及不同频率的线性运算均不等价。

三、复域中的麦克斯韦方程组（复域 M 组）

1. 某些有用的“变换对”

$$\frac{\partial\phi}{\partial t} = \frac{\partial}{\partial t}\mathrm{Im}[\dot{\phi}\mathrm{e}^{\mathrm{j}\omega t}] = \mathrm{Im}[\mathrm{j}\omega\dot{\phi}\mathrm{e}^{\mathrm{j}\omega t}]$$

即

$$\frac{\partial\phi}{\partial t} \leftrightarrow \mathrm{j}\omega\dot{\phi} \quad \left(\frac{\partial\phi}{\partial t}\text{ 的复域量为 }\mathrm{j}\omega\dot{\phi}\right)$$

$$\nabla\phi = \nabla\mathrm{Im}[\dot{\phi}\mathrm{e}^{\mathrm{j}\omega t}] = \mathrm{Im}[(\nabla\dot{\phi})\mathrm{e}^{\mathrm{j}\omega t}]$$

即 $\nabla\phi$ 的复域量为 $\nabla\dot{\phi}$（$\nabla\phi \leftrightarrow \nabla\dot{\phi}$）。

同理可得

$$\nabla\cdot\boldsymbol{L} \leftrightarrow \nabla\cdot\dot{\boldsymbol{L}}, \quad \nabla\times\boldsymbol{L} \leftrightarrow \nabla\times\dot{\boldsymbol{L}}$$

2. 复域 M 组

在场源各量均一阶连续可微时，由微分形式的 M 组可推得复域 M 组

$$\nabla\times\dot{\boldsymbol{E}} = -\mathrm{j}\omega\dot{\boldsymbol{B}} \tag{2-32}$$

$$\nabla\times\dot{\boldsymbol{H}} = \dot{\boldsymbol{J}} + \mathrm{j}\omega\dot{\boldsymbol{D}} \tag{2-33}$$

$$\nabla\cdot\dot{\boldsymbol{D}} = \dot{\rho}_V \tag{2-34}$$

$$\nabla\cdot\dot{\boldsymbol{B}} = 0 \tag{2-35}$$

$$\nabla\cdot\dot{\boldsymbol{J}} = -\mathrm{j}\omega\dot{\rho}_V \tag{2-36}$$

组成关系为

$$\dot{\boldsymbol{D}}=\varepsilon\dot{\boldsymbol{E}},\quad \dot{\boldsymbol{B}}=\mu\dot{\boldsymbol{H}},\quad \dot{\boldsymbol{J}}=\sigma\dot{\boldsymbol{E}}$$

易见,复域 M 组仅包含三维(位置)变量,较实域 M 组简单。求解正弦电磁场时,应先在复域内进行,解出复域场量后再变换到实域中。

四、复域中电磁场的边界条件(复边界条件)

由式(2-21)~式(2-25),可推得复边界条件为

$$\hat{\boldsymbol{n}}\times(\dot{\boldsymbol{E}}_1-\dot{\boldsymbol{E}}_2)=0 \tag{2-37}$$

$$\hat{\boldsymbol{n}}\times(\dot{\boldsymbol{H}}_1-\dot{\boldsymbol{H}}_2)=\dot{\boldsymbol{J}}_S \tag{2-38}$$

$$\hat{\boldsymbol{n}}\cdot(\dot{\boldsymbol{D}}_1-\dot{\boldsymbol{D}}_2)=\dot{\rho}_S \tag{2-39}$$

$$\hat{\boldsymbol{n}}\cdot(\dot{\boldsymbol{B}}_1-\dot{\boldsymbol{B}}_2)=0 \tag{2-40}$$

$$\hat{\boldsymbol{n}}\cdot(\dot{\boldsymbol{J}}_1-\dot{\boldsymbol{J}}_2)=-\mathrm{j}\omega\dot{\rho}_S \tag{2-41}$$

式中:$\hat{\boldsymbol{n}}$为两种物质分界面(由区域Ⅱ指向区域Ⅰ)的法向单位矢量。

五、坡印亭矢量的时间平均值

1. 复域坡印亭矢量 $\dot{\boldsymbol{S}}$

$$\dot{\boldsymbol{S}}=\frac{1}{2}\dot{\boldsymbol{E}}\times\dot{\boldsymbol{H}}^* \tag{2-42}$$

式(2-42)定义的坡印亭矢量与实域中的坡印亭矢量不是"变换对"(两正弦量的矢积是非线性运算),即

$$\boldsymbol{S}\neq\mathrm{Im}[\dot{\boldsymbol{S}}\mathrm{e}^{\mathrm{j}\omega t}]$$

2. 坡印亭矢量的时间平均值

工程中,常需计算坡印亭矢量的时间平均值$<\boldsymbol{S}>$。其原因之一,$<\boldsymbol{S}>$代表有用电磁功率(也称为实电磁功率)的传输情况,同时描述信号的传输状况;原因之二,平均值是可测量。计算$<\boldsymbol{S}>$有两种方法。

【方法Ⅰ】在实域中计算

$$<\boldsymbol{S}>=\frac{1}{T}\int_0^T\boldsymbol{S}(t)\mathrm{d}t=\frac{1}{T}\int_0^T\boldsymbol{E}(t)\times\boldsymbol{H}(t)\mathrm{d}t \tag{2-43}$$

式中:$T=\dfrac{2\pi}{\omega}$为正弦电磁场的周期。

【方法Ⅱ】在复域中计算

$$<\boldsymbol{S}>=\mathrm{Re}[\dot{\boldsymbol{S}}]=\mathrm{Re}\left[\frac{1}{2}\dot{\boldsymbol{E}}\times\dot{\boldsymbol{H}}^*\right] \tag{2-44}$$

下面对式(2-44)进行证明。

一般情况下,有

$$\boldsymbol{E}=\hat{\boldsymbol{x}}E_{x\mathrm{m}}\sin(\omega t+\varphi_x)+\hat{\boldsymbol{y}}E_{y\mathrm{m}}\sin(\omega t+\varphi_y)+\hat{\boldsymbol{z}}E_{z\mathrm{m}}\sin(\omega t+\varphi_z)=\hat{\boldsymbol{x}}E_x+\hat{\boldsymbol{y}}E_y+\hat{\boldsymbol{z}}E_z$$

$$\dot{\boldsymbol{E}} = \hat{\boldsymbol{x}}E_{xm}e^{j\varphi_x} + \hat{\boldsymbol{y}}E_{ym}e^{j\varphi_y} + \hat{\boldsymbol{z}}E_{zm}e^{j\varphi_z} = \hat{\boldsymbol{x}}\dot{E}_x + \hat{\boldsymbol{y}}\dot{E}_y + \hat{\boldsymbol{z}}\dot{E}_z$$

$$\boldsymbol{H} = \hat{\boldsymbol{x}}H_{xm}\sin(\omega t + \varphi_x') + \hat{\boldsymbol{y}}H_{ym}\sin(\omega t + \varphi_y') + \hat{\boldsymbol{z}}H_{zm}\sin(\omega t + \varphi_z') = \hat{\boldsymbol{x}}H_x + \hat{\boldsymbol{y}}H_y + \hat{\boldsymbol{z}}H_z$$

$$\dot{\boldsymbol{H}} = \hat{\boldsymbol{x}}H_{xm}e^{j\varphi_x'} + \hat{\boldsymbol{y}}H_{ym}e^{j\varphi_y'} + \hat{\boldsymbol{z}}H_{zm}e^{j\varphi_z'} = \hat{\boldsymbol{x}}\dot{H}_x + \hat{\boldsymbol{y}}\dot{H}_y + \hat{\boldsymbol{z}}\dot{H}_z$$

$$\boldsymbol{S} = \boldsymbol{E} \times \boldsymbol{H} = \hat{\boldsymbol{x}}S_x + \hat{\boldsymbol{y}}S_y + \hat{\boldsymbol{z}}S_z$$

$$\begin{aligned}S_x = E_yH_z - E_zH_y = {} & E_{ym}H_{zm}\sin(\omega t + \varphi_y)\sin(\omega t + \varphi_z') - \\ & E_{zm}H_{ym}\sin(\omega t + \varphi_z)\sin(\omega t + \varphi_y') = \\ & \frac{1}{2}\{E_{ym}H_{zm}[\cos(\varphi_y - \varphi_z') - \cos(2\omega t + \varphi_y + \varphi_z')] - \\ & E_{zm}H_{ym}[\cos(\varphi_z - \varphi_y') - \cos(2\omega t + \varphi_z + \varphi_y')]\}\end{aligned}$$

$$\begin{aligned}< S_x > = {} & \frac{1}{T}\int_0^T S_x\,\mathrm{d}t\bigg|_{T=\frac{2\pi}{\omega}} = \frac{1}{2}[E_{ym}H_{zm}\cos(\varphi_y - \varphi_z') - E_{zm}H_{ym}\cos(\varphi_z - \varphi_y')] = \\ & \frac{1}{2}\mathrm{Re}[E_{ym}H_{zm}e^{j(\varphi_y - \varphi_z')} - E_{zm}H_{ym}e^{j(\varphi_z - \varphi_y')}] = \\ & \frac{1}{2}\mathrm{Re}[(E_{ym}e^{j\varphi_y})(H_{zm}e^{j\varphi_z'})^* - (E_{zm}e^{j\varphi_z})(H_{ym}e^{j\varphi_y'})^*] = \\ & \frac{1}{2}\mathrm{Re}[\dot{E}_y\dot{H}_z^* - \dot{E}_z\dot{H}_y^*]\end{aligned}$$

同理可得

$$< S_y > = \frac{1}{2}\mathrm{Re}[\dot{E}_z\dot{H}_x^* - \dot{E}_x\dot{H}_z^*]$$

$$< S_z > = \frac{1}{2}\mathrm{Re}[\dot{E}_x\dot{H}_y^* - \dot{E}_y\dot{H}_x^*]$$

$$< \boldsymbol{S} > = \frac{1}{T}\int_0^T \boldsymbol{S}\mathrm{d}t = \hat{\boldsymbol{x}} < S_x > + \hat{\boldsymbol{y}} < S_y > + \hat{\boldsymbol{z}} < S_z > = \mathrm{Re}\left[\frac{1}{2}\dot{\boldsymbol{E}} \times \dot{\boldsymbol{H}}^*\right] = \mathrm{Re}[\dot{\boldsymbol{S}}]$$

【注】以后如不特殊强调，本书均研究正弦电磁场，在复域中研究时，复域量上边不再加“点”，当实域量与复域量同时出现时，实域量标出自变量 t，如：$\boldsymbol{E}$ 表示复域量，$\boldsymbol{E}(t)$ 表示实域量。

【例 2-2】已知三组电磁波的电磁场强度实域量为

$$\boldsymbol{E}_1(t) = \hat{\boldsymbol{x}}E_{01}\sin(\omega t - kz)$$

$$\boldsymbol{E}_2(t) = \hat{\boldsymbol{y}}E_{02}\cos(\omega t - kz)$$

$$\boldsymbol{E}_3(t) = \hat{\boldsymbol{x}}E_{03}\sin(\omega' t - k' z)$$

式中：E_{01}、E_{02}、E_{03} 为实常量，$\omega \neq \omega'$，$k \neq k'$。求：

(1) 各电场对应的复矢量；

(2) $\boldsymbol{E}_1(t) + \boldsymbol{E}_2(t)$；

(3) $\boldsymbol{E}_1(t) + \boldsymbol{E}_3(t)$；

(4) 第一组电磁波对应的实域及复域中的磁场强度；

(5) $\boldsymbol{S}_1(t)=\boldsymbol{E}_1(t)\times\boldsymbol{H}_1(t)$。

【解】(1)$\boldsymbol{E}_1=\hat{\boldsymbol{x}}E_{01}\mathrm{e}^{-\mathrm{j}kz}$

$\boldsymbol{E}_2=\hat{\boldsymbol{y}}E_{02}\mathrm{e}^{-\mathrm{j}(kz-\frac{\pi}{2})}=\hat{\boldsymbol{y}}\mathrm{j}E_{02}\mathrm{e}^{-\mathrm{j}kz}$

$\boldsymbol{E}_3=\hat{\boldsymbol{x}}E_{03}\mathrm{e}^{-\mathrm{j}k'z}$

(2)［方法Ⅰ］实域相加。

$$\boldsymbol{E}_1(t)+\boldsymbol{E}_2(t)=[\hat{\boldsymbol{x}}E_{01}\sin(\omega t-kz)]+[\hat{\boldsymbol{y}}E_{02}\cos(\omega t-kz)]$$

［方法Ⅱ］因属同频线性运算，可先在复域相加再变换到实域。

$$\boldsymbol{E}_1+\boldsymbol{E}_2=(\hat{\boldsymbol{x}}E_{01}+\hat{\boldsymbol{y}}E_{02})\mathrm{e}^{-\mathrm{j}kz}$$

$$\boldsymbol{E}_1(t)+\boldsymbol{E}_2(t)=\mathrm{Im}[(\boldsymbol{E}_1+\boldsymbol{E}_2)\mathrm{e}^{\mathrm{j}\omega t}]=\hat{\boldsymbol{x}}E_{01}\sin(\omega t-kz)+\hat{\boldsymbol{y}}E_{02}\cos(\omega t-kz)$$

(3) 因属不同频率($\omega\neq\omega'$)的线性运算，只能在实域进行。

$$\boldsymbol{E}_1(t)+\boldsymbol{E}_3(t)=\hat{\boldsymbol{x}}[E_{01}\sin(\omega t-kz)+E_{03}\sin(\omega' t-k'z)]$$

(4) 求 $\boldsymbol{H}_1$ 及 $\boldsymbol{H}_1(t)$。比较简单的方法为：先在复域求 $\boldsymbol{H}_1$，再经变换得 $\boldsymbol{H}_1(t)$。由式(2-32)，得

$$\boldsymbol{H}_1=\frac{\boldsymbol{B}_1}{\mu}=\frac{\nabla\times\boldsymbol{E}_1}{-\mathrm{j}\omega\mu}=\frac{\hat{\boldsymbol{y}}}{-\mathrm{j}\omega\mu}\frac{\partial}{\partial z}(E_{01}\mathrm{e}^{-\mathrm{j}kz})=\frac{\hat{\boldsymbol{y}}k}{\omega\mu}E_{01}\mathrm{e}^{-\mathrm{j}kz}$$

$$\boldsymbol{H}_1(t)=\mathrm{Im}[\boldsymbol{H}_1\mathrm{e}^{\mathrm{j}\omega t}]=\mathrm{Im}\left[\frac{\hat{\boldsymbol{y}}k}{\omega\mu}E_{01}\mathrm{e}^{\mathrm{j}(\omega t-kz)}\right]=\hat{\boldsymbol{y}}\frac{k}{\omega\mu}E_{01}\sin(\omega t-kz)$$

(5) 因属正弦量之间的非线性运算，故只能在实域中进行。

$$\boldsymbol{S}_1(t)=\boldsymbol{E}_1(t)\times\boldsymbol{H}_1(t)=[\hat{\boldsymbol{x}}E_{01}\sin(\omega t-kz)]\times\left[\hat{\boldsymbol{y}}\frac{k}{\omega\mu}E_{01}\sin(\omega t-kz)\right]=\hat{\boldsymbol{z}}\frac{k}{\omega\mu}E_{01}^2\sin^2(\omega t-kz)$$

【例 2-3】如图 2.8 所示，两无限大理想导体平板相距 d，在两板之间存在正弦电磁波，其电场强度为

$$\boldsymbol{E}(t)=\hat{\boldsymbol{y}}\sin\frac{\pi x}{d}\cos(\omega t-kz)$$

试求：(1) 磁场强度 $\boldsymbol{H}(t)$；

(2) 坡印亭矢量 $\boldsymbol{S}(t)$ 及其平均值 $\langle\boldsymbol{S}\rangle$；

(3) 导体表面的面电流分布。

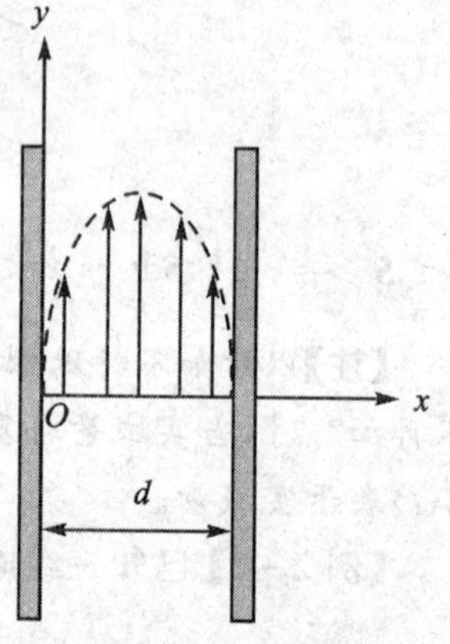

图 2.8　平行板波导

【解】(1)电场强度的复域量为

$$\boldsymbol{E}=\hat{\boldsymbol{y}}\mathrm{j}\sin\frac{\pi x}{d}\mathrm{e}^{-\mathrm{j}kz}$$

由 $\nabla\times\boldsymbol{E}=-\mathrm{j}\omega\mu\boldsymbol{H}$，知

$$\boldsymbol{H}=\frac{1}{-\mathrm{j}\omega\mu}\nabla\times\boldsymbol{E}=\frac{1}{-\mathrm{j}\omega\mu}\left(-\hat{\boldsymbol{x}}\frac{\partial E_y}{\partial z}+\hat{\boldsymbol{z}}\frac{\partial E_y}{\partial x}\right)=\left(-\hat{\boldsymbol{x}}\frac{\mathrm{j}k}{\omega\mu}\sin\frac{\pi x}{d}-\hat{\boldsymbol{z}}\frac{\pi}{\omega\mu d}\cos\frac{\pi x}{d}\right)\mathrm{e}^{-\mathrm{j}kz}$$

$$\boldsymbol{H}(t)=\mathrm{Im}[\boldsymbol{H}\mathrm{e}^{\mathrm{j}\omega t}]=\left[-\hat{\boldsymbol{x}}\frac{k}{\omega\mu}\sin\frac{\pi x}{d}\cos(\omega t-kz)-\hat{\boldsymbol{z}}\frac{\pi}{\omega\mu d}\cos\frac{\pi x}{d}\sin(\omega t-kz)\right]$$

(2) $\boldsymbol{S}(t)=\boldsymbol{E}(t)\times\boldsymbol{H}(t)=\left[\hat{\boldsymbol{z}}\frac{k}{\omega\mu}\sin^2\left(\frac{\pi x}{d}\right)\cos^2(\omega t-kz)-\hat{\boldsymbol{x}}\frac{\pi}{4\omega\mu d}\sin\frac{2\pi x}{d}\sin2(\omega t-kz)\right]$

$\boldsymbol{S}$ 的平均值有 2 种求法：

[方法 1]

$$<\boldsymbol{S}>=\frac{1}{T}\int_0^T\boldsymbol{S}(t)\mathrm{d}t\Big|_{T=\frac{2\pi}{\omega}}=\hat{\boldsymbol{z}}\frac{k}{2\omega\mu}\sin^2\left(\frac{\pi x}{d}\right)$$

[方法 2]　复域坡印亭矢量为

$$\boldsymbol{S}=\frac{1}{2}\boldsymbol{E}\times\boldsymbol{H}^*=\hat{\boldsymbol{z}}\frac{k}{2\omega\mu}\sin^2\left(\frac{\pi x}{d}\right)-\hat{\boldsymbol{x}}\frac{\mathrm{j}\pi}{4\omega\mu d}\sin\left(\frac{2\pi x}{d}\right)$$

$$<\boldsymbol{S}>=\mathrm{Re}[\boldsymbol{S}]=\hat{\boldsymbol{z}}\frac{k}{2\omega\mu}\sin^2\left(\frac{\pi x}{d}\right)$$

(3) $x=0$ 板面电流分布

$$\boldsymbol{J}_S=\hat{\boldsymbol{x}}\times\boldsymbol{H}\big|_{x=0}=\hat{\boldsymbol{y}}\frac{\pi}{\omega\mu d}\mathrm{e}^{-\mathrm{j}kz}$$

$$\boldsymbol{J}_S(t)=\mathrm{Im}[\boldsymbol{J}_S\mathrm{e}^{\mathrm{j}\omega t}]=\hat{\boldsymbol{y}}\frac{\pi}{\omega\mu d}\sin(\omega t-kz)$$

$x=d$ 板面电流分布

$$\boldsymbol{J}_S=-\hat{\boldsymbol{x}}\times\boldsymbol{H}\big|_{x=d}=\hat{\boldsymbol{y}}\frac{\pi}{\omega\mu d}\mathrm{e}^{-\mathrm{j}kz}$$

$$\boldsymbol{J}_S(t)=\mathrm{Im}[\boldsymbol{J}_S\mathrm{e}^{\mathrm{j}\omega t}]=\hat{\boldsymbol{y}}\frac{\pi}{\omega\mu d}\sin(\omega t-kz)$$

此例的计算结果表明，在平行板间有实电磁功率沿 $\hat{z}$ 方向传输。平行板起了引导电磁波的(功率)传输的作用，故称该系统为平行板波导。

2.6　时变电磁场的唯一性定理

一、引　言

求解时变电磁场时，需求解麦克斯韦方程组，这就涉及解的唯一性问题。通过求解 M 组而得到的解是否唯一？在什么条件下才是唯一的？这就是时变电磁场的唯一性定理所要回答的问题。

二、定理的内容

若在体积 V(界面 S)上，时变电磁场 $\boldsymbol{E}(t)$、$\boldsymbol{H}(t)$满足如下条件：

(1) $t\geqslant 0$ 时,在 S 上给定 $\boldsymbol{E}(t)$ 或 $\boldsymbol{H}(t)$ 的切向分量 $\boldsymbol{E}^{\tau}$ 或 $\boldsymbol{H}^{\tau}$(边值条件);

(2) $t=0$ 时刻,在 V 内给定 $\boldsymbol{E}(t)$ 与 $\boldsymbol{H}(t)$ 的值[$\boldsymbol{E}(t=0)=\boldsymbol{E}_0$ 与 $\boldsymbol{H}(t=0)=\boldsymbol{H}_0$](初值条件);

(3) 在 V 上给定电荷与电流分布(源条件)。

则有结论:V 内的电磁场是唯一的。

三、证明(用反证法在实域中证明)

假设 V 内有两组时变电磁场的解($\boldsymbol{E}_1$、$\boldsymbol{H}_1$)和($\boldsymbol{E}_2$,$\boldsymbol{H}_2$)都满足(同样的)定理条件,即:在 $t\geqslant 0$ 时,S 上有 $\boldsymbol{E}_1^{\tau}=\boldsymbol{E}_2^{\tau}$ 或 $\boldsymbol{H}_1^{\tau}=\boldsymbol{H}_2^{\tau}$;在 $t=0$ 时刻,V 内有 $\boldsymbol{E}_1=\boldsymbol{E}_2=\boldsymbol{E}_0$ 与 $\boldsymbol{H}_1=\boldsymbol{H}_2=\boldsymbol{H}_0$;两组场对应的源分布相同($\boldsymbol{J}_1=\boldsymbol{J}_2$,$\rho_{V_1}=\rho_{V_2}$)。

令 $\boldsymbol{E}=\boldsymbol{E}_1-\boldsymbol{E}_2$,$\boldsymbol{H}=\boldsymbol{H}_1-\boldsymbol{H}_2$,则($\boldsymbol{E}$,$\boldsymbol{H}$)应满足如下条件:$t\geqslant 0$ 时,S 上有 $\boldsymbol{E}^{\tau}=0$ 或 $\boldsymbol{H}^{\tau}=0$;$t=0$ 时刻,V 内有 $\boldsymbol{E}(t=0)=0$ 与 $\boldsymbol{H}(t=0)=0$;$\boldsymbol{E}$、$\boldsymbol{H}$ 在 V 内无源,即

$$\nabla\times\boldsymbol{H}=\varepsilon\frac{\partial\boldsymbol{E}}{\partial t},\quad \nabla\times\boldsymbol{E}=-\mu\frac{\partial\boldsymbol{H}}{\partial t},\quad \nabla\cdot\boldsymbol{E}=0,\quad \nabla\cdot\boldsymbol{H}=0$$

$$-\nabla\cdot(\boldsymbol{E}\times\boldsymbol{H})=\boldsymbol{E}\cdot\nabla\times\boldsymbol{H}-\boldsymbol{H}\cdot\nabla\times\boldsymbol{E}=\frac{\partial}{\partial t}\left(\frac{1}{2}\mu H^2+\frac{1}{2}\varepsilon E^2\right)$$

上式在体积 V 上积分并应用高斯定理,可得

$$-\oiint_S\boldsymbol{E}\times\boldsymbol{H}\cdot\mathrm{d}\boldsymbol{S}=\frac{\partial}{\partial t}\left[\iiint_V\left(\frac{1}{2}\mu H^2+\frac{1}{2}\varepsilon E^2\right)\mathrm{d}V\right]$$

设 S 的外法向为 $\hat{\boldsymbol{n}}$($\mathrm{d}\boldsymbol{S}=\hat{\boldsymbol{n}}\mathrm{d}S$),则

$$-\oiint_S\boldsymbol{E}\times\boldsymbol{H}\cdot\mathrm{d}\boldsymbol{S}=-\oiint_S(\boldsymbol{E}\times\boldsymbol{H})\cdot\hat{\boldsymbol{n}}\mathrm{d}S$$

式中的被积函数为(利用在 S 上的边值条件)

$$\boldsymbol{E}=\boldsymbol{E}^{\tau}+E_n\hat{\boldsymbol{n}},\quad \boldsymbol{H}=\boldsymbol{H}^{\tau}+H_n\hat{\boldsymbol{n}},\quad (\boldsymbol{E}\times\boldsymbol{H})\cdot\hat{\boldsymbol{n}}=(\boldsymbol{E}^{\tau}\times\boldsymbol{H}^{\tau})\cdot\hat{\boldsymbol{n}}=0$$

从而得

$$-\oiint_S\boldsymbol{E}\times\boldsymbol{H}\cdot\mathrm{d}\boldsymbol{S}=\frac{\partial}{\partial t}\left[\iiint_V\left(\frac{1}{2}\mu H^2+\frac{1}{2}\varepsilon E^2\right)\mathrm{d}V\right]=0$$

即得

$$\iiint_V\left(\frac{1}{2}\mu H^2+\frac{1}{2}\varepsilon E^2\right)\mathrm{d}V=C_0\quad(\text{与时间无关})$$

再利用 $\boldsymbol{E}$、$\boldsymbol{H}$ 的初值条件,可得 $t=0$ 时刻 $C_0=0$,从而知体积分恒为零。

注意到体积分的被积函数非负(电、磁能量密度),最后得

$$H^2=0\text{ 及 }E^2=0$$

即

$$\boldsymbol{E}=0\quad\text{及}\quad\boldsymbol{H}=0$$

$$\boldsymbol{E}_1=\boldsymbol{E}_2\quad\text{及}\quad\boldsymbol{H}_1=\boldsymbol{H}_2$$

2.7 电磁对偶原理

一、引　言

到目前为止，人类一直没有发现磁荷(ρ_M)与磁流($\boldsymbol{J}_M$)的存在。但是，人为地引入磁荷与磁流的概念可以使某些求解电磁场的问题(主要是关于天线理论)得到简化，其理论依据就是电磁对偶原理。

人为地引入磁荷及磁流以后，根据电荷及电流在 M 组中的位置，可以把 M 组(复域)写成对称形式

$$\nabla\times\boldsymbol{E}=-\boldsymbol{J}_M-\mathrm{j}\omega\boldsymbol{B}$$
$$\nabla\times\boldsymbol{H}=\boldsymbol{J}+\mathrm{j}\omega\boldsymbol{D}$$
$$\nabla\cdot\boldsymbol{D}=\rho_V$$
$$\nabla\cdot\boldsymbol{B}=\rho_M$$

式中：$\rho_M(t)=\mathrm{Im}[\rho_M e^{\mathrm{j}\omega t}]$为磁荷体密度，单位为 $\mathrm{Wb/m^3}$；$\boldsymbol{J}_M(t)=\mathrm{Im}[\boldsymbol{J}_M e^{\mathrm{j}\omega t}]$为磁流体密度，单位为 $\mathrm{Wb/(s\cdot m^2)}$。

1. 只存在电荷、电流的情况(电源激励)

对应的场量加下标“e”。

(1) M 组

$$\left.\begin{aligned}\nabla\times\boldsymbol{D}_e&=-\mathrm{j}\omega\mu\varepsilon\boldsymbol{H}_e\\\nabla\times\boldsymbol{H}_e&=\boldsymbol{J}+\mathrm{j}\omega\boldsymbol{D}_e\\\nabla\cdot\boldsymbol{D}_e&=\rho_V\\\nabla\cdot\boldsymbol{H}_e&=0\end{aligned}\right\}\tag{2-45}$$

(2) 边界条件($\hat{\boldsymbol{n}}$ 由区域Ⅱ指向区域Ⅰ)

$$\left.\begin{aligned}\hat{\boldsymbol{n}}\times(\boldsymbol{E}_{e1}-\boldsymbol{E}_{e2})&=0\\\hat{\boldsymbol{n}}\times(\boldsymbol{H}_{e1}-\boldsymbol{H}_{e2})&=\boldsymbol{J}_S\\\hat{\boldsymbol{n}}\cdot(\boldsymbol{B}_{e1}-\boldsymbol{B}_{e2})&=0\\\hat{\boldsymbol{n}}\cdot(\boldsymbol{D}_{e1}-\boldsymbol{D}_{e2})&=\rho_S\end{aligned}\right\}\tag{2-46}$$

2. 只存在磁荷、磁流的情况(磁源激励)

对应的场量加下标“m”

(1) M 组

$$\left.\begin{aligned}&\nabla\times(-\boldsymbol{B}_{\mathrm{m}})=-\mathrm{j}\omega\mu\varepsilon\boldsymbol{E}_{\mathrm{m}}\\&\nabla\times\boldsymbol{E}_{\mathrm{m}}=-\boldsymbol{J}_{\mathrm{m}}+\mathrm{j}\omega(-\boldsymbol{B}_{\mathrm{m}})\\&\nabla\cdot(-\boldsymbol{B}_{\mathrm{m}})=-\rho_{\mathrm{M}}\\&\nabla\cdot\boldsymbol{E}_{\mathrm{m}}=0\end{aligned}\right\}\tag{2-47}$$

(2) 边界条件($\hat{\boldsymbol{n}}$ 由区域Ⅱ指向区域Ⅰ)

$$\left.\begin{aligned}&\hat{\boldsymbol{n}}\times(\boldsymbol{E}_{\mathrm{m1}}-\boldsymbol{E}_{\mathrm{m2}})=-\boldsymbol{J}_{\mathrm{MS}}\\&\hat{\boldsymbol{n}}\times(\boldsymbol{H}_{\mathrm{m1}}-\boldsymbol{H}_{\mathrm{m2}})=\boldsymbol{0}\\&\hat{\boldsymbol{n}}\cdot(\boldsymbol{D}_{\mathrm{m1}}-\boldsymbol{D}_{\mathrm{m2}})=0\\&\hat{\boldsymbol{n}}\cdot[(-\boldsymbol{B}_{\mathrm{m1}})-(-\boldsymbol{B}_{\mathrm{m2}})]=-\rho_{\mathrm{MS}}\end{aligned}\right\}\tag{2-48}$$

式中:ρ_{MS}为磁荷面密度;$\boldsymbol{J}_{\mathrm{MS}}$为磁流面密度。

3. 电荷、电流、磁荷、磁流共存情况

由叠加原理可知,总场应为

$$\boldsymbol{E}=\boldsymbol{E}_{\mathrm{e}}+\boldsymbol{E}_{\mathrm{m}}$$
$$\boldsymbol{H}=\boldsymbol{H}_{\mathrm{e}}+\boldsymbol{H}_{\mathrm{m}}$$

4. 对偶量及对偶方程

把式(2-45)与式(2-47)对比可知:如果定义合适的对偶量(如下所述),则电源激励与磁源激励的场具有完全相同的微分方程。

(1) 对偶量的定义

$$\boldsymbol{H}_{\mathrm{e}}\leftrightarrow\boldsymbol{E}_{\mathrm{m}}$$
$$\boldsymbol{D}_{\mathrm{e}}\leftrightarrow-\boldsymbol{B}_{\mathrm{m}}$$
$$\boldsymbol{J}\leftrightarrow-\boldsymbol{J}_{\mathrm{M}}$$
$$\rho_V\leftrightarrow-\rho_{\mathrm{M}}$$

共有 4 对对偶量。

(2) 对偶方程

在上述对偶量定义之后,式(2-45)与式(2-47)即构成对偶方程(两式对偶量相同)。

二、电磁对偶原理

1. 内　容

在国际单位制中,若电源激励与磁源激励按对偶量相等(或差一常数因子),对应的场量的初、边值条件按对偶量相等(或差一常数因子),则两种源产生的电磁场按对偶量相等(或差一常数因子)。

2. 证　明

见参考文献[5]。

3. 解　释

① 对偶原理中所说的按对偶量相等是指数学意义的相等,具体求解之后再给各量以相应的量纲。

② 本定理中的对偶量仅适用于国际单位制。在其他单位制中应另外定义对偶量。

③ 在国际单位制中,对偶量的定义也不唯一。本书所定义的对偶量使得对偶原理具有自身的完备性(求解具体问题时,无须借助其他定理)。

三、电磁对偶原理的应用

在分析缝隙天线及面天线的辐射时,场源可等效为磁流源,磁流源的辐射场求解困难。另一方面,电流源的辐射场可求,由此(利用电磁对偶原理)可求得磁流源的辐射场。

2.8　等效原理

一、内　容

电磁场对源($\boldsymbol{J},\rho_V,\boldsymbol{J}_M,\rho_M$)的作用,可以将源的分布区域 V'的界面 S'上的电场、磁场的切向分量等效成 S'上分布的面电流和面磁流。

二、证　明

如图 2.9(a)所示,设电磁场源分布在 S'所围的区域 V'内,此源在 V'内产生的电磁场为($\boldsymbol{E}_2,\boldsymbol{H}_2$);在 V'外区域产生的电磁场为($\boldsymbol{E}_1,\boldsymbol{H}_1$),$S'$上无面源分布($S'$只需包围全部场源即可)。在 V'的界面 S'上应有

$$\hat{\boldsymbol{n}}\times\boldsymbol{E}_1\big|_{S'}=\hat{\boldsymbol{n}}\times\boldsymbol{E}_2\big|_{S'}$$

$$\hat{\boldsymbol{n}}\times\boldsymbol{H}_1\big|_{S'}=\hat{\boldsymbol{n}}\times\boldsymbol{H}_2\big|_{S'}$$

如图 2.9(b)所示系统,V'内无源、无场,但在 V'的界面 S'上有面源分布($\boldsymbol{J}_S$ 及 $\boldsymbol{J}_{MS}$),此面源在 V'外产生的电磁场为($\boldsymbol{E},\boldsymbol{H}$),并且 $\boldsymbol{J}_S$ 和 $\boldsymbol{J}_{MS}$满足如下关系(在 S'上)。

$$\boldsymbol{J}_S=\hat{\boldsymbol{n}}\times\boldsymbol{H}_2\big|_{S'}$$

$$-\boldsymbol{J}_{MS}=\hat{\boldsymbol{n}}\times\boldsymbol{E}_2\big|_{S'}$$

下面证明图 2.9(a)与图 2.9(b)两系统等价,即 $\boldsymbol{E}_1=\boldsymbol{E},\boldsymbol{H}_1=\boldsymbol{H}$(等价仅限于 V'外区域)。

图 2.9(b)系统在 S'上应满足边界条件

$$\hat{\boldsymbol{n}}\times\boldsymbol{H}\big|_{S'}=\boldsymbol{J}_S=\hat{\boldsymbol{n}}\times\boldsymbol{H}_2\big|_{S'}$$

$$\hat{\boldsymbol{n}}\times\boldsymbol{E}\big|_{S'}=-\boldsymbol{J}_{MS}=\hat{\boldsymbol{n}}\times\boldsymbol{E}_2\big|_{S}'$$

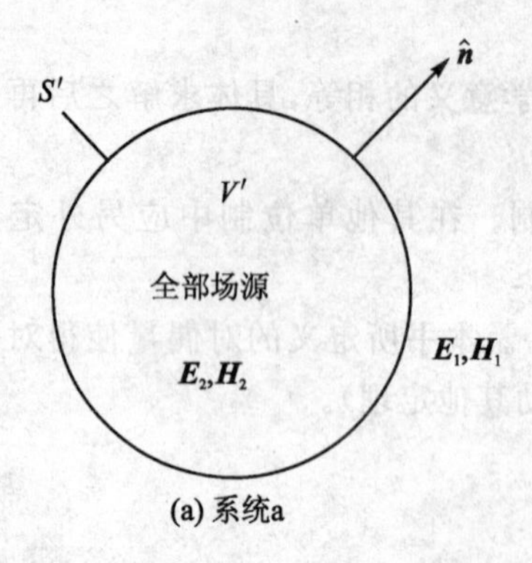

(a) 系统a

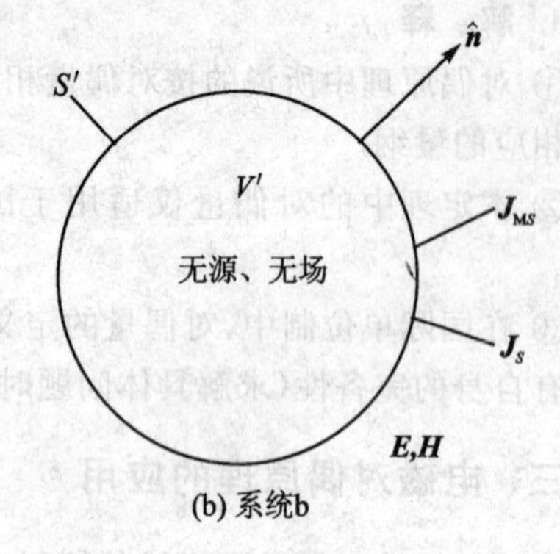

(b) 系统b

图 2.9 等效原理的证明

与图 2.9(a)系统的边界条件对比,得

$$\hat{\boldsymbol{n}}\times\boldsymbol{H}\,|_{S'}=\hat{\boldsymbol{n}}\times\boldsymbol{H}_1\,|_{S'},\quad \hat{\boldsymbol{n}}\times\boldsymbol{E}\,|_{S'}=\hat{\boldsymbol{n}}\times\boldsymbol{E}_1\,|_{S'}$$

即在 S' 上,有 $\boldsymbol{E}^{\tau}=\boldsymbol{E}_1^{\tau}$,$\boldsymbol{H}^{\tau}=\boldsymbol{H}_1^{\tau}$。由于场源分布在有限区域,因此系统 a 与系统 b 在无限远处(S_{∞}上)的场均为零。可知:两系统的场的边界条件相同。

设在 $t=0$ 时刻开始建立两系统,则两系统的场的初值条件同为零。

在两系统所讨论区域(V'的外部)中,源条件同为零。

综之,系统 a 与系统 b 具有相同的边界条件、初值条件及源条件,根据时变电磁场的唯一性定理知:两系统有相同的电磁场。

三、应 用

在分析面天线时,源分布复杂难求,但可求包围源区界面处的电磁场,由等效原理知,复杂难求的场源作用可用源区界面上的面源来等效。如果此面源分布产生的电磁场可求,等效原理即得到了应用。

习 题

2-1 如图 2.10 所示为一均匀带电的介质球壳,其内半径为 a,外半径为 b,球壳上的体电荷密度为 $\rho_V=\rho_0(a\leqslant r\leqslant b)$,介质的 $\varepsilon=4\varepsilon_0$。求以下 3 个区域内的电场强度,$\nabla\times\boldsymbol{E}$ 及 $\nabla\cdot\boldsymbol{D}$。

(1) $r<a$;

(2) $a<r<b$;

(3) $r>b$。

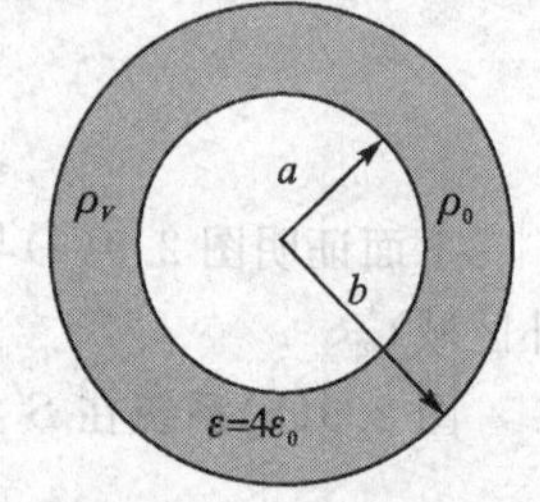

图 2.10 题 2-1 图

2-2 如图 2.6 所示为一同轴线横截面结构[沿轴向(z 轴)结构均匀],内导体半径为 a,载有沿正 z 轴流动的均匀稳恒体电流 I_0;外导体内半径为 b,外半径为 c,载有沿负

z 轴流动的均匀稳恒体电流 I_0。求沿横截面半径(ρ)磁场强度分布(分 $0<\rho<a$，$a<\rho<b$，$b<\rho<c$，$\rho>c$ 共 4 个区域讨论)，并求各区域中的 $\nabla\times\boldsymbol{H}$ 及 $\nabla\cdot\boldsymbol{B}$。

2-3　一块乌云带有负电荷，与地面之间形成一个电场，其场强为 $E=2\ 000$ V/cm。当乌云与地面间发生闪电时，在 1 μs 内将乌云上的电荷全部放走。求此时云下空间的位移电流密度 J_d，并确定位移电流密度的指向。

2-4　一平行板电容器由两块理想导体圆片构成，圆片半径为 a，间距为 $d(d\ll a)$，其间填充漏电介质(ε,μ_0,σ)。设电容器两极板间加正弦电压 $U=U_0\sin\omega t$，试求：

(1) 介质中的电场强度和磁场强度(忽略边缘效应及 $\dfrac{\partial\boldsymbol{B}}{\partial t}$ 对 $\boldsymbol{E}$ 的贡献)；

(2) 介质中的位移电流密度 $\boldsymbol{J}_d$ 及位移电流总值；

(3) 介质中的传导电流密度及传导电流总值。

2-5　将下列矢量的实域量变换为复域量，或做相反的变换：

(1) $\boldsymbol{E}(t)=\hat{\boldsymbol{x}}E_0\sin(\omega t-kz)+\hat{\boldsymbol{y}}3E_0\cos(\omega t-kz)$

(2) $\boldsymbol{E}(t)=\hat{\boldsymbol{x}}\left[E_0\sin\omega t+3E_0\cos\left(\omega t+\dfrac{\pi}{6}\right)\right]$

(3) $\boldsymbol{H}=(\hat{\boldsymbol{x}}+\mathrm{j}\hat{\boldsymbol{y}})\mathrm{e}^{-\mathrm{j}kz}$

(4) $\boldsymbol{H}=-\hat{\boldsymbol{y}}\mathrm{j}H_0\mathrm{e}^{-\mathrm{j}kz\sin\alpha}$

2-6　已知空气区域(ε_0,μ_0)存在的电场强度为 $\boldsymbol{E}(t)=\hat{\boldsymbol{x}}E_0\sin(\omega t-kz)$，求：

(1) 磁场强度 $\boldsymbol{H}(t)$；

(2) 坡印亭矢量 $\boldsymbol{S}(t)$；

(3) 坡印亭矢量的平均值 $\langle\boldsymbol{S}\rangle$。

2-7　设 $x<0$ 区为空气区域(ε_0,μ_0)，$x>0$ 区为理想导体，在 $x<0$ 区存在电磁波，其磁场强度复矢量为 $\boldsymbol{H}=\hat{\boldsymbol{y}}H_0\cos(kx\cos\alpha)\mathrm{e}^{-\mathrm{j}kz\sin\alpha}$。试求：

(1) 电场强度 $\boldsymbol{E}(t)$；

(2) 坡印亭矢量的平均值 $\langle\boldsymbol{S}\rangle$；

(3) 理想导体表面的面电流密度 $\boldsymbol{J}_S(t)$。

2-8　地球接收太阳全部频率的辐射功率面密度的平均值约为 1.4 kW/m^2。求：

(1) 地球接收太阳总功率(设地球半径为 6 367 km)；

(2) 若太阳的辐射是各向同性的，则太阳辐射的总功率为多少(设地球与太阳中心相距约为 1.5×10^8 km)？

2-9　设空气中坐标原点有一个正的点电荷 $q_1=2\times10^{-10}$ C，在 y 轴上 $y=1$ m 处有一个负的点电荷 $q_2=-10^{-9}$ C。试求：点 $P(x=2\text{ m},\ y=2\text{ m},\ z=2\text{ m})$ 处的电场强度 $\boldsymbol{E}$。

2-10　在 $z=0$ 平面两侧分别存在介电常数为 ε_1 和 ε_2 的介质，现于坐标原点放置一个半径 r 为 a，带电量为 q(q 为常量)的导体球，求空间各点的(静态)电场强度。

[提示：在两介质分界面处，电场强度的切向分量连续；在导体球表面($r=a$)，电场只能有法向分量。]

2-11　设 $z<0$ 的空气区域与 $z>0$ 的介质($\mu=\mu_0, \varepsilon=\varepsilon_0\varepsilon_r$)区域中，分别存在的电场强度为 $\boldsymbol{E}_1=E_0(3\hat{\boldsymbol{x}}+5\hat{\boldsymbol{z}})$ 与 $\boldsymbol{E}_2=\hat{\boldsymbol{x}}E_{2x}+\hat{\boldsymbol{z}}E_{2z}$。求：

(1) E_{2x}；

(2) 使 $E_{2z}=E_{2x}$ 的 ε_r 值。

2-12　已知 $z<0$ 的空气区域存在的磁场强度为 $\boldsymbol{H}_1=H_0(\hat{\boldsymbol{y}}+\hat{\boldsymbol{z}})$($H_0$ 为正实常量)，$z>0$ 的磁介质($\varepsilon=\varepsilon_0, \mu=\mu_0\mu_r$)区域中，磁场 $\boldsymbol{H}_2$ 与正 z 轴的夹角为 $\dfrac{\pi}{3}$，求 μ_r 和 $\boldsymbol{H}_2$。

第3章　正弦均匀平面电磁波在自由空间的传播

现代通信的方式(就信道而言)有两种,一种称为无线通信,另一种称为有线通信。在无线通信系统中,调制波经发射天线进入(地球或某飞行器周围的)“大气层”(称为自由空间)中传播,再由接收天线接收。在有线通信系统中,调制波以一定的耦合方式进入传输线中传输,再由接收端接收。在有线通信过程中,已调波在特定的约束下沿一定的方向以一定的模式传输(称为导行波,在本书下篇介绍),本章及第4章研究电磁波在自由空间的传播特性,并且以讨论正弦均匀平面电磁波(SUPW)为主要内容。

3.1　*波动方程*

一、波动的定义及数学描述

1. 波动的定义

在某一过程中,沿某一方向(设为 $\hat{\boldsymbol{n}}$,单位矢量,不一定是常矢量)观察某一现象(或某一量),若在后一位置、后一时刻重复前一位置、前一时刻的行为,则称该现象(或量)为波动现象(或波动量)。

2. 波动量的数学描述

一般来讲,一个波动的标量(ψ)可以表示为

$$\psi = \psi_0(\boldsymbol{R}) f(\hat{\boldsymbol{n}} \cdot \boldsymbol{R} - vt) = \psi_0(\boldsymbol{R}) f(\varphi) \tag{3-1}$$

式中:$\hat{\boldsymbol{n}}$ 为波动传播方向的单位矢量;$\varphi = \hat{\boldsymbol{n}} \cdot \boldsymbol{R} - vt$ 为波动的(广义)相位;v 为相速;$\psi_0(\boldsymbol{R})$ 为波动的振幅;$f(\varphi)$ 为波动因子;$\boldsymbol{R}$ 为观察点(场点)的位置矢径,如图3.1所示。

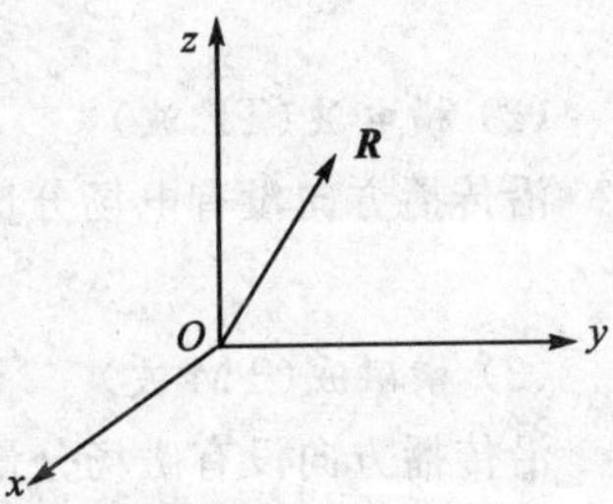

图3.1　波动观察点的矢径

例如设 $\hat{\boldsymbol{n}} = \hat{z}$(波动沿正 z 轴方向传播),一观察者沿 $\hat{z}$ 轴方向移动 $\boldsymbol{R} = \hat{z}z$,则有 $\varphi = \hat{\boldsymbol{n}} \cdot \boldsymbol{R} - vt = z - vt$。

在 t_1 时刻、z_1 位置,相位为 $\varphi = \varphi_1 = z_1 - vt_1$,当观察者以速度 v 沿 $\hat{z}$ 方向由 z_1 点移到 z_2 点时,对应 t_2 时刻(所用时间为 $\Delta t = t_2 - t_1$,移动的距离为 $\Delta z = z_2 - z_1 = v\Delta t$),相位为 $\varphi = \varphi_2 = z_2 - vt_2 = (z_1 + \Delta z) - v(t_1 + \Delta t) = z_1 - vt_1 = \varphi_1$,即 z_2 位置、t_2 时刻的相位等于 z_1 位置、

t_1 时刻的相位。这说明,波动量 ψ 的相位 φ_1 值随观察者一起沿 $\hat{z}$ 轴方向以速度 v 移动,ψ 为沿 $\hat{z}$ 轴方向传播的波动量。

二、波动的分类

(时间固定:$t=t_0$)相位相等的点的集合称为等相位面。

按等相位面的几何形状分类,可分为平面波、球面波和柱面波。

(1) 平面波

等相位面为平面的波称为平面波。

由 $\varphi=\hat{\boldsymbol{n}}\cdot\boldsymbol{R}-vt_0=\varphi_0$,可知 $\hat{\boldsymbol{n}}\cdot\boldsymbol{R}=$常量,欲使该方程表示一个平面方程,必须且仅需令 $\hat{\boldsymbol{n}}$ 为常矢量,此时,$\hat{\boldsymbol{n}}$ 为对应的等相位(平)面的法向。

例如 $\hat{\boldsymbol{n}}=\hat{\boldsymbol{z}}$ 时,表示一个沿 $\hat{\boldsymbol{z}}$ 方向传播的平面波,其等相位面为 $z=z_0$ 的平面。

(2) 球面波

等相位面为球面的波称为球面波。

令 $\hat{\boldsymbol{n}}=\pm\hat{\boldsymbol{r}}$,由 $\varphi=\hat{\boldsymbol{n}}\cdot\boldsymbol{R}-vt_0=\pm r-vt_0=\varphi_0$,可得等相位面方程为 $r=\pm(\varphi_0+vt_0)=r_0$,该方程表示一个球面(球心在坐标原点)。

(3) 柱面波

等相位面为圆柱面的波称为柱面波。

当 $\hat{\boldsymbol{n}}=\pm\hat{\boldsymbol{\rho}}$ 时,等相位面方程可表示为一个圆柱面(以 z 轴为几何对称轴)。

按沿波的传播方向($\hat{\boldsymbol{n}}$)有无电、磁场的分量分类,可分为横电磁波、横电波和横磁波。

(1) 横电磁波(TEM 波)

沿波的传播方向既无电场分量也无磁场分量的波称为横电磁波,即

$$\hat{\boldsymbol{n}}\cdot\boldsymbol{E}=0\text{ 且 }\hat{\boldsymbol{n}}\cdot\boldsymbol{H}=0$$

或

$$\hat{\boldsymbol{n}}\perp\boldsymbol{E}\text{ 且 }\hat{\boldsymbol{n}}\perp\boldsymbol{H}$$

(2) 横电波(TE 波)

沿传播方向没有电场分量,但有磁场分量的波称为横电波,即

$$\hat{\boldsymbol{n}}\cdot\boldsymbol{E}=0\text{ 且 }\hat{\boldsymbol{n}}\cdot\boldsymbol{H}\neq 0$$

(3) 横磁波(TM 波)

沿传播方向没有磁场分量,但有电场分量的波称为横磁波,即

$$\hat{\boldsymbol{n}}\cdot\boldsymbol{H}=0\text{ 且 }\hat{\boldsymbol{n}}\cdot\boldsymbol{E}\neq 0$$

三、电磁场的波动方程

在无源($\rho_V=0,\boldsymbol{J}=0$)的 LIH 介质中,微分形式的 M 组(时域)为

$$\left.\begin{aligned}\nabla\times\boldsymbol{E}&=-\frac{\partial\boldsymbol{B}}{\partial t}=-\mu\frac{\partial\boldsymbol{H}}{\partial t}\\\nabla\times\boldsymbol{H}&=\frac{\partial\boldsymbol{D}}{\partial t}=\varepsilon\frac{\partial\boldsymbol{E}}{\partial t}\\\nabla\cdot\boldsymbol{D}&=0\quad\text{即}\quad\nabla\cdot\boldsymbol{E}=0\\\nabla\cdot\boldsymbol{B}&=0\quad\text{即}\quad\nabla\cdot\boldsymbol{H}=0\end{aligned}\right\}\tag{3-2}$$

对微分形式M组式(3-2)的第一方程两端取旋度，利用矢量恒等式$\nabla\times(\nabla\times\boldsymbol{E})=\nabla(\nabla\cdot\boldsymbol{E})-\nabla^2\boldsymbol{E}$(参见附录C)及第二、第三方程，可得

$$\nabla^2\boldsymbol{E}-\mu\varepsilon\frac{\partial^2\boldsymbol{E}}{\partial t^2}=0\tag{3-3}$$

同理可得

$$\nabla^2\boldsymbol{H}-\mu\varepsilon\frac{\partial^2\boldsymbol{H}}{\partial t^2}=0\tag{3-4}$$

式(3-3)和式(3-4)分别称为电场、磁场的波动方程。

【讨论】

① 式(3-3)和式(3-4)的解为波动解。

② 直接由式(3-3)和式(3-4)求得的解尽管是波动解，但不一定是电磁波解。只有当$\boldsymbol{E}$和$\boldsymbol{H}$同时满足M组式(3-2)时，它们才构成电磁波解。

③ 由于式(3-3)与式(3-4)形式相同，因此$\boldsymbol{E}$和$\boldsymbol{H}$具有相似的表达式，即$\boldsymbol{E}$和$\boldsymbol{H}$的各分量($E_x,E_y,E_z;H_x,H_y,H_z$)皆为标量波动方程

$$\nabla^2\psi-\mu\varepsilon\frac{\partial^2\psi}{\partial t^2}=0\tag{3-5}$$

的解，且$\boldsymbol{E}$与$\boldsymbol{H}$满足微分形式M组。

3.2　理想介质中的正弦均匀平面电磁波

一、正弦均匀平面电磁波的定义

若波的等相位面与等振幅面为重合的平面，则称为均匀平面波，而场量随时间按正弦规律变化的均匀平面(电磁)波即为正弦均匀平面电磁波，简称为正弦均匀平面波(SUPW)。

二、SUPW的波动方程

对于SUPW，有$\boldsymbol{E}(t)=\mathrm{Im}[\boldsymbol{E}\cdot\mathrm{e}^{\mathrm{j}\omega t}]$，$\boldsymbol{H}(t)=\mathrm{Im}[\boldsymbol{H}\cdot\mathrm{e}^{\mathrm{j}\omega t}]$。把实域中电磁场的波动方程式(3-3)及式(3-4)变换到复域，得

$$\nabla^2\boldsymbol{E}+k^2\boldsymbol{E}=0\tag{3-6}$$

$$\nabla^2\boldsymbol{H}+k^2\boldsymbol{H}=0\tag{3-7}$$

式中:定义波数 k 为

$$k=\omega\sqrt{\mu\varepsilon} \tag{3-8}$$

式(3-6)及式(3-7)即为 SUPW 的(复域)波动方程。易见,$\boldsymbol{E}$ 和 $\boldsymbol{H}$ 的各分量(E_x, E_y, E_z; H_x, H_y, H_z)皆应为标量微分方程

$$\nabla^2\psi+k^2\psi=0 \tag{3-9}$$

的解。

三、SUPW 的特殊表达式

设 SUPW 沿 $\hat{\boldsymbol{n}}=\hat{\boldsymbol{z}}$ 方向传播,式(3-9)的解为

$$\psi=\psi_0\,\mathrm{e}^{-\mathrm{j}(kz-\varphi_0)} \tag{3-10a}$$

式中:ψ_0 和 φ_0 均为实常量。ψ 对应的时域量为

$$\psi(t)=\mathrm{Im}[\psi\mathrm{e}^{\mathrm{j}\omega t}]=\psi_0\sin(\omega t-kz+\varphi_0)=\psi_0\sin[\varphi(t,z)] \tag{3-10b}$$

在式(3-10b)中,令 $t=t_0$, $z=z_0$,得 $\psi(t)$ 的振幅(ψ_0)和相位(φ)均为常量,且等振幅面与等相位面均为垂直于传播方向($\hat{\boldsymbol{n}}=\hat{\boldsymbol{z}}$)的平面($z=z_0$)——符合 SUPW 的定义。

SUPW 的电场为

$$E_x=E_{x0}\,\mathrm{e}^{-\mathrm{j}(kz-\varphi_x)} \tag{3-11a}$$

$$E_y=E_{y0}\,\mathrm{e}^{-\mathrm{j}(kz-\varphi_y)} \tag{3-11b}$$

$$E_z=E_{z0}\,\mathrm{e}^{-\mathrm{j}(kz-\varphi_z)} \tag{3-11c}$$

式中:E_{x0}、E_{y0}、E_{z0}、φ_x、φ_y 及 φ_z 均为实常量。

SUPW 的磁场为

$$H_x=H_{x0}\,\mathrm{e}^{-\mathrm{j}(kz-\varphi'_x)} \tag{3-12a}$$

$$H_y=H_{y0}\,\mathrm{e}^{-\mathrm{j}(kz-\varphi'_y)} \tag{3-12b}$$

$$H_z=H_{z0}\,\mathrm{e}^{-\mathrm{j}(kz-\varphi'_z)} \tag{3-12c}$$

式中:H_{x0}、H_{y0}、H_{z0}、φ'_x、φ'_y及 φ'_z均为实常量。

四、SUPW 的传播特性

1. SUPW 是横电磁波(TEM 波)

【证明】 由式(3-11)及式(3-12)给出的 $\boldsymbol{E}$ 和 $\boldsymbol{H}$ 必须满足(复域)M 组,在无源的(LIH)介质中应有$\nabla\cdot\boldsymbol{E}=0$ 和$\nabla\cdot\boldsymbol{H}=0$。利用式(3-11)可得

$$\nabla\cdot\boldsymbol{E}=\frac{\partial E_x}{\partial x}+\frac{\partial E_y}{\partial y}+\frac{\partial E_z}{\partial z}=\frac{\partial E_z}{\partial z}=-\mathrm{j}kE_z=0$$

即

$$E_z=0$$

从而有

$$\boldsymbol{E}=\hat{\boldsymbol{x}}E_{x0}\,\mathrm{e}^{-\mathrm{j}(kz-\varphi_x)}+\hat{\boldsymbol{y}}E_{y0}\,\mathrm{e}^{-\mathrm{j}(kz-\varphi_y)} \tag{3-13}$$

同理，利用式(3－12)可得

$$\nabla\cdot \boldsymbol{H}=\frac{\partial H_x}{\partial x}+\frac{\partial H_y}{\partial y}+\frac{\partial H_z}{\partial z}=\frac{\partial H_z}{\partial z}=-\mathrm{j}kH_z=0$$

即

$$H_z=0$$

从而有

$$\boldsymbol{H}=\hat{\boldsymbol{x}}H_{x0}\,\mathrm{e}^{-\mathrm{j}(kz-\varphi_x')}+\hat{\boldsymbol{y}}H_{y0}\,\mathrm{e}^{-\mathrm{j}(kz-\varphi_y')} \tag{3-14}$$

综上可知，SUPW 是横电磁波。

2. 沿传播方向($\hat{n}=\hat{z}$)有两组独立的 SUPW 传播

【证明】由式(3－13)和式(3－14)给出的 $\boldsymbol{E}$ 和 $\boldsymbol{H}$ 还必须满足(复域)M 组的另两个(旋度)方程，即应有$\nabla\times\boldsymbol{H}=\mathrm{j}\omega\varepsilon\boldsymbol{E}$，展开得

$$-\hat{\boldsymbol{x}}\frac{\partial H_y}{\partial z}+\hat{\boldsymbol{y}}\frac{\partial H_x}{\partial z}=\hat{\boldsymbol{x}}\mathrm{j}\omega\varepsilon E_x+\hat{\boldsymbol{y}}\mathrm{j}\omega\varepsilon E_y \tag{3-15}$$

在式(3－15)中，令两侧的 $\hat{\boldsymbol{x}}$ 方向分量对应相等，可得第一组 SUPW 的电场($\boldsymbol{E}_1=\hat{\boldsymbol{x}}E_1=\hat{\boldsymbol{x}}E_x$)与磁场($\boldsymbol{H}_1=\hat{\boldsymbol{y}}H_1=\hat{\boldsymbol{y}}H_y$)之间满足关系式

$$-\frac{\partial H_1}{\partial z}=-\frac{\partial H_y}{\partial z}=\mathrm{j}kH_1=\mathrm{j}kH_{y0}\,\mathrm{e}^{-\mathrm{j}(kz-\varphi_y')}=\mathrm{j}\omega\varepsilon E_1=\mathrm{j}\omega\varepsilon E_x=\mathrm{j}\omega\varepsilon E_{x0}\,\mathrm{e}^{-\mathrm{j}(kz-\varphi_x)} \tag{3-16}$$

对比得

$$H_{y0}=\frac{\omega\varepsilon}{k}E_{x0}=E_{x0}\sqrt{\frac{\varepsilon}{\mu}},\quad \varphi_y'=\varphi_x$$

最后得

$$\boldsymbol{E}_1=\hat{\boldsymbol{x}}E_1=\hat{\boldsymbol{x}}E_{x0}\,\mathrm{e}^{-\mathrm{j}(kz-\varphi_x)} \tag{3-17a}$$

$$\boldsymbol{H}_1=\hat{\boldsymbol{y}}H_1=\hat{\boldsymbol{y}}E_1\sqrt{\frac{\varepsilon}{\mu}} \tag{3-17b}$$

对应的实域量为

$$\boldsymbol{E}_1(t)=\hat{\boldsymbol{x}}E_1(t)=\hat{\boldsymbol{x}}E_{x0}\sin(\omega t-kz+\varphi_x) \tag{3-18a}$$

$$\boldsymbol{H}_1(t)=\hat{\boldsymbol{y}}H_1(t)=\hat{\boldsymbol{y}}\sqrt{\frac{\varepsilon}{\mu}}E_1(t) \tag{3-18b}$$

在式(3－15)中，令两侧的 $\hat{\boldsymbol{y}}$ 方向分量对应相等，可得第二组 SUPW 的电场($\boldsymbol{E}_2=\hat{\boldsymbol{y}}E_2=\hat{\boldsymbol{y}}E_y$)与磁场($\boldsymbol{H}_2=\hat{\boldsymbol{x}}H_2=\hat{\boldsymbol{x}}H_x$)之间满足关系式

$$\frac{\partial H_2}{\partial z}=\frac{\partial H_x}{\partial z}=-\mathrm{j}kH_2=-\mathrm{j}kH_{x0}\,\mathrm{e}^{-\mathrm{j}(kz-\varphi_x')}=\mathrm{j}\omega\varepsilon E_2=\mathrm{j}\omega\varepsilon E_y=\mathrm{j}\omega\varepsilon E_{y0}\,\mathrm{e}^{-\mathrm{j}(kz-\varphi_y)} \tag{3-19}$$

对比得

$$H_{x0} = -\frac{\omega\varepsilon}{k}E_{y0} = -E_{y0}\sqrt{\frac{\varepsilon}{\mu}},\quad \varphi'_x = \varphi_y$$

最后得

$$\boldsymbol{E}_2 = \hat{\boldsymbol{y}}E_2 = \hat{\boldsymbol{y}}E_{y0}\,\mathrm{e}^{-\mathrm{j}(kz-\varphi_y)} \tag{3-20a}$$

$$\boldsymbol{H}_2 = \hat{\boldsymbol{x}}H_2 = -\hat{\boldsymbol{x}}E_2\sqrt{\frac{\varepsilon}{\mu}} \tag{3-20b}$$

对应的实域量为

$$\boldsymbol{E}_2(t) = \hat{\boldsymbol{y}}E_2(t) = \hat{\boldsymbol{y}}E_{y0}\sin(\omega t - kz + \varphi_y) \tag{3-21a}$$

$$\boldsymbol{H}_2(t) = \hat{\boldsymbol{x}}H_2(t) = -\hat{\boldsymbol{x}}\sqrt{\frac{\varepsilon}{\mu}}E_2(t) \tag{3-21b}$$

3. 波阻抗

式(3-17)和式(3-20)表明，每一组 SUPW 的电场与磁场的模值之间皆有同一比例关系，即

$$\frac{|\boldsymbol{E}_1|}{|\boldsymbol{H}_1|} = \frac{|\boldsymbol{E}_2|}{|\boldsymbol{H}_2|} = \sqrt{\frac{\mu}{\varepsilon}}$$

SUPW 的波阻抗定义为

$$\eta = \frac{|\boldsymbol{E}|}{|\boldsymbol{H}|} = \sqrt{\frac{\mu}{\varepsilon}} \tag{3-22}$$

波阻抗的单位为 Ω。在真空中有

$$\eta = \eta_0 = \sqrt{\frac{\mu_0}{\varepsilon_0}} = 120\pi\,\Omega$$

4. 定量关系式

式(3-18)、式(3-21)及式(3-22)表明，每一组独立的 SUPW 的电场、磁场和传播方向($\hat{\boldsymbol{n}}=\hat{\boldsymbol{z}}$)之间，均满足定量关系式

$$\boldsymbol{E}(t) = \eta\boldsymbol{H}(t)\times\hat{\boldsymbol{z}} \tag{3-23a}$$

$$\boldsymbol{H}(t) = \hat{\boldsymbol{z}}\times\frac{\boldsymbol{E}(t)}{\eta} \tag{3-23b}$$

$$\hat{\boldsymbol{n}} = \hat{\boldsymbol{z}} = \frac{\boldsymbol{E}(t)\times\boldsymbol{H}(t)}{E(t)H(t)} \tag{3-23c}$$

5. 相　速

【定义】 电磁波的等相位面传播的速度称为相速(记为 v_p)。

在式(3-18)中，令 $\varphi_1 = \omega t - kz + \varphi_x = \varphi_0$(常量)，微分得 $\mathrm{d}\varphi_1 = \omega\mathrm{d}t - k\mathrm{d}z = 0$。从而有

$$v_\mathrm{p} = \left.\frac{\mathrm{d}z}{\mathrm{d}t}\right|_{\varphi_1} = \frac{\omega}{k} = v = \frac{1}{\sqrt{\mu\varepsilon}} \tag{3-24}$$

在真空中有

$$v_{\mathrm{p}} = v_0 = \frac{1}{\sqrt{\mu_0 \varepsilon_0}} = 3 \times 10^8\ \mathrm{m/s}$$

6. 电磁场的能量分布(能量密度)

对第一组 SUPW,有

$$w_{1\mathrm{e}} = \frac{1}{2}\varepsilon E_1^2(t)$$

$$< w_{1\mathrm{e}} >= \frac{1}{4}\varepsilon E_{x0}^2$$

$$w_{1\mathrm{m}} = \frac{1}{2}\mu H_1^2(t) = \frac{1}{2}\mu E_1^2(t)/\eta^2 = \frac{1}{2}\varepsilon E_1^2(t) = w_{1\mathrm{e}}$$

$$w_1 = w_{1\mathrm{e}} + w_{1\mathrm{m}} = 2w_{1\mathrm{e}} = \varepsilon E_1^2(t) \tag{3-25a}$$

$$< w_1 >= \frac{1}{2}\varepsilon E_{x0}^2 \tag{3-25b}$$

同理,对第二组 SUPW,有

$$w_{2\mathrm{e}} = \frac{1}{2}\varepsilon E_2^2(t) = w_{2\mathrm{m}}$$

$$w_2 = w_{2\mathrm{e}} + w_{2\mathrm{m}} = 2w_{2\mathrm{e}} = \varepsilon E_2^2(t) \tag{3-26a}$$

$$< w_2 >= \frac{1}{2}\varepsilon E_{y0}^2 \tag{3-26b}$$

7. 坡印亭矢量

对第一组 SUPW,有

$$\boldsymbol{S}_1(t) = \boldsymbol{E}_1(t) \times \boldsymbol{H}_1(t) = \hat{z}E_1^2(t)/\eta = \hat{z}vw_1 \tag{3-27a}$$

$$< \boldsymbol{S}_1(t) >= \hat{\boldsymbol{z}} < E_1^2(t) > /\eta = \hat{z}v < w_1 > \tag{3-27b}$$

对第二组 SUPW,有

$$\boldsymbol{S}_2(t) = \boldsymbol{E}_2(t) \times \boldsymbol{H}_2(t) = \hat{z}E_2^2(t)/\eta = \hat{z}vw_2 \tag{3-28a}$$

$$< \boldsymbol{S}_2(t) >= \hat{\boldsymbol{z}} < E_2^2(t) > /\eta = \hat{z}v < w_2 > \tag{3-28b}$$

式(3-27)和式(3-28)表明:对于 SUPW,坡印亭矢量等于沿波的传播方向以速度 $\boldsymbol{v}(=\hat{z}v=\hat{z}v_{\mathrm{p}})$传送的电、磁能量密度之和。

8. 能量传播的速度

对于理想介质中的 SUPW,其能量传播的速度等于相速。

9. 电磁波的周期

【定义】位置固定,相位差 2π 的时间间隔称为 SUPW 的周期(记为 T)。

在式(3-18)中,令 $\varphi_1 = \omega t - kz + \varphi_x$,设 $\varphi_{01} = \omega t_0 - kz_0 + \varphi_x$,由周期的定义应有

$$\varphi_1 = \omega_0(t_0 + T) - kz_0 + \varphi_x = \varphi_{01} + 2\pi$$

由此得

$$\omega T = 2\pi$$

即

$$T = 2\pi/\omega = 1/f \tag{3-29}$$

式中,f 为电磁波的频率,单位为 Hz;周期的单位为 s。

10. SUPW 的波长

【定义】时间固定,沿传播方向相位差 2π 的位置间隔称为 SUPW 的波长(记为 λ)。

在式(3-21)中,令 $\varphi_2=\omega t-kz+\varphi_y$,设 $\varphi_{02}=\omega t_0-kz_0+\varphi_y$,由波长的定义应有

$$\varphi_2 = \omega t_0 - k(z_0+\lambda) + \varphi_y = \varphi_{02} - 2\pi$$

由此得

$$k\lambda = 2\pi$$

即

$$\lambda = 2\pi/k = v/f = vT \tag{3-30}$$

式(3-30)给出波长的物理解释:波长代表 SUPW 在一个周期内所传播的距离。

11. SUPW 无损耗传播

以第一组 SUPW 为例,其坡印亭矢量的时间平均值为

$$\langle \boldsymbol{S}_1 \rangle = \mathrm{Re}\left[\frac{1}{2}\boldsymbol{E}_1 \times \boldsymbol{H}_1^*\right] = \hat{\boldsymbol{z}}\frac{E_{x0}^2}{2\eta} \tag{3-31}$$

式(3-31)表明:SUPW 在传播的过程当中,其能流密度的时间平均值(即电磁功率密度)保持不变——无功率损耗。

以上所得结论对两组 SUPW 皆适用。

五、SUPW 的传播图

以第一组 SUPW 为例,设初相位 $\varphi_x=0$,得

$$\boldsymbol{E}_1(t) = \hat{\boldsymbol{x}}E_{x0}\sin(\omega t - kz)$$

$$\boldsymbol{H}_1(t) = \hat{\boldsymbol{y}}\frac{E_{x0}}{\eta}\sin(\omega t - kz)$$

在 $t=t_0=\pi/\omega$ 时刻,$\boldsymbol{E}_1(t)$和 $\boldsymbol{H}_1(t)$的分布图如图 3.2(a)所示。

在 $t=t_0+\Delta t$ 时刻,$\boldsymbol{E}_1(t)$和 $\boldsymbol{H}_1(t)$的分布图如图 3.2(b)中的实线所示(其中 $\Delta z=v\Delta t$)。

观察可见:$t=t_0$ 时刻的场分布图(见图 3.2(a)),在 $t=t_0+\Delta t$ 时刻,沿 $\hat{\boldsymbol{z}}$ 方向(连续地)平移了 $\Delta z(=v\Delta t)$距离——后一位置、后一时刻重复前一位置、前一时刻的行为。这表明:场的分布状态(及其所携带的电磁能量或信息)以速度 $v(=1/\sqrt{\mu\varepsilon})$沿 $\hat{\boldsymbol{z}}$ 方向传播。

六、SUPW 的一般表达式

在研究一些实际问题[如 SUPW 斜入射到两种不同物质的平面分界面(对应为

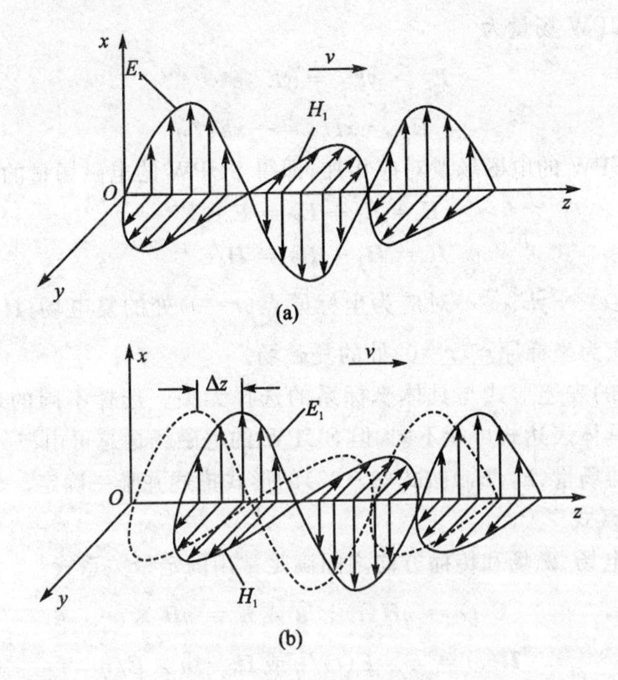

图3.2　SUPW的传播图

Oxy 坐标面)]时，SUPW 的传播方向($\hat{n}$)不能取为 $\hat{z}$ 方向，这就需要寻求 SUPW 的一般表达式($\hat{n}$ 为常量但不一定沿直角坐标系中坐标轴方向)。

1. 波矢的定义

在一般情况下，设 SUPW 的传播方向为 $\hat{\boldsymbol{n}}$，则有 $\hat{\boldsymbol{n}}=\hat{\boldsymbol{x}}n_x+\hat{\boldsymbol{y}}n_y+\hat{\boldsymbol{z}}n_z$($\hat{\boldsymbol{n}}$ 为常量)，此时定义 SUPW 的波矢为

$$\boldsymbol{k}=\hat{\boldsymbol{n}}k=\hat{\boldsymbol{x}}k_x+\hat{\boldsymbol{y}}k_y+\hat{\boldsymbol{z}}k_z \tag{3-32}$$

式(3-32)定义的波矢的物理解释是：$\boldsymbol{k}$ 的方向代表 SUPW 的传播方向，$\boldsymbol{k}$ 的模值代表 SUPW 的波数(k)。

在一般情况下，有 $\boldsymbol{k}\cdot\boldsymbol{r}=xk_x+yk_y+zk_z$($\boldsymbol{r}=\hat{\boldsymbol{x}}x+\hat{\boldsymbol{y}}y+\hat{\boldsymbol{z}}z$)。在特殊情况下，有 $\hat{\boldsymbol{n}}=\hat{\boldsymbol{z}}$，$\boldsymbol{k}=\hat{\boldsymbol{z}}k$，$\boldsymbol{k}\cdot\boldsymbol{r}=kz$。

2. SUPW 的一般表达式

为寻求 SUPW 的一般表达式，需将式(3-17)和式(3-20)给出的 $\boldsymbol{E}$ 与 $\boldsymbol{H}$ 的特殊表达式转换成与具体坐标(x,y,z 及 $\hat{\boldsymbol{x}},\hat{\boldsymbol{y}},\hat{\boldsymbol{z}}$)无关的形式。

将 $kz=\boldsymbol{k}\cdot\boldsymbol{r}$($\boldsymbol{k}=\hat{\boldsymbol{n}}k=\hat{\boldsymbol{z}}k$)代入式(3-17)和式(3-20)中，可得第一组 SUPW 的场量为

$$\boldsymbol{E}_1=\hat{\boldsymbol{x}}E_1=\hat{\boldsymbol{x}}E_{x0}\,\mathrm{e}^{\mathrm{j}\varphi_x}\,\mathrm{e}^{-\mathrm{j}\boldsymbol{k}\cdot\boldsymbol{r}}$$

$$\boldsymbol{H}_1=\hat{\boldsymbol{y}}H_1=\hat{\boldsymbol{y}}E_1/\eta$$

第二组 SUPW 场量为

$$\boldsymbol{E}_2 = \hat{\boldsymbol{y}}E_2 = \hat{\boldsymbol{y}}E_{y0}\mathrm{e}^{\mathrm{j}\varphi_y}\mathrm{e}^{-\mathrm{j}\boldsymbol{k}\cdot\boldsymbol{r}}$$

$$\boldsymbol{H}_2 = \hat{\boldsymbol{x}}H_2 = -\hat{\boldsymbol{x}}E_2/\eta$$

将两组 SUPW 的电磁场量对应相加，即得 SUPW 的电磁场量的一般表达式

$$\boldsymbol{E} = \boldsymbol{E}_1 + \boldsymbol{E}_2 = \boldsymbol{E}_0\mathrm{e}^{-\mathrm{j}\boldsymbol{k}\cdot\boldsymbol{r}} \tag{3-33a}$$

$$\boldsymbol{H} = \boldsymbol{H}_1 + \boldsymbol{H}_2 = \boldsymbol{H}_0\mathrm{e}^{-\mathrm{j}\boldsymbol{k}\cdot\boldsymbol{r}} \tag{3-33b}$$

式中：$\boldsymbol{E}_0(=\hat{\boldsymbol{x}}E_{x0}\mathrm{e}^{\mathrm{j}\varphi_x}+\hat{\boldsymbol{y}}E_{y0}\mathrm{e}^{\mathrm{j}\varphi_y})$对应为坐标原点($\boldsymbol{r}=0$)处的复电场；$\boldsymbol{H}_0[=(\hat{\boldsymbol{y}}E_{x0}\mathrm{e}^{\mathrm{j}\varphi_x}-\hat{\boldsymbol{x}}E_{y0}\mathrm{e}^{\mathrm{j}\varphi_y})/\eta]$对应为坐标原点($\boldsymbol{r}=0$)处的复磁场。

式(3-33)的表述形式与具体坐标系的选择无关。选择不同的(直角)坐标系，$\boldsymbol{E}_0$、$\boldsymbol{H}_0$ 和 $\boldsymbol{k}$ 的具体表达式可能不同，但 SUPW 的电磁场量总可由波矢 $\boldsymbol{k}$、场点矢径 $\boldsymbol{r}$ 及坐标原点处的场量($\boldsymbol{E}_0$，$\boldsymbol{H}_0$)按式(3-33)的形式描述并唯一确定。

3. 定量关系式

SUPW 的电场、磁场和传播方向之间满足常用的定量关系式

$$\boldsymbol{E}(t) = \eta\boldsymbol{H}(t)\times\hat{\boldsymbol{n}} \text{ 或 } \boldsymbol{E} = \eta\boldsymbol{H}\times\hat{\boldsymbol{n}} \tag{3-34a}$$

$$\boldsymbol{H}(t) = \hat{\boldsymbol{n}}\times\boldsymbol{E}(t)/\eta \text{ 或 } \boldsymbol{H} = \hat{\boldsymbol{n}}\times\boldsymbol{E}/\eta \tag{3-34b}$$

$$\hat{\boldsymbol{n}} = \boldsymbol{k}/k = \boldsymbol{E}(t)\times\boldsymbol{H}(t)/E(t)H(t) \tag{3-34c}$$

【注】在式(3-34c)中，由于涉及正弦量之间的非线性运算，因此不应有复域中的对应形式。

下面证明定量关系式(3-34)。

(1) 由于式(3-34a)和(3-34b)涉及的是同频正弦量之间的线性运算，因此，可利用复域 M 组来证明。由$\nabla\times\boldsymbol{H}=\mathrm{j}\omega\varepsilon\boldsymbol{E}$ 并利用矢量恒等式

$$\nabla\times(f\boldsymbol{A}) = f\,\nabla\times\boldsymbol{A} + \nabla f\times\boldsymbol{A}$$

可得

$$\begin{aligned}\nabla\times\boldsymbol{H} = \nabla\times(\boldsymbol{H}_0\mathrm{e}^{-\mathrm{j}\boldsymbol{k}\cdot\boldsymbol{r}}) &= (\nabla\times\boldsymbol{H}_0)\mathrm{e}^{-\mathrm{j}\boldsymbol{k}\cdot\boldsymbol{r}} + \nabla(\mathrm{e}^{-\mathrm{j}\boldsymbol{k}\cdot\boldsymbol{r}})\times\boldsymbol{H}_0 = \\ \nabla(\mathrm{e}^{-\mathrm{j}\boldsymbol{k}\cdot\boldsymbol{r}})\times\boldsymbol{H}_0 &= \nabla(-\mathrm{j}\boldsymbol{k}\cdot\boldsymbol{r})\times\boldsymbol{H}_0\mathrm{e}^{-\mathrm{j}\boldsymbol{k}\cdot\boldsymbol{r}} = \\ -\mathrm{j}\boldsymbol{k}\times\boldsymbol{H}_0\mathrm{e}^{-\mathrm{j}\boldsymbol{k}\cdot\boldsymbol{r}} &= -\mathrm{j}k\hat{\boldsymbol{n}}\times\boldsymbol{H} = \mathrm{j}\omega\varepsilon\boldsymbol{E}\end{aligned}$$

从而得

$$\boldsymbol{E} = \frac{k}{\omega\varepsilon}\boldsymbol{H}\times\hat{\boldsymbol{n}} = \eta\boldsymbol{H}\times\hat{\boldsymbol{n}}$$

同理，由$\nabla\times\boldsymbol{E}=-\mathrm{j}\omega\mu\boldsymbol{H}$ 可证

$$\boldsymbol{H} = \frac{k}{\omega\mu}\hat{\boldsymbol{n}}\times\boldsymbol{E} = \hat{\boldsymbol{n}}\times\boldsymbol{E}/\eta$$

(2) 注意到 SUPW 是 TEM 波并使用矢量恒等式

$$(\boldsymbol{B}\times\boldsymbol{C})\times\boldsymbol{A} = (\boldsymbol{A}\cdot\boldsymbol{B})\boldsymbol{C} - (\boldsymbol{A}\cdot\boldsymbol{C})\boldsymbol{B}$$

可得

$$\boldsymbol{E}(t)\times\boldsymbol{H}(t)=[\eta\boldsymbol{H}(t)\times\hat{\boldsymbol{n}}]\times\boldsymbol{H}(t)=\eta\hat{\boldsymbol{n}}[\boldsymbol{H}(t)\cdot\boldsymbol{H}(t)]-\eta\boldsymbol{H}(t)[\boldsymbol{H}(t)\cdot\hat{\boldsymbol{n}}]=$$
$$\eta\hat{\boldsymbol{n}}[\boldsymbol{H}(t)\cdot\boldsymbol{H}(t)]=\hat{\boldsymbol{n}}\eta H(t)H(t)=\hat{\boldsymbol{n}}E(t)H(t)$$

从而得

$$\hat{\boldsymbol{n}}=\boldsymbol{E}(t)\times\boldsymbol{H}(t)/E(t)H(t)$$

式(3-34)是一组常用的关系式,可以由 $\boldsymbol{E}(t)$、$\boldsymbol{H}(t)$和 $\hat{\boldsymbol{n}}$ 中的任意两个量求出第三个量,而不必再利用 M 组(求旋度),从而可以简化计算过程。

应该指出,实际天线或波源产生的电磁波一般都不是平面波。但是,在远离发射天线或波源的位置观察,总可以把来波近似看成平面波。正如人们日常都把到达地面的太阳光看成平行光一样,在日常所用的电视(或通信)接收天线处,都可以把到达的电磁波(来波)视为平面波。

七、电磁波(频)谱

麦克斯韦方程组对电磁波的频率并没有限制。已知的电磁波频谱从特长(波长约为几百 km)无线电波的几百 Hz 延续到宇宙辐射的极高频率的 γ 射线的 10^{24} Hz 量级。

电磁波谱可做如下区段划分:甚低频(VLF)、低频(LF)、中频(MF)、高频(HF)、甚高频(VHF)、特高频(UHF)、超高频(SHF)、极高频(EHF)、红外线、可见光、紫外线、X 射线、γ 射线等。

电磁波谱是一项有限的资源。在近一百年的时间里,人类已经对各电磁波段进行了成功的开发应用,参看附录 D。

【例 3-1】已知 SUPW 在空气中沿 $\hat{y}+\hat{z}$ 方向传播,频率为 $f=300$ MHz,在坐标原点处的磁场强度为 $\boldsymbol{H}_0=\hat{x}H_0$($H_0$ 为实常量)。试求:

(1) 波矢、波长及相速;

(2) 任意场点的磁场 $\boldsymbol{H}(t)$;

(3) 任意场点的电场 $\boldsymbol{E}(t)$;

(4) 坡印亭矢量及其时间平均值。

【解】(1) 由题意 $\hat{\boldsymbol{n}}=\frac{1}{\sqrt{2}}(\hat{y}+\hat{z})$,另由 $\omega=2\pi f$ 及 $k=\omega\sqrt{\mu\varepsilon}=\omega\sqrt{\mu_0\varepsilon_0}=\omega/v_0$,得

$$k=2\pi f/v_0=2\pi$$
$$\boldsymbol{k}=\hat{\boldsymbol{n}}k=\sqrt{2}\pi(\hat{y}+\hat{z})$$
$$\lambda=2\pi/k=1\ \text{m}$$
$$v_p=1/\sqrt{\mu_0\varepsilon_0}=3\times10^8\ \text{m/s}$$

(2) 磁场强度的复域量为

$$\boldsymbol{H}=\boldsymbol{H}_0\mathrm{e}^{-\mathrm{j}\boldsymbol{k}\cdot\boldsymbol{r}}=\hat{x}H_0\mathrm{e}^{-\mathrm{j}\sqrt{2}\pi(y+z)}$$

磁场强度的实域量为

$$\boldsymbol{H}(t)=\mathrm{Im}[\boldsymbol{H}\cdot \mathrm{e}^{\mathrm{j}\omega t}]=\hat{\boldsymbol{x}}H_0\sin[\omega t-\sqrt{2}\pi(y+z)]=$$
$$\hat{\boldsymbol{x}}H_0\sin[6\pi\times 10^8 t-\sqrt{2}\pi(y+z)]$$

(3) 电场强度的复域量为

$$\boldsymbol{E}=\eta_0\boldsymbol{H}\times\hat{\boldsymbol{n}}=\eta_0\hat{\boldsymbol{x}}H_0\mathrm{e}^{-\mathrm{j}\boldsymbol{k}\cdot\boldsymbol{r}}\times(\hat{\boldsymbol{y}}+\hat{\boldsymbol{z}})/\sqrt{2}=\frac{\eta_0}{\sqrt{2}}(\hat{\boldsymbol{z}}-\hat{\boldsymbol{y}})H_0\mathrm{e}^{-\mathrm{j}\sqrt{2}\pi(y+z)}$$

电场强度的实域量为

$$\boldsymbol{E}(t)=\mathrm{Im}[\boldsymbol{E}\cdot\mathrm{e}^{\mathrm{j}\omega t}]=\frac{\eta_0}{\sqrt{2}}(\hat{\boldsymbol{z}}-\hat{\boldsymbol{y}})H_0\sin[6\pi\times 10^8 t-\sqrt{2}\pi(y+z)]$$

式中：$\eta_0=120\pi\ \Omega$

(4) $$\boldsymbol{S}(t)=\boldsymbol{E}(t)\times\boldsymbol{H}(t)=\frac{\eta_0}{\sqrt{2}}(\hat{\boldsymbol{z}}-\hat{\boldsymbol{y}})H_0\sin[6\pi\times 10^8 t-\sqrt{2}\pi(y+z)]\times$$
$$\hat{\boldsymbol{x}}H_0\sin[6\pi\times 10^8 t-\sqrt{2}\pi(y+z)]=$$
$$\frac{\eta_0}{\sqrt{2}}H_0^2(\hat{\boldsymbol{y}}+\hat{\boldsymbol{z}})\sin^2[6\pi\times 10^8 t-\sqrt{2}\pi(y+z)]$$

$$\langle\boldsymbol{S}\rangle=\mathrm{Re}\left[\frac{1}{2}\boldsymbol{E}\times\boldsymbol{H}^*\right]=\mathrm{Re}\left[\frac{1}{2}\frac{\eta_0}{\sqrt{2}}(\hat{\boldsymbol{z}}-\hat{\boldsymbol{y}})H_0 e^{-\mathrm{j}\sqrt{2}\pi(y+z)}\times\hat{\boldsymbol{x}}H_0\mathrm{e}^{\mathrm{j}\sqrt{2}\pi(y+z)}\right]=$$
$$\mathrm{Re}\left[\frac{\eta_0}{2}H_0^2\frac{\hat{\boldsymbol{y}}+\hat{\boldsymbol{z}}}{\sqrt{2}}\right]=\hat{\boldsymbol{n}}\frac{\eta_0}{2}H_0^2$$

【例 3-2】已知真空中 SUPW 的复电场强度为

$$\boldsymbol{E}=(a\hat{\boldsymbol{x}}+4\hat{\boldsymbol{y}})E_0\mathrm{e}^{\mathrm{j}(4x-3y)}\quad(E_0\text{ 和 }a\text{ 均为实常量})$$

试求：(1)波矢及频率；(2)确定 a 值；(3)磁场强度 $\boldsymbol{H}(t)$；(4)坡印亭矢量的时间平均值。

【解】(1)复电场的一般表达式为

$$\boldsymbol{E}=\boldsymbol{E}_0\mathrm{e}^{-\mathrm{j}\boldsymbol{k}\cdot\boldsymbol{r}}=\boldsymbol{E}_0\mathrm{e}^{-\mathrm{j}(xk_x+yk_y+zk_z)}$$

例题中与已知的 $\boldsymbol{E}$ 的表达式相比较，可得

$$\boldsymbol{E}_0=(a\hat{\boldsymbol{x}}+4\hat{\boldsymbol{y}})E_0$$
$$k_x=-4,\quad k_y=3,\quad k_z=0$$
$$\boldsymbol{k}=-4\hat{\boldsymbol{x}}+3\hat{\boldsymbol{y}}\quad(k=|\boldsymbol{k}|=5)$$
$$f=\omega/2\pi=k/2\pi\sqrt{\mu_0\varepsilon_0}=kv_0/2\pi\approx 239\ \mathrm{MHz}$$

(2) 由 SUPW 的传播特性(SUPW 是 TEM 波)，得 $\hat{\boldsymbol{n}}\cdot\boldsymbol{E}=0$，可等价为

$$(-4\hat{\boldsymbol{x}}+3\hat{\boldsymbol{y}})\cdot(a\hat{\boldsymbol{x}}+4\hat{\boldsymbol{y}})=-4a+12=0$$

从而得 $a=3$。

(3) $\boldsymbol{H}=\boldsymbol{k}\times\boldsymbol{E}/k\eta_0=\frac{E_0}{5\eta_0}(-4\hat{\boldsymbol{x}}+3\hat{\boldsymbol{y}})\times(3\hat{\boldsymbol{x}}+4\hat{\boldsymbol{y}})\mathrm{e}^{\mathrm{j}(4x-3y)}=-\hat{\boldsymbol{z}}\frac{5E_0}{\eta_0}\mathrm{e}^{\mathrm{j}(4x-3y)}$ $(\eta_0=120\pi\ \Omega)$

$$\boldsymbol{H}(t)=\mathrm{Im}[\boldsymbol{H}\cdot \mathrm{e}^{\mathrm{j}\omega t}]=-\hat{\boldsymbol{z}}\frac{5E_0}{\eta_0}\sin(\omega t+4x-3y)$$

(4) $$<\boldsymbol{S}>=\mathrm{Re}\left[\frac{1}{2}\boldsymbol{E}\times\boldsymbol{H}^*\right]=\mathrm{Re}\left[\frac{1}{2}(3\hat{\boldsymbol{x}}+4\hat{\boldsymbol{y}})E_0\mathrm{e}^{\mathrm{j}(4x-3y)}\times(-\hat{\boldsymbol{z}})\frac{5E_0}{\eta_0}\mathrm{e}^{-\mathrm{j}(4x-3y)}\right]=$$

$$\mathrm{Re}\left[\frac{5E_0^2}{2\eta_0}(-4\hat{\boldsymbol{x}}+3\hat{\boldsymbol{y}})\right]=\frac{5E_0^2}{2\eta_0}(-4\hat{\boldsymbol{x}}+3\hat{\boldsymbol{y}})$$

【例3-3】我国实用通信卫星(CHINASAT-1)(DFH-2A)转播的中央电视台第二套节目的中心频率为3.928 GHz,它在我国上海地区的等效全向辐射功率(EIRP)级为$L_p=36$ dB。试求:

(1) 上海地面站接收到的电磁功率密度$<\boldsymbol{S}>$(设上海地面站距卫星$r_1=37\ 900$ km);

(2) 上海地面站处的电场强度和磁场强度振幅;

(3) 若中央电视台北京发射站距卫星$r_2=38\ 170$ km,则上海地面站接收中央电视台的电视信号至少延迟多长时间?

【解】(1)功率以dB计算时称为功率级,其定义是

$$L_p(\mathrm{dB})=10\lg P(\mathrm{W})$$

因此,上海地面站处的等效全向辐射功率为

$$\mathrm{EIRP}=10^{(L_p/10)}=10^{3.6}\ \mathrm{W}\approx 3\ 981\ \mathrm{W}$$

【注】由于卫星天线的辐射具有很强的方向性(只向我国领土辐射),故其实际辐射功率远小于此值。

上海地面接收到的电磁功率密度(即坡印亭矢量的模的时间平均值)为

$$<\boldsymbol{S}>=\frac{\mathrm{EIRP}}{4\pi r_1^2}=\frac{3\ 981\ \mathrm{W}}{4\pi\times(37\ 900\times10^3)^2\ \mathrm{m}^2}\approx 2.21\times10^{-13}\ \mathrm{W/m^2}$$

(2) 上海地面站处的电场强度振幅为

$$E_0=\sqrt{2\eta_0<\mathbf{S}>}\approx 12.9\times10^{-6}\ \mathrm{V/m}=12.9\ \mu\mathrm{V/m}$$

磁场强度振幅为

$$H_0=E_0/\eta_0\approx 34.2\times10^{-9}\ \mathrm{A/m}=34.2\ \mathrm{nA/m}$$

可见,卫星电视信号到达地面的电场强度的值约为13 μV/m,它比本地电视台播发的电视信号弱得多,需经地面站进行技术处理才能满足一般电视机的接收灵敏度。

(3)电视信号延迟的时间为电磁波由北京发射站到卫星,再由卫星到上海接收站,所用的(传播)时间(忽略其他因素造成的延迟)即

$$\Delta t\geqslant\frac{r_1+r_2}{v}=\frac{(37\ 900+38\ 170)\times10^3\ \mathrm{m}}{3\times10^8\ \mathrm{m/s}}\approx 0.254\ \mathrm{s}$$

此结果表明:当人们在上海的电视屏幕上看到中央电视台的时钟的秒针跳到新年零点的时候,实际上,上海人已步入新年至少四分之一秒了。

3.3 导电媒质中的正弦均匀平面电磁波

一、引 言

自然界中，许多媒质都具有不同程度的导电性(如雷雨中的空气域)。上一节研究了(理想)介质中 SUPW 的传播特性，其中之一是：无损耗等振幅传播，但是，在导电媒质中($\boldsymbol{J}=\sigma\boldsymbol{E}$)由于电荷的定向运动将产生焦耳热损耗，势必导致 SUPW 在导电媒质中的传播特性有别于理想介质情况。

二、导电媒质中的场方程

在没有外加场源的 LIH 导电媒质中，复域 M 组可写成

$$\nabla\times\boldsymbol{E}=-\mathrm{j}\omega\mu\boldsymbol{H}$$

$$\nabla\times\boldsymbol{H}=\boldsymbol{J}+\mathrm{j}\omega\varepsilon\boldsymbol{E}=(\sigma+\mathrm{j}\omega\varepsilon)\boldsymbol{E}=\mathrm{j}\omega\left(\varepsilon-\mathrm{j}\,\frac{\sigma}{\omega}\right)\boldsymbol{E}$$

$$\nabla\cdot\boldsymbol{E}=\rho_V/\varepsilon=0$$

$$\nabla\cdot\boldsymbol{H}=0$$

令

$$\dot{\varepsilon}=\varepsilon-\mathrm{j}\,\frac{\sigma}{\omega}\tag{3-35}$$

$\dot{\varepsilon}$ 称为导电媒质的复介电常数。复域 M 组为

$$\left.\begin{aligned}\nabla\times\boldsymbol{E}&=-\mathrm{j}\omega\mu\boldsymbol{H}\\\nabla\times\boldsymbol{H}&=-\mathrm{j}\omega\dot{\varepsilon}\boldsymbol{E}\\\nabla\cdot\boldsymbol{E}&=0\\\nabla\cdot\boldsymbol{H}&=0\end{aligned}\right\}\tag{3-36}$$

对式(3-36)第一方程两端求旋度并利用第二、三方程，可得

$$\nabla^2\boldsymbol{E}+\dot{k}^2\boldsymbol{E}=\boldsymbol{0}\tag{3-37}$$

同理可得磁场方程

$$\nabla^2\boldsymbol{H}+\dot{k}^2\boldsymbol{H}=\boldsymbol{0}\tag{3-38}$$

式中

$$\dot{k}=\omega\sqrt{\mu\dot{\varepsilon}}\tag{3-39}$$

$\dot{k}$ 称为复波数。

易见，式(3-37)、式(3-38)与式(3-6)、式(3-7)形式相同(只需将 k 与 $\dot{k}$ 互换即可)，因此，只需在 3.2 节结果中以 $\dot{k}$ 代替 k(或以 $\dot{\varepsilon}$ 代替 ε)即可得导电媒质中 SUPW 的解。

三、导电媒质中 SUPW 的表达式

为简单起见，设 SUPW 沿 $\hat{z}$ 方向传播，仿 3.2 节的求解过程，可得导电媒质中也有两组独立的 SUPW 解

$$\left.\begin{aligned}\boldsymbol{E}_1 &= \hat{\boldsymbol{x}}E_1 = \hat{\boldsymbol{x}}E_{x0}\,\mathrm{e}^{-\mathrm{j}(\dot{k}z-\varphi_x)}\\ \boldsymbol{H}_1 &= \hat{\boldsymbol{y}}H_1 = \hat{\boldsymbol{y}}E_{x0}\,\mathrm{e}^{-\mathrm{j}(\dot{k}z-\varphi_x)}/\dot{\eta}\end{aligned}\right\} \tag{3-40}$$

$$\left.\begin{aligned}\boldsymbol{E}_2 &= \hat{\boldsymbol{y}}E_2 = \hat{\boldsymbol{y}}E_{y0}\,\mathrm{e}^{-\mathrm{j}(\dot{k}z-\varphi_y)}\\ \boldsymbol{H}_2 &= \hat{\boldsymbol{x}}H_2 = -\hat{\boldsymbol{x}}E_{y0}\,\mathrm{e}^{-\mathrm{j}(\dot{k}z-\varphi_y)}/\dot{\eta}\end{aligned}\right\} \tag{3-41}$$

其中

$$\dot{k} = \omega\sqrt{\mu\dot{\varepsilon}} = \omega\sqrt{\mu\varepsilon\left(1-\mathrm{j}\,\frac{\sigma}{\omega\varepsilon}\right)}\quad（复波数）$$

$$\dot{\eta} = \sqrt{\frac{\mu}{\dot{\varepsilon}}} = \sqrt{\frac{\mu}{\varepsilon\left(1-\mathrm{j}\,\frac{\sigma}{\omega\varepsilon}\right)}} \tag{3-42}$$

$\dot{\eta}$ 为复波阻抗。

四、导电媒质中 SUPW 的传播特性

仅以第一组为例进行讨论，所得结论两组皆适用。

1. 场量沿传播方向呈指数衰减

记

$$\dot{k} = k'-\mathrm{j}k'' = \omega\sqrt{\mu\varepsilon\left(1-\mathrm{j}\,\frac{\sigma}{\omega\varepsilon}\right)}$$

则可推导出（参见附录 E）

$$\left.\begin{aligned}k' &= \sqrt{\frac{\omega^2\mu\varepsilon}{2}}\sqrt{\sqrt{1+\left(\frac{\sigma}{\omega\varepsilon}\right)^2}+1}\\ k'' &= \sqrt{\frac{\omega^2\mu\varepsilon}{2}}\sqrt{\sqrt{1+\left(\frac{\sigma}{\omega\varepsilon}\right)^2}-1}\end{aligned}\right\} \tag{3-43}$$

式中：k' 称为相移常数（或传播常数）；k'' 称为衰减常数（或衰减系数）。进而有

$$\left.\begin{aligned}\boldsymbol{E}_1 &= \hat{\boldsymbol{x}}E_{x0}\,\mathrm{e}^{-k''z}\,\mathrm{e}^{-\mathrm{j}(k'z-\varphi_x)}\\ \boldsymbol{H}_1 &= \hat{\boldsymbol{y}}E_{x0}\,\mathrm{e}^{-k''z}\,\mathrm{e}^{-\mathrm{j}(k'z-\varphi_x)}/\dot{\eta}\end{aligned}\right\} \tag{3-44}$$

结果表明：电、磁场量沿传播方向（$\hat{z}$）呈指数衰减，衰减系数 k'' 是频率的函数且其关系为 $\omega\uparrow\rightarrow k''\uparrow$（即：频率越高，衰减越快）。

2. 电场强度与磁场强度不再同相位

在理想介质中，SUPW 的 $\boldsymbol{E}$ 与 $\boldsymbol{H}$ 相位相同。但在导电媒质中，由于

$$\dot{\eta}=\sqrt{\frac{\mu}{\dot{\varepsilon}}}=\sqrt{\frac{\mu}{\varepsilon}}\frac{1}{\sqrt{1-\mathrm{j}\dfrac{\sigma}{\omega\varepsilon}}}$$

故此时的 $\boldsymbol{E}$ 和 $\boldsymbol{H}$ 相位不同。记

$$\dot{\eta}=|\dot{\eta}|\,\mathrm{e}^{\mathrm{j}\varphi_0} \tag{3-45}$$

则有

$$\left.\begin{aligned}\varphi_0&=\frac{1}{2}\arctan\left(\frac{\sigma}{\omega\varepsilon}\right)\\|\dot{\eta}|&=\frac{\mu}{\varepsilon}\left[1+\left(\frac{\sigma}{\omega\varepsilon}\right)^2\right]^{-1/4}\end{aligned}\right\} \tag{3-46}$$

进而由式(3-44),可得

$$\left.\begin{aligned}\boldsymbol{E}_1&=\hat{\boldsymbol{x}}E_{x0}\,\mathrm{e}^{-k''z}\,\mathrm{e}^{-\mathrm{j}(k'z-\varphi_x)}=\hat{\boldsymbol{x}}E_1\\\boldsymbol{H}_1&=\hat{\boldsymbol{y}}H_1=\hat{\boldsymbol{y}}\,\frac{E_1}{|\dot{\eta}|}\mathrm{e}^{-\mathrm{j}\varphi_0}\end{aligned}\right\} \tag{3-47}$$

结果表明:$\boldsymbol{H}$ 的相位滞后 $\boldsymbol{E}$ 的相位 φ_0,且 $0\leqslant\varphi_0\leqslant\frac{\pi}{4}$,$\frac{\sigma}{\omega\varepsilon}=0$ 时,$\varphi_0=0$;$\frac{\sigma}{\omega\varepsilon}\to\infty$ 时,$\varphi_0=\frac{\pi}{4}$。

3. 功率流面密度也呈指数规律衰减

$$\boldsymbol{S}_1(t)=\boldsymbol{E}_1(t)\times\boldsymbol{H}_1(t)=\hat{\boldsymbol{z}}\,\frac{E_{x0}^2}{|\dot{\eta}|}\mathrm{e}^{-2k''z}\sin(\omega t-k'z+\varphi_x)\sin(\omega t-k'z+\varphi_x-\varphi_0) \tag{3-48}$$

$$\langle\boldsymbol{S}_1\rangle=\mathrm{Re}\left[\frac{1}{2}\boldsymbol{E}_1\times\boldsymbol{H}_1^*\right]=\hat{\boldsymbol{z}}\,\frac{E_{x0}^2}{2|\dot{\eta}|}\mathrm{e}^{-2k''z}\cos\varphi_0 \tag{3-49}$$

结果表明:SUPW 在导电媒质中传播时,沿传播方向场量越来越小、功率密度也越来越小——有损耗传播。

4. 相速、波长及色散特性

在实域中有

$$\left.\begin{aligned}\boldsymbol{E}_1(t)&=\mathrm{Im}[\boldsymbol{E}_1\mathrm{e}^{\mathrm{j}\omega t}]=\hat{\boldsymbol{x}}E_{x0}\,\mathrm{e}^{-k''z}\sin(\omega t-k'z+\varphi_x)\\\boldsymbol{H}_1(t)&=\mathrm{Im}[\boldsymbol{H}_1\mathrm{e}^{\mathrm{j}\omega t}]=\hat{\boldsymbol{y}}\,\frac{E_{x0}}{|\dot{\eta}|}\mathrm{e}^{-k''z}\sin(\omega t-k'z+\varphi_x-\varphi_0)\end{aligned}\right\} \tag{3-50}$$

令

$$\varphi_{\mathrm{e}}=\omega t-k'z+\varphi_x=\varphi_{\mathrm{e}0}$$

可得

$$\mathrm{d}\varphi_{\mathrm{e}}=\omega\mathrm{d}t-k'\mathrm{d}z=0$$

即有

$$v_p = \left.\frac{dz}{dt}\right|_{\varphi_e} = \frac{\omega}{k'} = v_p(\omega) \tag{3-51}$$

$$\lambda = \frac{2\pi}{k'} = v_p T = v_p \frac{2\pi}{\omega} \tag{3-52}$$

由式(3-51)知，相速是频率(ω)的函数。这表明：不同频率的电磁波在同一空间(系统)中传播时具有不同的相速，称这种特征为色散特征。色散可以引起传输信号的失真，在通信系统设计时应力求避免或给予充分的估计。

五、两种极端情况(不良导体与良导体)

1. 不良导体($\sigma \ll \omega\varepsilon$ 或 $\frac{\sigma}{\omega\varepsilon} \ll 1$)

由

$$\dot{k} = \omega\sqrt{\mu\varepsilon}\sqrt{1 - \mathrm{j}\frac{\sigma}{\omega\varepsilon}} \approx \omega\sqrt{\mu\varepsilon}\left(1 - \mathrm{j}\frac{\sigma}{2\omega\varepsilon}\right)$$

得

$$\left.\begin{aligned} k' &\approx \omega\sqrt{\mu\varepsilon} \\ k'' &\approx \frac{\sigma}{2}\sqrt{\frac{\mu}{\varepsilon}} \\ \dot{\eta} &= \sqrt{\frac{\mu}{\varepsilon}}\frac{1}{\sqrt{1 - \mathrm{j}\frac{\sigma}{\omega\varepsilon}}} \approx \sqrt{\frac{\mu}{\varepsilon}} \end{aligned}\right\} \tag{3-53}$$

2. 良导体($\sigma \gg \omega\varepsilon$ 或 $\frac{\sigma}{\omega\varepsilon} \gg 1$)

首先应指出：对金属而言，σ 的数量级为 10^7，ε 的数量级为 10^{-11}，$\frac{\sigma}{\omega\varepsilon}$ 的数量级为 $\frac{10^{18}}{\omega}$，只要 $\omega \ll 10^{18}$(现代通信系统均可满足)，即有 $\frac{\sigma}{\omega\varepsilon} \gg 1$。可见，金属都可认为是良导体。

由

$$\dot{k} = \omega\sqrt{\mu\varepsilon}\sqrt{1 - \mathrm{j}\frac{\sigma}{\omega\varepsilon}} \approx \omega\sqrt{\mu\varepsilon}\sqrt{-\mathrm{j}\frac{\sigma}{\omega\varepsilon}} = \sqrt{\omega\mu\sigma}\,\mathrm{e}^{-\mathrm{j}\pi/4} = \sqrt{\frac{\omega\mu\sigma}{2}}(1 - \mathrm{j})$$

得

$$k' = k'' = \sqrt{\frac{\omega\mu\sigma}{2}} \tag{3-54}$$

$$\dot{\eta} = |\dot{\eta}|\,\mathrm{e}^{\mathrm{j}\varphi_0} = \sqrt{\frac{\mu}{\varepsilon}}\frac{1}{\sqrt{1 - \mathrm{j}\frac{\sigma}{\omega\varepsilon}}} \approx \frac{\mu}{\varepsilon}\sqrt{\frac{\omega\varepsilon}{\sigma}}\mathrm{e}^{\mathrm{j}\pi/4} = \sqrt{\frac{\omega\mu}{\sigma}}\mathrm{e}^{\mathrm{j}\pi/4} \tag{3-55}$$

3. SUPW 在良导体中的传播特性

(1) 场量关系

由式

$$H_1 = \frac{E_1}{|\dot{\eta}|}\mathrm{e}^{-\mathrm{j}\varphi_0} = \sqrt{\frac{\sigma}{\omega\mu}}E_1\mathrm{e}^{-\mathrm{j}\pi/4}$$

表明：H_1 滞后 E_1 相位 $\pi/4$；当频率不太高时，$|\dot{\eta}|\ll 1$，$|E_1|\ll|H_1|$，$W_e \ll W_m$；当频率逐渐升高时，电场能量逐渐增大。

(2) 趋肤效应与透入深度

由 $k''=\sqrt{\frac{\omega\mu\sigma}{2}}$ 可知，在良导体中，电磁波的频率越高($\omega\uparrow$)，传播衰减越快($k''\uparrow$)。一般情况下，高频电磁波进入良导体后很快就基本衰减掉了。因此，高频电磁场及高频电流只存在于良导体表面的一片薄层内——称为高频趋肤效应。为描述趋肤效应的程度，可引入透入深度的概念。

良导体中，电磁波的场强(E 或 H)衰减到表面值的 $\frac{1}{e}$ 时所传播的距离称为透入深度(记为 δ)。

由透入深度的定义(设 SUPW 沿 $\hat{z}$ 方向由 $z=0$ 表面进入良导体传播)，有

$$|\boldsymbol{E}_1| = E_{x0}\mathrm{e}^{-k''z}\big|_{z=\delta} = E_{x0}\mathrm{e}^{-k''\delta} = E_{x0}\frac{1}{\mathrm{e}}$$

即

$$\delta = \frac{1}{k''} = \sqrt{\frac{2}{\omega\mu\sigma}} \tag{3-56}$$

由式(3-56)易见 $\omega\uparrow\rightarrow\delta\downarrow$，表明了高频趋肤特性；对理想导体($\sigma\rightarrow\infty$)有 $\delta\rightarrow 0$，即理想导体内部的电磁场全为零。

下面给出透入深度的典型量级：对金属铜，有 $\sigma\approx 6\times 10^7$ S/m，$\mu\approx\mu_0$，当 $\omega=3\times 10^9$ rad/s 时，δ 的数量级为 10^{-6} m。可见，很薄的金属片对电磁波都有很好的屏蔽作用(如晶体管的金属外壳可以阻隔外部电磁场)。

(3) 良导体的表面电阻(等效)

如图 3.3 所示，$z>0$ 区域为良导体 $\left(\frac{\sigma}{\omega\varepsilon}\gg 1\right)$，SUPW 由 $z=0$ 表面进入良导体(沿 $\hat{z}$ 方向传播)。

$$\boldsymbol{E}_1 = \hat{\boldsymbol{x}}E_{x0}\mathrm{e}^{-k''z}\mathrm{e}^{-\mathrm{j}(k'z-\varphi_x)}$$

$$\boldsymbol{H}_1 = \hat{\boldsymbol{y}}\frac{E_{x0}}{|\dot{\eta}|}\mathrm{e}^{-k''z}\mathrm{e}^{-\mathrm{j}(k'z-\varphi_x+\pi/4)}$$

由 $z=0$ 良导体表面单位面积(图中阴影区)进入的平均电磁功率为

$$<\boldsymbol{S}_1>|_{z=0} = <\boldsymbol{S}_0> = \mathrm{Re}\left[\frac{1}{2}\boldsymbol{E}_1\times\boldsymbol{H}_1^*\right]\Bigg|_{z=0} = \frac{E_{x0}^2}{2|\dot{\eta}|}\hat{\boldsymbol{z}}\cos\frac{\pi}{4} = \hat{\boldsymbol{z}}\frac{\sqrt{2}E_{x0}^2}{4|\dot{\eta}|} = \hat{\boldsymbol{z}}S_0$$

由坡印亭定理知,此平均功率将全部转化为对应的以单位(正方形)面积为横截面($z\geqslant 0$)的导体柱中的平均焦耳热损耗(P)。若设该导体柱的总等效电阻为R_S,通过的总电流为I_x,则有

$$P=\frac{1}{2}\mid I_x\mid^2 R_S=S_0$$

下面求I_x。

$$\boldsymbol{J}=\sigma\boldsymbol{E}_1=\hat{\boldsymbol{x}}\sigma E_{x0}\mathrm{e}^{-k''z}\mathrm{e}^{-\mathrm{j}(k'z-\varphi_x)}=\hat{\boldsymbol{x}}J$$

$$I_x=\int_0^1\mathrm{d}y\int_0^\infty J\mathrm{d}z=\sigma E_{x0}\mathrm{e}^{\mathrm{j}\varphi_x}\int_0^\infty \mathrm{e}^{-(k''+\mathrm{j}k')z}\mathrm{d}z=\frac{\sigma E_{x0}\mathrm{e}^{\mathrm{j}\varphi_x}}{(k''+\mathrm{j}k')}=\frac{\sigma E_{x0}\mathrm{e}^{\mathrm{j}\varphi_x}}{k'(1+\mathrm{j})}$$

$$\mid I_x\mid=\frac{\sqrt{2}\sigma\mid E_{x0}\mid}{2k'}$$

由

$$\frac{1}{2}\mid I_x\mid^2 R_S=P=S_0$$

得

$$R_S=\frac{2S_0}{\mid I_x\mid^2}=\frac{k'^2\times\sqrt{2}}{\mid\dot{\eta}\mid\sigma^2}=\frac{\dfrac{\omega\mu\sigma}{2}\times\sqrt{2}}{\sqrt{\dfrac{\omega\mu}{\sigma}}\times\sigma^2}=\sqrt{\frac{\omega\mu}{2\sigma}}=\frac{1}{\sigma\delta}\tag{3-57}$$

R_S称为良导体的表面电阻,即厚度为δ,横截面为正方形(单位面积)的一块良导体从两端(沿x轴,即电流流动方向)测得的(体)电阻,如图3.4所示。

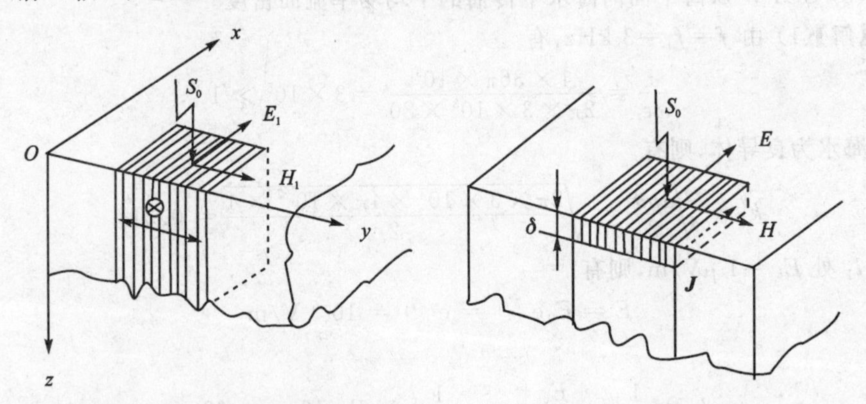

图3.3　表面电阻的推导　　　　**图3.4　表面电阻模型**

在表3.1中列出了一些导体的电磁参量($\sigma,\mu_r=\mu/\mu_0,\varepsilon=\varepsilon_0$)及对应几种典型频率($f$)时的透入深度值和表面电阻的表达式$R_S(f)$。

表3.1及式(3-57)均表明$R_S\propto\sqrt{f}$,即:高频时导体的电阻远比低频电阻大。其原因是:由于趋肤效应,使高频时电流在导体中流过的截面面积减小,从而使电阻增大。

表 3.1 一些导体的透入深度

材料	$\sigma/(\mathrm{S\cdot m^{-1}})$	μ_r	δ/m	δ			R_S/Ω
				50 Hz/mm	10 MHz/mm	3 GHz/μm	
银	6.15×10^7	1	$0.0642/\sqrt{f}$	9.08	0.0203	1.17	$2.53\times10^{-7}\sqrt{f}$
铜	5.8×10^7	1	$0.0661/\sqrt{f}$	9.35	0.0209	1.21	$2.61\times10^{-7}\sqrt{f}$
金	4.50×10^7	1	$0.0750/\sqrt{f}$	10.6	0.0237	1.37	$2.96\times10^{-7}\sqrt{f}$
铬	3.80×10^7	1	$0.0816/\sqrt{f}$	11.5	0.0258	1.49	$3.22\times10^{-7}\sqrt{f}$
铝	3.54×10^7	1	$0.0846/\sqrt{f}$	11.0	0.0267	1.54	$3.26\times10^{-7}\sqrt{f}$
锌	1.86×10^7	1	$0.117/\sqrt{f}$	16.5	0.0369	2.13	$4.60\times10^{-7}\sqrt{f}$
黄铜	1.57×10^7	1	$0.127/\sqrt{f}$	18.0	0.0402	2.32	$5.01\times10^{-7}\sqrt{f}$
镍	1.3×10^7	100	$0.014/\sqrt{f}$	2.0	0.0044	0.25	$5.5\times10^{-6}\sqrt{f}$
软铁	1.0×10^7	200	$0.011/\sqrt{f}$	1.6	0.0036	0.21	$8.9\times10^{-6}\sqrt{f}$
焊锡	7.06×10^6	1	$0.189/\sqrt{f}$	26.8	0.0598	3.45	$7.48\times10^{-7}\sqrt{f}$
石墨	1.0×10^5	1	$1.59/\sqrt{f}$	225	0.503	29	$6.3\times10^{-6}\sqrt{f}$

【例 3-4】已知海水的 $\varepsilon_r=80$，$\mu_r=1$，$\sigma=4$ S/m，频率为 3 kHz 和 30 MHz 的 SUPW 在海平面处（刚好在水面下侧）的电场强度为 $E_0=1$ V/m。试求：

(1) 电场强度衰减为 1 μV/m 处的水深；

(2) 应选用哪个频率作潜水艇的水下通信；

(3) SUPW 从海平面向海水中传播的平均功率流面密度。

【解】(1) 由 $f=f_1=3$ kHz，有

$$\frac{\sigma}{\omega\varepsilon}=\frac{4\times36\pi\times10^9}{2\pi\times3\times10^3\times80}=3\times10^5\gg1$$

此时海水为良导体，则有

$$k''=\sqrt{\frac{\omega\mu\sigma}{2}}=\sqrt{\frac{2\pi\times3\times10^3\times4\pi\times10^{-7}\times4}{2}}=0.218$$

水深 l_1 处 $E_{l_1}=1$ μV/m，则有

$$E=E_0\mathrm{e}^{-k''l_1}=\mathrm{e}^{-k''l_1}=10^{-6}\ \mathrm{V/m}$$

可得

$$l_1=\frac{1}{k''}\ln\frac{|E_0|}{|E_{l_1}|}=\frac{1}{0.218}\times6\ln10\ \mathrm{m}=63\ \mathrm{m}$$

由 $f=f_2=30$ MHz，有

$$\frac{\sigma}{\omega\varepsilon}=30$$

此时仍可近似认为海水是良导体，则有

$$k''=\sqrt{\frac{\omega\mu\sigma}{2}}=21.8$$

设水深 l_2 处 $E_{l_2}=1\ \mu\text{V/m}$,则有

$$l_2=\frac{1}{21.8}\times 6\ln 10\ \text{m}=0.63\ \text{m}$$

(2) 由上面结果可见,选高频 30 MHz 时,信号在海水中传播衰减太大,应该采用特低频 3 kHz 左右较妥。另一方面需要注意,频率选得越低衰减虽然越小,但会影响其他性能(如天线尺寸会增大等),因此,频率又不能过低。

(3) 由海平面进入的平均功率流密度为

$$S_0=\frac{\sqrt{2}E_0^2}{4|\dot{\eta}|}$$

另由良导体中 $|\dot{\eta}|=\sqrt{\frac{\omega\mu}{\sigma}}$ 及 $k''=\sqrt{\frac{\omega\mu\sigma}{2}}$ 可得

$$S_0=\frac{\sigma E_0^2}{4k''}$$

当 $f=f_1=3$ kHz 时,有

$$S_{01}=\frac{4}{4\times 0.218}\ \text{W/m}^2=4.6\ \text{W/m}^2$$

当 $f=f_2=30$ MHz 时,有

$$S_{02}=\frac{4}{4\times 21.8}\ \text{W/m}^2=0.046\ \text{W/m}^2$$

【注】导体是否为良导体不仅与电导率 σ 有关,还与频率有关。如本例中的海水,当 $f=3$ GHz 时,有 $\frac{\sigma}{\omega\varepsilon}=0.3$,即此时海水为不良导体了。又如金属铜,当频率高达 30 GHz 时,$\frac{\sigma}{\omega\varepsilon}$ 的数量级为 10^7,仍表现出良导体特性,但当频率为 10^{20} Hz(X 射线)时,$\frac{\sigma}{\omega\varepsilon}$ 的数量级为 10^{-2},此时铜为不良导体了。

3.4　电磁波的调制、色散、相速与群速

一、引　言

前面研究了单一频率 SUPW 在自由空间(无界的介质或导体)中的传播特性。结果表明:在介质中,波的相速与频率无关且等于能量传播的速度;在导体中,波的相速与频率有关。

在通信系统中,为传递信息,必须以一定的方式对单频 SUPW(称为载波)进行调制,调制后的电磁波称为调制波。调制波(含有多种频率成分)携带着要传递的信息由发送端(经信道)传输到接收端。调制波的传播特性有别于载波的传播特性。

二、调制的概念

设载波的电场强度为

$$\boldsymbol{E}'(t)=\hat{\boldsymbol{x}}\sin(\omega t-kz)$$

首先研究使载波电场强度的幅度随信号的变化而变化(称为幅度调制方式——调幅)的机理及传播特性,然后再讨论任意调制方式的情况。

为说明问题,设在理想介质中有两组等幅不同频率的 SUPW 沿 $\hat{z}$ 方向传播,其角频率分别为

$$\omega_1=\omega-\delta\omega$$
$$\omega_2=\omega+\delta\omega$$

对应的波数(或称为传播常数)分别为

$$k_1=k-\delta k$$
$$k_2=k+\delta k$$

相应的电场强度分别为

$$E_1(t)=E_{1x}=E_0\sin(\omega_1 t-k_1 z)=E_0\sin[(\omega t-kz)-(\delta\omega t-\delta kz)]$$
$$E_2(t)=E_{2x}=E_0\sin(\omega_2 t-k_2 z)=E_0\sin[(\omega t-kz)+(\delta\omega t-\delta kz)]$$

合成波(即调制波)的电场强度为

$$E(t)=E_x=E_1+E_2=E_{1x}+E_{2x}=[2E_0\cos(\delta\omega t-\delta kz)]\sin(\omega t-kz) \tag{3-58}$$

式(3-58)表明:合成波为两项之积,可视为载波[$\sin(\omega t-kz)$]被进行幅度调制——称为调幅波(对应于载波的幅度随调制信号而变化)。如图 3.5 所示,画出了载波和调制波的电场强度的(时变)曲线。其中,图 3.5(*b*)中的虚线对应于合成波的振幅[$2E_0\cos(\delta\omega t-\delta kz)$]的(时变)曲线——称为调制包络。

在式(3-58)中,载波频率 ω 称为调制波的中心频率;$\omega_2=\omega+\delta\omega$ 称为上边频;$\omega_1=\omega-\delta\omega$ 称为下边频;$\omega_2-\omega_1=2\delta\omega$ 称为调制波(现为调幅波)的调制带宽。

三、相速与群速

1. 相速(v_p)

如图 3.5(a)所示,载波每一定点传播的速度称为调制波的相速(记为 v_p)。

记载波的相位为[见式(3-58)]

$$\varphi=\omega t-kz=\varphi_0 \quad (\text{常量})$$

可得

$$\mathrm{d}\varphi=\omega\mathrm{d}t-k\mathrm{d}z=0$$

即得

$$v_p=\left.\frac{\mathrm{d}z}{\mathrm{d}t}\right|_{\varphi}=\frac{\omega}{k} \tag{3-59}$$

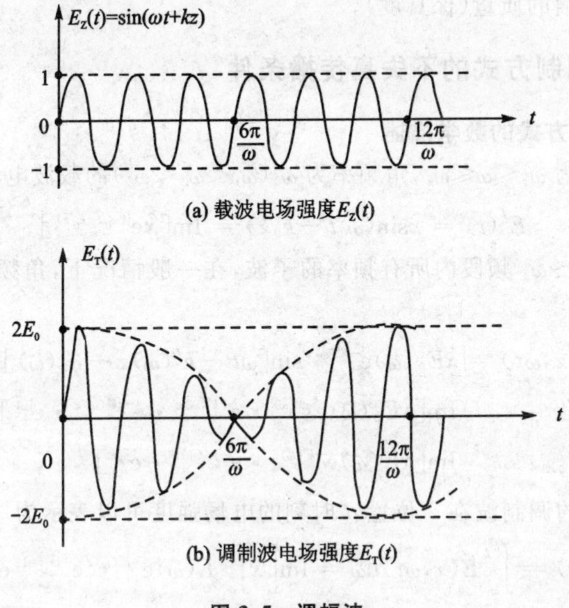

图 3.5　调幅波

2. 群速(v_g)

由式(3-58)和图 3.5(b)中的虚线可知，调制波的包络$[2E_0\cos(\delta\omega t-\delta kz)]$也构成了沿 z 方向的波动。调制包络每一定点的传播速度称为调制波的群速(记为 v_g)。

记调制包络的相位为[见式(3-58)]

$$\Phi=\delta\omega t-\delta kz=\Phi_0$$

可得

$$\mathrm{d}\Phi=\delta\omega\mathrm{d}t-\delta k\mathrm{d}z=0 \tag{3-60}$$

即得

$$v_g=\left.\frac{\mathrm{d}z}{\mathrm{d}t}\right|_{\Phi}=\frac{\delta\omega}{\delta k}$$

四、色散的概念

【定义】　若电磁波的相速与频率有关，则称该波为(频率)色散波，色散波借以传播的系统(媒质)称为色散系统(媒质)。

易知，导电媒质是色散媒质，其内传播的电磁波是(频率)色散波。(理想)介质中的 SUPW 是非色散波。

(频率)色散的物理解释：在非色散系统中，各种频率成分的(子)电磁波的相速相同，可以“同步”传播而保证调制包络的形状不变。但在(频率)色散系统中，各种频率成分的(子)电磁波的相速不同，它们将“异步”传播而使调制包络(在传播过程中)产生变形，从而使传播信号产生失真(变形严重的包络传输到接收端后，将无法解调出原信号)，影响通信的质量(保真度)。

五、任意调制方式的不失真传播条件

1. 任意调制方式的数学描述

设调制频段为 $\omega_1 \leqslant \omega \leqslant \omega_2$，角频率为 $\omega_0(\omega_1 < \omega_0 < \omega_2)$ 的载波电场强度为

$$\boldsymbol{E}'(t) = \hat{\boldsymbol{x}}\sin(\omega_0 t - k_0 z) = \mathrm{Im}[\hat{\boldsymbol{x}}\mathrm{e}^{\mathrm{j}(\omega_0 t - k_0 z)}]$$

调制波中包含 $\omega_1 \sim \omega_2$ 频段内所有频率的子波，在一般情况下，角频率为 ω 的子波的电场为

$$\begin{aligned}\boldsymbol{E}(z,\omega t) = &\hat{\boldsymbol{x}}E_0(\omega)\mathrm{e}^{-k''(\omega)z}\sin[\omega t - k'(\omega)z + \varphi_0(\omega)] = \\ &\mathrm{Im}[\hat{\boldsymbol{x}}E_0(\omega)\mathrm{e}^{\mathrm{j}\varphi_0(\omega)} \cdot \mathrm{e}^{-k''(\omega)z} \cdot \mathrm{e}^{-\mathrm{j}k'(\omega)z} \cdot \mathrm{e}^{\mathrm{j}\omega t}] = \\ &\mathrm{Im}[\hat{\boldsymbol{x}}E(\omega)\mathrm{e}^{-k''(\omega)z} \cdot \mathrm{e}^{-\mathrm{j}k'(\omega)z} \cdot \mathrm{e}^{\mathrm{j}\omega t}]\end{aligned}$$

则沿 $\hat{\boldsymbol{z}}$ 方向传播的调制波在 z 位置、t 时刻的电场强度可以表示为

$$\boldsymbol{E}(z,t) = \int_{\omega_1}^{\omega_2}\boldsymbol{E}(z,\omega t)\mathrm{d}\omega = \mathrm{Im}\left[\hat{\boldsymbol{x}}\int_{\omega_1}^{\omega_2}E(\omega)\mathrm{e}^{-k''(\omega)z}\mathrm{e}^{-\mathrm{j}k'(\omega)z}\mathrm{e}^{\mathrm{j}\omega t}\mathrm{d}\omega\right] \quad (3-61\mathrm{a})$$

式中：$k'(\omega)$ 和 $k''(\omega)$ 分别为子波(ω)的传播常数和衰减系数。定义增量频率为 $\Omega = \omega - \omega_0$，可以把 $k'(\omega)$ 和 $k''(\omega)$ 在 $\omega = \omega_0$ 点展开成关于 Ω 的泰勒级数

$$\begin{aligned}k'(\omega) = &k'(\omega_0 + \Omega) = k'_0 + \Omega k'_1 + \Omega^2 k'_2 + \cdots = \\ &k'(\omega_0) + \Omega\left.\frac{\mathrm{d}k'}{\mathrm{d}\omega}\right|_{\omega_0} + \frac{\Omega^2}{2}\left.\frac{\mathrm{d}^2k'}{\mathrm{d}\omega^2}\right|_{\omega_0} + \cdots\end{aligned} \quad (3-61\mathrm{b})$$

$$\begin{aligned}k''(\omega) = &k''(\omega_0 + \Omega) = k''_0 + \Omega k''_1 + \Omega^2 k''_2 + \cdots = \\ &k''(\omega_0) + \Omega\left.\frac{\mathrm{d}k''}{\mathrm{d}\omega}\right|_{\omega_0} + \frac{\Omega^2}{2}\left.\frac{\mathrm{d}^2k''}{\mathrm{d}\omega^2}\right|_{\omega_0} + \cdots\end{aligned} \quad (3-61\mathrm{c})$$

把式(3-61b)和式(3-61c)代入式(3-61a)中，得

$$\begin{aligned}\boldsymbol{E}(z,t) = &\mathrm{Im}\Big[\hat{\boldsymbol{x}}\mathrm{e}^{\mathrm{j}(\omega_0 t - k'_0 z)} \times \int_{\omega_1-\omega_0}^{\omega_2-\omega_0}E(\omega_0+\Omega) \cdot \mathrm{e}^{\mathrm{j}\Omega t}\,\mathrm{e}^{-(k''_0+\Omega k''_1+\Omega k''_2+\cdots)z} \\ &\mathrm{e}^{-\mathrm{j}(\Omega k'_1+\Omega^2k'_2+\cdots)z}\mathrm{d}\Omega\Big] = \mathrm{Im}\left[\hat{\boldsymbol{x}}\mathrm{e}^{\mathrm{j}(\omega_0 t - k'_0 z)} \times \int_{\omega_1-\omega_0}^{\omega_2-\omega_0}F(\Omega,t)\mathrm{d}\Omega\right]\end{aligned}$$

(3-61d)

式(3-61d)的物理意义：角频率为 ω_0 的载波$[\mathrm{e}^{\mathrm{j}(\omega_0 t - k'_0 z)}]$被积分因子$\left[\int F(\Omega,t)\mathrm{d}\Omega\right]$所调制。其中，$E(\omega_0+\Omega)$ 称为调制函数(或子波波群)，对应的调制方式既可以为调幅，也可为调频或调相。

2. 不失真传播条件

由式(3-61d)可见：欲使调制波(波形)在沿 $\hat{\boldsymbol{z}}$ 方向传播的过程中不失真，必须要求各子波(在相应的传播过程中)幅度不衰减(或一致衰减)，且具有相同的时间延迟(即具有相同的传播速度，从而使各子波之间无时延差)。这就要求衰减系数为零(或

与频率无关)，且传播常数为频率的线性函数，从而得调制波不失真传播条件为

$$\left.\begin{aligned}k'(\omega=\Omega+\omega_0)&=k'(\omega_0)+\Omega\frac{\mathrm{d}k'}{\mathrm{d}\omega}\Big|_{\omega_0}=k'_0+\Omega k'_1\\k''(\omega=\Omega+\omega_0)&=k''(\omega_0)=k''_0\end{aligned}\right\}\tag{3-61e}$$

由 3.2 节和 3.3 节的有关结论可知：调制波在无界(理想)介质或不良导体中传播时，可(直接)满足不失真传播条件。对于其他更一般的情况，由式(3-61b)和式(3-61c)可知：只有当调制带宽非常窄时($\omega_1\to\omega_2,\Omega\to 0$)才可(近似)满足不失真传播条件。

在满足(或近似满足)不失真传播条件时，由式(3-61d)给出的调制波的电场强度可以写成

$$\boldsymbol{E}(z,t)=\mathrm{Im}\left[\hat{\boldsymbol{x}}\mathrm{e}^{\mathrm{j}(\omega_0 t-k'_0 z)}\int_{\omega_1-\omega_0}^{\omega_2-\omega_0}E(\omega_0+\Omega)\mathrm{e}^{-k''_0 z}\mathrm{e}^{\mathrm{j}\Omega(t-k'_1 z)}\mathrm{d}\Omega\right]\tag{3-61f}$$

六、调制波的相速与群速之间的关系

由式(3-61f)，可求得调制波的相速(即载波的传播速度)为

$$v_{\mathrm{p}}=\frac{\omega_0}{k'_0}=\frac{\omega}{k'(\omega)}\Big|_{\omega_0}\tag{3-62a}$$

而调制波的群速(即子波波群的传播速度)则为

$$v_{\mathrm{g}}=\frac{1}{k'_1}=\frac{\mathrm{d}\omega}{\mathrm{d}k'(\omega)}\Big|_{\omega_0}\tag{3-62b}$$

利用 $\omega=v_{\mathrm{p}}k'=v_{\mathrm{p}}\dfrac{2\pi}{\lambda}$，可得(载波角频率 ω_0 为任意值时)群速与相速之间的关系为

$$v_{\mathrm{g}}=v_{\mathrm{p}}+k'\frac{\mathrm{d}v_{\mathrm{p}}}{\mathrm{d}k'}=v_{\mathrm{p}}-\lambda\frac{\mathrm{d}v_{\mathrm{p}}}{\mathrm{d}\lambda}\tag{3-62c}$$

【讨论】

(1) 只有满足不失真传播条件，由式(3-62b)给出的群速才具有实际意义(表示子波波群传播的速度——信号传播速度)。

(2) 若$\dfrac{\mathrm{d}v_{\mathrm{p}}}{\mathrm{d}k'}<0\left(\dfrac{\mathrm{d}v_{\mathrm{p}}}{\mathrm{d}\lambda}>0\right)$，则称为正常色散。此时有 $v_{\mathrm{g}}<v_{\mathrm{p}}$。在正常色散系统中，群速等于能量传播速度且以光速为极限。若此时还满足不失真传播条件，则群速还等于信号传播的速度。

(3) 若$\dfrac{\mathrm{d}v_{\mathrm{p}}}{\mathrm{d}k'}>0\left(\dfrac{\mathrm{d}v_{\mathrm{p}}}{\mathrm{d}\lambda}<0\right)$，则称为反常色散。此时有 $v_{\mathrm{g}}>v_{\mathrm{p}}$。在反常色散系统中，群速可能大于光速，但此时的群速不能代表能量(以及信号)的传播速度。

【例 3-5】求证：调制波在无界(理想)介质中传播时无(频率)色散，其群速等于相速且等于信号传播的速度。

【证明】(1)在无界理想介质中，有 $k'=k=\omega\sqrt{\mu\varepsilon}=\omega/v_{\mathrm{p}}$，$v_{\mathrm{p}}=1/\sqrt{\mu\varepsilon}$ 与频率无

关,无(频率)色散。

(2) $\frac{dv_p}{dk'}=\frac{dv_p}{dk}=0$,由式(3-62c)得 $v_g=v_p$。

(3) 在理想介质中,有 $k'=k=\omega\sqrt{\mu\varepsilon}$,$k''=0$,(直接)满足不失真传播条件。因此,群速等于信号传播的速度。

【例 3-6】 求良导体中调制波的相速及群速。

【解】 对良导体,有 $k'=\sqrt{\omega\mu\sigma/2}$,即有 $\omega=2(k')^2/\mu\sigma$,由式(3-62a),得相速为

$$v_p=\frac{\omega}{k'}=\frac{2k'}{\mu\sigma}$$

再利用式(3-62b),可得群速为

$$v_g=\frac{d\omega}{dk'}=\frac{4k'}{\mu\sigma}=2v_p$$

由于 $v_g>v_p$,所以良导体属于反常色散系统。

3.5 电磁波的极化特性

一、引　言

在实际工程中,常需了解电磁波的极化特性。所谓极化特性,即指电磁波的电场(或磁场)矢量随时间的变化规律(位置固定)。

本节主要研究 SUPW 的极化特性。

二、极化特性的研究方法

3.2 节的结论表明:若 SUPW 沿 $\hat{\boldsymbol{n}}$ 方向传播,则其电场、磁场均在与 $\hat{\boldsymbol{n}}$ 垂直的平面内,且有 $\boldsymbol{E}\perp\boldsymbol{H}$ 及 $E=\eta H$。据此,只需研究电场($\boldsymbol{E}$)矢量随时间的变化规律即可。

另外,一个矢量随时间变化的规律完全可以由该矢量端点的运动轨迹来等价描述。

本书将借助于研究电场强度矢量端点的运动轨迹来表征 SUPW 的极化特性。

三、SUPW 电场矢端的轨迹方程

设 SUPW 沿 $\hat{\boldsymbol{z}}$ 方向传播,其电场强度为

$$\boldsymbol{E}=\hat{\boldsymbol{x}}E_x+\hat{\boldsymbol{y}}E_y=[\hat{\boldsymbol{x}}E_{x0}e^{j\varphi_x}+\hat{\boldsymbol{y}}E_{y0}e^{j\varphi_y}]e^{-jkz}$$

实域量为

$$\boldsymbol{E}(t)=\hat{\boldsymbol{x}}E_x(t)+\hat{\boldsymbol{y}}E_y(t)=\hat{\boldsymbol{x}}E_{x0}\sin(\omega t-kz+\varphi_x)+\hat{\boldsymbol{y}}E_{y0}\sin(\omega t-kz+\varphi_y)$$

式中:E_{x0}、E_{y0}、φ_x、φ_y 均为实常量。

在 $z=z_0=0$ 的 Oxy 坐标面内，记 $\boldsymbol{E}$ 的矢端为动点 P，P 点坐标为(x_P,y_P)，则有

$$x_P = E_{x0}\sin(\omega t+\varphi_x) = E_{x0}(\sin\omega t\cos\varphi_x+\cos\omega t\sin\varphi_x)$$

$$y_P = E_{y0}\sin(\omega t+\varphi_y) = E_{y0}(\sin\omega t\cos\varphi_y+\cos\omega t\sin\varphi_y)$$

即

$$\frac{x_P}{E_{x0}} = \sin\omega t\cos\varphi_x+\cos\omega t\sin\varphi_x \tag{3-63}$$

$$\frac{y_P}{E_{y0}} = \sin\omega t\cos\varphi_y+\cos\omega t\sin\varphi_y \tag{3-64}$$

把式(3-63)两端乘以 $\sin\varphi_y$，式(3-64)两端乘以 $\sin\varphi_x$ 后再相减，可得

$$\frac{x_P}{E_{x0}}\sin\varphi_y-\frac{y_P}{E_{y0}}\sin\varphi_x = \sin\omega t\sin(\varphi_y-\varphi_x) \tag{3-65}$$

把式(3-63)两端乘以 $\cos\varphi_y$，式(3-64)两端乘以 $\cos\varphi_x$ 后再相减，得

$$\frac{x_P}{E_{x0}}\cos\varphi_y-\frac{y_P}{E_{y0}}\cos\varphi_x = -\cos\omega t\sin(\varphi_y-\varphi_x) \tag{3-66}$$

把式(3-65)两端平方，式(3-66)两端平方后再相加，可得

$$\left(\frac{x_P}{E_{x0}}\right)^2-2\frac{x_P}{E_{x0}}\cdot\frac{y_P}{E_{y0}}\cos(\varphi_y-\varphi_x)+\left(\frac{y_P}{E_{y0}}\right)^2 = \sin^2(\varphi_y-\varphi_x) \tag{3-67}$$

式(3-67)即为电场矢端(P 点)的轨迹方程，可以表示直线、圆或椭圆。

四、极化的分类

按 SUPW 电场矢端(P 点)的轨迹形状进行分类，可分为线极化波、圆极化波和椭圆极化波。

1. 线极化波

电场矢端(P 点)的轨迹为一条直线时称为线极化波。其条件为

$$\varphi_y-\varphi_x = m\pi\quad(m=0,\pm1,\pm2,\cdots) \tag{3-68}$$

轨迹方程为

$$\frac{y_P}{E_{y0}} = (-1)^m\frac{x_P}{E_{x0}} \tag{3-69}$$

其规律为电场的 x 分量与 y 分量同(或反)相位。E_x 与 E_y 同相位时(m 为偶数)，矢端 P 点的轨迹为位于 Oxy 坐标面的第Ⅰ、Ⅲ象限的直线；E_x 与 E_y 反相位时(m 为奇数)，P 点的轨迹为位于 Oxy 坐标面第Ⅱ、Ⅳ象限的直线。所以直线均过坐标原点，其斜率为$\dfrac{E_y(t)}{E_x(t)}$。

2. 圆极化波

电场矢端(P 点)的轨迹为圆周时称为圆极化波。其条件为

$$\varphi_y-\varphi_x = \pm\frac{\pi}{2},\quad E_{x0}=E_{y0}=E_0 \tag{3-70}$$

轨迹方程为

$$x_P^2 + y_P^2 = E_0^2 \tag{3-71}$$

其规律为

$$E_y = \pm \mathrm{j}E_x \Leftrightarrow \begin{cases} E_x(t) = E_0 \sin(\omega t - kz + \varphi_x) \\ E_y(t) = E_0 \sin\left(\omega t - kz + \varphi_x \pm \dfrac{\pi}{2}\right) \end{cases}$$

【讨论】

(1) 圆极化波可以表示成两个极化方向垂直、相位差为$\frac{\pi}{2}$的等幅线极化波的叠加。

(2) 圆极化波的旋转方向分为：

① 左旋圆极化波$\left(\varphi_y - \varphi_x = \dfrac{\pi}{2},\ E_y = \mathrm{j}E_x\right)$。此时，$E_y$ 的相位超前 E_x 相位$\left(\dfrac{\pi}{2}\right)$，$E_x$ 追随 E_y 的变化规律，如图 3.6(a)所示。P 点在圆周轨迹上运动的方向与波的传播方向($\hat{z}$)满足左手法则(在 $t=t_1$ 时刻，矢端 P 点位于 P_1 点；$t=t_2>t_1$，$P=P_2$；$t=t_3>t_2$，$P=P_3$)。

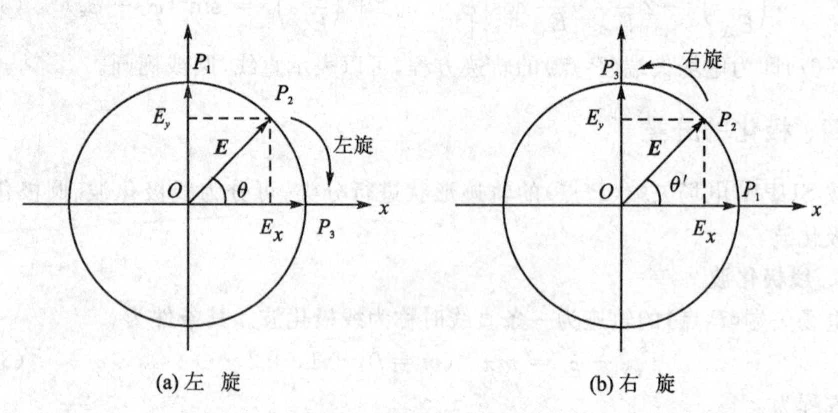

图 3.6 圆极化波的旋向

② 右旋圆极化波$\left(\varphi_y - \varphi_x = -\dfrac{\pi}{2}, E_y = -\mathrm{j}E_x\right)$。此时，$E_x$ 的相位超前 E_y 相位$\left(\dfrac{\pi}{2}\right)$，$E_y$ 追随 E_x 的变化规律，如图 3.6(b)所示。P 点在圆周轨迹上运动的方向与波的传播方向($\hat{z}$)满足右手法则(在 $t=t_1$ 时刻，矢端 P 点位于 P_1 点；$t=t_2>t_1$，$P=P_2$；$t=t_3>t_2$，$P=P_3$)。

(3) 任意一个线极化波均可表示成一个左旋圆极化波与一个右旋圆极化波的叠加。

【证明】 取线极化波的电场方向为正 x 轴方向，则有

$$\boldsymbol{E} = \hat{x}E_0\sin(\omega t - kz + \varphi_0) = \frac{1}{2}E_0[\hat{\boldsymbol{x}}\sin(\omega t - kz + \varphi_0) + \hat{y}\cos(\omega t - kz + \varphi_0)] +$$

$$\frac{1}{2}E_0[\hat{\boldsymbol{x}}\sin(\omega t - kz + \varphi_0) - \hat{y}\cos(\omega t - kz + \varphi_0)] = \boldsymbol{E}_1(t) + \boldsymbol{E}_2(t)$$

式中：$\boldsymbol{E}_1(t)$为左旋圆极化波；$\boldsymbol{E}_2(t)$为右旋圆极化波。

3. 椭圆极化波

电场矢端（P 点）的轨迹为椭圆时称为椭圆极化波。不满足线极化及圆极化条件时，即为椭圆极化。其轨迹方程见式(3-67)，轨迹如图 3.7 所示。

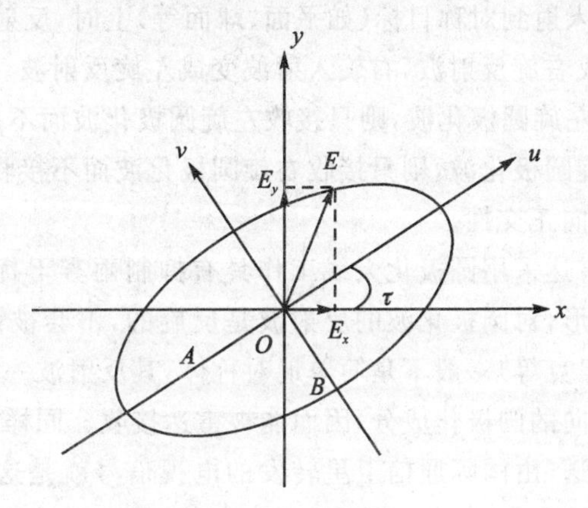

图 3.7　椭圆极化

【讨论】

(1) 椭圆极化波可以表示成两个极化方向垂直的线极化波的叠加。

(2) 椭圆极化波的旋转方向分为：

① 左旋椭圆极化波：$\pi > \varphi_y - \varphi_x > 0$（$E_y$ 的相位超前 E_x 相位）。

② 右旋椭圆极化波：$\pi > \varphi_x - \varphi_y > 0$（$E_x$ 的相位超前 E_y 相位）。

(3) 任意一个线极化波均可表示成一个左旋椭圆极化波与一个右旋椭圆极化波的叠加。

(4) 任意一个椭圆极化波均可表示成两个旋向相反的圆极化波的叠加。

【证明】椭圆极化波的电场强度为

$$\boldsymbol{E} = \hat{\boldsymbol{x}}E_x + \hat{\boldsymbol{y}}E_y = \left[\frac{\hat{\boldsymbol{x}}}{2}(E_x + \mathrm{j}E_y) - \frac{\hat{\boldsymbol{y}}}{2}\mathrm{j}(E_x + \mathrm{j}E_y)\right] +$$

$$\left[\frac{\hat{\boldsymbol{x}}}{2}(E_x - \mathrm{j}E_y) + \frac{\hat{\boldsymbol{y}}}{2}\mathrm{j}(E_x - \mathrm{j}E_y)\right] = \boldsymbol{E}_1 + \boldsymbol{E}_2$$

式中：$\boldsymbol{E}_1$ 为右旋圆极化波；$\boldsymbol{E}_2$ 为左旋圆极化波。

(5) 如图 3.7 所示，记极化椭圆的长、短半轴分别为 A、B，长轴与 x 轴夹角为 τ（倾角），长、短半轴之比为 r_A，则有关系式

$$\tan 2\tau = \frac{2a}{1 - a^2}\cos(\varphi_y - \varphi_x)$$

$$r_A^2 = \beta + \sqrt{\beta^2 - 1}$$

其中

$$a = \frac{E_{y0}}{E_{x0}}, \quad \beta = \frac{a^2 + 2\cos^2(\varphi_x - \varphi_y) + 1/a^2}{2\sin^2(\varphi_y - \varphi_x)}$$

五、圆极化波的应用

圆极化波具有两个与应用有关的重要特性：

(1) 当圆极化波入射到对称目标(如平面、球面等)上时，反射波将变成反旋向的波，即左旋入射波变成右旋反射波，右旋入射波变成左旋反射波。

(2) 天线若辐射左旋圆极化波，则只接收左旋圆极化波而不接收右旋圆极化波；反之，若天线辐射右旋圆极化波，则只接收右旋圆极化波而不接收左旋圆极化波。这称为圆极化天线的旋向正交性。

根据如上性质，雷达采用圆极化天线工作具有抑制雨雾干扰的能力。在雨雾天气里。水点近似为球形，对圆极化波的反射波是反旋的，不会被雷达接收；而雷达的目标(如飞机、舰船、坦克等)一般不是简单地对称体，其反射波一般为椭圆极化波，其中必有与入射波同旋向的圆极化成分，因而能被雷达接收。同样，若电视台播发的电视信号由圆极化波载送(由国际通信卫星转发的电视信号就是这样)，则它在建筑物墙壁上的反射波是反旋向的，这些反旋向波便不会由接收原旋向波的电视天线所接收，从而可避免因城市建筑物的反射所引起的电视图像的重影效应。

由于一个线极化波可分解为两个反旋向的圆极化波，因此，各种取向的线极化波都可以由圆极化天线收到，这一点正是现代战争中采用圆极化天线进行电子侦察和实施电子干扰的理论依据。

圆极化天线也有许多民用方面的应用。如大多数 FM 调频广播都是用圆极化波载送的，因此，立体声音爱好者可以用与来波方向垂直的平面内其电场任意取向的线极化天线收到 FM 信号。

六、3 种极化波的复平面表示

仍设 SUPW 沿 $\hat{z}$ 方向传播，则复域中其电场强度的 y 分量(E_y)与 x 分量(E_x)之比为

$$\dot{A} = \frac{E_y}{E_x} = \frac{E_{y0}}{E_{x0}} e^{j(\varphi_y - \varphi_x)} = a e^{j\varphi} = \text{Re}\left[\frac{E_y}{E_x}\right] + j\text{Im}\left[\frac{E_y}{E_x}\right] = a(\cos\varphi + j\sin\varphi) \tag{3-72}$$

根据 a 和 φ 的不同情况可以在复平面($\dot{A}$)上描述 3 种极化波情况所对应的电场矢端(P 点)轨迹，如图 3.8 所示。

由图可见：线极化波对应于 E_y/E_x 在实轴上，$\varphi=0$ 或 π；圆极化波对应于 $a=1$，

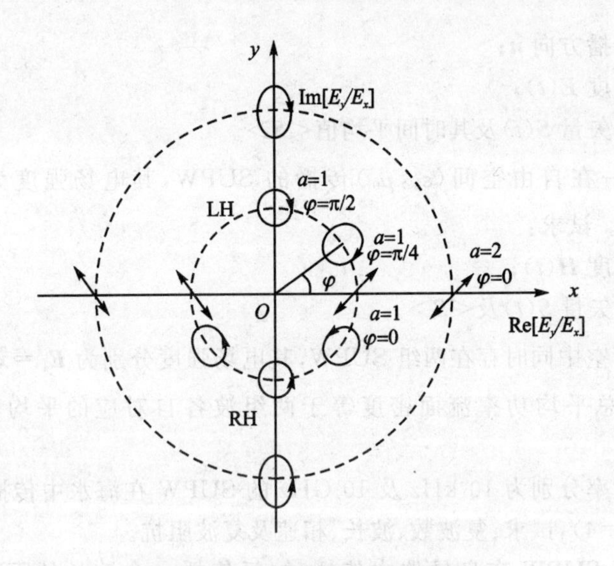

图 3.8　3 种极化波的复平面表示

$\varphi=\pm\dfrac{\pi}{2}$两点；其他点均对应椭圆极化情况，上半平面($0<\varphi<\pi$)对应于左旋旋向；下半平面($0>\varphi>-\pi$)对应于右旋旋向。

【例 3-7】空气中传播的 SUPW 的电场强度为 $\boldsymbol{E}=(\hat{\boldsymbol{x}}+\mathrm{j}\hat{\boldsymbol{y}})E_0\mathrm{e}^{-\mathrm{j}kz}$，试求：

(1) 它是哪类极化波；(2) 磁场强度 $\boldsymbol{H}(t)$；(3) $\boldsymbol{H}(t)$矢端轨迹。

【解】(1) 该 SUPW 为左旋圆极化波。

(2) $\boldsymbol{H}=\dfrac{1}{\eta_0}\hat{\boldsymbol{z}}\times\boldsymbol{E}=\dfrac{1}{\eta_0}(\hat{\boldsymbol{y}}-\mathrm{j}\hat{\boldsymbol{x}})E_0\mathrm{e}^{-\mathrm{j}kz}$

$$\boldsymbol{H}(t)=\hat{\boldsymbol{x}}H_x(t)+\hat{\boldsymbol{y}}H_y(t)=-\hat{\boldsymbol{x}}\frac{E_0}{\eta_0}\cos(\omega t-kz)+\hat{\boldsymbol{y}}\frac{E_0}{\eta_0}\sin(\omega t-kz)$$

(3) 由 $\boldsymbol{H}=\hat{\boldsymbol{x}}H_x+\hat{\boldsymbol{y}}H_y=\dfrac{E_0}{\eta_0}(-\mathrm{j}\hat{\boldsymbol{x}})\mathrm{e}^{-\mathrm{j}kz}+\dfrac{E_0}{\eta_0}\hat{\boldsymbol{y}}\mathrm{e}^{-\mathrm{j}kz}$，可得 $H_y=\mathrm{j}H_x$，此说明 $\boldsymbol{H}$ 与 $\boldsymbol{E}$ 的矢端轨迹同为左旋的圆周(半径不同且 $\boldsymbol{H}(t)\perp\boldsymbol{E}(t)$)。

习　题

3-1　在理想介质中，SUPW 的电场强度为 $\boldsymbol{E}(t)=\hat{\boldsymbol{x}}5\cos2\pi(10^8t-z)$ (V/m)。

(1) 求介质中的波长及自由空间(真空)波长；

(2) 若介质的 $\mu=\mu_0$，$\varepsilon=\varepsilon_0\varepsilon_r$，求 ε_r；

(3) 求磁场强度 $\boldsymbol{H}(t)$。

3-2　在真空中正弦均匀平面电磁波的磁场强度为 $\boldsymbol{H}(t)=\hat{\boldsymbol{z}}H_0\cos(\omega t+ky)$ (A/m)。试求：

(1) 波的传播方向 $\hat{\boldsymbol{n}}$；

(2) 电场强度 $\boldsymbol{E}(t)$；

(3) 坡印亭矢量 $\boldsymbol{S}(t)$及其时间平均值$<\boldsymbol{S}>$。

3-3　某一在自由空间(ε_0, μ_0)传播的 SUPW，其电场强度为 $\boldsymbol{E}=(\hat{\boldsymbol{x}}-\hat{\boldsymbol{y}})\mathrm{e}^{\mathrm{j}\left(\frac{\pi}{4}-kz\right)}$(V/m)。试求：

(1) 磁场强度 $\boldsymbol{H}(t)$；

(2) 坡印亭矢量 $\boldsymbol{S}(t)$及$<\boldsymbol{S}>$。

3-4　设真空中同时存在两组 SUPW，其电场强度分别为 $\boldsymbol{E}_1=\hat{\boldsymbol{x}}E_{10}\mathrm{e}^{-\mathrm{j}k_1z}$，$\boldsymbol{E}_2=\hat{\boldsymbol{y}}E_{20}\mathrm{e}^{-\mathrm{j}k_2z}$，试证总平均功率流面密度等于两组波各自对应的平均功率流面密度之和。

3-5　当频率分别为 10 kHz 及 10 GHz 的 SUPW 在海水中传播时(设海水的 $\varepsilon_r=80$，$\mu_r=1$，$\sigma=4$)，试求：复波数、波长、相速及复波阻抗。

3-6　求证 SUPW 在良导体中传播时，每传播一个波长的距离功率约衰减 55 dB。

3-7　飞机高度表利用发射电脉冲的地面回波来测飞机的高度(h)，若 c 为空气中的光速，t 为地面回波延迟的时间，则得 $h=\dfrac{1}{2}ct$。现在设地面上有 $d=20$ cm 厚的雪，对 3 GHz 的 SUPW，雪的参数为 $\varepsilon_r=1.2$，$\dfrac{\sigma}{\omega\varepsilon}=3\times10^{-4}$。试求：

(1) 由雪层引起的测高误差；

(2) 由雪层引起的回波信号衰减的分贝数(忽略各交界面处的反射损失)。

3-8　已知真空中 SUPW 的复电场为 $\boldsymbol{E}=100(\hat{\boldsymbol{y}}+\mathrm{j}\hat{\boldsymbol{z}})\mathrm{e}^{-\mathrm{j}2\pi x}$(V/m)。试求：

(1) 波矢 $\boldsymbol{k}$；

(2) 极化类型；

(3) 频率 f 及波长 λ；

(4) 磁场强度 $\boldsymbol{H}(t)$；

(5) 平均功率流面密度$<\boldsymbol{S}>$。

3-9　一 SUPW 在正常色散媒质中的相速为 $v_p=2\times10^7\lambda^{2/3}$(m/s)，当 $\lambda=10$ m 时，求波的群速。

3-10　以下各式表示的是哪种极化波？

(1) $\boldsymbol{E}(t)=\hat{\boldsymbol{x}}E_0\sin(\omega t-kz)+\hat{\boldsymbol{y}}E_0\cos(\omega t-kz)$；

(2) $\boldsymbol{E}(t)=\hat{\boldsymbol{x}}E_0\sin\left(\omega t-kz+\dfrac{\pi}{4}\right)+\hat{\boldsymbol{y}}E_0\cos\left(\omega t-kz-\dfrac{\pi}{4}\right)$；

(3) $\boldsymbol{E}(t)=\hat{\boldsymbol{x}}E_0\sin\left(\omega t+kz+\dfrac{\pi}{4}\right)+\hat{\boldsymbol{y}}E_0\cos\left(\omega t+kz+\dfrac{\pi}{4}\right)$；

(4) $\boldsymbol{E}=\hat{\boldsymbol{x}}E_0\mathrm{e}^{-\mathrm{j}kz}+\hat{\boldsymbol{y}}2E_0\mathrm{j}\mathrm{e}^{-\mathrm{j}kz}$。

3-11 将下列线极化波分解为圆极化波的叠加：

(1) $\boldsymbol{E}(t)=\hat{\boldsymbol{x}}E_0\mathrm{e}^{-\mathrm{j}kz}$；

(2) $\boldsymbol{E}(t)=\hat{\boldsymbol{x}}E_0\mathrm{e}^{-\mathrm{j}kz}-\hat{\boldsymbol{y}}E_0\mathrm{e}^{-\mathrm{j}kz}$；

(3) $\boldsymbol{E}(t)=\hat{\boldsymbol{z}}E_0\sin(\omega t-kx)$。

3-12 氦氖激光器发射的激光束(可视为 SUPW)在空气中的波长为 6.328×10^{-7} m,求其频率、周期和波数。

3-13 人马座的 α 星距地球约 4.33 光年,1 光年为光在一年中传播的距离。该星球距离地球为多少 km(按平均年计算)?

3-14 设 $\boldsymbol{E}=\hat{\boldsymbol{z}}E_0\mathrm{e}^{-\mathrm{j}kz}$,该电场是否满足无源区 M 组？若满足,求出其对应的磁场 $\boldsymbol{H}$;若不满足,请指出为什么?

3-15 电视台发射的 SUPW 到达某电视天线处的场强用以该接收点为坐标原点的坐标表示为

$$\boldsymbol{E}=(\hat{\boldsymbol{x}}+\hat{\boldsymbol{z}}2)E_0,\quad \boldsymbol{H}=\hat{\boldsymbol{y}}H_0$$

已知 $E_0=1$ V/m。试求：

(1) 波的传播方向 $\hat{\boldsymbol{n}}$；

(2) H_0；

(3) $\langle\boldsymbol{S}\rangle$；

(4) 点 $P(\lambda,\lambda,-\lambda)$处的电场强度及磁场强度复矢量($\lambda$ 为波长)。

3-16 SUPW 在导体($\varepsilon_\mathrm{r}=\mu_\mathrm{r}=1,\sigma=0.11$ S/m)中传播,已知其频率为 $f=1.95$ GHz,在 P 点的电场强度复振幅为 $E=10^{-2}$ V/m。试求：

(1) 相速及波长；

(2) P 点的磁场强度复振幅 H；

(3) 场强衰减千分之一时,波所传播的距离 l。

3-17 已知空气中一 SUPW 的复磁场强度为

$$\boldsymbol{H}=H_0(-\hat{\boldsymbol{x}}+\hat{\boldsymbol{y}}+\hat{\boldsymbol{z}}a)\mathrm{e}^{-\mathrm{j}2\pi(x+y)}\quad (H_0\text{ 和 }a\text{ 均为常量})$$

试求：

(1) 波矢 $\boldsymbol{k}$ 及传播方向 $\hat{\boldsymbol{n}}$；

(2) 波长及频率；

(3) 复电场强度 $\boldsymbol{E}$；

(4) 坡印亭矢量的时间平均值$\langle\boldsymbol{S}\rangle$；

(5) 欲使其成为左旋圆极化波,a 应为何值。

3-18 求证:对于理想介质中的 SUPW,有$\langle\boldsymbol{S}\rangle=\hat{\boldsymbol{n}}\boldsymbol{E}\cdot\boldsymbol{E}^*/2\eta=\hat{\boldsymbol{n}}\boldsymbol{H}\cdot\boldsymbol{H}^*(\eta/2)$。

第 4 章 SUPW 的反射和折射

第 3 章研究了 SUPW 在单一媒质中的传播特性。实际通信系统的信道(电磁波在其中传播的媒体)往往由几种媒质组成,当电磁波投射到两种媒质的分界面上时,由于不同媒质具有不同的电磁参量($\mu_1,\varepsilon_1;\mu_2,\varepsilon_2$),将导致入射波的电磁功率只有一部分进入另一媒质(称为透射或折射),其余的电磁功率将被反射回原来媒质中(称为反射)。一般情况下,折射波、反射波与入射波均为同频率的 SUPW,三者除满足 M 组及传播特性外,还必须满足不同媒质分界面处的边界条件。由边界条件出发,可以推导出在分界面(两侧)处 3 种波对应的场量之间的关系。这种关系又可分为两类,第一类是 3 种波的传播方向之间的关系(称为反射、折射定律或角度关系);第二类是 3 种波对应的场量振幅之间的关系(称为振幅关系)。本章将限于分界面为平面的情况来研究入射波、反射波及折射波之间的关系。

4.1 SUPW 的反射、折射定律

一、前提条件

(1) 设系统由两种媒质组成,$z<0$ 区为第一种媒质(μ_1,ε_1);$z>0$ 区为第二种媒质(μ_2,ε_2);$z=0$ 平面为分界面。

(2) 设 SUPW 由 $z<0$ 区沿 $\boldsymbol{k}_i$ 方向入射到 $z=0$ 分界面上,产生的反射波沿 $\boldsymbol{k}_r$ 方向传播、折射波沿 $\boldsymbol{k}_t$ 方向传播。$\boldsymbol{k}_i$、$\boldsymbol{k}_r$、$\boldsymbol{k}_t$ 分别为入射波矢、反射波矢、折射波矢。其大小为

$$\left.\begin{aligned} k_i = |\boldsymbol{k}_i| = k_r = |\boldsymbol{k}_r| = \omega\sqrt{\mu_1\varepsilon_1} = k_1 \\ k_t = |\boldsymbol{k}_t| = \omega\sqrt{\mu_2\varepsilon_2} = k_2 \end{aligned}\right\} \tag{4-1}$$

3 个波矢的分量表示为

$$\begin{aligned} \boldsymbol{k}_i &= \hat{\boldsymbol{x}}k_{ix} + \hat{\boldsymbol{y}}k_{iy} + \hat{\boldsymbol{z}}k_{iz} \\ \boldsymbol{k}_r &= \hat{\boldsymbol{x}}k_{rx} + \hat{\boldsymbol{y}}k_{ry} + \hat{\boldsymbol{z}}k_{rz} \\ \boldsymbol{k}_t &= \hat{\boldsymbol{x}}k_{tx} + \hat{\boldsymbol{y}}k_{ty} + \hat{\boldsymbol{z}}k_{tz} \end{aligned} \tag{4-2}$$

(3) 设 3 种波对应的复电场为

$$\left.\begin{aligned} \boldsymbol{E}_i &= \boldsymbol{E}_{i0}\mathrm{e}^{-\mathrm{j}\boldsymbol{k}_i\cdot\boldsymbol{r}} \\ \boldsymbol{E}_r &= \boldsymbol{E}_{r0}\mathrm{e}^{-\mathrm{j}\boldsymbol{k}_r\cdot\boldsymbol{r}} \\ \boldsymbol{E}_t &= \boldsymbol{E}_{t0}\mathrm{e}^{-\mathrm{j}\boldsymbol{k}_t\cdot\boldsymbol{r}} \end{aligned}\right\} \tag{4-3}$$

式中：$\boldsymbol{r}=\hat{x}x+\hat{y}y+\hat{z}z$ 为场点矢径。

二、反射、折射定律

1. 分界面处电磁场的边界条件

不失一般性，设分界面两侧 3 种波矢 $\boldsymbol{k}_i$、$\boldsymbol{k}_r$、$\boldsymbol{k}_t$ 如图 4.1 所示（先设 $\boldsymbol{k}_i$、$\boldsymbol{k}_r$、$\boldsymbol{k}_t$ 不在同一平面内）。

在 $z=0$ 处应有 $\hat{\boldsymbol{n}}\times(\boldsymbol{E}_2-\boldsymbol{E}_1)=0$，其中 $\hat{\boldsymbol{n}}=\hat{\boldsymbol{z}}$，$\boldsymbol{E}_1=(\boldsymbol{E}_i+\boldsymbol{E}_r)|_{z=0}$，$\boldsymbol{E}_2=\boldsymbol{E}_t|_{z=0}$。利用式(4－1)、式(4－2)和式(4－3)，可得

$$\hat{\boldsymbol{z}}\times\boldsymbol{E}_{i0}\mathrm{e}^{-\mathrm{j}(xk_{ix}+yk_{iy})}+\hat{\boldsymbol{z}}\times\boldsymbol{E}_{r0}\mathrm{e}^{-\mathrm{j}(xk_{rx}+yk_{ry})}=\hat{\boldsymbol{z}}\times\boldsymbol{E}_{t0}\mathrm{e}^{-\mathrm{j}(xk_{tx}+yk_{ty})} \qquad (4-4)$$

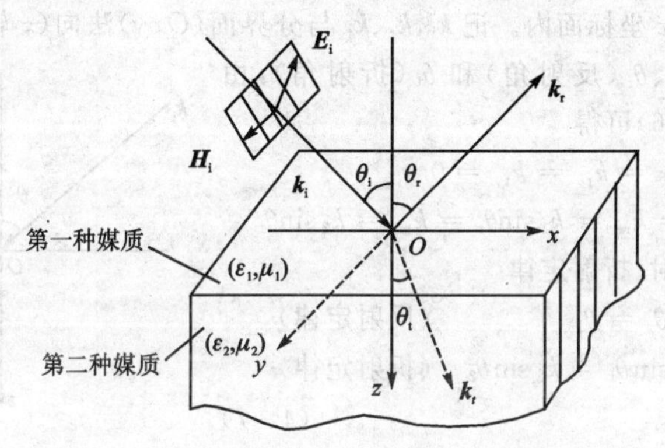

图 4.1　分界面处的入射、反射及折射

欲使式(4－4)对 $z=0$ 平面上任意点(x,y)都成立，必须令各项的指数部分相等[只是必要条件，此必要条件满足后，式(4－4)中只剩 3 个电场的振幅了——决定振幅关系]，即

$$xk_{ix}+yk_{iy}=xk_{rx}+yk_{ry}=xk_{tx}+yk_{ty}$$

令 $y=0$，x 任意变化，可得

$$k_{ix}=k_{rx}=k_{tx} \qquad (4-5)$$

令 $x=0$，y 任意变化，可得

$$k_{iy}=k_{ry}=k_{ty} \qquad (4-6)$$

2. 入射面的定义

(1) 式(4－5)和式(4－6)表明：$\boldsymbol{k}_i$、$\boldsymbol{k}_r$、$\boldsymbol{k}_t$ 3 个矢量共平面——入射方向、反射方向、折射方向在同一平面内。

【证明】$(\boldsymbol{k}_i\times\boldsymbol{k}_r)\cdot\boldsymbol{k}_t=\begin{vmatrix}k_{tx} & k_{ty} & k_{tz}\\ k_{ix} & k_{iy} & k_{iz}\\ k_{rx} & k_{ry} & k_{rz}\end{vmatrix}=0$

其中注意到：行列式的第一列元素与第二列元素成同一比例。

$\boldsymbol{k}_i$、$\boldsymbol{k}_r$、$\boldsymbol{k}_t$ 所在的平面称为入射面——入射方向、反射方向、折射方向都在入射

面内。

(2) 入射面恒垂直于分界面 Oxy 面。

【证明】入射面的法向为 $\boldsymbol{k}_i\times\boldsymbol{k}_r$ 的方向,分界面的法向为 $\hat{\boldsymbol{z}}$,由于

$$(\boldsymbol{k}_i\times\boldsymbol{k}_r)\cdot\hat{\boldsymbol{z}}=\begin{vmatrix}0 & 0 & 1\\ k_{ix} & k_{iy} & k_{iz}\\ k_{rx} & k_{ry} & k_{rz}\end{vmatrix}=0$$

故有$(\boldsymbol{k}_i\times\boldsymbol{k}_r)\perp\hat{\boldsymbol{z}}$。

3. 反射、折射定律(角度关系)

根据前面结论可选择直角坐标系的 Ozx 坐标面与入射面重合,如图 4.2 所示,$\boldsymbol{k}_i$、$\boldsymbol{k}_r$、$\boldsymbol{k}_t$ 都在 Ozx 坐标面内。记 $\boldsymbol{k}_i$、$\boldsymbol{k}_r$、$\boldsymbol{k}_t$ 与分界面(Oxy)法向(z 轴)所夹的锐角分别为 θ_i(入射角)、θ_r(反射角)和 θ_t(折射角),由式(4-5)、式(4-6)可得

$$k_{iy}=k_{ry}=k_{ty}=0$$

$$k_{ix}=k_1\sin\theta_i=k_{rx}=k_1\sin\theta_r=k_{tx}=k_2\sin\theta_t$$

对比即得反射、折射定律

$$\theta_i=\theta_r=\theta_1 \qquad \text{(反射定律)}$$

$$k_1\sin\theta_1=k_2\sin\theta_t=k_2\sin\theta_2 \qquad \text{(折射定律)} \tag{4-7}$$

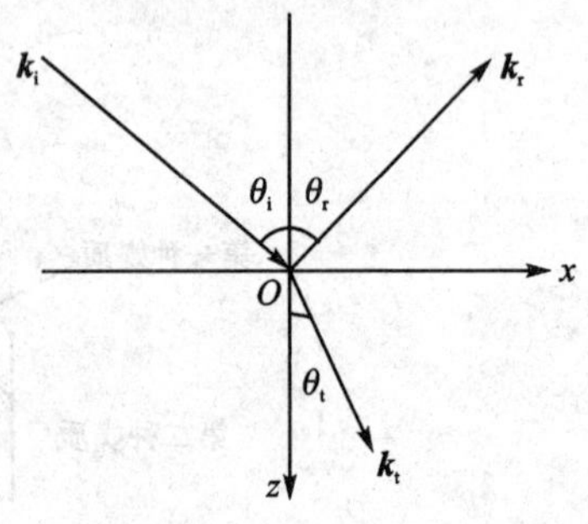

图 4.2 入射面

反射、折射定律式(4-7)可叙述为:在两种媒质分界处,入射波(矢)、反射波(矢)、折射波(矢)同在与分界面相垂直的(入射)平面内,$\boldsymbol{k}_i$ 与 $\boldsymbol{k}_r$、$\boldsymbol{k}_t$ 分居分界面法线两侧,反射角等于入射角,折射角与入射角满足关系式 $k_2\sin\theta_t=k_1\sin\theta_i$ 该定律又称为斯耐尔定律。

由图 4.2 还可得

$$k_{iz}=-k_{rz}=k_1\cos\theta_i=k_1\cos\theta_1 \tag{4-8}$$

$$k_{tz}=k_2\cos\theta_2$$

$$\frac{k_{tz}}{k_{iz}}=\frac{k_2}{k_1}\frac{\cos\theta_2}{\cos\theta_1}$$

再利用式(4-7),得

$$k_{iz}\tan\theta_1=k_{tz}\tan\theta_2 \tag{4-9}$$

4.2 SUPW 对平面边界的垂直入射

由于圆极化波及椭圆极化波总可以分解成两个极化方向相互垂直的线极化波的叠加,因此,本节将主要研究入射波为沿 x 轴线极化的情况。对于圆极化及椭圆极化的情况,可将其分解成沿 x 轴和沿 y 轴线极化两种情况,先应用本节结论分别求解,然后再将两种情况所得结果叠加即可。

一、对两种介质边界的垂直入射

1. 前提条件

(1) $z<0$ 区为介质①(μ_1,ε_1)；$z>0$ 区为介质②(μ_2,ε_2)。

(2) SUPW 由 $z<0$ 区垂直于分界面$(z=0)$射向 $z>0$ 区。

(3) 入射波、反射波、折射波的电场强度均为沿 x 轴的同频线极化 SUPW，如图4.3 所示。

2. 角度关系

由图 4.3 及上节结果，知 $\theta_i=\theta_r=\theta_1=\theta_t=\theta_2=0$（入射波、折射波沿 $\hat{z}$ 方向传播，反射波沿 $-\hat{z}$ 方向传播）；3 种波的电磁场量皆在平行于 Oxy 坐标面的平面内。

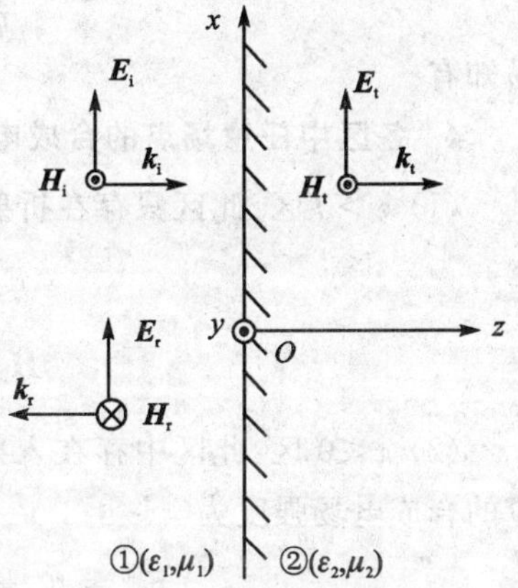

图 4.3　对介质界面垂直入射

3. 振幅关系

(1) 场量表示为入射场$(z<0,\boldsymbol{k}_i=k_1\hat{z})$：

$$\boldsymbol{E}_i=\hat{x}E_{i0}\mathrm{e}^{-jk_1z}$$

$$\boldsymbol{H}_i=\hat{y}H_{i0}\mathrm{e}^{-jk_1z}=\frac{1}{\eta_1}\hat{z}\times\boldsymbol{E}_i=\hat{y}\frac{E_{i0}}{\eta_1}\mathrm{e}^{-jk_1z}$$

表示为反射场$(z<0,\boldsymbol{k}_r=-k_1\hat{z})$

$$\boldsymbol{E}_r=\hat{x}E_{r0}\mathrm{e}^{jk_1z}$$

$$\boldsymbol{H}_r=\hat{y}H_{r0}\mathrm{e}^{jk_1z}=\frac{1}{\eta_1}(-\hat{z})\times\boldsymbol{E}_r=-\hat{y}\frac{E_{r0}}{\eta_1}\mathrm{e}^{jk_1z}$$

表示为折射场$(z>0,\boldsymbol{k}_t=k_2\hat{z})$

$$\boldsymbol{E}_t=\hat{x}E_{t0}\mathrm{e}^{-jk_2z}$$

$$\boldsymbol{H}_t=\hat{y}H_{t0}\mathrm{e}^{-jk_2z}=\frac{1}{\eta_2}\hat{z}\times\boldsymbol{E}_t=\hat{y}\frac{E_{t0}}{\eta_2}\mathrm{e}^{-jk_2z}$$

式中：$\eta_1=\sqrt{\dfrac{\mu_1}{\varepsilon_1}}$；$\eta_2=\sqrt{\dfrac{\mu_2}{\varepsilon_2}}$；$k_1=\omega\sqrt{\mu_1\varepsilon_1}$；$k_2=\omega\sqrt{\mu_2\varepsilon_2}$。

(2) 边界条件：在 $z=0$ 分界面上（无面电流分布），电场强度和磁场强度的切向分量均应连续，从而有

$$E_{10}=E_{i0}+E_{r0}=E_{t0}=E_{20} \tag{4-10}$$

$$H_{10}=H_{i0}+H_{r0}=\frac{1}{\eta_1}(E_{i0}-E_{r0})=H_{20}=H_{t0}=\frac{E_{t0}}{\eta_2}$$

即

$$\frac{1}{\eta_1}(E_{i0}-E_{r0})=\frac{1}{\eta_2}E_{t0} \tag{4-11}$$

(3) 振幅关系：联立式(4-10)及式(4-11)可得反射波电场振幅、折射波电场振幅与入射波电场振幅之间的关系为

$$E_{r0} = \frac{\eta_2 - \eta_1}{\eta_2 + \eta_1} E_{i0} = RE_{i0} \tag{4-12}$$

$$E_{t0} = \frac{2\eta_2}{\eta_2 + \eta_1} E_{i0} = TE_{i0} \tag{4-13}$$

式中定义

$$R = \frac{\eta_2 - \eta_1}{\eta_2 + \eta_1} \quad (\text{电场反射系数}) \tag{4-14}$$

$$T = \frac{2\eta_2}{\eta_2 + \eta_1} \quad (\text{电场折射系数}) \tag{4-15}$$

易知有 $1+R=T$

4. 各区中任意场点的合成电磁场

(1) $z>0$ 区：此区只存在折射波，为沿 $\hat{z}$ 方向传播的 SUPW。其场量为

$$\boldsymbol{E}_2 = \boldsymbol{E}_t = \hat{\boldsymbol{x}} TE_{i0} e^{-jk_2 z}$$

$$\boldsymbol{H}_2 = \boldsymbol{H}_t = \hat{\boldsymbol{y}} \frac{TE_{i0}}{\eta_2} e^{-jk_2 z}$$

(2) $z<0$ 区：此区中存在入射波和反射波，一般而言，合成波不再为 SUPW，对应的合成电场强度为

$$\begin{aligned}\boldsymbol{E}_1 = \boldsymbol{E}_i + \boldsymbol{E}_r &= \hat{\boldsymbol{x}} E_{i0} (e^{-jk_1 z} + Re^{jk_1 z}) = \\ &[(1-R)e^{-jk_1 z} + R(e^{-jk_1 z} + e^{jk_1 z})]\hat{\boldsymbol{x}} E_{i0} = \\ &[(1-R)e^{-jk_1 z} + 2R\cos k_1 z]\hat{\boldsymbol{x}} E_{i0} = \boldsymbol{E}_1' + \boldsymbol{E}_1''\end{aligned}$$

式中：$\boldsymbol{E}_1' = \hat{\boldsymbol{x}} E_{i0}(1-R)e^{-jk_1 z}$，代表沿 $\hat{\boldsymbol{z}}$ 方向传播的 SUPW（称为行波）的电场强度；$\boldsymbol{E}_1'' = \hat{\boldsymbol{x}} 2RE_{i0} \cos k_1 z$，不代表波动（称为驻波）。称 $\boldsymbol{E}_1 = \boldsymbol{E}_1' + \boldsymbol{E}_1''$ 为行驻波状态的电场强度。

合成磁场强度为

$$\begin{aligned}\boldsymbol{H}_1 = \boldsymbol{H}_i + \boldsymbol{H}_r &= \hat{\boldsymbol{y}} \frac{E_{i0}}{\eta_1} (e^{-jk_1 z} - Re^{jk_1 z}) = \\ &\hat{\boldsymbol{y}} \frac{E_{i0}}{\eta_1} (1-R) e^{-jk_1 z} - 2j\hat{\boldsymbol{y}} \frac{E_{i0}}{\eta_1} R\sin k_1 z = \boldsymbol{H}_1' + \boldsymbol{H}_1''\end{aligned}$$

式中：$\boldsymbol{H}_1' = \hat{\boldsymbol{y}} \frac{E_{i0}}{\eta_1}(1-R)e^{-jk_1 z} = \frac{1}{\eta_1}\hat{\boldsymbol{z}} \times \boldsymbol{E}_1'$，代表沿 $\hat{\boldsymbol{z}}$ 方向传播的 SUPW（行波）的磁场强度；$\boldsymbol{H}_1'' = -2j\hat{\boldsymbol{y}} \frac{E_{i0}}{\eta_1} R\sin k_1 z$，不代表波动。

综上可知：在 $z<0$ 区，入射波与反射波叠加之后的合成波可表示为行波与驻波的叠加，其中行波部分由 $\boldsymbol{E}_1'$ 与 $\boldsymbol{H}_1'$ 描述；驻波部分由 $\boldsymbol{E}_1''$ 和 $\boldsymbol{H}_1''$ 描述（驻波不传播电磁能量，也不能传递信息）。

关于行波与驻波特性的进一步研究将在本书的微波部分进行。

5. 能量关系

入射能量

$$<\boldsymbol{S}_{\mathrm{i}}>=\mathrm{Re}\left[\frac{1}{2}\boldsymbol{E}_{\mathrm{i}}\times\boldsymbol{H}_{\mathrm{i}}^{*}\right]=\hat{\boldsymbol{z}}\,\frac{|E_{\mathrm{i0}}|^{2}}{2\eta_{1}}$$

反射能量

$$<\boldsymbol{S}_{\mathrm{r}}>=\mathrm{Re}\left[\frac{1}{2}\boldsymbol{E}_{\mathrm{r}}\times\boldsymbol{H}_{\mathrm{r}}^{*}\right]=-\hat{\boldsymbol{z}}\,|R|^{2}\,\frac{|E_{\mathrm{i0}}|^{2}}{2\eta_{1}}$$

折射能量

$$<\boldsymbol{S}_{\mathrm{t}}>=\mathrm{Re}\left[\frac{1}{2}\boldsymbol{E}_{\mathrm{t}}\times\boldsymbol{H}_{\mathrm{t}}^{*}\right]=\hat{\boldsymbol{z}}\,|T|^{2}\,\frac{\eta_{1}}{\eta_{2}}\,\frac{|E_{\mathrm{i0}}|^{2}}{2\eta_{1}}$$

利用式(4－14)、式(4－15)，易证

$$<\boldsymbol{S}_{\mathrm{i}}>+<\boldsymbol{S}_{\mathrm{r}}>=<\boldsymbol{S}_{\mathrm{t}}> \tag{4-16}$$

式(4－16)表明：电磁能量的传输满足守恒定律。

进一步还可证明

$$<\boldsymbol{S}_{1}>=\mathrm{Re}\left[\frac{1}{2}\boldsymbol{E}_{1}\times\boldsymbol{H}_{1}^{*}\right]=<\boldsymbol{S}_{\mathrm{i}}>+<\boldsymbol{S}_{\mathrm{r}}>=<\boldsymbol{S}_{\mathrm{t}}>$$

但是，$\boldsymbol{E}_1'$ 与 $\boldsymbol{H}_1'$(构成行波分量)所传输的能量为

$$<\boldsymbol{S}_{1}>_{\text{行}}=\mathrm{Re}\left[\frac{1}{2}\boldsymbol{E}_{1}'\times\boldsymbol{H}_{1}'^{*}\right]=\hat{\boldsymbol{z}}\,\frac{|E_{\mathrm{i0}}|^{2}}{2\eta_{1}}\left[1+|R|^{2}-2\mathrm{Re}(R)\right]\neq<\boldsymbol{S}_{\mathrm{t}}>$$

该式表明：$z<0$ 区向 $z>0$ 区传输的能量不完全取决于行波部分，还和 $\boldsymbol{E}_1'$ 与 $\boldsymbol{H}_1''$ 及 $\boldsymbol{E}_1''$ 与 $\boldsymbol{H}_1'$ 所传输的能量有关。可以证明

$$\mathrm{Re}\left[\frac{1}{2}\boldsymbol{E}_{1}'\times\boldsymbol{H}_{1}'^{*}\right]+\mathrm{Re}\left[\frac{1}{2}\boldsymbol{E}_{1}''\times\boldsymbol{H}_{1}'^{*}\right]+\mathrm{Re}\left[\frac{1}{2}\boldsymbol{E}_{1}'\times\boldsymbol{H}_{1}''^{*}\right]=<\boldsymbol{S}_{\mathrm{t}}>$$

6. 几点讨论

(1) 在一般情况下(入射波为圆极化波或椭圆极化波)，入射波复电场强度可表示为

$$\boldsymbol{E}_{\mathrm{i}}=\boldsymbol{E}_{\mathrm{i0}}\cdot\mathrm{e}^{-\mathrm{j}k_{1}z}=(\hat{\boldsymbol{x}}E_{\mathrm{i}x0}+\hat{\boldsymbol{y}}E_{\mathrm{i}y0})\cdot\mathrm{e}^{-\mathrm{j}k_{1}z}$$

分别就沿 x 轴线极化及沿 y 轴线极化两种情况利用式(4－12)和式(4－13)求解并叠加，可得反射波和折射波的复电场强度分别为

$$\boldsymbol{E}_{\mathrm{r}}=\boldsymbol{E}_{\mathrm{r0}}\cdot\mathrm{e}^{\mathrm{j}k_{1}z}=\left[\hat{\boldsymbol{x}}(RE_{\mathrm{i}x0})+\hat{\boldsymbol{y}}(RE_{\mathrm{i}y0})\right]\cdot\mathrm{e}^{\mathrm{j}k_{1}z}=R\boldsymbol{E}_{\mathrm{i0}}\cdot\mathrm{e}^{\mathrm{j}k_{1}z}$$

$$\boldsymbol{E}_{\mathrm{t}}=\boldsymbol{E}_{\mathrm{t0}}\cdot\mathrm{e}^{-\mathrm{j}k_{2}z}=\left[\hat{\boldsymbol{x}}(TE_{\mathrm{i}x0})+\hat{\boldsymbol{y}}(TE_{\mathrm{i}y0})\right]\cdot\mathrm{e}^{-\mathrm{j}k_{2}z}=T\boldsymbol{E}_{\mathrm{i0}}\cdot\mathrm{e}^{-\mathrm{j}k_{2}z}$$

(2) 利用(1)中的结论，并注意反射波的传播方向($-\hat{\boldsymbol{z}}$)与入射波相反，折射波的传播方向与入射波相同，可得如下结论：

反射波与入射波同为圆极化波或椭圆极化波，但旋向相反；

折射波与入射波同为圆极化波或椭圆极化波且旋向相同。

二、对理想导体表面的垂直入射

1. 前提条件

将图 4.3 中的 $z>0$ 区换成理想导体(此时,$z>0$ 区电磁场全为零——无折射波),如图 4.4 所示。

2. 角度关系

$$\theta_i = \theta_r = \theta_1 = 0$$

3. 振幅关系

(1) 场量表示(无折射场):

入射场

$$\boldsymbol{E}_i = \hat{\boldsymbol{x}} E_{i0} e^{-jk_1 z}$$

$$\boldsymbol{H}_i = \hat{\boldsymbol{y}} H_{i0} e^{-jk_1 z} = \hat{\boldsymbol{y}} \frac{E_{i0}}{\eta_1} e^{-jk_1 z}$$

反射场

$$\boldsymbol{E}_r = \hat{\boldsymbol{x}} E_{r0} e^{jk_1 z}$$

$$\boldsymbol{H}_r = \hat{\boldsymbol{y}} H_{r0} = -\hat{\boldsymbol{y}} \frac{E_{r0}}{\eta_1} e^{jk_1 z}$$

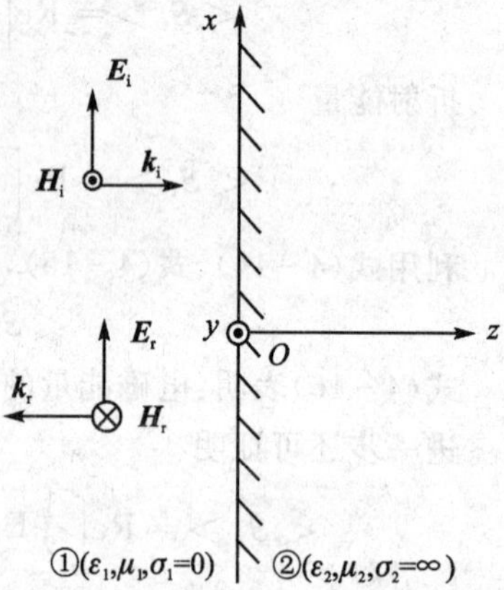

图 4.4 对理想导体表面垂直入射

(2) 边界条件:此时,边界面上(理想导体表面)可能存在面电流,故只有电场强度的切向分量是连续的($z=0$),即

$$E_{10} = E_{i0} + E_{r0} = E_{20} = E_{t0} = 0$$

(3) 振幅关系:由边界条件可得振幅关系为

$$E_{r0} = -E_{i0} \tag{4-17}$$

4. 理想导体外部(介质区中)的合成电磁场

在理想导体外部的介质区中($z<0$),合成电磁场分别为

$$\boldsymbol{E}_1 = \boldsymbol{E}_i + \boldsymbol{E}_r = \hat{\boldsymbol{x}} E_{i0} (e^{-jk_1 z} - e^{jk_1 z}) = -\hat{\boldsymbol{x}} j2E_{i0} \sin k_1 z \tag{4-18a}$$

$$\boldsymbol{H}_1 = \boldsymbol{H}_i + \boldsymbol{H}_r = \hat{\boldsymbol{y}} \frac{2\,|\,E_{i0}\,|}{\eta_1} (e^{-jk_1 z} + e^{jk_1 z}) = \hat{\boldsymbol{y}} \frac{2E_{i0}}{\eta_1} \cos k_1 z \tag{4-19a}$$

实域中有

$$\boldsymbol{E}_1(t) = -\hat{\boldsymbol{x}} 2\,|\,E_{i0}\,|\,\sin k_1 z \cos(\omega t + \varphi_0) \tag{4-18b}$$

$$\boldsymbol{H}_1(t) = \hat{\boldsymbol{y}} 2\frac{|\,E_{i0}\,|}{\eta_1} \cos k_1 z \sin(\omega t + \varphi_0) \tag{4-19b}$$

式中:$E_{i0} = |E_{i0}| e^{j\varphi_0}$。

5. 几点说明

(1) 合成波为驻波(不代表波动):在 $z_{1n} = \frac{-n\pi}{k_1} = -n\frac{\lambda_1}{2}$ ($n=0,1,2,\cdots$)处,电场恒为零(磁场振幅最大),称这类位置为电场的波节点(磁场的波腹点)。

在 $z_{2n}=\dfrac{-(2n+1)}{k_1}\dfrac{\pi}{2}=-(2n+1)\dfrac{\lambda_1}{4}(n=0,1,2,\cdots)$处，磁场恒为零(电场振幅最大)，称这类位置为电场的波腹点(磁场的波节点)。

图 4.5 所示画出了 $\boldsymbol{E}_1(t)$随时间的变化曲线($\varphi_0=0$)。易见，当时间增加时，曲线不再沿 z 轴平移而只在原地"振荡"——驻波特征。

(2)合成波不传播电磁能量：在电场波节点($z=z_{1n}$平面)处，$\boldsymbol{E}_1=\boldsymbol{0}$；在电场波腹点($z=z_{2n}$平面)处，$\boldsymbol{H}_1=\boldsymbol{0}$。由此可知，在这两类平面上，没有电磁功率穿过，电磁能量仅在两相邻的电场波节点与电场波腹点之间相互转换而不传播——驻波特征。

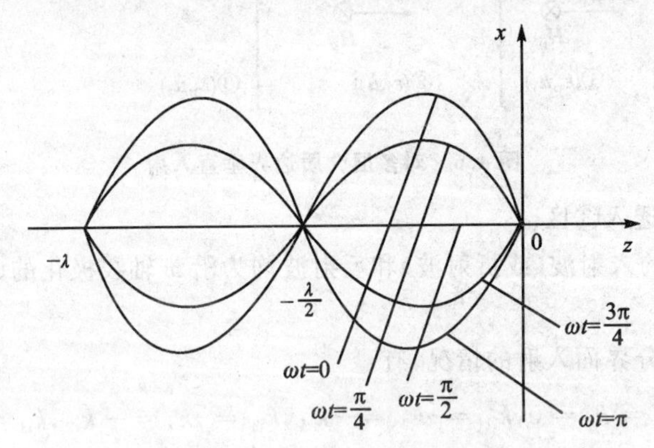

图 4.5　电场的驻波曲线

(3) 理想导体表面电流分布：在 $z=0$ 的理想导体表面上，由理想导体边界条件可得面电流密度为

$$\boldsymbol{J}_S=\hat{\boldsymbol{n}}\times\boldsymbol{H}_1=-\hat{\boldsymbol{z}}\times\boldsymbol{H}_1=\hat{\boldsymbol{x}}\frac{2E_{i0}}{\eta_1}$$

实域中有

$$\boldsymbol{J}_S(t)=\hat{\boldsymbol{x}}\frac{2\mid E_{i0}\mid}{\eta_1}\sin(\omega t+\varphi_0)\tag{4-20}$$

三、对多层介质边界的垂直入射

一般而言，除最后一层外，每层介质中都存在各自的入射波和反射波。最后一层介质中无反射波，第一层介质(入射区)中无折射波，每一层介质中的入射波都是前一层介质区的入射波经折射所致。为简单起见，在此研究仅有三层介质区域的系统，这是一种常见的情况，例如光线垂直投射于(空气中的)一层玻璃上，就属于这种情况。

1. 前提条件

对多层介质边界垂直入射如图 4.6 所示。

(1) $z<-d$ 为①区，填充(ε_1,μ_1)介质；$-d<z<0$ 为②区，填充(ε_2,μ_2)介质；$z>0$ 为③区，填充(ε_3,μ_3)介质。

(2) SUPW 由 $z<-d$ 的①区垂直于分界面($z=-d$)入射，透入②区后再垂直

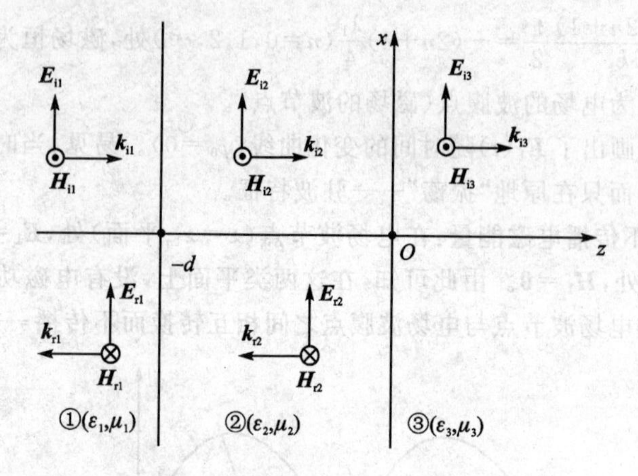

图 4.6 对多层介质边界垂直入射

于分界面($z=0$)透入③区。

(3) 各区中的入射波(或折射波)和反射波均为沿 x 轴线极化的(同频)SUPW。

2. 角度关系

对于垂直于分界面入射的情况，有

$$\theta_i=\theta_r=\theta_t=0,\boldsymbol{k}_{i1}=\hat{\boldsymbol{z}}k_1=-\boldsymbol{k}_{r1},\boldsymbol{k}_{i2}=\hat{\boldsymbol{z}}k_2=-\boldsymbol{k}_{r2},\boldsymbol{k}_{i3}=\hat{\boldsymbol{z}}k_3$$

3. 场量表示

设在 $z=-d$ 分界面处，①区的入射电场复振幅为 E_{i10}、反射电场复振幅为 E_{r10}；在 $z=0$ 分界面处，②区的入射电场和反射电场的复振幅分别为 E_{i20} 和 E_{r20}，③区的入射电场复振幅为 E_{i30}。各区场量可表示成

① 区：$\boldsymbol{E}_1=\hat{\boldsymbol{x}}E_1=\boldsymbol{E}_{i1}+\boldsymbol{E}_{r1}=\hat{\boldsymbol{x}}[E_{i10}\mathrm{e}^{-jk_1(z+d)}+E_{r10}\mathrm{e}^{jk_1(z+d)}]$

$$\boldsymbol{H}_1=\boldsymbol{H}_{i1}+\boldsymbol{H}_{r1}=\frac{1}{\eta_1}[\hat{\boldsymbol{z}}\times\boldsymbol{E}_{i1}+(-\hat{\boldsymbol{z}})\times\boldsymbol{E}_{r1}]=\frac{\hat{\boldsymbol{y}}}{\eta_1}[E_{i10}\mathrm{e}^{-jk_1(z+d)}-E_{r10}\mathrm{e}^{jk_1(z+d)}]=\hat{\boldsymbol{y}}H_1$$

② 区：$\boldsymbol{E}_2=\boldsymbol{E}_{i2}+\boldsymbol{E}_{r2}=\hat{\boldsymbol{x}}[E_{i20}\mathrm{e}^{-jk_2z}+E_{r20}\mathrm{e}^{jk_2z}]=\hat{\boldsymbol{x}}E_2$

$$\boldsymbol{H}_2=\boldsymbol{H}_{i2}+\boldsymbol{H}_{r2}=\frac{1}{\eta_2}[\hat{\boldsymbol{z}}\times\boldsymbol{E}_{i2}+(-\hat{\boldsymbol{z}})\times\boldsymbol{E}_{r2}]=\frac{\hat{\boldsymbol{y}}}{\eta_2}[E_{i20}\mathrm{e}^{-jk_2z}-E_{r20}\mathrm{e}^{jk_2z}]=\hat{\boldsymbol{y}}H_2$$

③ 区：$\boldsymbol{E}_3=\boldsymbol{E}_{i3}=\hat{\boldsymbol{x}}E_{i30}\mathrm{e}^{-jk_3z}=\hat{\boldsymbol{x}}E_3$

$$\boldsymbol{H}_3=\boldsymbol{H}_{i3}=\frac{1}{\eta_3}\hat{\boldsymbol{z}}\times\boldsymbol{E}_{i3}=\frac{\hat{\boldsymbol{y}}}{\eta_3}E_{i30}\mathrm{e}^{-jk_3z}=\hat{\boldsymbol{y}}H_3$$

4. 边界条件

在两个分界面上(无面电流分布)，电场强度和磁场强度的切向分量都应连续，因此有 4 个边界条件方程，可解出 4 个未知量($E_{r10},E_{i20},E_{r20},E_{i30}$)。

在 $z=0$ 处，有

$$E_{i20}+E_{r20}=E_{i20}(1+R_{23})=E_{i30} \tag{4-21}$$

$$\frac{1}{\eta_2}(E_{i20}-E_{r20})=\frac{1}{\eta_3}E_{i30} \tag{4-22}$$

在 $z=-d$ 处，有

$$E_{i10}+E_{r10}=E_{i10}(1+R_{12})=E_{i20}e^{jk_2d}+E_{r20}e^{-jk_2d}=E_{i20}(e^{jk_2d}+R_{23}e^{-jk_2d}) \tag{4-23}$$

$$\frac{1}{\eta_1}(E_{i10}-E_{r10})=\frac{1}{\eta_2}(E_{i20}e^{jk_2d}-E_{r20}e^{-jk_2d}) \tag{4-24}$$

5. 振幅关系

(1) $z=0$ 界面的(局部)反射系数和折射系数。联立式(4-21)和式(4-22)，可得 $z=0$ 界面的(局部)反射系数为

$$R_{23}=\frac{E_{r20}}{E_{i20}}=\frac{E_{r2}(z=0)}{E_{i2}(z=0)}=\frac{\eta_3-\eta_2}{\eta_3+\eta_2} \tag{4-25}$$

$z=0$ 界面的(局部)折射系数为

$$T_{23}=\frac{E_{i30}}{E_{i20}}=\frac{E_{i3}(z=0)}{E_{i2}(z=0)}=\frac{2\eta_3}{\eta_3+\eta_2} \tag{4-26}$$

(2) 等效波阻抗。定义等效波阻抗(η_d)为

$$\eta_d=\frac{E_2(z=-d)}{H_2(z=-d)}=\eta_2\frac{e^{jk_2d}+R_{23}e^{-jk_2d}}{e^{jk_2d}-R_{23}e^{-jk_2d}}=\eta_2\cdot\frac{\eta_3+j\eta_2\tan(k_2d)}{\eta_2+j\eta_3\tan(k_2d)} \tag{4-27}$$

(3) 系统的总反射系数。①区中反射电场与入射电场的复振幅之比定义为系统的总反射系数(记为 $R=R_{12}=E_{r10}/E_{i10}$)。把式(4-23)与式(4-24)(两端对应)相除，并利用式(4-27)可得

$$R=R_{12}=\frac{E_{r10}}{E_{i10}}=\frac{\eta_d-\eta_1}{\eta_d+\eta_1} \tag{4-28}$$

(4) $z=-d$ 界面的(局部)折射系数(T_{12})。由式(4-23)、式(4-28)和式(4-27)，可得

$$T_{12}=\frac{E_{i2}(z=-d)}{E_{i1}(z=-d)}=\frac{E_{i20}e^{jk_2d}}{E_{i10}}=\frac{1+R_{12}}{1+R_{23}e^{-j2k_2d}}=\frac{2\eta_2}{\eta_2'+\eta_1'} \tag{4-29}$$

式中定义

$$\eta_1'=\eta_1(1-R_{23}e^{-j2k_2d}) \tag{4-30a}$$

$$\eta_2'=\eta_2(1+R_{23}e^{-j2k_2d}) \tag{4-30b}$$

(5) 系统的总折射系数。③区入射电场与①区入射电场的复振幅之比定义为系统的总折射系数，记为 $T=E_{i30}/E_{i10}$。

利用式(4-26)、式(4-29)、式(4-30)和式(4-25)，可得

$$T=\frac{E_{i30}}{E_{i10}}=\frac{E_{i30}}{E_{i20}}\frac{E_{i20}e^{jk_2d}}{E_{i10}}e^{-jk_2d}=T_{23}T_{12}e^{-jk_2d}=$$

$$\frac{2\eta_2\eta_3}{\eta_2(\eta_1+\eta_3)\cos(k_2d)+j(\eta_2^2+\eta_1\eta_3)\sin(k_2d)} \tag{4-31}$$

把式(4-28)与式(4-25)相比较可知，引入等效波阻抗(η_d)之后，对①区的反射

波电场与入射波电场(的振幅)间的关系而言,②区和后续区域的总体效应相当于在①区后面($z>-d$)填充一种波阻抗为 η_d 的媒质。这为多层结构的分析和处理带来很大的方便。下面举例说明其重要应用。

【例 4-1】 频率为 10 GHz 的机载雷达有一个由介质薄板($\mu_{r2}=1,\varepsilon_{r2}=2.25$)构成的天线罩。假设其介质损耗可以忽略不计,为使它对垂直入射到罩上的 SUPW 不产生反射,该介质板的厚度应为多少?

【解】 为使天线罩不反射电磁波,在其界面处,电场(总)反射系数应为零。考虑到罩内、外介质均为空气($\eta_1=\eta_0=\eta_3=120\pi\ \Omega$),只需使天线罩外表面处(对应于接收状态)电场(总)反射系数为零即可。令式(4-28)右侧为零,得

$$R=R_{12}=\frac{\eta_d-\eta_1}{\eta_d+\eta_1}=0$$

即有

$$\eta_d=\eta_1$$

再利用式(4-27),可得

$$\eta_d=\eta_1=\eta_3=\eta_0=\eta_2\frac{\eta_3+\mathrm{j}\eta_2\tan k_2d}{\eta_2+\mathrm{j}\eta_3\tan k_2d}=\eta_2\frac{\eta_0+\mathrm{j}\eta_2\tan k_2d}{\eta_2+\mathrm{j}\eta_0\tan k_2d}$$

即有

$$\eta_2^2\tan k_2d=\eta_0^2\tan k_2d$$

已知

$$\eta_2=\sqrt{\frac{\mu_2}{\varepsilon_2}}=\frac{\eta_0}{\sqrt{\varepsilon_{r2}}}\neq\eta_0$$

因此,必有 $\tan k_2d=0$,即有 $k_2d=n\pi$,则

$$d=\frac{n\pi}{k_2}=n\frac{\lambda_2}{2}=n\frac{\lambda_0}{2\sqrt{\varepsilon_{r2}}}\quad(n=1,2,\cdots)$$

将 $\varepsilon_{r2}=2.25$ 及 $\lambda_0=\dfrac{1}{f\sqrt{\mu_0\varepsilon_0}}=3$ cm 代入,可得

$$d=n\frac{\lambda_0}{3}=n$$

取最薄的情况($n=1$),得

$$d=\frac{\lambda_0}{3}=1\ \text{cm}$$

由系统的(内、外)对称性可知,(对应于发射状态)在天线罩内表面处的电场(总)反射系数(当 $d=n\lambda_0/3$ 时)也为零值。

本例求解利用了等效波阻抗(η_d)的半波长重复性。由式(4-27)可知,当 $\eta_1=\eta_3=\eta_0$ 时,只要取介质薄板的厚度 $d=\dfrac{\lambda_2}{2}\left(=\dfrac{\pi}{k_2}\right)$ 的整数倍,总有 $\eta_d=\eta_3=\eta_0=\eta_1$,从而有 $R=0$。

【例 4-2】 在 $\varepsilon_{r3}=5$，$\mu_{r3}=1$ 的玻璃表面上，涂一层介质薄膜，以消除垂直入射的红外线（$\lambda_0=0.75\ \mu m$）的反射。试确定介质薄膜的厚度（d）及相对介电常数（ε_{r2}）（设薄膜的 $\mu_{r2}=1$，且薄膜和玻璃本身无损耗）。

【解】 由于介质薄膜（位于②区）两侧介质的波阻抗不同（①区为空气：$\eta_1=\eta_0=120\ \pi\ \Omega$；③区为玻璃：$\eta_3=\eta_0/\sqrt{\varepsilon_{r3}}$），通常利用 $d=\dfrac{\lambda_2}{4}$ 的介质夹层来变换波阻抗，以使 $\eta_d=\eta_1=\eta_0$。当 $d=\dfrac{\lambda_2}{4}$ 时，$k_2 d=\dfrac{\pi}{2}$，代入式（4-27）中，得

$$\eta_d=\eta_2\frac{\eta_3+j\eta_2\tan\dfrac{\pi}{2}}{\eta_2+j\eta_3\tan\dfrac{\pi}{2}}=\eta_2^2/\eta_3$$

代入式（4-28）中并令分子为零，可得

$$\eta_d=\eta_2^2/\eta_3=\eta_1=\eta_0$$

即

$$\eta_2=\sqrt{\eta_0\eta_3}$$

代入 $\eta_3=\eta_0/\sqrt{\varepsilon_{r3}}=\eta_0/\sqrt{5}$ 及 $\eta_2=\eta_0/\sqrt{\varepsilon_{r2}}$，得

$$\eta_2=\eta_0/\sqrt{\varepsilon_{r2}}=\eta_0/(\varepsilon_{r3})^{\frac{1}{4}}$$

即

$$\varepsilon_{r2}=\sqrt{\varepsilon_{r3}}=\sqrt{5}\approx 2.236$$

进而得

$$d=\frac{\lambda_2}{4}=\frac{\lambda_0}{4\sqrt{\varepsilon_{r2}}}\approx\frac{0.75}{4\times 1.495}\ \mu m\approx 0.125\ \mu m$$

本例中的夹层也称为四分之一波长阶梯阻抗变换器，其原理已得到广泛应用，见本书下篇。

4.3　SUPW 对介质分界面的斜入射

一、前提条件

(1) ①区（$z<0$）为理想介质（μ_1,ε_1），②区（$z>0$）为理想介质（μ_2,ε_2）。

(2) 已知 SUPW 沿 $\boldsymbol{k}_i$ 方向由①区斜入射向②区，如图 4.7 所示，取入射面为 Ozx 坐标面，则反射波和折射波分别沿 $\boldsymbol{k}_r$ 和 $\boldsymbol{k}_t$ 方向传播。

(3) 由第 3 章所得的结论，SUPW 的电场和磁场都在垂直于相应波矢 $\boldsymbol{k}$ 的平面内，且任意极化波都可分解成两个极化方向互相垂直的线极化波的叠加。为便于研究，分如下两种线极化波情况：其一为垂直极化波，如图 4.8(a) 所示，此时的电场垂

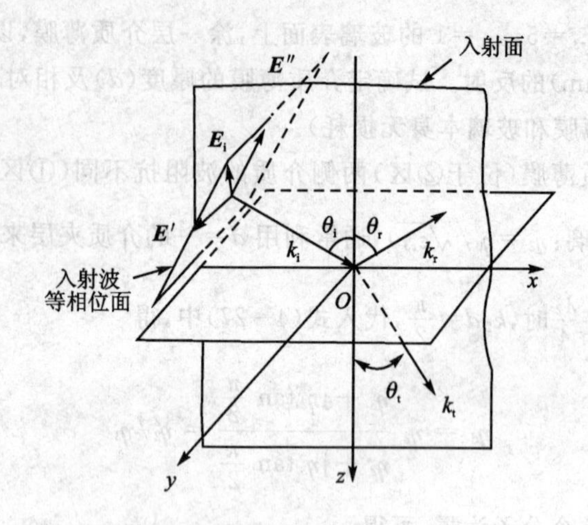

图 4.7 斜入射

直于入射面；另一种为平行极化波，如图 4.8(b)所示，其电场平行于入射面。这两种线极化波的入射波矢、反射波矢、折射波矢分别相同，满足同样的角度关系。

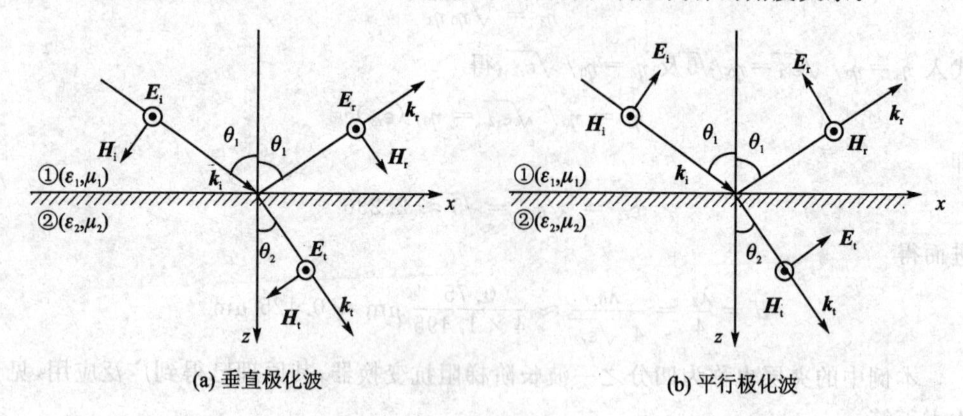

图 4.8 斜入射的分解

下面分别讨论两种极化波的场量的振幅关系，对任意极化情况，可将其分解之后分别求解，然后再将两种结果叠加即可。

二、垂直极化波

1. 场量表示

如图 4.8(a)所示：取 $\boldsymbol{E}_\text{i}$，$\boldsymbol{E}_\text{r}$，$\boldsymbol{E}_\text{t}$ 均沿 $\hat{\boldsymbol{y}}$ 方向，再由 $\boldsymbol{k}_\text{i}$，$\boldsymbol{k}_\text{r}$，$\boldsymbol{k}_\text{t}$ 的方向定出 $\boldsymbol{H}_\text{i}$、$\boldsymbol{H}_\text{r}$、$\boldsymbol{H}_\text{t}$ 的方向。从而有入射场量

$$\boldsymbol{E}_\text{i} = \hat{\boldsymbol{y}} E_{\text{i}0}\, \text{e}^{-\text{j}\boldsymbol{k}_\text{i}\cdot\boldsymbol{r}}$$

$$\boldsymbol{k}_\text{i} = k_1(\hat{\boldsymbol{x}}\sin\theta_1 + \hat{\boldsymbol{z}}\cos\theta_1)$$

$$\boldsymbol{H}_{\mathrm{i}}=\frac{\boldsymbol{k}_{\mathrm{i}}\times\boldsymbol{E}_{\mathrm{i}}}{k_1\eta_1}=\frac{E_{\mathrm{i}0}}{\eta_1}(\hat{\boldsymbol{z}}\sin\theta_1-\hat{\boldsymbol{x}}\cos\theta_1)\mathrm{e}^{-\mathrm{j}\boldsymbol{k}_{\mathrm{i}}\cdot\boldsymbol{r}}$$

式中：$k_1=\omega\sqrt{\mu_1\varepsilon_1}$，$\eta_1=\sqrt{\frac{\mu_1}{\varepsilon_1}}$，$\theta_1=\theta_{\mathrm{i}}=\theta_{\mathrm{r}}$，$\boldsymbol{k}_{\mathrm{i}}\cdot\boldsymbol{r}=k_1x\sin\theta_1+k_1z\cos\theta_1$。

反射场量

$$\boldsymbol{E}_{\mathrm{r}}=\hat{\boldsymbol{y}}E_{\mathrm{r}0}\mathrm{e}^{-\mathrm{j}\boldsymbol{k}_{\mathrm{r}}\cdot\boldsymbol{r}}$$

$$\boldsymbol{k}_{\mathrm{r}}=k_1(\hat{\boldsymbol{x}}\sin\theta_1-\hat{\boldsymbol{z}}\cos\theta_1)$$

$$\boldsymbol{H}_{\mathrm{r}}=\frac{\boldsymbol{k}_{\mathrm{r}}\times\boldsymbol{E}_{\mathrm{r}}}{k_1\eta_1}=\frac{E_{\mathrm{r}0}}{\eta_1}(\hat{\boldsymbol{z}}\sin\theta_1+\hat{\boldsymbol{x}}\cos\theta_1)\mathrm{e}^{-\mathrm{j}\boldsymbol{k}_{\mathrm{r}}\cdot\boldsymbol{r}}$$

式中：$\boldsymbol{k}_{\mathrm{r}}\cdot\boldsymbol{r}=k_1x\sin\theta_1-k_1z\cos\theta_1$。

折射场量

$$\boldsymbol{E}_{\mathrm{t}}=\hat{\boldsymbol{y}}E_{\mathrm{t}0}\mathrm{e}^{-\mathrm{j}\boldsymbol{k}_{\mathrm{t}}\cdot\boldsymbol{r}}$$

$$\boldsymbol{k}_{\mathrm{t}}=k_2(\hat{\boldsymbol{x}}\sin\theta_2+\hat{\boldsymbol{z}}\cos\theta_2)$$

$$\boldsymbol{H}_{\mathrm{t}}=\frac{\boldsymbol{k}_{\mathrm{t}}\times\boldsymbol{E}_{\mathrm{t}}}{k_2\eta_2}=\frac{E_{\mathrm{t}0}}{\eta_2}(\hat{\boldsymbol{z}}\sin\theta_2-\hat{\boldsymbol{x}}\cos\theta_2)\mathrm{e}^{-\mathrm{j}\boldsymbol{k}_{\mathrm{t}}\cdot\boldsymbol{r}}$$

式中：$k_2=\omega\sqrt{\mu_2\varepsilon_2}$，$\eta_2=\sqrt{\frac{\mu_2}{\varepsilon_2}}$，$\theta_2=\theta_{\mathrm{t}}$，$\boldsymbol{k}_{\mathrm{t}}\cdot\boldsymbol{r}=k_2x\sin\theta_2+k_2z\cos\theta_2$，且有 $k_1\sin\theta_1=k_2\sin\theta_2$。

2. 边界条件

在 $z=0$ 分界面上无面电流分布，电场强度和磁场强度的切向分量均应连续。

(1) 由 $\hat{\boldsymbol{n}}\times(\boldsymbol{E}_1-\boldsymbol{E}_2)|_{z=0}=0(\hat{\boldsymbol{n}}=-\hat{\boldsymbol{z}})$，可得

$$(E_{\mathrm{i}y}+E_{\mathrm{r}y})|_{z=0}=E_{\mathrm{t}y}|_{z=0}$$

即

$$E_{\mathrm{i}0}+E_{\mathrm{r}0}=E_{\mathrm{t}0} \tag{4-32}$$

(2) 由 $\hat{\boldsymbol{n}}\times(\boldsymbol{H}_1-\boldsymbol{H}_2)|_{z=0}=0(\hat{\boldsymbol{n}}=-\hat{\boldsymbol{z}})$，可得

$$(H_{\mathrm{i}x}+H_{\mathrm{r}x})|_{z=0}=H_{\mathrm{t}x}|_{z=0}$$

即

$$-\frac{\cos\theta_1}{\eta_1}(E_{\mathrm{i}0}-E_{\mathrm{r}0})=\frac{-\cos\theta_2}{\eta_2}E_{\mathrm{t}0} \tag{4-33}$$

3. 振幅关系

联立式(4-32)、式(4-33)求解，得

$$E_{\mathrm{r}0}=\frac{\frac{\eta_2}{\cos\theta_2}-\frac{\eta_1}{\cos\theta_1}}{\frac{\eta_2}{\cos\theta_2}+\frac{\eta_1}{\cos\theta_1}}\cdot E_{\mathrm{i}0}=R_{\perp}E_{\mathrm{i}0} \tag{4-34a}$$

$$E_{t0} = \frac{\dfrac{2\eta_2}{\cos\theta_2}}{\dfrac{\eta_2}{\cos\theta_2} + \dfrac{\eta_1}{\cos\theta_1}} \cdot E_{i0} = T_{\perp}\ E_{i0} \tag{4-35a}$$

式中定义

$$R_{\perp} = \frac{E_{r0}}{E_{i0}} = \frac{\dfrac{\eta_2}{\cos\theta_2} - \dfrac{\eta_1}{\cos\theta_1}}{\dfrac{\eta_2}{\cos\theta_2} + \dfrac{\eta_1}{\cos\theta_1}} \tag{4-34b}$$

为垂直极化波的电场反射系数；

$$T_{\perp} = \frac{E_{t0}}{E_{i0}} = \frac{\dfrac{2\eta_2}{\cos\theta_2}}{\dfrac{\eta_2}{\cos\theta_2} + \dfrac{\eta_1}{\cos\theta_1}} \tag{4-35b}$$

为垂直极化波的电场折射系数。

至此，利用式(4－34)、式(4－35)可以由垂直极化波的入射场求得其反射场及折射场。

三、平行极化波

1. 场量表示

如图4.8(b)所示：取 $\boldsymbol{H}_i,\boldsymbol{H}_r,\boldsymbol{H}_t$ 均沿 $\hat{\boldsymbol{y}}$ 方向，再由 $\boldsymbol{k}_i,\boldsymbol{k}_r,\boldsymbol{k}_t$ 的方向即可确定 $\boldsymbol{E}_i$，$\boldsymbol{E}_r,\boldsymbol{E}_t$ 的方向。从而有入射场量

$$\boldsymbol{H}_i = \hat{\boldsymbol{y}} H_{i0}\,\mathrm{e}^{-\mathrm{j}\boldsymbol{k}_i\cdot\boldsymbol{r}}$$

$$\boldsymbol{E}_i = \eta_1 \boldsymbol{H}_i \times \boldsymbol{k}_i / k_1 = \eta_1 H_{i0} (\hat{\boldsymbol{x}}\cos\theta_1 - \hat{\boldsymbol{z}}\sin\theta_1)\,\mathrm{e}^{-\mathrm{j}\boldsymbol{k}_i\cdot\boldsymbol{r}}$$

反射场量

$$\boldsymbol{H}_r = \hat{\boldsymbol{y}} H_{r0}\,\mathrm{e}^{-\mathrm{j}\boldsymbol{k}_r\cdot\boldsymbol{r}}$$

$$\boldsymbol{E}_r = \eta_1 \boldsymbol{H}_r \times \boldsymbol{k}_r / k_1 = -\eta_1 H_{r0} (\hat{\boldsymbol{x}}\cos\theta_1 + \hat{\boldsymbol{z}}\sin\theta_1)\,\mathrm{e}^{-\mathrm{j}\boldsymbol{k}_r\cdot\boldsymbol{r}}$$

折射场量

$$\boldsymbol{H}_t = \hat{\boldsymbol{y}} H_{t0}\,\mathrm{e}^{-\mathrm{j}\boldsymbol{k}_t\cdot\boldsymbol{r}}$$

$$\boldsymbol{E}_t = \eta_2 \boldsymbol{H}_t \times \boldsymbol{k}_t / k_2 = \eta_2 H_{t0} (\hat{\boldsymbol{x}}\cos\theta_2 - \hat{\boldsymbol{z}}\sin\theta_2)\,\mathrm{e}^{-\mathrm{j}\boldsymbol{k}_t\cdot\boldsymbol{r}}$$

式中：$k_1,k_2,\eta_1,\eta_2,\theta_1,\theta_2,\boldsymbol{k}_i,\boldsymbol{k}_r,\boldsymbol{k}_t$ 等参量同于垂直极化波情况。

2. 边界条件

在 $z=0$ 分界面上无面电流分布，电场强度和磁场强度的切向分量均应连续。

(1) 由 $\hat{\boldsymbol{n}}\times(\boldsymbol{H}_1-\boldsymbol{H}_2)|_{z=0}=0\ (\hat{\boldsymbol{n}}=-\hat{\boldsymbol{z}})$，可得

$$(H_{iy} + H_{ry})|_{z=0} = H_{ty}|_{z=0}$$

即

$$H_{i0} + H_{r0} = H_{t0} \tag{4-36}$$

(2) 由 $\hat{\boldsymbol{n}} \times (\boldsymbol{E}_1 - \boldsymbol{E}_2)|_{z=0} = 0(\hat{\boldsymbol{n}} = -\hat{\boldsymbol{z}})$，可得

$$(E_{ix} + E_{rx})|_{z=0} = E_{tx}|_{z=0}$$

即

$$\eta_1 \cos\theta_1 (H_{i0} - H_{r0}) = \eta_2 \cos\theta_2 H_{t0} \tag{4-37}$$

3. 振幅关系

联立式(4-36)、式(4-37)求解，得

$$H_{r0} = \frac{\eta_1\cos\theta_1 - \eta_2\cos\theta_2}{\eta_1\cos\theta_1 + \eta_2\cos\theta_2} H_{i0} = R_{/\!/} H_{i0} \tag{4-38a}$$

$$H_{t0} = \frac{2\eta_1\cos\theta_1}{\eta_1\cos\theta_1 + \eta_2\cos\theta_2} H_{i0} = T_{/\!/} H_{i0} \tag{4-39a}$$

式中定义

$$R_{/\!/} = \frac{H_{r0}}{H_{i0}} = \frac{\eta_1\cos\theta_1 - \eta_2\cos\theta_2}{\eta_1\cos\theta_1 + \eta_2\cos\theta_2} \tag{4-38b}$$

为平行极化波的磁场反射系数；

$$T_{/\!/} = \frac{H_{t0}}{H_{i0}} = \frac{2\eta_1\cos\theta_1}{\eta_1\cos\theta_1 + \eta_2\cos\theta_2} \tag{4-39b}$$

为平行极化波的磁场折射系数；

至此，利用式(4-38)、式(4-39)即可由平行极化波的入射场求得其反射场及折射场。

式(4-34)、式(4-35)、式(4-38)、式(4-39)完整地描述了 SUPW 对理想介质分界面斜入射时，入射波、反射波、折射波的场量振幅之间的关系——振幅关系，又称为菲涅耳公式。

当 $\theta_i = \theta_1 = 0$ 时，为垂直入射的情况，此时有 $\theta_i = \theta_r = \theta_1 = 0, \theta_t = \theta_2 = 0$，由式(4-34)、式(4-35)很容易得到式(4-14)、式(4-15)的结果。

四、能量关系

①区入射波携带的电磁能量在分界面处被反射回一部分，同时必有另一部分穿过分界面进入②区，①区与②区之间电磁能量的传输问题可以借助于坡印亭矢量的 $\hat{\boldsymbol{z}}$ 方向分量的时间平均值来研究。

对于理想介质中的 SUPW，$\boldsymbol{E}$ 与 $\boldsymbol{H}$ 同相位，所以有

$$\langle \boldsymbol{S} \rangle = \mathrm{Re}\left[\frac{1}{2}\boldsymbol{E} \times \boldsymbol{H}^*\right] = \frac{1}{2}\boldsymbol{E} \times \boldsymbol{H}^*$$

1. 垂直极化波情况

对入射波，有

$$\langle \boldsymbol{S}_i \rangle = \frac{1}{2}\boldsymbol{E}_i \times \boldsymbol{H}_i^* = \frac{|E_{i0}|^2}{2\eta_1}\frac{\boldsymbol{k}_i}{k_1}$$

对反射波，有

$$<\boldsymbol{S}_{\mathrm{r}}>=\frac{1}{2}\boldsymbol{E}_{\mathrm{r}}\times\boldsymbol{H}_{\mathrm{r}}^{*}=\frac{|E_{\mathrm{r0}}|^{2}}{2\eta_{1}}\frac{\boldsymbol{k}_{\mathrm{r}}}{k_{1}}=\frac{|E_{\mathrm{i0}}|^{2}}{2\eta_{1}}\frac{\boldsymbol{k}_{\mathrm{r}}}{k_{1}}|R_{\perp}|^{2}$$

对折射波，有

$$<\boldsymbol{S}_{\mathrm{t}}>=\frac{1}{2}\boldsymbol{E}_{\mathrm{t}}\times\boldsymbol{H}_{\mathrm{t}}^{*}=\frac{|E_{\mathrm{t0}}|^{2}}{2\eta_{2}}\frac{\boldsymbol{k}_{\mathrm{t}}}{k_{2}}=\frac{|E_{\mathrm{i0}}|^{2}}{2\eta_{2}}\frac{\boldsymbol{k}_{\mathrm{t}}}{k_{2}}|T_{\perp}|^{2}=\frac{|E_{\mathrm{i0}}|^{2}}{2\eta_{1}}\frac{\boldsymbol{k}_{\mathrm{t}}}{k_{2}}\frac{\eta_{1}}{\eta_{2}}|T_{\perp}|^{2}$$

$$(<\boldsymbol{S}_{\mathrm{i}}>+<\boldsymbol{S}_{\mathrm{r}}>)\cdot\hat{\boldsymbol{z}}=\frac{|E_{\mathrm{i0}}|^{2}}{2\eta_{1}}\left(\frac{\boldsymbol{k}_{\mathrm{i}}}{k_{1}}+\frac{\boldsymbol{k}_{\mathrm{r}}}{k_{1}}|R_{\perp}|^{2}\right)\cdot\hat{\boldsymbol{z}}=\frac{|E_{\mathrm{i0}}|^{2}}{2\eta_{1}}(1-|R_{\perp}|^{2})\cos\theta_{1}\tag{4-40}$$

$$<\boldsymbol{S}_{\mathrm{t}}>\cdot\hat{\boldsymbol{z}}=\frac{|E_{\mathrm{i0}}|^{2}}{2\eta_{1}}\frac{\eta_{1}}{\eta_{2}}|T_{\perp}|^{2}\cos\theta_{2}\tag{4-41}$$

利用式(4-34)、式(4-35)，可得

$$<\boldsymbol{S}_{\mathrm{t}}>\cdot\hat{\boldsymbol{z}}=(<\boldsymbol{S}_{\mathrm{i}}>+<\boldsymbol{S}_{\mathrm{r}}>)\cdot\hat{\boldsymbol{z}}\tag{4-42}$$

若记$<\boldsymbol{S}_{\mathrm{iz}}>_{\perp}=<\boldsymbol{S}_{\mathrm{i}}>\cdot\hat{\boldsymbol{z}}=\frac{|E_{\mathrm{i0}}|^{2}}{2\eta_{1}}\cos\theta_{1}$，则有

$$<\boldsymbol{S}_{\mathrm{tz}}>_{\perp}=(1-|R_{\perp}|^{2})<\boldsymbol{S}_{\mathrm{iz}}>_{\perp}\tag{4-43}$$

2. 平行极化波情况

对入射波，有

$$<\boldsymbol{S}_{\mathrm{i}}>=\frac{1}{2}\boldsymbol{E}_{\mathrm{i}}\times\boldsymbol{H}_{\mathrm{i}}^{*}=\frac{1}{2}\left(\eta_{1}\boldsymbol{H}_{\mathrm{i}}\times\frac{\boldsymbol{k}_{\mathrm{i}}}{k_{1}}\right)\times\boldsymbol{H}_{\mathrm{i}}^{*}=\frac{\eta_{1}}{2}|H_{\mathrm{i0}}|^{2}\frac{\boldsymbol{k}_{\mathrm{i}}}{k_{1}}$$

对反射波，有

$$<\boldsymbol{S}_{\mathrm{r}}>=\frac{1}{2}\boldsymbol{E}_{\mathrm{r}}\times\boldsymbol{H}_{\mathrm{r}}^{*}=\frac{\eta_{1}}{2}|H_{\mathrm{r0}}|^{2}\frac{\boldsymbol{k}_{\mathrm{r}}}{k_{1}}=\frac{\eta_{1}}{2}|H_{\mathrm{i0}}|^{2}\frac{\boldsymbol{k}_{\mathrm{r}}}{k_{1}}|R_{/\!/}|^{2}$$

对折射波，有

$$<\boldsymbol{S}_{\mathrm{t}}>=\frac{1}{2}\boldsymbol{E}_{\mathrm{t}}\times\boldsymbol{H}_{\mathrm{t}}^{*}=\frac{\eta_{2}}{2}|H_{\mathrm{t0}}|^{2}\frac{\boldsymbol{k}_{\mathrm{t}}}{k_{2}}=\frac{\eta_{2}}{2}|H_{\mathrm{i0}}|^{2}\frac{\boldsymbol{k}_{\mathrm{t}}}{k_{2}}|T_{/\!/}|^{2}$$

$$(<\boldsymbol{S}_{\mathrm{i}}>+<\boldsymbol{S}_{\mathrm{r}}>)\cdot\hat{\boldsymbol{z}}=\frac{\eta_{1}}{2}|H_{\mathrm{i0}}|^{2}(1-|R_{/\!/}|^{2})\cos\theta_{1}\tag{4-44}$$

$$<S_{\mathrm{tz}}>=\frac{\eta_{1}}{2}|H_{\mathrm{i0}}|^{2}\frac{\eta_{2}}{\eta_{1}}|T_{/\!/}|^{2}\cos\theta_{2}\tag{4-45}$$

利用式(4-38)、式(4-39)，可得

$$<S_{\mathrm{tz}}>=(<\boldsymbol{S}_{\mathrm{i}}>+<\boldsymbol{S}_{\mathrm{r}}>)\cdot\hat{\boldsymbol{z}}\tag{4-46}$$

记

$$<S_{\mathrm{iz}}>_{/\!/}=<\boldsymbol{S}_{\mathrm{i}}>\cdot\hat{\boldsymbol{z}}=\frac{\eta_{1}}{2}|H_{\mathrm{i0}}|^{2}\cos\theta_{1}$$

则有

$$<S_{\mathrm{tz}}>_{/\!/}=(1-|R_{/\!/}|^{2})<S_{\mathrm{iz}}>_{/\!/}\tag{4-47}$$

3. 一般情况

对入射波，有

$$<S_{iz}>=<S_{iz}>_{\perp}+<S_{iz}>_{/\!/}=<\boldsymbol{S}_i>\cdot\hat{\boldsymbol{z}}=$$

$$\left(\frac{1}{2\eta_1}\mid E_{i0}\mid^2+\frac{\eta_1}{2}\mid H_{i0}\mid^2\right)\frac{\boldsymbol{k}_i}{k_1}\cdot\hat{\boldsymbol{z}}=\left(\frac{\mid E_{i0}\mid^2}{2\eta_1}+\frac{\eta_1\mid H_{i0}\mid^2}{2}\right)\cos\theta_1$$

对反射波，有

$$<S_{rz}>=<S_{rz}>_{\perp}+<S_{rz}>_{/\!/}=<\boldsymbol{S}_r>\cdot\hat{\boldsymbol{z}}=$$

$$\left(\frac{1}{2\eta_1}\mid E_{i0}\mid^2\mid R_{\perp}\mid^2+\frac{\eta_1}{2}\mid H_{i0}\mid^2\mid R_{/\!/}\mid^2\right)\frac{\boldsymbol{k}_r}{k_1}\cdot\hat{\boldsymbol{z}}=$$

$$-\left(\frac{\mid E_{i0}\mid^2}{2\eta_1}\mid R_{\perp}\mid^2+\frac{\eta_1\mid H_{i0}\mid^2}{2}\mid R_{/\!/}\mid^2\right)\cos\theta_1$$

对折射波，有

$$<S_{tz}>=<\boldsymbol{S}_t>\cdot\hat{\boldsymbol{z}}=<S_{tz}>_{\perp}+<S_{tz}>_{/\!/}=$$

$$\left(\frac{\mid E_{t0}\mid^2}{2\eta_2}+\frac{\eta_2\mid H_{t0}\mid^2}{2}\right)\frac{\boldsymbol{k}_t}{k_2}\cdot\hat{\boldsymbol{z}}=\left(\frac{\mid E_{t0}\mid^2}{2\eta_2}+\frac{\eta_2\mid H_{t0}\mid^2}{2}\right)\cos\theta_2$$

由式(4-42)、式(4-43)、式(4-46)、式(4-47)，可得

$$<S_{tz}>=<S_{iz}>+<S_{rz}>=(1-\mid R_{\perp}\mid^2)<S_{iz}>_{\perp}+(1-\mid R_{/\!/}\mid^2)<S_{iz}>_{/\!/}=$$

$$\left[(1-\mid R_{\perp}\mid^2)\frac{\mid E_{i0}\mid^2}{2\eta_1}+(1-\mid R_{/\!/}\mid^2)\frac{\eta_1\mid H_{i0}\mid^2}{2}\right]\cos\theta_1 \tag{4-48}$$

式(4-48)描述了①区与②区之间电磁能量的传输关系：沿 $\hat{\boldsymbol{z}}$ 方向电磁能量的传输满足守恒定律。

值得指出的是：沿 $\hat{\boldsymbol{x}}$ 方向电磁能量的传输并不满足能量守恒定律，即

$$<\boldsymbol{S}_t>\cdot\hat{\boldsymbol{x}}\neq<\boldsymbol{S}_i>\cdot\hat{\boldsymbol{x}}+<\boldsymbol{S}_r>\cdot\hat{\boldsymbol{x}}$$

这是由于沿 $\hat{\boldsymbol{x}}$ 方向的电磁功率流并不影响①区与②区之间电磁能量的交换。

五、全反射

1. 全反射的定义

若对应于某一入射角 $\theta_i=\theta_c\left(\frac{\pi}{2}>\theta_c>0\right)$，有 $\theta_2=\frac{\pi}{2}$，则称为临界全反射，θ_c 称为临界角；当 $\frac{\pi}{2}>\theta_i>\theta_c$ 时，称为全反射。

2. 发生全反射的条件

由折射定律：$k_1\sin\theta_i=k_2\sin\theta_t$，令 $\theta_t=\frac{\pi}{2}$，可得临界角为

$$\theta_c=\arcsin\frac{k_2}{k_1}=\arcsin\frac{\sqrt{\mu_2\varepsilon_2}}{\sqrt{\mu_1\varepsilon_1}} \tag{4-49}$$

可见：$k_1 > k_2$ 时，θ_c 有实数解（存在临界角）；$k_1 < k_2$ 时，θ_c 无实数解（不存在临界角）。

综上可得发生全反射的条件为

$$\frac{\pi}{2} > \theta_i > \theta_c = \arcsin\frac{k_2}{k_1} \quad 且 \quad k_1 > k_2 \tag{4-50}$$

3. 全反射的特征

(1) 折射场量沿 $\hat{z}$ 方向（远离分界面）呈指数规律衰减且无波动。

【证明】折射场量均正比于指数因子 $e^{-jk_t \cdot r} = e^{-jk_2 x\sin\theta_2} e^{-jk_2 z\cos\theta_2}$，发生全反射时 $\sin^2\theta_2 > 1$，即

$$\cos\theta_2 = \sqrt{1-\sin^2\theta_2} = -j\sqrt{\sin^2\theta_2 - 1} = -j\alpha$$

从而有折射场量正比于如下因子

$$e^{-jk_t \cdot r} = e^{-k_2 \alpha z} \cdot e^{-jk_2 x\sin\theta_2}$$

该式表明：折射场量沿 $\hat{z}$ 方向呈指数衰减且无波动。

(2) 发生全反射时有 $|R_\perp| = 1$ 及 $|R_{/\!/}| = 1$。

【证明】$\cos\theta_2 = \pm j\sqrt{\sin^2\theta_2 - 1}$ 为纯虚数，从而有

$$|R_\perp| = \left|\frac{\eta_2/\cos\theta_2 - \eta_1/\cos\theta_1}{\eta_2/\cos\theta_2 + \eta_1/\cos\theta_1}\right| = 1 \quad （分子与分母共轭同模）$$

同理可证：$|R_{/\!/}| = 1$。

(3) 发生全反射时，没有电磁能量由入射区向折射区传输。

【证明】利用式(4-48)及 $|R_\perp| = |R_{/\!/}| = 1$，即得

$$\langle S_{tz} \rangle = 0$$

六、电磁波的偏振

1. 偏振的定义

当任意极化（一般为椭圆极化）的入射波以入射角 $\theta_i = \theta_B$ 投射到分界面时，若有

$$R_\perp = 0 (R_{/\!/} \neq 0) \quad 或 \quad R_{/\!/} = 0 (R_\perp \neq 0)$$

则称反射波发生了偏振。其中，$R_\perp = 0 (R_{/\!/} \neq 0)$ 的情况称为平行偏振；$R_{/\!/} = 0 (R_\perp \neq 0)$ 的情况称为垂直偏振。θ_B 称为起偏角或布儒斯特角。

2. 偏振的物理特征

任意极化的入射波总可以分解为两组独立的线极化波——垂直极化波和平行极化波。

由偏振的定义可知，偏振时，$R_\perp$ 与 $R_{/\!/}$ 必有一个且仅有一个为零。这表明：原来任意极化状态的入射波经反射后，反射波变成了垂直极化（或平行极化）的线极化波。即：通过偏振，可以人为地改变电磁波的极化状态。

3. 发生偏振的条件

(1) 垂直偏振条件：此时，反射波只有垂直于入射面极化的波（$R_{/\!/} = 0, R_\perp \neq 0$）。

设 $\theta_i=\theta_{B\perp}$ 时发生垂直偏振,使 $R_{/\!/}=0$,则由式(4-38)得

$$\eta_1\cos\theta_{B\perp}=\eta_2\cos\theta_2$$

另由折射定律,有

$$k_1\sin\theta_{B\perp}=k_2\sin\theta_2$$

联立求解,有

$$\cos^2\theta_2+\sin^2\theta_2=\frac{\eta_1^2}{\eta_2^2}\cos^2\theta_{B\perp}+\frac{k_1^2}{k_2^2}\sin^2\theta_{B\perp}=\frac{\eta_1^2}{\eta_2^2}-\left(\frac{\eta_1^2}{\eta_2^2}-\frac{k_1^2}{k_2^2}\right)\sin^2\theta_{B\perp}=1$$

即垂直偏振条件为

$$\sin\theta_{B\perp}=\sqrt{\frac{\eta_1^2-\eta_2^2}{\eta_1^2-\frac{k_1^2}{k_2^2}\eta_2^2}}=\sin\theta_i \tag{4-51a}$$

或

$$\theta_{B\perp}=\arcsin\sqrt{\frac{\eta_1^2-\eta_2^2}{\eta_1^2-\frac{k_1^2}{k_2^2}\eta_2^2}}=\theta_i \tag{4-51b}$$

(2) 平行偏振条件:此时,反射波只有平行于入射面极化的波($R_\perp=0,R_{/\!/}\neq0$)。设 $\theta_i=\theta_{B/\!/}$ 时发生平行偏振,使 $R_\perp=0$,则由式(4-34)得

$$\eta_2\cos\theta_{B/\!/}=\eta_1\cos\theta_2$$

另由折射定律,有

$$k_1\sin\theta_{B/\!/}=k_2\sin\theta_2$$

联立求解[仿式(4-51)的推导过程],得平行偏振条件为

$$\sin\theta_{B/\!/}=\sqrt{\frac{\eta_2^2-\eta_1^2}{\eta_2^2-\frac{k_1^2}{k_2^2}\eta_1^2}}=\sin\theta_i \tag{4-52a}$$

或

$$\theta_{B/\!/}=\arcsin\sqrt{\frac{\eta_2^2-\eta_1^2}{\eta_2^2-\frac{k_1^2}{k_2^2}\eta_1^2}}=\theta_i \tag{4-52b}$$

【讨论】

(1) 若 $\mu_1=\mu_2,\varepsilon_1\neq\varepsilon_2$,则式(4-51)变成

$$\theta_{B\perp}=\arcsin\sqrt{\frac{\varepsilon_2}{\varepsilon_1+\varepsilon_2}}=\arctan\sqrt{\frac{\varepsilon_2}{\varepsilon_1}} \tag{4-53a}$$

而式(4-52)变成

$$\sin\theta_{B/\!/}=\infty \tag{4-53b}$$

式(4-53)表明:当 $\mu_1=\mu_2,\varepsilon_1\neq\varepsilon_2$ 时,只可能发生垂直偏振而不可能发生平行偏振($\theta_{B/\!/}$ 不存在)。一般的电介质均可满足 $\mu\approx\mu_0$,故符合上述情况。

(2) 若 $\varepsilon_1=\varepsilon_2,\mu_1\neq\mu_2$,则式(4-52)变成

$$\theta_{B//} = \arcsin\sqrt{\frac{\mu_2}{\mu_1 + \mu_2}} = \arctan\sqrt{\frac{\mu_2}{\mu_1}} \tag{4-54a}$$

而式(4-51)变成

$$\sin\theta_{B\perp} = \infty \tag{4-54b}$$

式(4-54)表明：当 $\varepsilon_1 = \varepsilon_2$，$\mu_1 \neq \mu_2$ 时，只可能发生平行偏振而不可能发生垂直偏振（$\theta_{B\perp}$ 不存在）。一般的铁磁材料（$\varepsilon \approx \varepsilon_0$）可满足此情况。

【例 4-3】 SUWP 由 $z<0$ 的空气区域斜入射到 $z>0$ 区的介质表面（$z=0$）上。已知入射波电场强度为

$$\boldsymbol{E}_i = (\hat{\boldsymbol{x}}4 + \hat{\boldsymbol{z}}3)\mathrm{e}^{\mathrm{j}(bx-8z)} \quad (\mathrm{V/m})$$

介质的 $\varepsilon = 9\varepsilon_0$，$\mu = \mu_0$，试求：

(1) 入射波矢 $\boldsymbol{k}_i$ 及入射角 θ_i；

(2) 入射波的波长及频率；

(3) 反射波矢 $\boldsymbol{k}_r$ 及折射波矢 $\boldsymbol{k}_t$；

(4) 反射波电磁场；

(5) 折射波电磁场；

【解】 (1) 一般应有

$$\boldsymbol{E}_i = \boldsymbol{E}_{i0}\mathrm{e}^{-\mathrm{j}\boldsymbol{k}_i \cdot \boldsymbol{r}}$$

式中 $\boldsymbol{k}_i \cdot \boldsymbol{r} = xk_{ix} + yk_{iy} + zk_{iz}$。

与给出的 $\boldsymbol{E}_i$ 式对比得

$$k_{ix} = -b, \quad k_{iy} = 0, \quad k_{iz} = 8$$

即 $\boldsymbol{k}_i = -(\hat{\boldsymbol{x}}b - \hat{\boldsymbol{z}}8)$。

另由 $\boldsymbol{k}_i \cdot \boldsymbol{E}_i = 0$，可得

$$b = 6, \quad \boldsymbol{k}_i = -(\hat{\boldsymbol{x}}6 - \hat{\boldsymbol{z}}8)$$

$$\theta_i = \theta_r = \theta_1 = \arctan\frac{3}{4} = 36.87°$$

(2)

$$\lambda = 2\pi/k_i = \frac{\pi}{5}\ \mathrm{m} = 0.63\ \mathrm{m}$$

$$f = \frac{v}{\lambda} = 3\times10^8 \times \frac{5}{\pi}\ \mathrm{Hz} = 4.77\times10^8\ \mathrm{Hz}$$

(3)

$$\boldsymbol{k}_r = -(\hat{\boldsymbol{x}}6 + \hat{\boldsymbol{z}}8)$$

$$\boldsymbol{k}_t = -\hat{\boldsymbol{x}}6 + \hat{\boldsymbol{z}}k_{tz}$$

$$k_t = \omega\sqrt{\mu\varepsilon} = 3\omega\sqrt{\mu_0\varepsilon_0} = 3k_i = 30$$

$$\sin\theta_2 = \frac{1}{3}\sin\theta_1 = \frac{1}{5}, \quad \cos\theta_2 = \frac{2\sqrt{6}}{5}$$

$$\cos\theta_1 = \frac{4}{5}$$

$$k_{tz}=k_t\cos\theta_2=12\sqrt{6}$$

$$\boldsymbol{k}_t=-\hat{\boldsymbol{x}}6+\hat{\boldsymbol{z}}12\sqrt{6}$$

(4)
$$\boldsymbol{H}_i=\frac{1}{\eta_1}\frac{\boldsymbol{k}_i}{k_1}\times\boldsymbol{E}_i=\frac{\hat{\boldsymbol{y}}}{24\pi}e^{j(6x-8z)}\quad(\text{A/m})$$

此为平行极化波入射，$\eta_1=120\ \pi$，$\eta_2=40\ \pi$，则有

$$R_{/\!/}=\frac{\eta_1\cos\theta_1-\eta_2\cos\theta_2}{\eta_1\cos\theta_1+\eta_2\cos\theta_2}=\frac{\sqrt{6}-1}{\sqrt{6}+1}\approx 0.42$$

$$\boldsymbol{H}_r=\hat{\boldsymbol{y}}R_{/\!/}\ H_{i0}e^{-j\boldsymbol{k}_r\cdot\boldsymbol{r}}=\frac{0.42}{24\pi}\hat{\boldsymbol{y}}e^{j(6x+8z)}\quad(\text{A/m})$$

$$\boldsymbol{E}_r=\eta_1\boldsymbol{H}_r\times\frac{\boldsymbol{k}_r}{k_1}=0.42(-4\hat{\boldsymbol{x}}+3\hat{\boldsymbol{z}})e^{j(6x+8z)}\quad(\text{V/m})$$

(5)
$$T_{/\!/}=\frac{2\eta_1\cos\theta_1}{\eta_1\cos\theta_1+\eta_2\cos\theta_2}=\frac{2\sqrt{6}}{\sqrt{6}+1}\approx 1.42$$

$$\boldsymbol{H}_t=\hat{\boldsymbol{y}}T_{/\!/}\ H_{i0}e^{-j\boldsymbol{k}_t\cdot\boldsymbol{r}}=\frac{1.42}{24\pi}\hat{\boldsymbol{y}}e^{j(6x-12\sqrt{6}z)}\quad(\text{A/m})$$

$$\boldsymbol{E}_t=\eta_2\boldsymbol{H}_t\times\boldsymbol{k}_t/k_2=(T_{/\!/}/3)(2\sqrt{6}\hat{\boldsymbol{x}}+\hat{\boldsymbol{z}})e^{j(6x-12\sqrt{6}z)}\quad(\text{V/m})$$

容易验证，在介质表面($z=0$)处，无面电荷及面电流分布，电磁场均满足各自对应的边界条件。即 $H_{iy}+H_{ry}=H_{ty}$；$E_{ix}+E_{rx}=E_{tx}$；$E_{iz}+E_{rz}=9E_{tz}$。

【例 4-4】一垂直极化的 SUPW 由淡水($\varepsilon_{r1}=81$，$\mu_{r1}=1$，$\sigma_1\approx 0$)以 45°角入射到水与空气的分界面上，入射电场强度为 $E_{i0}=1$ V/m。求：

(1) 界面处电场强度；

(2) 空气中离界面 $\lambda_0/4$ 处电场强度；

(3) 空气中坡印亭矢量的时间平均值。

【解】设淡水位于 $z<0$ 区域，因 $\sigma_1\approx 0$，故可视淡水近似为理想介质，另设各电场沿 $\hat{\boldsymbol{y}}$ 方向。

(1) 临界角为

$$\theta_c=\arcsin\sqrt{\frac{1}{81}}=6.38°$$

可见，$\theta_i=\theta_1=45°>\theta_c$，此时发生全反射。

由式(4-35)可得

$$T_{\perp}=\frac{2\eta_2/\cos\theta_2}{\eta_1/\cos\theta_1+\eta_2/\cos\theta_2}$$

代入

$$\eta_2=120\pi,\quad \eta_1=\eta_2/\sqrt{81}=\eta_2/9$$

$$\cos\theta_1=\frac{\sqrt{2}}{2},\quad \cos\theta_2=\sqrt{1-\sin^2\theta_2}=-j\sqrt{\sin^2\theta_2-1}=-j\sqrt{\frac{k_1^2\sin\theta_1}{k_2^2}-1}=-j6.28$$

可得

$$T_{\perp}=\frac{2\eta_2\cos\theta_1}{\eta_2\cos\theta_1+\eta_1\cos\theta_2}=\frac{12.73}{6.36-\mathrm{j}6.28}=1.423\mathrm{e}^{\mathrm{j}\pi/4}$$

$$|T_{\perp}|=1.423$$

故分界面处电场强度为

$$|E_{t0}|=|E_{i0}||T_{\perp}|=1.423\ \mathrm{V/m}$$

(2) 空气中的电场强度一般表示为

$$\boldsymbol{E}_t=\hat{\boldsymbol{y}}1.423\mathrm{e}^{-\mathrm{j}(k_2x\sin\theta_2+k_2z\cos\theta_2)}\mathrm{e}^{\mathrm{j}\frac{\pi}{4}}=\hat{\boldsymbol{y}}1.423\mathrm{e}^{-39.49\frac{z}{\lambda_0}}\mathrm{e}^{-\mathrm{j}\left(k_1x\sin\theta_1-\frac{\pi}{4}\right)}=$$

$$\hat{\boldsymbol{y}}1.423\mathrm{e}^{-39.49\frac{z}{\lambda_0}}\mathrm{e}^{-\mathrm{j}\left(40\frac{x}{\lambda_0}-\frac{\pi}{4}\right)}\ \mathrm{V/m}$$

离界面 $\lambda_0/4$ 处的折射电场为

$$\boldsymbol{E}_t=\hat{\boldsymbol{y}}7.34\times10^{-5}\mathrm{e}^{-\mathrm{j}\left(40\frac{x}{\lambda_0}-\frac{\pi}{4}\right)}\ \mathrm{V/m}$$

(3) 空气中的磁场为

$$\boldsymbol{H}_t=\frac{1}{\eta_2}\frac{\boldsymbol{k}_t}{k_2}\times\boldsymbol{E}_t=(-\hat{\boldsymbol{x}}\cos\theta_2+\hat{\boldsymbol{z}}\sin\theta_2)\frac{|E_{t0}|}{\eta_2}\mathrm{e}^{-39.49\frac{z}{\lambda_0}}\mathrm{e}^{-\mathrm{j}\left(\frac{40x}{\lambda_0}-\frac{\pi}{4}\right)}=$$

$$(\mathrm{j}6.28\hat{\boldsymbol{x}}+6.36\hat{\boldsymbol{z}})\frac{|E_{t0}|}{\eta_2}\mathrm{e}^{-39.49\frac{z}{\lambda_0}}\mathrm{e}^{-\mathrm{j}\left(\frac{40x}{\lambda_0}-\frac{\pi}{4}\right)}$$

$$\langle\boldsymbol{S}_t\rangle=\mathrm{Re}\left[\frac{1}{2}\boldsymbol{E}_t\times\boldsymbol{H}_t^*\right]=\hat{\boldsymbol{x}}\frac{6.36}{2\eta_2}|E_{t0}|^2\mathrm{e}^{-78.98\frac{z}{\lambda_0}}=\hat{\boldsymbol{x}}0.017\mathrm{e}^{-78.98\frac{z}{\lambda_0}}\ \mathrm{W/m^2}$$

可见,在空气中沿界面法向 $\hat{\boldsymbol{z}}$ 无实功率传输,只沿平行于界面方向 $\hat{\boldsymbol{x}}$ 有实功率传输;空气中的 $\boldsymbol{E}_t,\boldsymbol{H}_t,\boldsymbol{S}_t$ 都随 z 呈指数衰减,在离界面四分之一波长$\left(z=\frac{\lambda_0}{4}\right)$处,$|E_t|$约为$10^{-5}$ V/m,而$\langle\boldsymbol{S}_t\rangle$模值约为 10^{-11} W/m²,折射场沿离开界面方向衰减很快,空气中的这种波称为凋落波。它沿 $\hat{\boldsymbol{z}}$ 方向的衰减与导体的欧姆损耗引起的衰减不同,前者并没有能量损耗掉,只表明折射场的分布状态。

4.4 SUPW 对理想导体表面的斜入射

在图 4.8 中,将第二种介质($z>0$ 区)换成理想导体即构成 SUPW 对理想导体表面斜入射的情形,如图 4.9 所示。

一、垂直极化波

如图 4.9(a)所示,在 $z>0$ 的理想导体区域,电、磁场为零(无折射场)。

1. 场量表示

入射场

$$\boldsymbol{E}_i=\hat{\boldsymbol{y}}E_{i0}\mathrm{e}^{-\mathrm{j}\boldsymbol{k}_i\cdot\boldsymbol{r}}$$

$$\boldsymbol{k}_i=k_1(\hat{\boldsymbol{x}}\sin\theta_1+\hat{\boldsymbol{z}}\cos\theta_1)$$

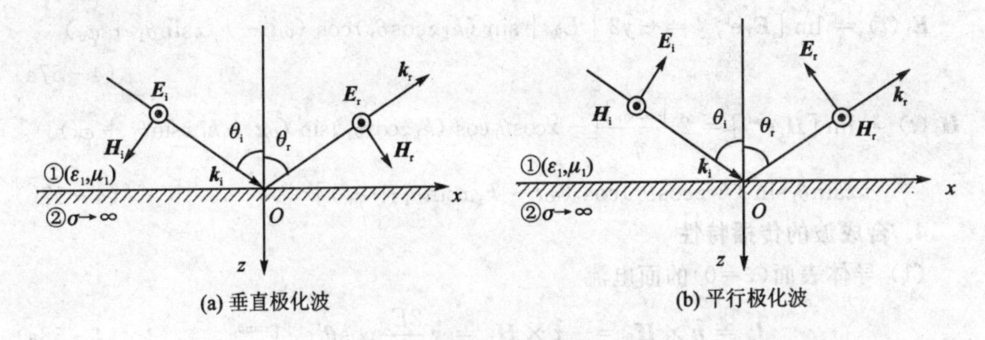

图 4.9 对理想导体表面斜入射

$$\boldsymbol{H}_{\mathrm{i}} = \frac{1}{\eta_1 k_1}\boldsymbol{k}_{\mathrm{i}} \times \boldsymbol{E}_{\mathrm{i}} = \frac{E_{\mathrm{i}0}}{\eta_1}(\hat{\boldsymbol{z}}\sin\theta_1 - \hat{\boldsymbol{x}}\cos\theta_1)\mathrm{e}^{-\mathrm{j}\boldsymbol{k}_{\mathrm{i}}\cdot\boldsymbol{r}}$$

$$\boldsymbol{k}_{\mathrm{i}} \cdot \boldsymbol{r} = k_1 x\sin\theta_1 + k_1 z\cos\theta_1$$

反射场

$$\boldsymbol{E}_{\mathrm{r}} = \hat{\boldsymbol{y}}E_{\mathrm{r}0}\mathrm{e}^{-\mathrm{j}\boldsymbol{k}_{\mathrm{r}}\cdot\boldsymbol{r}}$$

$$\boldsymbol{k}_{\mathrm{r}} = k_1(\hat{\boldsymbol{x}}\sin\theta_1 - \hat{\boldsymbol{z}}\cos\theta_1)$$

$$\boldsymbol{H}_{\mathrm{r}} = \frac{1}{\eta_1 k_1}\boldsymbol{k}_{\mathrm{r}} \times \boldsymbol{E}_{\mathrm{r}} = \frac{E_{\mathrm{r}0}}{\eta_1}(\hat{\boldsymbol{z}}\sin\theta_1 + \hat{\boldsymbol{x}}\cos\theta_1)\mathrm{e}^{-\mathrm{j}\boldsymbol{k}_{\mathrm{r}}\cdot\boldsymbol{r}}$$

$$\boldsymbol{k}_{\mathrm{r}} \cdot \boldsymbol{r} = k_1 x\sin\theta_1 - k_1 z\cos\theta_1$$

$k_1=\omega\sqrt{\mu_1\varepsilon_1}$为 $z<0$ 区介质的波数。

2. 边界条件及振幅关系

在 $z=0$(理想导体表面)处,电场的切向分量连续(为零),即

$$\hat{\boldsymbol{n}} \times \boldsymbol{E}_1 = \hat{\boldsymbol{n}} \times (\boldsymbol{E}_{\mathrm{i}} + \boldsymbol{E}_{\mathrm{r}})\big|_{z=0} = 0$$

代入 $\hat{\boldsymbol{n}}=-\hat{\boldsymbol{z}}$ 及 $\boldsymbol{E}_{\mathrm{i}}$、$\boldsymbol{E}_{\mathrm{r}}$ 的表达式,可得

$$E_{\mathrm{i}0} + E_{\mathrm{r}0} = 0 \tag{4-55a}$$

或

$$E_{\mathrm{r}0} = -E_{\mathrm{i}0} \tag{4-55b}$$

3. 合成场

利用式(4-55)及场量表示式可得 $z<0$ 介质区域的总电、磁场(合成场)

$$\boldsymbol{E}_1 = \boldsymbol{E}_{\mathrm{i}} + \boldsymbol{E}_{\mathrm{r}} = \hat{\boldsymbol{y}}E_{\mathrm{i}0}(\mathrm{e}^{-\mathrm{j}\boldsymbol{k}_{\mathrm{i}}\cdot\boldsymbol{r}} - \mathrm{e}^{-\mathrm{j}\boldsymbol{k}_{\mathrm{r}}\cdot\boldsymbol{r}}) = \hat{\boldsymbol{y}}E_{\mathrm{i}0}(\mathrm{e}^{-\mathrm{j}k_1 z\cos\theta_1} - \mathrm{e}^{\mathrm{j}k_1 z\cos\theta_1})\mathrm{e}^{-\mathrm{j}k_1 x\sin\theta_1} =$$

$$-\hat{\boldsymbol{y}}\mathrm{j}2E_{\mathrm{i}0}\sin(k_1 z\cos\theta_1)\mathrm{e}^{-\mathrm{j}k_1 x\sin\theta_1} \tag{4-56a}$$

$$\boldsymbol{H}_1 = \boldsymbol{H}_{\mathrm{i}} + \boldsymbol{H}_{\mathrm{r}} = \frac{E_{\mathrm{i}0}}{\eta_1}[\hat{\boldsymbol{z}}\sin\theta_1(\mathrm{e}^{-\mathrm{j}\boldsymbol{k}_{\mathrm{i}}\cdot\boldsymbol{r}} - \mathrm{e}^{-\mathrm{j}\boldsymbol{k}_{\mathrm{r}}\cdot\boldsymbol{r}}) - \hat{\boldsymbol{x}}\cos\theta_1(\mathrm{e}^{-\mathrm{j}\boldsymbol{k}_{\mathrm{i}}\cdot\boldsymbol{r}} + \mathrm{e}^{-\mathrm{j}\boldsymbol{k}_{\mathrm{r}}\cdot\boldsymbol{r}})] =$$

$$2\frac{E_{\mathrm{i}0}}{\eta_1}[-\hat{\boldsymbol{x}}\cos\theta_1\cos(k_1 z\cos\theta_1) - \mathrm{j}\hat{\boldsymbol{z}}\sin\theta_1\sin(k_1 z\cos\theta_1)]\mathrm{e}^{-\mathrm{j}k_1 x\sin\theta_1} \tag{4-56b}$$

实域表示

$$\boldsymbol{E}_1(t)=\mathrm{Im}\left[\boldsymbol{E}_1\mathrm{e}^{\mathrm{j}\omega t}\right]=-\hat{\boldsymbol{y}}2\mid E_{i0}\mid\sin\left(k_1z\cos\theta_1\right)\cos\left(\omega t-k_1x\sin\theta_1+\varphi_0\right) \tag{4-57a}$$

$$\boldsymbol{H}_1(t)=\mathrm{Im}\left[\boldsymbol{H}_1\mathrm{e}^{\mathrm{j}\omega t}\right]=2\,\frac{\mid E_{i0}\mid}{\eta_1}\left[-\hat{\boldsymbol{x}}\cos\theta_1\cos\left(k_1z\cos\theta_1\right)\sin\left(\omega t-k_1x\sin\theta_1+\varphi_0\right)-\hat{\boldsymbol{z}}\sin\theta_1\sin\left(k_1z\cos\theta_1\right)\cos\left(\omega t-k_1x\sin\theta_1+\varphi_0\right)\right] \tag{4-57b}$$

4. 合成波的传播特性

(1) 导体表面($z=0$)的面电流

$$\boldsymbol{J}_s=\hat{\boldsymbol{n}}\times\boldsymbol{H}_1=-\hat{\boldsymbol{z}}\times\boldsymbol{H}_1=\hat{\boldsymbol{y}}\,\frac{2E_{i0}}{\eta_1}\cos\theta_1\,\mathrm{e}^{-\mathrm{j}k_1x\sin\theta_1} \tag{4-58a}$$

实域表示

$$\boldsymbol{J}_s(t)=\mathrm{Im}\left[\boldsymbol{J}_s\mathrm{e}^{\mathrm{j}\omega t}\right]=\hat{\boldsymbol{y}}\,\frac{2\mid E_{i0}\mid}{\eta_1}\cos\theta_1\sin\left(\omega t-k_1x\sin\theta_1+\varphi_0\right) \tag{4-58b}$$

(2) 导体边界改变了电磁波的传播方向。由式(4-57)知,合成波的相位为

$$\varphi=\omega t-k_1x\sin\theta_1+\varphi_0=\omega t-(\hat{\boldsymbol{x}}k_1\sin\theta_1)\cdot\boldsymbol{r}+\varphi_0$$

该式表明:合成波沿 $\hat{\boldsymbol{x}}$ 方向传播。

另由合成场的表示式易知:沿传播方向($\hat{\boldsymbol{x}}$)有磁场的分量但无电场的分量,因此合成波为 TE 波。

(3) 电磁能量也沿 $\hat{\boldsymbol{x}}$ 方向传播。

$$\langle\boldsymbol{S}\rangle=\mathrm{Re}\left[\frac{1}{2}\boldsymbol{E}_1\times\boldsymbol{H}_1^*\right]=\hat{\boldsymbol{x}}\,\frac{2\mid E_{i0}\mid^2}{\eta_1}\sin\theta_1\sin^2(k_1z\cos\theta_1)$$

(4) 电、磁场量的振幅(沿 $\hat{\boldsymbol{z}}$ 轴)呈驻波分布。

在 $z=\dfrac{-n\pi}{k_1\cos\theta_1}$($n=0,1,2,\cdots$)位置,$E_1$ 及 H_{1z} 恒为零(节点);H_{1x} 振幅最大(腹点)。

在 $z=\dfrac{-(2n+1)}{k_1\cos\theta_1}\dfrac{\pi}{2}$($n=0,1,2,\cdots$)位置,$E_1$ 及 H_{1z} 的振幅最大(腹点);H_{1x} 恒为零(节点)。

(5) 等振幅面垂直于等相位面(非均匀平面波)。由式(4-57)可知,合成波的等相位面为 $x=x_0$ 的平面(平面波);等振幅面为 $z=z_0$ 的平面(非均匀平面波)。

二、平行极化波

如图 4.9(b)所示,在 $z>0$ 的理想导体区域,电、磁场为零(无折射场)。

1. 场量表示

入射场

$$\boldsymbol{H}_i=\hat{\boldsymbol{y}}H_{i0}\,\mathrm{e}^{-\mathrm{j}\boldsymbol{k}_i\cdot\boldsymbol{r}}$$

$$\boldsymbol{E}_i=\eta_1\boldsymbol{H}_i\times\boldsymbol{k}_i/k_1=\eta_1H_{i0}(\hat{\boldsymbol{x}}\cos\theta_1-\hat{\boldsymbol{z}}\sin\theta_1)\,\mathrm{e}^{-\mathrm{j}\boldsymbol{k}_i\cdot\boldsymbol{r}}$$

反射场

$$\boldsymbol{H}_{\mathrm{r}} = \hat{\boldsymbol{y}} H_{\mathrm{r0}} \mathrm{e}^{-\mathrm{j}\boldsymbol{k}_{\mathrm{r}} \cdot \boldsymbol{r}}$$

$$\boldsymbol{E}_{\mathrm{r}} = \eta_1 \boldsymbol{H}_{\mathrm{r}} \times \boldsymbol{k}_{\mathrm{r}} / k_1 = -\eta_1 H_{\mathrm{r0}} (\hat{\boldsymbol{x}} \cos\theta_1 + \hat{\boldsymbol{z}} \sin\theta_1) \mathrm{e}^{-\mathrm{j}\boldsymbol{k}_{\mathrm{r}} \cdot \boldsymbol{r}}$$

式中：$\boldsymbol{k}_{\mathrm{i}}$，$\boldsymbol{k}_{\mathrm{r}}$，$\eta_1$ 同于垂直极化波情况。

2. 边界条件及振幅关系

在 $z=0$（理想导体表面）处，电场的切向分量连续（为零），即

$$\hat{\boldsymbol{n}} \times \boldsymbol{E}_1 = \hat{\boldsymbol{n}} \times (\boldsymbol{E}_{\mathrm{i}} + \boldsymbol{E}_{\mathrm{r}}) = 0$$

代入 $\hat{\boldsymbol{n}} = -\hat{\boldsymbol{z}}$ 及 $\boldsymbol{E}_{\mathrm{i}}$、$\boldsymbol{E}_{\mathrm{r}}$ 的表达式，可得

$$H_{\mathrm{r0}} = H_{\mathrm{i0}} \tag{4-59}$$

3. 合成场

$z<0$ 区域的总电、磁场（合成场）可利用式（4-59）给出振幅关系而求得。

$$\boldsymbol{H}_1 = \boldsymbol{H}_{\mathrm{i}} + \boldsymbol{H}_{\mathrm{r}} = \hat{\boldsymbol{y}} 2 H_{\mathrm{i0}} \cos(k_1 z \cos\theta_1) \mathrm{e}^{-\mathrm{j}k_1 x \sin\theta_1} \tag{4-60a}$$

$$\boldsymbol{E}_1 = \boldsymbol{E}_{\mathrm{i}} + \boldsymbol{E}_{\mathrm{r}} = 2\eta_1 H_{\mathrm{i0}} [-\mathrm{j}\hat{\boldsymbol{x}} \cos\theta_1 \sin(k_1 z \cos\theta_1) - \hat{\boldsymbol{z}} \sin\theta_1 \cos(k_1 z \cos\theta_1)] \mathrm{e}^{-\mathrm{j}k_1 x \sin\theta_1} \tag{4-60b}$$

实域表示

$$\boldsymbol{H}_1(t) = \mathrm{Im}[\boldsymbol{H}_1 \mathrm{e}^{\mathrm{j}\omega t}] = \hat{\boldsymbol{y}} 2 \mid H_{\mathrm{i0}} \mid \cos(k_1 z \cos\theta_1) \sin(\omega t - k_1 x \sin\theta_1 + \varphi_0') \tag{4-61a}$$

$$\boldsymbol{E}_1(t) = \mathrm{Im}[\boldsymbol{E}_1 \mathrm{e}^{\mathrm{j}\omega t}] = -2\eta_1 \mid H_{\mathrm{i0}} \mid [\hat{\boldsymbol{x}} \cos\theta_1 \sin(k_1 z \cos\theta_1) \cos(\omega t - k_1 x \sin\theta_1 + \varphi_0') + \hat{\boldsymbol{z}} \sin\theta_1 \cos(k_1 z \cos\theta_1) \sin(\omega t - k_1 x \sin\theta_1 + \varphi_0')] \tag{4-61b}$$

4. 合成波的传播特性

（1）$z=0$（理想导体表面）处的面电流

$$\boldsymbol{J}_S = \hat{\boldsymbol{n}} \times \boldsymbol{H}_1 = -\hat{\boldsymbol{z}} \times \boldsymbol{H}_1 = \hat{\boldsymbol{x}} 2 H_{\mathrm{i0}} \mathrm{e}^{-\mathrm{j}k_1 x \sin\theta_1} \tag{4-62a}$$

实域量为

$$\boldsymbol{J}_S(t) = \mathrm{Im}[\boldsymbol{J}_S \mathrm{e}^{\mathrm{j}\omega t}] = \hat{\boldsymbol{x}} 2 \mid H_{\mathrm{i0}} \mid \sin(\omega t - k_1 x \sin\theta_1 + \varphi_0') \tag{4-62b}$$

（2）导体边界改变了电磁波的传播方向。类似于垂直极化波的讨论，合成波为 $\hat{\boldsymbol{x}}$ 方向传播的 TM 波。

（3）电磁能量也沿 $\hat{\boldsymbol{x}}$ 方向传播

$$\langle \boldsymbol{S} \rangle = \mathrm{Re}\left[\frac{1}{2} \boldsymbol{E}_1 \times \boldsymbol{H}_1^*\right] = \hat{\boldsymbol{x}} 2\eta_1 \mid H_{\mathrm{i0}} \mid^2 \sin\theta_1 \cos^2(k_1 z \cos\theta_1)$$

（4）电、磁场量的振幅（沿 z 轴）呈驻波分布。

在 $z=\dfrac{-n\pi}{k_1 \cos\theta_1}$（$n=0,1,2\cdots$）位置，$H_1$ 及 E_{1z} 的振幅最大（腹点）；E_{1x} 恒为零（节点）。

在 $z=\dfrac{-(2n+1)}{k_1 \cos\theta_1}\dfrac{\pi}{2}$（$n=0,1,2\cdots$）位置，$H_1$ 及 E_{1z} 恒为零（节点）；E_{1x} 的振幅最大

(腹点)。

(5) 等振幅面垂直于等相位面(非均匀平面波),同于垂直极化情况。

【例 4-5】 SUPW 由 $z<0$ 的空气区域斜入射至 $z=0$ 的理想导体表面,已知入射波电场强度为

$$\boldsymbol{E}_{\mathrm{i}}=(\hat{\boldsymbol{x}}-\hat{\boldsymbol{z}}+\hat{\boldsymbol{y}}\mathrm{j}\sqrt{2})E_0\mathrm{e}^{-\mathrm{j}(\pi x+az)}$$

试求:

(1) 入射波矢 $\boldsymbol{k}_{\mathrm{i}}$、反射波矢 $\boldsymbol{k}_{\mathrm{r}}$、波长 λ 及频率 f;

(2) 入射波磁场复矢量 $\boldsymbol{H}_{\mathrm{i}}$;

(3) 反射波复电场 $\boldsymbol{E}_{\mathrm{r}}$ 及反射波复磁场 $\boldsymbol{H}_{\mathrm{r}}$;

(4) 入射波和反射波的极化特性。

【解】(1)入射波矢为 $\boldsymbol{k}_{\mathrm{i}}=\hat{\boldsymbol{x}}\pi+\hat{\boldsymbol{z}}a$,对 SUPW 有 $\boldsymbol{E}_{\mathrm{i}}\cdot\boldsymbol{k}_{\mathrm{i}}=0$,由此可得

$$a=\pi,k_1=k_{\mathrm{i}}=k_{\mathrm{r}}=\sqrt{2}\pi=\frac{2\pi}{\lambda}$$

$$\lambda=\sqrt{2}\ \mathrm{m}=1.414\ \mathrm{m}$$

$$f=v/\lambda=3\times10^8/\sqrt{2}\ \mathrm{Hz}=1.5\sqrt{2}\times10^8\ \mathrm{Hz}$$

入射波矢为

$$\boldsymbol{k}_{\mathrm{i}}=(\hat{\boldsymbol{x}}+\hat{\boldsymbol{z}})\pi$$

反射波矢为

$$\boldsymbol{k}_{\mathrm{r}}=(\hat{\boldsymbol{x}}-\hat{\boldsymbol{z}})\pi$$

(2) 入射波磁场为

$$\boldsymbol{H}_{\mathrm{i}}=\frac{1}{\eta_1k_1}\boldsymbol{k}_{\mathrm{i}}\times\boldsymbol{E}_{\mathrm{i}}=\frac{\sqrt{2}E_0}{2\eta_1}(\hat{\boldsymbol{x}}+\hat{\boldsymbol{z}})\times(\hat{\boldsymbol{x}}-\hat{\boldsymbol{z}}+\hat{\boldsymbol{y}}\mathrm{j}\sqrt{2})\mathrm{e}^{-\mathrm{j}\pi(x+z)}=$$

$$\frac{\sqrt{2}E_0}{2\eta_1}[\hat{\boldsymbol{y}}2+(\hat{\boldsymbol{z}}-\hat{\boldsymbol{x}})\mathrm{j}\sqrt{2}]\mathrm{e}^{-\mathrm{j}\pi(x+z)}$$

(3) 反射波电、磁场。入射波为垂直极化波与平行极化波的叠加。

垂直极化波部分

$$\boldsymbol{E}_{\mathrm{i}\perp}=\hat{\boldsymbol{y}}\mathrm{j}\sqrt{2}E_0\mathrm{e}^{-\mathrm{j}\pi(x+z)}$$

$$\boldsymbol{E}_{\mathrm{r}\perp}=-\hat{\boldsymbol{y}}\mathrm{j}\sqrt{2}E_0\mathrm{e}^{-\mathrm{j}\pi(x-z)}$$

对应的反射波磁场(平行于入射面)为

$$\boldsymbol{H}_{\mathrm{r}\perp}=\frac{1}{\eta_1k_1}\boldsymbol{k}_{\mathrm{r}}\times\boldsymbol{E}_{\mathrm{r}\perp}=\frac{\sqrt{2}E_0}{2\eta_1}(\hat{\boldsymbol{x}}-\hat{\boldsymbol{z}})\times(-\hat{\boldsymbol{y}})\mathrm{j}\sqrt{2}\mathrm{e}^{-\mathrm{j}\pi(x-z)}=$$

$$\frac{-\sqrt{2}E_0}{2\eta_1}(\hat{\boldsymbol{x}}+\hat{\boldsymbol{z}})\mathrm{j}\sqrt{2}\mathrm{e}^{-\mathrm{j}\pi(x-z)}$$

平行极化波部分

$$\boldsymbol{H}_{i/\!/}=\frac{\sqrt{2}E_0}{\eta_1}\hat{\boldsymbol{y}}\mathrm{e}^{-\mathrm{j}\pi(x+z)}$$

$$\boldsymbol{H}_{r/\!/}=\frac{\sqrt{2}E_0}{\eta_1}\hat{\boldsymbol{y}}\mathrm{e}^{-\mathrm{j}\pi(x-z)}$$

对应的反射波电场(平行于入射面)为

$$\boldsymbol{E}_{r/\!/}=\eta_1\boldsymbol{H}_{r/\!/}\times\boldsymbol{k}_r/k_1=E_0\hat{\boldsymbol{y}}\times(\hat{\boldsymbol{x}}-\hat{\boldsymbol{z}})\mathrm{e}^{-\mathrm{j}\pi(x-z)}=-E_0(\hat{\boldsymbol{x}}+\hat{\boldsymbol{z}})\mathrm{e}^{-\mathrm{j}\pi(x-z)}$$

总反射场

$$\boldsymbol{E}_r=\boldsymbol{E}_{r\perp}+\boldsymbol{E}_{r/\!/}=-(\hat{\boldsymbol{x}}+\hat{\boldsymbol{z}}+\hat{\boldsymbol{y}}\mathrm{j}\sqrt{2})E_0\mathrm{e}^{-\mathrm{j}\pi(x-z)}$$

$$\boldsymbol{H}_r=\boldsymbol{H}_{r\perp}+\boldsymbol{H}_{r/\!/}=\frac{\sqrt{2}E_0}{2\eta_1}[\hat{\boldsymbol{y}}2-(\hat{\boldsymbol{x}}+\hat{\boldsymbol{z}})\mathrm{j}\sqrt{2}]\mathrm{e}^{-\mathrm{j}\pi(x-z)}$$

式中：$\eta_1=\sqrt{\dfrac{\mu_0}{\varepsilon_0}}=120\pi\ \Omega$(真空波阻抗)。

(4) 极化特性。

入射波

$$\boldsymbol{k}_i=(\hat{\boldsymbol{x}}+\hat{\boldsymbol{z}})\pi$$

$$\boldsymbol{E}_{i\perp}=\hat{\boldsymbol{y}}\mathrm{j}\sqrt{2}E_0\mathrm{e}^{-\mathrm{j}\pi(x+z)}$$

$$\boldsymbol{E}_{i/\!/}=\left(\frac{\hat{\boldsymbol{x}}-\hat{\boldsymbol{z}}}{\sqrt{2}}\right)\sqrt{2}E_0\mathrm{e}^{-\mathrm{j}\pi(x+z)}$$

因$|\boldsymbol{E}_{i\perp}|=|\boldsymbol{E}_{r/\!/}|$且 $\boldsymbol{E}_{i\perp}$ 的相位超前 $\boldsymbol{E}_{i/\!/}\ \dfrac{\pi}{2}$,故入射波为左旋圆极化波。

反射波

$$\boldsymbol{k}_r=(\hat{\boldsymbol{x}}-\hat{\boldsymbol{z}})\pi$$

$$\boldsymbol{E}_{r\perp}=-\hat{\boldsymbol{y}}\mathrm{j}\sqrt{2}E_0\mathrm{e}^{-\mathrm{j}\pi(x-z)}$$

$$\boldsymbol{E}_{r/\!/}=\left(-\frac{\hat{\boldsymbol{x}}+\hat{\boldsymbol{z}}}{\sqrt{2}}\right)\sqrt{2}E_0\mathrm{e}^{-\mathrm{j}\pi(x-z)}$$

因$|\boldsymbol{E}_{r\perp}|=|\boldsymbol{E}_{r/\!/}|=\sqrt{2}E_0$ 且 $\boldsymbol{E}_{r\perp}$ 的相位超前 $\boldsymbol{E}_{r/\!/}\ \dfrac{\pi}{2}$,故反射波为右旋圆极化波。可见,经导体平面反射之后,圆极化波的旋转方向改变了。

习　题

4-1　电场强度振幅为 $E_{i0}=1$ V/m 的 SUPW 由空气垂直入射于理想导体平面。试求：

(1) 入射波的电、磁能密度最大值；

(2) 空气中的电、磁场强度最大值；

(3) 空气中的电、磁能密度最大值。

4-2　SUPW 从空气向理想介质($\mu_r=1$)垂直入射，在分界面($z<0$ 区为空气，$z>0$ 区为理想介质)上 $E_0=16$ V/m，$H_0=0.106$ A/m，取入射波电场方向为 $\hat{\boldsymbol{x}}$，频率为 300 MHz。试求：

(1) 理想介质(媒质 2)的 ε_r；

(2) 入射波复电场强度 $\boldsymbol{E}_i$；

(3) 反射波及折射波电、磁场复矢量。

4-3　SUPW 由空气区域($z<0$)垂直入射至位于 $z=0$ 的理想导体板上，入射波电场强度为 $\boldsymbol{E}=E_0(\hat{\boldsymbol{x}}-\mathrm{j}\hat{\boldsymbol{y}})\mathrm{e}^{-\mathrm{j}kz}$。试求：

(1) 反射波电场 $\boldsymbol{E}_r$；

(2) 导体板上的电流密度 $\boldsymbol{J}_S$；

(3) 入射波和反射波的极化特性；

(4) 空气中合成电场 $\boldsymbol{E}(t)$。

4-4　频率为 10 GHz 的 SUPW 透过一层玻璃($\varepsilon_r=9$，$\mu_r=1$)自室外垂直射入室内，玻璃板的厚度为 4 mm，室外入射波电场为 $E_{i0}=2$ V/m，求室内的电场强度 E_{t0}。

4-5　SUPW 由 $z<0$(空气)区域斜入射至 $z=0$ 处理想导体表面，已知入射波电场为 $\boldsymbol{E}_i=\hat{\boldsymbol{y}}\mathrm{e}^{-\mathrm{j}(3x+4z)}$ (V/m)。试求：

(1) 入射波长 λ 及入射角 θ_i；

(2) 反射波电、磁场复矢量；

(3) 空气中合成电场的实域量 $\boldsymbol{E}(t)$。

4-6　一垂直极化波由空气向一理想介质($\varepsilon_r=4$，$\mu_r=1$)斜入射，分界面为平面，入射角为 60°，入射波电场强度为 $E_{i0}=5$ V/m，求每单位面积上透入理想介质的平均电磁功率。

4-7　SUPW 由空气($z>0$)区斜入射到介质($\varepsilon_r=9$，$\mu_r=1$)表面($z=0$)上，已知入射波电场为 $\boldsymbol{E}_i=\hat{\boldsymbol{y}}\mathrm{e}^{\mathrm{j}(\sqrt{3}x+z)}$ (V/m)。试求：

(1) 入射波矢 $\boldsymbol{k}_i$ 及入射角 θ_i，波的频率 f；

(2) 入射波复磁场 $\boldsymbol{H}_i$；

(3) 反射波矢 $\boldsymbol{k}_r$ 及折射波矢 $\boldsymbol{k}_t$；

(4) 反射波复电场 $\boldsymbol{E}_r$；

(5) 折射波复电场 $\boldsymbol{E}_t$。

4-8　SUPW 由 $z<0$(空气)区斜入射至($z>0$ 区的)介质($\varepsilon_r=2.7$，$\mu_r=1$)表面($z=0$)上，已知入射波电场为 $\boldsymbol{E}_i=(\hat{\boldsymbol{x}}-\hat{\boldsymbol{z}}+\hat{\boldsymbol{y}}\mathrm{j}\sqrt{2})E_0\mathrm{e}^{-\mathrm{j}(x+z)\pi}$。试求：

(1) 入射波磁场强度复矢量；

(2) 反射波电、磁场复矢量；

(3) 折射波电、磁场复矢量；

(4) 入射波、反射波及折射波的极化特性。

4－9　一线极化的 SUPW 由空气区域斜入射至介质($\varepsilon_r=4,\mu_r=1$)分界平面上，若入射波电场与入射面的夹角为 45°，反射波只有垂直极化波。试求：

(1) 入射角 θ_i；

(2) 反射波的电磁功率面密度 $\langle S_r \rangle$ 是入射波的百分之几。

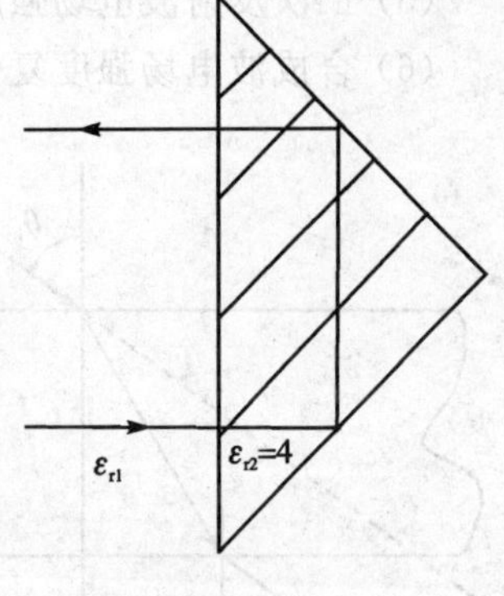

图 4.10　题 4－10 图

4－10　SUPW 垂直入射至直角等腰三角形棱镜($\mu_{r2}=1,\varepsilon_{r2}=4$)的长边，并经反射而折回，如图 4.10 所示。若棱镜置于($\mu_{r1}=1$)ε_{r1} 介质中，分别就 $\varepsilon_{r1}=1$ 及 $\varepsilon_{r1}=81$ 两种情况计算折回波功率占入射波功率的百分比(设入射波电场垂直于纸面)。

4－11　介质(棒)波导如图 4.11 所示。为使以任意角 φ 入射到端面上的电磁波都被约束在介质($\mu_r=1$)区域内传播，应如何选取介质的 ε_r？

4－12　如图 4.12 所示，一束平行于入射面极化的 SUPW 以 θ_i 角入射到界面Ⅰ上，欲使电磁波在界面Ⅰ发生全折射后，接着在界面Ⅱ发生全反射，试确定介质($\mu=\mu_0,\varepsilon=\varepsilon_0\varepsilon_r$)劈的劈角 α。

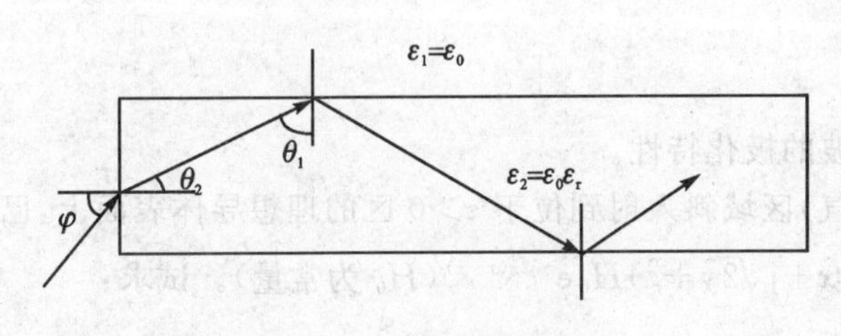

图 4.11　题 4－11 图

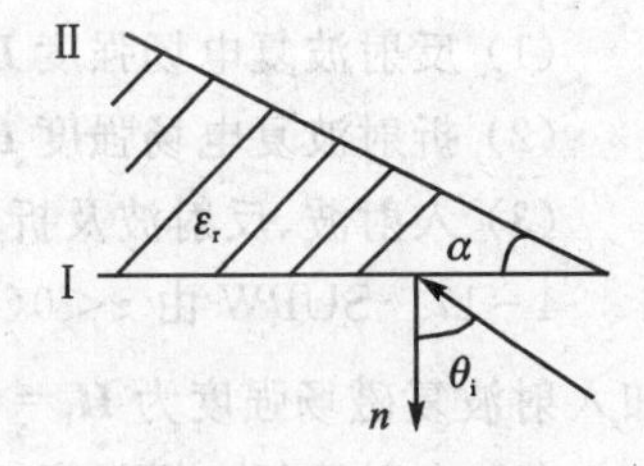

图 4.12　题 4－12 图

4－13　当 SUPW 斜入射至两种介质($\mu_1=\mu_2,\varepsilon_1\neq\varepsilon_2$)分界平面时，试证布儒斯特角与相应的折射角之和为 $\frac{\pi}{2}$。

4－14　如图 4.13 所示，一束 SUPW 由空气区域以 $\theta_i=45°$ 角入射到 $\varepsilon_r=4$，厚 5 mm 的玻璃平板上，从另一侧穿出。试求：

(1) 光束穿入点与穿出点间的垂直距离 l_1；

(2) 光束的横向偏移量 l_2。

4－15　90°角反射器如图 4.14 所示，由两正交的理想导体平面构成。若 SUPW 以 θ 角入射，其电场强度为 $E_i=\hat{z}E_0 e^{jk(x\cos\theta+y\sin\theta)}$，试求：

(1) 入射波矢 $\boldsymbol{k}_i$；

(2) 一次反射波矢 $\boldsymbol{k}_{\rm u}$ 及 $\boldsymbol{k}_{\rm v}$；

(3) 二次反射波矢 $\boldsymbol{k}_{\rm r}$；

(4) 一次反射波电场强度 $\boldsymbol{E}_{\rm ru}$ 及 $\boldsymbol{E}_{\rm rv}$；

(5) 二次反射波电场强度 $\boldsymbol{E}_{\rm r}$；

(6) 合成波电场强度复矢量。

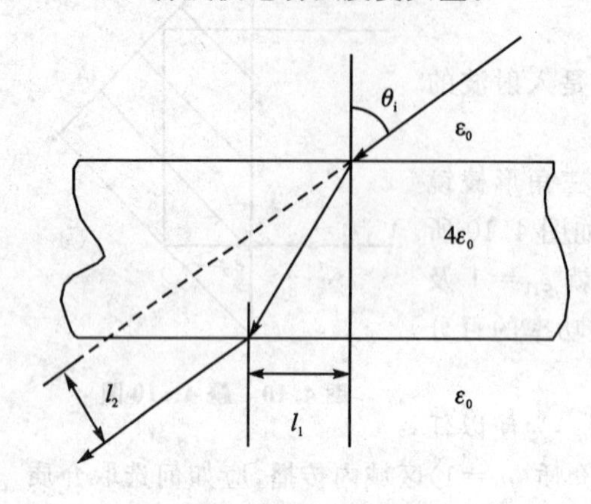

图 4.13 题 4-14 图

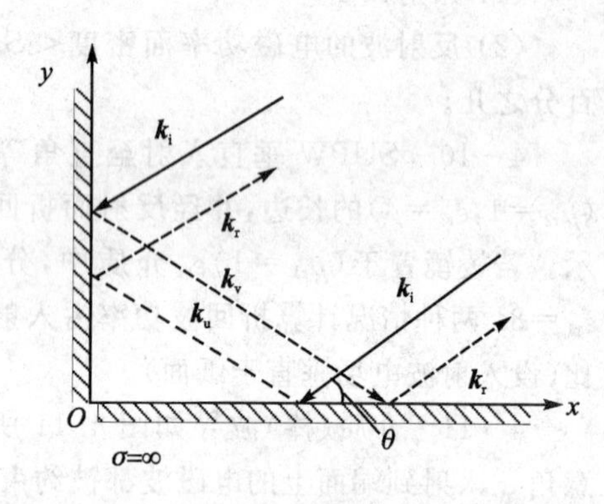

图 4.14 题 4-15 图

4-16 SUPW 由 $z<0$(空气)区域垂直入射到位于 $z>0$ 区的介质($\mu_{\rm r}=1,\varepsilon_{\rm r}=2.25$)界面上,已知入射波复电场强度为 $\boldsymbol{E}_{\rm i}=E_0(\mathrm{j}\hat{\boldsymbol{x}}-\hat{\boldsymbol{y}})\mathrm{e}^{-\mathrm{j}k_1z}$($E_0$ 为实常量,k_1 为波数)。试求：

(1) 反射波复电场强度 $\boldsymbol{E}_{\rm r}$；

(2) 折射波复电场强度 $\boldsymbol{E}_{\rm t}$；

(3) 入射波、反射波及折射波的极化特性。

4-17 SUPW 由 $z<0$(空气)区域斜入射到位于 $z>0$ 区的理想导体表面上,已知入射波复磁场强度为 $\boldsymbol{H}_{\rm i}=(-\hat{\boldsymbol{x}}+\mathrm{j}\sqrt{2}\hat{\boldsymbol{y}}+\hat{\boldsymbol{z}})H_0\mathrm{e}^{-\mathrm{j}2\pi(x+z)}$($H_0$ 为常量)。试求：

(1) 入射波复电场强度 $\boldsymbol{E}_{\rm i}$；

(2) 反射波复电磁场(强度)$\boldsymbol{E}_{\rm r}$ 及 $\boldsymbol{H}_{\rm r}$；

(3) 入射波和反射波的极化特性。

下篇　微波技术

引 言

一、微波的定义

微波是波长很短的电磁波，其频率范围为 10^9～10^{12} Hz（对应波长为 300～0.3 mm）。微波技术就是研究这一频率范围的信息传输、处理系统的技术。

根据波长的划分，可以把微波分为分米波、厘米波和毫米波。

二、微波的应用

微波最主要的应用之一是微波通信，它可以在相当程度上解决通信中因占用频带而出现的“拥塞问题”。比如，大量电视节目的传送，就是把这些节目调制到单一的载波上，因为每路电视节目需要 8 MHz 的带宽，所以 100 路电视节目就需要 800 MHz的总带宽，这只有用微波频段才行。

微波的另一个重要应用是微波雷达，它具有很强的探测和定位能力，不仅能够确定快速飞行体的坐标，而且还能够控制导弹、跟踪卫星、侦察洲际导弹和宇宙火箭等。

微波和微波技术在其他科学领域也有广泛的应用，如无线电波谱学、无线电天文学、无线电气象学、核物理学、医学等。

三、微波传输的特点

在较低频率下，电子设备的尺寸远远小于波长。因此，可以认为稳定状态的电压、电流的效应是在整个系统各处同时建立起来的。当系统的各种元件用一定的参量来表征时，所有这些参量均与时间及位置无关。这就是把元件视为“集总”参量的电路分析观点，此时，无须深究系统中复杂的电磁结构，只需对整个系统应用基尔霍夫定律即能圆满解决实际问题。

在微波频率下，所使用的电路的几何尺寸与波长同数量级，电效应从电路的一点传到另一点所用的时间与系统中电荷、电流的振荡周期可以比拟。因此，微波的产生、传输、放大、辐射等问题都不同于低频技术，元件的性质不能认为是集总的，基尔霍夫定律只能在微波电路的局部（一小段上）有效。微波传输的主要特点可归纳如下：

(1) 导体中的电流及电磁场具有趋肤性。

(2) 微波传输线具有“分布参数”特性。

(3) 微波传输线中的波具有多模性（指不同场分布的波共存）。

四、微波传输的分析方法

(1) 场理论：以麦克斯韦方程组为依据，推求沿线电磁场的表达式，研究沿线电磁场的分布及传播特性。

(2) 路理论（长线理论）：以基尔霍夫定律为依据，推导沿线电压、电流的表达式，研究沿线电磁功率的传输特性（传输效率）。

(3) 网络理论：主要用于研究和描述一些微波元件的特性。

第 5 章　微波传输线

5.1　概　述

一、微波传输线的定义

引导超高频电磁波(微波)沿一定方向传输的系统称为微波传输线(导波系统)。

二、微波传输线的种类

1. 双导体传输线

如图 5.1 所示,传输线由两个导体组成,主要传输横电磁波,故又可称为 TEM 波传输线。

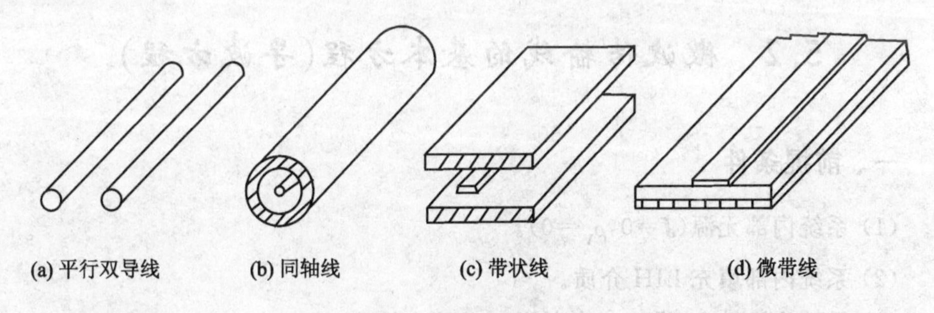

图 5.1　双导体传输线

2. 金属波导管

如图 5.2 所示传输线由单一导体组成,主要传输横电波(TE)或横磁波(TM)等色散波。

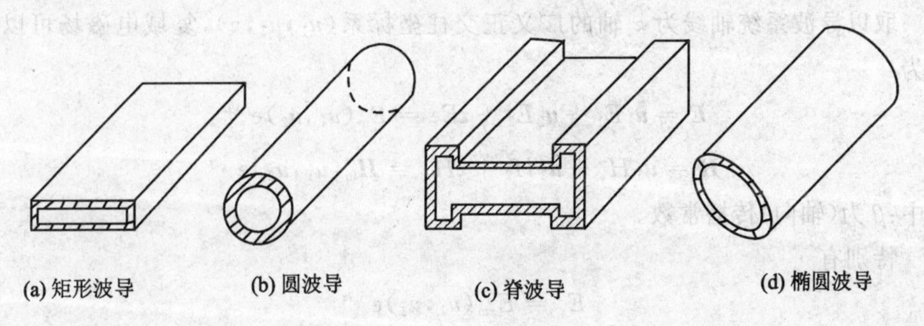

图 5.2　金属波导管

3. 介质波导

如图 5.3 所示传输线上的电磁波沿介质的表面传播，故又称为表面波传输线。

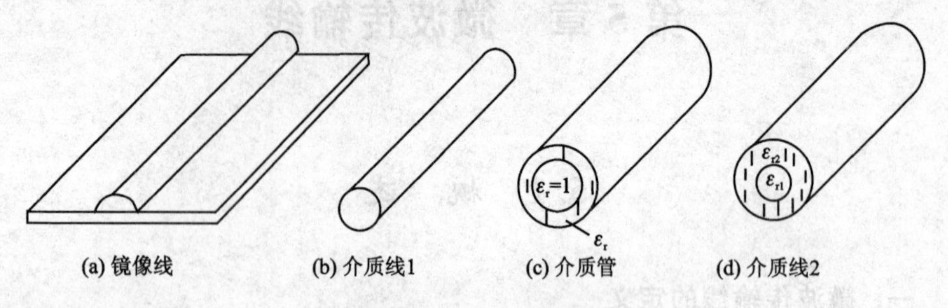

图 5.3 介质波导管

三、微波传输线的共同特征

(1) 均有一轴线，系统结构沿此轴线均匀。

(2) 电磁能量沿轴线传输(导行)。

(3) 电磁能量被束缚于系统周围(或内部)。

5.2 微波传输线的基本方程(导波方程)

一、前提条件

(1) 系统内部无源($\boldsymbol{J}=0, \rho_V=0$)。

(2) 系统内部填充 LIH 介质。

(3) 导波为沿轴向(设为 $\hat{z}$)传输的正弦稳态解。

二、导波方程

1. 纵向场分量方程

取以导波系统轴线为 z 轴的广义正交柱坐标系(u_1, u_2, z)，复域电磁场可以表示为

$$\boldsymbol{E} = \hat{\boldsymbol{u}}_1 E_1 + \hat{\boldsymbol{u}}_2 E_2 + \hat{z} E_z = \boldsymbol{E}_m(u_1, u_2)\mathrm{e}^{-\mathrm{j}\beta z}$$

$$\boldsymbol{H} = \hat{\boldsymbol{u}}_1 H_1 + \hat{\boldsymbol{u}}_2 H_2 + \hat{z} H_z = \boldsymbol{H}_m(u_1, u_2)\mathrm{e}^{-\mathrm{j}\beta z}$$

其中：β 为(轴向)传播常数。

特别有

$$E_z = E_{zm}(u_1, u_2)\mathrm{e}^{-\mathrm{j}\beta z}$$
$$H_z = H_{zm}(u_1, u_2)\mathrm{e}^{-\mathrm{j}\beta z}$$

复域 M 组为

$$\begin{cases}\nabla\times \boldsymbol{H} = \mathrm{j}\omega\varepsilon \boldsymbol{E} \\ \nabla\times \boldsymbol{E} = -\mathrm{j}\omega\mu \boldsymbol{H} \\ \nabla\cdot \boldsymbol{E} = 0 \\ \nabla\cdot \boldsymbol{H} = 0\end{cases}$$

第一式两边取旋度并利用第二、四式，得

$$\nabla\times(\nabla\times \boldsymbol{H}) = \nabla(\nabla\cdot \boldsymbol{H}) - \nabla^2 \boldsymbol{H} = \omega^2\mu\varepsilon \boldsymbol{H}$$

即

$$\nabla^2 \boldsymbol{H} + \omega^2\mu\varepsilon \boldsymbol{H} = \nabla^2 \boldsymbol{H} + k^2 \boldsymbol{H} = 0 \tag{5-1}$$

式中：$k=\sqrt{\omega^2\mu\varepsilon}$。

同理可得

$$\nabla^2 \boldsymbol{E} + k^2 \boldsymbol{E} = 0 \tag{5-2}$$

式(5-1)、式(5-2)为矢量微分方程，将其在广义正交柱坐标系中展开，可得 $\hat{z}$ 分量的微分方程分别为

$$\frac{1}{h_1 h_2}\left[\frac{\partial}{\partial u_1}\left(\frac{h_2}{h_1}\frac{\partial H_z}{\partial u_1}\right)+\frac{\partial}{\partial u_2}\left(\frac{h_1}{h_2}\frac{\partial H_z}{\partial u_2}\right)\right]+k_c^2 H_z = 0 \tag{5-3}$$

$$\frac{1}{h_1 h_2}\left[\frac{\partial}{\partial u_1}\left(\frac{h_2}{h_1}\frac{\partial E_z}{\partial u_1}\right)+\frac{\partial}{\partial u_2}\left(\frac{h_1}{h_2}\frac{\partial E_z}{\partial u_2}\right)\right]+k_c^2 E_z = 0 \tag{5-4}$$

式中记

$$k_c = \sqrt{k^2-\beta^2} \tag{5-5}$$

式(5-3)、式(5-4)即为纵向场分量方程，当导波系统确定后，利用边界条件即可求出电磁场的纵向($\hat{z}$)分量(H_z, E_z)。

2. 横向场分量方程(横纵关系)

把 M 组中的第一方程展开，令两侧对应分量相等，得

$$\frac{\partial H_z}{\partial u_2} - \frac{\partial}{\partial z}(h_2 H_2) = \mathrm{j}\omega\varepsilon E_1 h_2 \tag{5-6a}$$

$$\frac{\partial}{\partial z}(h_1 H_1) - \frac{\partial H_z}{\partial u_1} = \mathrm{j}\omega\varepsilon E_2 h_1 \tag{5-6b}$$

$$\frac{\partial}{\partial u_1}(h_2 H_2) - \frac{\partial}{\partial u_2}(h_1 H_1) = \mathrm{j}\omega\varepsilon E_z h_1 h_2 \tag{5-6c}$$

同理，把 M 组中的第二方程展开，可得

$$\frac{\partial E_z}{\partial u_2} - \frac{\partial}{\partial z}(h_2 E_2) = -\mathrm{j}\omega\mu H_1 h_2 \tag{5-7a}$$

$$\frac{\partial}{\partial z}(h_1 E_1) - \frac{\partial E_z}{\partial u_1} = -\mathrm{j}\omega\mu H_2 h_1 \tag{5-7b}$$

$$\frac{\partial}{\partial u_1}(h_2E_2)-\frac{\partial}{\partial u_2}(h_1E_1)=-\mathrm{j}\omega\mu H_z h_1 h_2 \tag{5-7c}$$

注意到 h_1，h_2 皆与 z 坐标无关，联立式(5-6b)与式(5-7a)，可解得

$$H_1=\frac{1}{k_c^2}\left(\frac{\mathrm{j}\omega\varepsilon}{h_2}\frac{\partial E_z}{\partial u_2}-\frac{\mathrm{j}\beta}{h_1}\frac{\partial H_z}{\partial u_1}\right) \tag{5-8a}$$

$$E_2=\frac{1}{k_c^2}\left(\frac{\mathrm{j}\omega\mu}{h_1}\frac{\partial H_z}{\partial u_1}-\frac{\mathrm{j}\beta}{h_2}\frac{\partial E_z}{\partial u_2}\right) \tag{5-8b}$$

联立式(5-6a)与式(5-7b)，可解得

$$H_2=\frac{-1}{k_c^2}\left(\frac{\mathrm{j}\omega\varepsilon}{h_1}\frac{\partial E_z}{\partial u_1}+\frac{\mathrm{j}\beta}{h_2}\frac{\partial H_z}{\partial u_2}\right) \tag{5-8c}$$

$$E_1=\frac{-1}{k_c^2}\left(\frac{\mathrm{j}\omega\mu}{h_2}\frac{\partial H_z}{\partial u_2}+\frac{\mathrm{j}\beta}{h_1}\frac{\partial E_z}{\partial u_1}\right) \tag{5-8d}$$

式(5-8)即为横向场分量方程，也称为横纵关系。由式(5-3)、式(5-4)求出纵向场分量之后，再利用式(5-8)即可求得全部横向场分量。式(5-3)、式(5-4)、式(5-8)构成分析微波传输线的基本方程(也称为导波方程)。

三、导波系统中可能存在的导波类型

1. TEM 导波系统

此时，$H_z=0$，$E_z=0$，利用式(5-8)，为使横向场分量存在，必须有

$$k_c^2=k^2-\beta^2=0 \quad (\beta=k=\omega\sqrt{\mu\varepsilon}) \tag{5-9}$$

对 TEM 波而言，其电磁场只有横向分量，即

$$\boldsymbol{E}=[\hat{\boldsymbol{u}}_1E_{1\mathrm{m}}(u_1,u_2)+\hat{\boldsymbol{u}}_2E_{2\mathrm{m}}(u_1,u_2)]\mathrm{e}^{-\mathrm{j}\beta z}=\boldsymbol{E}_\mathrm{m}^\tau\mathrm{e}^{-\mathrm{j}\beta z} \tag{5-10a}$$

$$\boldsymbol{H}=[\hat{\boldsymbol{u}}_1H_{1\mathrm{m}}(u_1,u_2)+\hat{\boldsymbol{u}}_2H_{2\mathrm{m}}(u_1,u_2)]\mathrm{e}^{-\mathrm{j}\beta z}=\boldsymbol{H}_\mathrm{m}^\tau\mathrm{e}^{-\mathrm{j}\beta z} \tag{5-10b}$$

利用式(5-1)、式(5-2)、式(5-9)，可得

$$\nabla_\tau^2\boldsymbol{H}_\mathrm{m}^\tau=0 \tag{5-11a}$$

$$\nabla_\tau^2\boldsymbol{E}_\mathrm{m}^\tau=0 \tag{5-11b}$$

式中：∇_τ^2 为二维拉普拉斯算符，在直角坐标系中可表示为 $\nabla_\tau^2=\frac{\partial^2}{\partial x^2}+\frac{\partial^2}{\partial y^2}$。

式(5-11)表明，TEM 波的电磁场满足与二维静电场相同的微分方程，这就要求 TEM 导波系统必须具备能够产生静电场的结构——双导体结构。易见，平行双线、同轴线、微带线等双导体传输线可导行 TEM 波，而金属波导管不可能导行 TEM 波。

2. TE，TM 导波系统

此时，E_z、H_z 有一个不为零，前述几种导波系统皆可导行 TE 及 TM 波。

四、导波系统的传输特性

1. 导行条件

由于导波的场量均正比于波动因子 $e^{-j\beta z}$，故 β 必须为正实数才可以使导波沿 $\hat{z}$ 方向传输，即

$$\beta = \sqrt{k^2 - k_c^2} > 0 \tag{5-12a}$$

$$k = \omega \sqrt{\mu\varepsilon} > k_c \tag{5-12b}$$

$$\omega > k_c / \sqrt{\mu\varepsilon} \tag{5-12c}$$

式(5-12)为导行条件。易见，频率越高的波越容易被导行；而 TEM 波总可以被导行。

2. 导波系统具有多模性

在式(5-12)中，k_c 为待确定的参数，其值由导波系统的边界条件可确定为一系列正实数。每一个 k_c 值对应一种场解——称为一种模式，多个不同的 k_c 值对应多种场解——多种模式。不同场分布的波共同在传输线中传输的特征称为传输线（导波系统）的多模传输特性。多模传输将导致信号在传输过程中产生模式色散，应予以克服（采用单模传输）。

3. 截止条件

【定义】$\beta=0$ 时的频率为截止频率（f_c），对应的波长称为截止波长（λ_c）。

由式(5-12)，易得

$$f_c = \frac{\omega_c}{2\pi} = \frac{k_c}{2\pi\sqrt{\mu\varepsilon}} = \frac{v}{2\pi}k_c \tag{5-13}$$

$$\lambda_c = v/f_c = \frac{2\pi}{k_c} \tag{5-14}$$

当波不满足导行条件时，将不能在传输线中传输（称该种模式的波截止）。由式(5-12)、式(5-13)、式(5-14)，可得截止条件为

$$f \leqslant f_c \tag{5-15a}$$

$$\lambda \geqslant \lambda_c \tag{5-15b}$$

4. 导波系统的色散特性

由 $\beta = \sqrt{\omega^2\mu\varepsilon - k_c^2}$，可得导波的相速为

$$v_p = \omega/\beta = \omega / \sqrt{\omega^2\mu\varepsilon - k_c^2} \tag{5-16}$$

对 TEM 导波系统，$k_c=0$，$v_p = 1/\sqrt{\mu\varepsilon}$，属于非色散系统；对 TE 及 TM 导波系统，$k_c \neq 0$，$v_p$ 与频率有关，属于色散系统。

5.3 矩形波导

一、前提条件

(1) 系统为具有轴向(取为 z 轴)均匀性的矩形金属管(视为理想导体管)。

(2) 管内无源且填充 LIH 介质。

(3) 导行波为沿 $\hat{z}$ 方向传输的正弦稳态解。

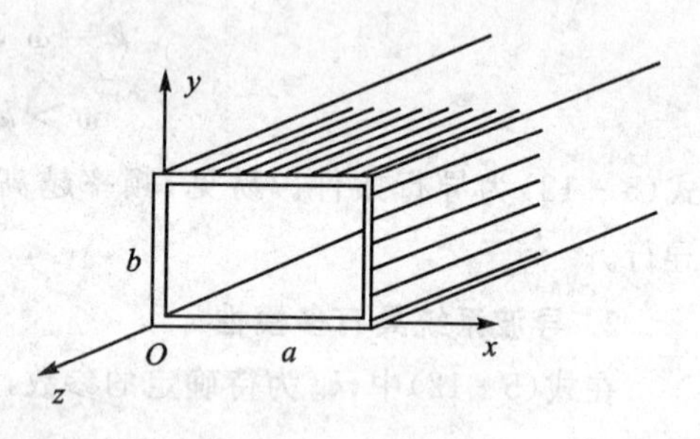

图 5.4 矩形波导

二、场方程及其解

取如图 5.4 所示的直角坐标系。由 5.2 节分析结果得知，矩形波导只能导行 TE 或 TM 波。

1. TM 波(E 波)

(1) 基本关系式

此时，$H_z=0$，导波方程变为

$$\frac{\partial^2 E_z}{\partial x^2}+\frac{\partial^2 E_z}{\partial y^2}+k_c^2 E_z=0 \tag{5-17}$$

$$H_x=\frac{\mathrm{j}\omega\varepsilon}{k_c^2}\frac{\partial E_z}{\partial y} \tag{5-18a}$$

$$H_y=\frac{-\mathrm{j}\omega\varepsilon}{k_c^2}\frac{\partial E_z}{\partial x} \tag{5-18b}$$

$$E_x=\frac{-\mathrm{j}\beta}{k_c^2}\frac{\partial E_z}{\partial x} \tag{5-18c}$$

$$E_y=\frac{-\mathrm{j}\beta}{k_c^2}\frac{\partial E_z}{\partial y} \tag{5-18d}$$

式中：$k_c^2=k^2-\beta^2=\omega^2\mu\varepsilon-\beta^2$。

(2) 纵向场分量

利用分离变量法求解 E_z。设

$$E_z(x,y,z)=X(x)Y(y)\mathrm{e}^{-\mathrm{j}\beta z}$$

代入式(5-17)中，经整理得

$$\frac{1}{X}\frac{\mathrm{d}^2X}{\mathrm{d}x^2}+\frac{1}{Y}\frac{\mathrm{d}^2Y}{\mathrm{d}y^2}=-k_c^2$$

欲使上式对任意的 x,y 成立，左侧两项必须分别为常数，即

$$\frac{1}{X}\frac{\mathrm{d}^2X}{\mathrm{d}x^2}=-k_x^2 \tag{5-19a}$$

$$\frac{1}{Y}\frac{d^2Y}{dy^2}=-k_y^2 \tag{5-19b}$$

$$k_x^2+k_y^2=k_c^2 \tag{5-19c}$$

式(5－19a)、式(5－19b)的解为

$$X(x)=A_1\cos k_x x+A_2\sin k_x x$$
$$Y(y)=A_3\cos k_y y+A_4\sin k_y y$$

利用边界条件：

$x=0$ 及 a 处，$E_z=0$，得 $A_1=0$ 及 $k_x=\frac{m\pi}{a}(m=0,1,2,\cdots)$；

$y=0$ 及 b 处，$E_z=0$，得 $A_3=0$ 及 $k_y=\frac{n\pi}{b}(n=0,1,2,\cdots)$。

最后得

$$E_z=E_0\sin\frac{m\pi x}{a}\sin\frac{n\pi y}{b}e^{-j\beta z} \tag{5-20a}$$

(3) 横向场分量

由横纵关系式(5－18)，可得横向场分量为

$$H_x=\frac{j\omega\varepsilon}{k_c^2}\frac{n\pi}{b}E_0\sin\frac{m\pi x}{a}\cos\frac{n\pi y}{b}e^{-j\beta z} \tag{5-20b}$$

$$H_y=\frac{-j\omega\varepsilon}{k_c^2}\frac{m\pi}{a}E_0\cos\frac{m\pi x}{a}\cos\frac{n\pi y}{b}e^{-j\beta z} \tag{5-20c}$$

$$E_x=\frac{-j\beta}{k_c^2}\frac{m\pi}{a}E_0\cos\frac{m\pi x}{a}\sin\frac{n\pi y}{b}e^{-j\beta z} \tag{5-20d}$$

$$E_y=\frac{-j\beta}{k_c^2}\frac{n\pi}{b}E_0\sin\frac{m\pi x}{a}\cos\frac{n\pi y}{b}e^{-j\beta z} \tag{5-20e}$$

$$k_c=\sqrt{\left(\frac{m\pi}{a}\right)^2+\left(\frac{n\pi}{b}\right)^2} \tag{5-21}$$

2. TE 波(H 波)

(1) 基本关系式

此时，$E_z=0$，导波方程变为

$$\frac{\partial^2 H_z}{\partial x^2}+\frac{\partial^2 H_z}{\partial y^2}+k_c^2H_z=0 \tag{5-22}$$

$$H_x=\frac{-j\beta}{k_c^2}\frac{\partial H_z}{\partial x} \tag{5-23a}$$

$$H_y=\frac{-j\beta}{k_c^2}\frac{\partial H_z}{\partial y} \tag{5-23b}$$

$$E_x=\frac{-j\omega\mu}{k_c^2}\frac{\partial H_z}{\partial y} \tag{5-23c}$$

$$E_y=\frac{j\omega\mu}{k_c^2}\frac{\partial H_z}{\partial x} \tag{5-23d}$$

(2) 纵向场分量

利用分离变量法(仿求 E_z 的过程),可求得式(5-22)的解为

$$H_z=(A_1\cos k_x x+A_2\sin k_x x)(A_3\cos k_y y+A_4\sin k_y y)\mathrm{e}^{-\mathrm{j}\beta z}$$

利用边界条件:

$x=0$ 及 a 处,$E_y=0$,有$\dfrac{\partial H_z}{\partial x}=0$,从而有 $A_2=0$ 及 $k_x=\dfrac{m\pi}{a}(m=0,1,2,\cdots)$;

$y=0$ 及 b 处,$E_x=0$,有$\dfrac{\partial H_z}{\partial y}=0$,从而有 $A_4=0$ 及 $k_y=\dfrac{n\pi}{b}(n=0,1,2,\cdots)$。

最后得

$$H_z=H_0\cos\frac{m\pi x}{a}\cos\frac{n\pi y}{b}\mathrm{e}^{-\mathrm{j}\beta z} \tag{5-24a}$$

(3) 横向场分量

由横纵关系式(5-23),可得横向场分量为

$$H_x=\frac{\mathrm{j}\beta}{k_c^2}\frac{m\pi}{a}H_0\sin\frac{m\pi x}{a}\cos\frac{n\pi y}{b}\mathrm{e}^{-\mathrm{j}\beta z} \tag{5-24b}$$

$$H_y=\frac{\mathrm{j}\beta}{k_c^2}\frac{n\pi}{b}H_0\cos\frac{m\pi x}{a}\sin\frac{n\pi y}{b}\mathrm{e}^{-\mathrm{j}\beta z} \tag{5-24c}$$

$$E_x=\frac{\mathrm{j}\omega\mu}{k_c^2}\frac{n\pi}{b}H_0\cos\frac{m\pi x}{a}\sin\frac{n\pi y}{b}\mathrm{e}^{-\mathrm{j}\beta z} \tag{5-24d}$$

$$E_y=\frac{-\mathrm{j}\omega\mu}{k_c^2}\frac{m\pi}{a}H_0\sin\frac{m\pi x}{a}\cos\frac{n\pi y}{b}\mathrm{e}^{-\mathrm{j}\beta z} \tag{5-24e}$$

式中 k_c 同于式(5-21)。

三、几点讨论

1. m,n 的物理解释

在式(5-20)及式(5-24)中,$k_x=\dfrac{m\pi}{a}$ 表明:场量沿 x 坐标在$[0,a)$内取 m 个峰值,由于正弦量每半波取一个峰值,故称 m 为场量沿 x 分布的半波数;同理,称 n 为场量沿 y 分布的半波数。

2. 多模性

给定矩形波导几何尺寸 $a\times b$,由式(5-20)及式(5-24)可知,m,n 取不同值时(对应于 k_c 值不同),场量也不相同。称每一组 m,n 值对应一种模式,记为 TM_{mn} (E_{mn}) 或 TE_{mn} (H_{mn})。在同一矩形波导中,可以有不同场结构的导波共存(称这一特性为多模性)。

3. 不可能存在的模式

由式(5-20)及式(5-24)易知:对 TM_{mn} 模式,m,n 均不可取零值,否则全部场量为零;对 TE_{mn} 模式,m,n 不可同时取零值,否则全部横向场量为零。综之有:TM_{00},TM_{0n},TM_{m0},TE_{00} 等模式不可能在矩形波导中存在。

四、矩形波导中导波的传输特性

1. 截止频率及截止波长

$$f_c=\frac{v}{2\pi}k_c=\frac{v}{2}\sqrt{\left(\frac{m}{a}\right)^2+\left(\frac{n}{b}\right)^2} \tag{5-25a}$$

$$\lambda_c=\frac{2\pi}{k_c}=\frac{2}{\sqrt{\left(\frac{m}{a}\right)^2+\left(\frac{n}{b}\right)^2}} \tag{5-25b}$$

2. 导行条件

$$\lambda<\lambda_c$$

即

$$\lambda<\frac{2}{\sqrt{\left(\frac{m}{a}\right)^2+\left(\frac{n}{b}\right)^2}} \tag{5-26}$$

3. 相速、相波长、群速及色散

(1) 相速

等相位面沿轴向传播的速度称为相速(v_p)。由导波的相位：$\varphi=\omega t-\beta z+\varphi_0$，可求得相速

$$v_p=\left.\frac{dz}{dt}\right|_\varphi=\frac{\omega}{\beta}$$

利用式(5-5)和式(5-25)，可得

$$v_p=\frac{v}{\sqrt{1-\left(\frac{\lambda}{\lambda_c}\right)^2}} \tag{5-27}$$

易见，相速与频率有关，这表明矩形波导是色散系统。

(2) 相波长(导内波长)

等相位面在一周期内沿轴向移动的距离称为相波长(λ_p)。

由式(5-27)，可得

$$\lambda_p=\frac{v_p}{f}=\frac{\lambda}{\sqrt{1-\left(\frac{\lambda}{\lambda_c}\right)^2}} \tag{5-28}$$

(3) 群速 v_g

$v_g=\frac{d\omega}{d\beta}$，利用式(5-5)、式(5-25)及 $k=\omega\sqrt{\mu\varepsilon}$，可得

$$v_g=v\sqrt{1-\left(\frac{\lambda}{\lambda_c}\right)^2} \tag{5-29}$$

式(5-27)、式(5-29)表明：相速大于光速，群速小于光速。由于相速只是描述了某种波形的场分布随时间沿轴向移动的速度，它既不代表能量传播速度也不代表

作用传播速度，因此相速大于光速并不违背相对论原理。而群速则代表调制包络传播的速度（它属于作用传播速度），因此群速不会大于光速。

4. 波阻抗

任意一组独立的导波中，横向电场与横向磁场的模之比称为波阻抗（记为 $\eta_{\text{TM}_{mn}}$ 或 $\eta_{\text{TE}_{mn}}$）

对TM_{mn}模式，有

$$\eta_{\text{TM}_{mn}} = \left|\frac{E_x}{H_y}\right| = \left|\frac{E_y}{H_x}\right| = \frac{\beta}{\omega\varepsilon} = \eta\sqrt{1-\left(\frac{\lambda}{\lambda_c}\right)^2} \tag{5-30a}$$

对TE_{mn}模式，有

$$\eta_{\text{TE}_{mn}} = \left|\frac{E_x}{H_y}\right| = \left|\frac{E_y}{H_x}\right| = \frac{\omega\mu}{\beta} = \frac{\eta}{\sqrt{1-\left(\dfrac{\lambda}{\lambda_c}\right)^2}} \tag{5-30b}$$

式中：$\eta=\dfrac{k}{\omega\varepsilon}=\dfrac{\omega\mu}{k}=\sqrt{\dfrac{\mu}{\varepsilon}}$ 为自由空间波阻抗。

5. 简并波形(简并模式)

截止波长相同而场分布不同的“一对”模式称为简并波形（或简并模式）。

(1) m,n 均不为零时，TM_{mn}与TE_{mn}为简并波形。

(2) $a=b$ 时，TE_{mn} 与 TE_{nm}，TM_{mn}与TM_{nm}均为简并波形。

(3) 仅当$\dfrac{m}{a}\neq\dfrac{n}{b}$ 时，TE_{0n}及TE_{m0}才是非简并波形。

6. 导波的能量只沿轴向传播

由$\langle \boldsymbol{S}\rangle=\text{Re}\left[\dfrac{1}{2}\boldsymbol{E}\times\boldsymbol{H}^*\right]$，利用式(5-20)和式(5-24)，可得$\langle \boldsymbol{S}\rangle=\hat{\boldsymbol{z}}\langle S_z\rangle$，此式表明：导波的能量只沿轴向传播。

7. 截止波长分布图

给定矩形波导的几何尺寸 $a\times b$，利用式(5-25b)即可得到不同模式(对应于 m，n 取不同值)的截止波长 λ_c，将 λ_c 值按大小顺序排在横坐标轴上即构成对应的截止波长分布图。以 BJ-100 型矩形波导为例，它的宽边尺寸 $a=2.286$ cm，窄边尺寸 $b=1.016$ cm，根据此尺寸计算出部分模式的 λ_c 值(由大到小)列于表 5.1 中，对应的截止波长图如图 5.5 所示。

表 5.1 矩形波导部分波型的截止波长(BJ-100 型波导)

波　型	TE_{10}	TE_{20}	TE_{01}	$\text{TE}_{11},\text{TM}_{11}$	TE_{30}	$\text{TE}_{21},\text{TM}_{21}$	$\text{TE}_{31},\text{TM}_{31}$	TE_{40}	TE_{02}
λ_c	$2a$	a	$2b$	$\dfrac{2}{\sqrt{\left(\frac{1}{a}\right)^2+\left(\frac{1}{b}\right)^2}}$	$\dfrac{2a}{3}$	$\dfrac{2}{\sqrt{\left(\frac{2}{a}\right)^2+\left(\frac{1}{b}\right)^2}}$	$\dfrac{2}{\sqrt{\left(\frac{3}{a}\right)^2+\left(\frac{1}{b}\right)^2}}$	$\dfrac{1}{2}a$	b
λ_c 值/cm	4.572	2.286	2.032	1.857	1.524	1.519	1.219	1.143	1.016

【例5-1】已知工作波长$\lambda=2$ cm，用BJ-100型波导传输时，试判断波导中可能出现哪些模式($a\times b=2.286\times1.016$ cm^2)。

【解】由$\lambda_c=2\Big/\sqrt{\left(\frac{m}{a}\right)^2+\left(\frac{n}{b}\right)^2}$，可得

$$\lambda_{cTE_{10}}=2a=4.572\ \text{cm}$$

$$\lambda_{cTE_{20}}=a=2.286\ \text{cm}$$

$$\lambda_{cTE_{01}}=2b=2.032\ \text{cm}$$

$$\lambda_{cTE_{11}}=\lambda_{cTM_{11}}=\frac{2ab}{\sqrt{a^2+b^2}}=1.857\ \text{cm}$$

$$\lambda_{cTE_{30}}=\frac{2a}{3}=1.524\ \text{cm}$$

其他模式的截止波长更小。

另由导行条件$\lambda<\lambda_c$可知，能够在此波导中出现的模式有TE_{10}，TE_{20}，TE_{01} 3种。

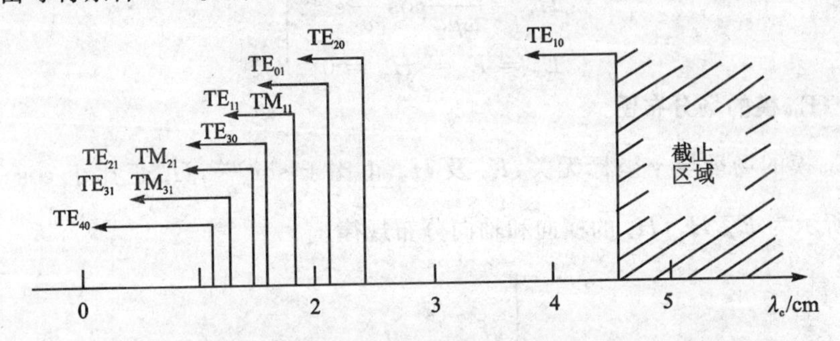

图5.5　矩形波导不同波型截止波长分布图(BJ-100型波导)

8. 单模传输问题

【必要性】多模共存将在传输中产生模式色散(由不同模式的群速不同所致)，不利于信号的传输。为克服之，应采用一种传输模式——单模传输(对应的波导称为单模波导)。

【可能性】由截止波长图(见图5.5)易见，给定中心工作波长λ(对应中心频率f)时，只要适当选择矩形波导几何尺寸$a\times b$，使得工作波长满足$\lambda_{cTE_{20}}<\lambda<\lambda_{cTE_{10}}$，即可实现单模传输($TE_{10}$模)。

【单模传输条件】国产矩形波导已规范化(参见附录F)，一般有$2b\leqslant a$。

给定中心工作波长λ，由$\lambda_{cTE_{10}}=2a$及$\lambda_{cTE_{20}}=a$可得单模传输(TE_{10}模)条件为

$$a<\lambda<2a\quad(2b\leqslant a)\tag{5-31a}$$

或

$$\frac{\lambda}{2}<a<\lambda\quad(2b\leqslant a)\tag{5-31b}$$

【单模传输宽带】单模传输TE_{10}模时，工作频带为

$$\Delta\lambda = \lambda_{cTE_{10}} - \lambda_{cTE_{20}} = a \tag{5-32a}$$

或

$$\Delta f = v/2a \tag{5-32b}$$

由于只有 TE_{10} 模可以在矩形波导中单模传输，常称 TE_{10} 模为矩形波导的主模。

五、矩形波导的主模——TE_{10} 模

1. 场量表达式

在式(5-24)中，令 $m=1, n=0$，得 TE_{10} 模的场量表达式

$$\left.\begin{aligned} E_y &= E_0 \sin\frac{\pi x}{a} e^{-j\beta z} \\ H_x &= \frac{-E_0}{\eta_{TE_{10}}} \sin\frac{\pi x}{a} e^{-j\beta z} \\ H_z &= \frac{jE_0 \pi}{\omega\mu a} \cos\frac{\pi x}{a} e^{-j\beta z} \\ E_x &= E_z = H_y = 0 \end{aligned}\right\} \tag{5-33}$$

2. TE_{10} 模的场分布图

TE_{10} 模的场量与 y 坐标无关，E_y 及 H_x 正比于 $\sin\frac{\pi x}{a}$，H_z 正比于 $\cos\frac{\pi x}{a}$。如图 5.6所示为 E_y, H_x, H_z 的横向和轴向分布规律。

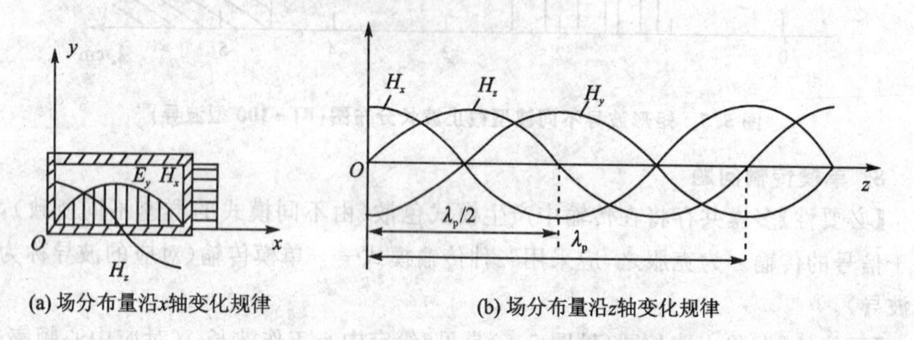

(a) 场分布量沿x轴变化规律　　(b) 场分布量沿z轴变化规律

图 5.6　矩形波导 TE_{10} 模场分量的变化规律

如图 5.7 所示为 TE_{10} 模电磁场的空间分布规律。图中电场线和磁场线分别用实线和虚线表示。

3. TE_{10} 模的壁电流

由 $\boldsymbol{J}_s = \hat{\boldsymbol{n}} \times \boldsymbol{H}$，可求出 TE_{10} 模在矩形波导内表面上的电流密度。

【宽壁】($y=0$ 及 $y=b$)

$$\boldsymbol{J}_S(y=b) = -\hat{\boldsymbol{y}} \times \boldsymbol{H} = -\left(\hat{x} j\frac{\pi}{a}\cos\frac{\pi x}{a} + \hat{z}\beta\sin\frac{\pi x}{a}\right)\frac{E_0}{\omega\mu} e^{-j\beta z} = -\boldsymbol{J}_S(y=0) \tag{5-34a}$$

【窄壁】($x=0$ 及 $x=a$)

$$\boldsymbol{J}_S(x=a)=-\hat{\boldsymbol{x}}\times\boldsymbol{H}=-\hat{\boldsymbol{y}}\mathrm{j}\frac{E_0}{\omega\mu}\frac{\pi}{a}\mathrm{e}^{-\mathrm{j}\beta z}=\boldsymbol{J}_S(x=0) \tag{5-34b}$$

在图 5.8 中画出了 TE_{10} 模在矩形波导内表面上的面电流分布。

【实际应用】对于单模矩形波导，在其壁面的适当位置开槽，具有实际应用。例如，在宽壁中心沿轴向开槽，不切断壁电流线，不影响波导内的场分布，这种开槽可用来构成微波测量线(把检波器的探针由此槽插入波导，可完成对波导内部驻波的检测)；在宽壁边缘沿轴向开槽或在窄壁上沿轴向开槽，则明显地切断壁电流线，可引起显著的场边缘效应，这种开槽可构成缝隙天线或天线阵，在宇航通信中有广泛的应用。

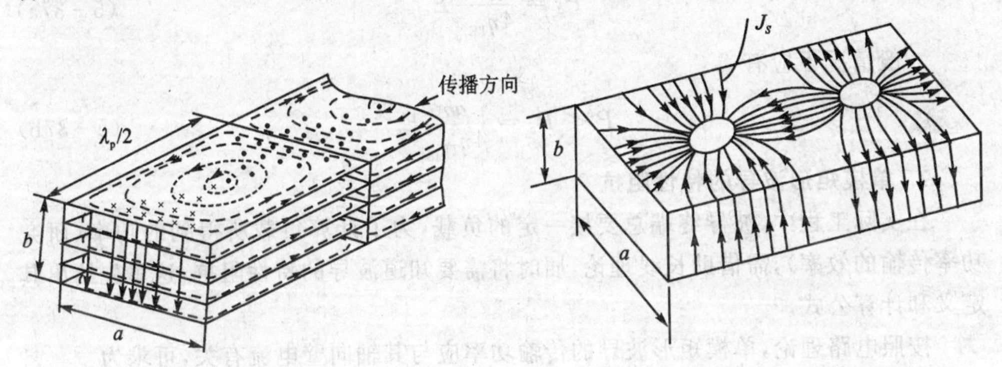

图 5.7 TE_{10} 模的空间场分布　　　　图 5.8 TE_{10} 模的壁电流分布

4. TE_{10} 模的导行参数

【截止波长】

$$\lambda_c=2a \tag{5-35a}$$

【导行条件】

$$\lambda<\lambda_c=2a \tag{5-35b}$$

【相速与群速】

$$v_p=\frac{v}{\sqrt{1-\left(\frac{\lambda}{2a}\right)^2}} \tag{5-35c}$$

$$v_g=v\sqrt{1-\left(\frac{\lambda}{2a}\right)^2} \tag{5-35d}$$

【相波长】

$$\lambda_p=\frac{\lambda}{\sqrt{1-\left(\frac{\lambda}{2a}\right)^2}} \tag{5-35e}$$

【波阻抗】

$$\eta_{TE_{10}}=\frac{\eta}{\sqrt{1-\left(\frac{\lambda}{2a}\right)^2}} \tag{5-35f}$$

5. TE_{10}模的传输功率

设TE_{10}模满足无反射传输条件，则对应的传输功率可求为

$$< \boldsymbol{S} > = \mathrm{Re}\left[\frac{1}{2}\boldsymbol{E}\times\boldsymbol{H}^*\right] = \hat{z}\frac{1}{2\eta_{\mathrm{TE}_{10}}}\mid E_0\mid^2\sin^2\left(\frac{\pi x}{a}\right)$$

$$P = \int_0^a \mathrm{d}x\int_0^b < \boldsymbol{S} > \cdot\,\hat{z}\mathrm{d}y = \frac{ab}{4\eta_{\mathrm{TE}_{10}}}\mid E_0\mid^2 \tag{5-36}$$

6. TE_{10}模的极限功率(功率容量)

设矩形波导内介质的击穿场强为E_c，则单模传输TE_{10}时的极限功率为

$$P_c = \frac{ab}{4\eta_{\mathrm{TE}_{10}}}E_c^{\ 2} \tag{5-37a}$$

一般情况下应有

$$P < P_c = \frac{ab}{4\eta_{\mathrm{TE}_{10}}}E_c^{\ 2} \tag{5-37b}$$

7. 单模矩形波导的特性阻抗

在实际工程中，波导终端总要接一定的负载，为了计算负载所得到的功率(研究功率传输的效率)，需借助长线理论，届时将需要知道波导的特性阻抗，这里先给出其定义和计算公式。

按照电路理论，单模矩形波导的传输功率应与其轴向壁电流有关，可求为

$$I = \int_0^a \boldsymbol{J}_S(y=b)\cdot\hat{z}\mathrm{d}x = \frac{-E_0 2a}{\pi\eta_{\mathrm{TE}_{10}}}$$

【定义】单模矩形波导的特性阻抗为

$$Z_0 = \frac{2P}{\mid I\mid^2}$$

代入P及I的结果，得

$$Z_0 = \frac{\pi^2 b}{8a}\eta_{\mathrm{TE}_{10}} = \frac{b\pi^2}{8a}\sqrt{\frac{\mu}{\varepsilon}}\left[\sqrt{1-\left(\frac{\lambda}{2a}\right)^2}\right]^{-1} \tag{5-38}$$

8. 单模矩形波导的损耗

单模传输TE_{10}时，矩形波导的(场量)导体损耗衰减系数(单位为：奈培每米，即Np/m)为(见参考文献[15]第319页例8-3和例8-4)

$$\alpha_c = \frac{R_S}{b\sqrt{\frac{\mu}{\varepsilon}}\sqrt{1-\left(\frac{\lambda}{2a}\right)^2}}\left[1+2\frac{b}{a}\left(\frac{\lambda}{2a}\right)^2\right]$$

式中：$R_S=\sqrt{\frac{\omega\mu_0}{2\sigma}}$(导体的表面电阻)。

易见，b值越大，衰减越小。但b的大小还要受到单模传输带宽等条件的限制，综合考虑，常取$b\leqslant 0.5a$。另外，导波频率不应该接近截止频率，否则，衰减会急剧增大。

六、TE_{10} 波传输的物理过程——部分波的概念

TE_{10} 波在矩形波导中的传输可视为正弦均匀平面波（SUPW）向波导窄壁（$x=0$ 及 $x=a$）斜入射叠加的结果。

设入射波以 $\theta_i=\theta$ 角入射到 $x=0$ 的金属壁上，由反射定律知，在此金属壁上将产生等振幅的反射波，该反射波将以 θ 角入射到 $x=a$ 的金属壁上，经过再次反射后与原入射波相同。如图 5.9 所示为一束 SUPW 以 θ 角入射后，经矩形波导两个窄壁来回反射，最终沿 $-\hat{z}$ 传输的过程。众多相同的 SUPW 以同样的角度（θ）入射和反射即形成沿 $-\hat{z}$ 传输的 TE_{10} 波。

TE_{10} 波由两组 SUPW 合成，第一组为

$$\boldsymbol{E}_1=\hat{\boldsymbol{y}}E_0'\mathrm{e}^{-\mathrm{j}\boldsymbol{k}_i\cdot\boldsymbol{r}}$$

$$\boldsymbol{k}_i=-k(\hat{\boldsymbol{z}}\sin\theta+\hat{\boldsymbol{x}}\cos\theta),\quad \boldsymbol{H}_1=\frac{1}{\eta}\hat{\boldsymbol{k}}_i\times\boldsymbol{E}_1$$

第二组为

$$\boldsymbol{E}_2=-\hat{\boldsymbol{y}}E_0'\mathrm{e}^{-\mathrm{j}\boldsymbol{k}_r\cdot\boldsymbol{r}}$$

$$\boldsymbol{k}_r=-k(\hat{\boldsymbol{z}}\sin\theta-\hat{\boldsymbol{x}}\cos\theta),\quad \boldsymbol{H}_2=\frac{1}{\eta}\hat{\boldsymbol{k}}_r\times\boldsymbol{E}_2$$

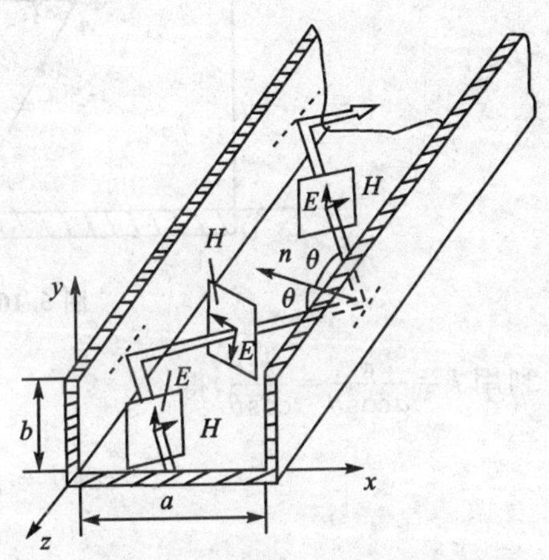

图 5.9　TE_{10} 波传输的物理过程

合成波（TE_{10} 波）电场为

$$\boldsymbol{E}=\boldsymbol{E}_1+\boldsymbol{E}_2=\hat{\boldsymbol{y}}[2\mathrm{j}E_0'\sin(kx\cos\theta)]\mathrm{e}^{\mathrm{j}kz\sin\theta}=$$

$$\hat{\boldsymbol{y}}E_0\sin(kx\cos\theta)\mathrm{e}^{\mathrm{j}kz\sin\theta}$$

利用金属边界条件 $x=0$ 及 $x=a$，$\boldsymbol{E}$ 的 $\hat{\boldsymbol{y}}$ 分量为零，可得

$$k\cos\theta=\pi/a$$

易见合成波正是 TE_{10} 波（其中：$k\sin\theta=\beta$）。

下面仍利用部分波概念来分析 TE_{10} 波的传输特性。

1. 导行条件

由图 5.9 可知，$\theta=0$ 时，合成波截止（处于谐振状态），此时有

$$k=\left.\frac{\pi}{a\cos\theta}\right|_{\theta=0}=\frac{\pi}{a}=k_c$$

$$\lambda_c=\frac{2\pi}{k_c}=2a$$

导行条件为$\left(\frac{\pi}{2}>\theta>0\right)$

$$k>k_c\text{ 或 }\lambda<\lambda_c\text{（与前面的结果相同）}$$

2. 导行波的相波长及相速

（1）相波长。如图 5.10 所示为 $\boldsymbol{E}_1$ 及 $\boldsymbol{E}_2$ 的各自两等相位面。其中，φ_{11} 及 φ_{12} 面

为 E_1 的相邻波峰($\varphi_{12}-\varphi_{11}=2\pi$);$\varphi_{21}$ 及 φ_{22} 面为 $\boldsymbol{E}_2$ 的相邻波峰($\varphi_{22}-\varphi_{21}=2\pi$)。在 φ_{11} 与 φ_{21} 相交点(A)两波峰(同相)叠加形成合成波的波峰,在 φ_{12} 与 φ_{22} 相交点(B)两波峰再次(同相)叠加形成合成波的相邻波峰,由此可知,合成波的相波长(λ_p)应为 $\overline{AB}$,而两组 SUPW($\boldsymbol{E}_1$ 与 $\boldsymbol{E}_2$)的波长(λ)为 $\overline{AC}$,最后得合成波的相波长为

$$\lambda_p=\lambda/\sin\theta$$

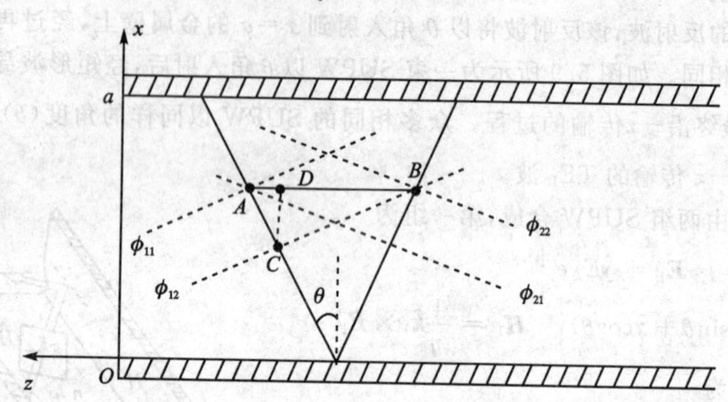

图 5.10　TE$_{10}$ 波的相波长

利用 $k=\dfrac{\pi}{a\cos\theta}=\dfrac{k_c}{\cos\theta}$,得

$$\cos\theta=k_c/k=\lambda/\lambda_c=\frac{\lambda}{2a}$$

$$\sin\theta=\sqrt{1-\cos^2\theta}$$

有

$$\lambda_p=\frac{\lambda}{\left[\sqrt{1-\left(\dfrac{\lambda}{2a}\right)^2}\right]}\quad(\text{同于前面结果})$$

(2) 相速

$$v_p=\lambda_p f=\frac{\lambda f}{\sin\theta}=\frac{v}{\sin\theta}=\frac{v}{\sqrt{1-\left(\dfrac{\lambda}{2a}\right)^2}}$$

另由 $v_p=\omega/\beta$,可得

$$\beta=\omega/v_p=\frac{\omega\sin\theta}{\lambda f}=\frac{2\pi}{\lambda}\sin\theta=k\sin\theta$$

3. 导行波的群速

由图 5.10 可知,当 $\boldsymbol{E}_2$(或 $\boldsymbol{E}_1$)携带电磁能量(以速度 v)由 A 传至 C 时,沿导行方向($\hat{z}$)观察,此能量传播的距离仅为 $\overline{AD}$,从而知合成波的群速为

$$v_g=v\sin\theta=v\sqrt{1-\left(\frac{\lambda}{2a}\right)^2}$$

5.4　同轴线

一、同轴线的结构

同轴线是一种双导体传输线,由同轴的两根圆柱导体组成,如图 5.11 所示,内导体半径为 a,外导体的内半径为 b。同轴线在结构上又分为硬同轴线和软同轴线。硬同轴线内外导体之间媒质通常为空气,内导体用高频介质垫圈等支撑。软同轴线又称为同轴电缆,内外导体之间填充高频介质,外导体常由金属网构成。

二、同轴线的特点及用途

(1) 同轴线为双导体传输线,可传输 TEM 波,也可传输 TE 波及 TM 波。

(2) 沿线电压电流可测(有确切的定义)。

(3) 可宽频带传输。

从直流到毫米波都可用同轴线传输,而当工作波长大于 10 cm 时,用波导传输会因尺寸过大而显笨重。因此,无论在微波整机系统、微波测量系统或微波元器件中,同轴线都得到了广泛的应用。

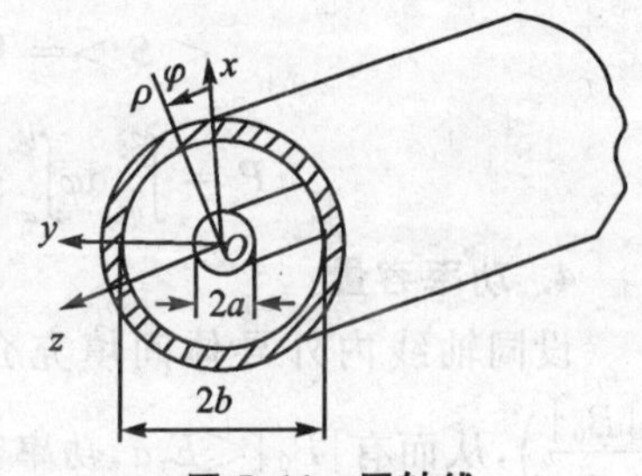

图 5.11　同轴线

三、同轴线主模(TEM 波)的场解

传输 TEM 波时,有 $k_c=0,\beta=k=\omega\sqrt{\mu\varepsilon}$,由式(5-10)及式(5-11),得

$$\boldsymbol{E}=\boldsymbol{E}_{\mathrm{m}}^{\tau}\mathrm{e}^{-\mathrm{j}kz}$$

$$\boldsymbol{H}=\boldsymbol{H}_{\mathrm{m}}^{\tau}\mathrm{e}^{-\mathrm{j}kz}$$

$$\nabla_{\tau}^{2}\boldsymbol{H}_{\mathrm{m}}^{\tau}=\boldsymbol{0}$$

$$\nabla_{\tau}^{2}\boldsymbol{E}_{\mathrm{m}}^{\tau}=\boldsymbol{0}$$

由系统的圆柱对称性,可知场量与 φ 坐标无关,再利用边界条件(内外导体均视为理想导体):$\rho=a$(及 $\rho=b$)处,$E_{\varphi}=H_{\rho}=0$,综之可设

$$\boldsymbol{E}_{\mathrm{m}}^{\tau}=\hat{\boldsymbol{\rho}}E_{\rho0}(\rho)$$

$$\boldsymbol{H}_{\mathrm{m}}^{\tau}=\hat{\boldsymbol{\varphi}}H_{\varphi0}(\rho)$$

由 $\nabla\cdot\boldsymbol{E}=0$,得 TEM 波的电场强度为

$$\boldsymbol{E}=\hat{\boldsymbol{\rho}}\frac{B_0}{\rho}\mathrm{e}^{-\mathrm{j}kz}\tag{5-39a}$$

利用 TEM 波的性质可得磁场强度为

$$\boldsymbol{H}=\frac{1}{\eta}\hat{\boldsymbol{z}}\times\boldsymbol{E}=\hat{\boldsymbol{\varphi}}\frac{B_0}{\eta\rho}\mathrm{e}^{-\mathrm{j}kz}\tag{5-39b}$$

式中：$\eta=\sqrt{\frac{\mu}{\varepsilon}}$，$B_0$ 为常量(由激励来决定)。

四、同轴线主模的传输特性

1. 导行条件

因 $k_c=0$，$\lambda_c=\infty$，导行条件为

$$f\geqslant 0(\text{全通}) \tag{5-40}$$

2. 相速，群速，相波长

$$v_p=v_g=v=\frac{1}{\sqrt{\mu\varepsilon}}\quad(\text{无色散}) \tag{5-41}$$

$$\lambda_p=\lambda=\lambda_0/\sqrt{\mu_r\varepsilon_r} \tag{5-42}$$

3. 传输功率(无反射)

$$<\boldsymbol{S}>=\mathrm{Re}\left[\frac{1}{2}\boldsymbol{E}\times\boldsymbol{H}^*\right]=\frac{|B_0|^2}{2\eta}\frac{\hat{\boldsymbol{z}}}{\rho^2}$$

$$P=\int_0^{2\pi}\mathrm{d}\varphi\int_a^b<\boldsymbol{S}>\cdot\hat{\boldsymbol{z}}\rho\mathrm{d}\rho=\frac{\pi}{\eta}|B_0|^2\ln\frac{b}{a} \tag{5-43a}$$

4. 功率容量

设同轴线内外导体间填充介质的击穿场强为 E_c，易见，$\rho=a$ 处的电场最强 $\left(\frac{|B_0|}{a}\right)$，从而有 $|B_0|\leqslant E_c a$，功率容量为

$$P\leqslant P_c=\frac{\pi}{\eta}a^2E_c^2\ln\frac{b}{a} \tag{5-43b}$$

5. 特性阻抗

内外导体之间的电压为

$$U=\int_a^b\boldsymbol{E}\cdot\hat{\boldsymbol{\rho}}\mathrm{d}\rho=B_0\ln\frac{b}{a}\mathrm{e}^{-\mathrm{j}\beta z}$$

$$Z_0=\frac{|U|^2}{2P}=\frac{\eta}{2\pi}\ln\frac{b}{a} \tag{5-44a}$$

将 $\eta=\sqrt{\frac{\mu}{\varepsilon}}=120\pi\sqrt{\frac{\mu_r}{\varepsilon_r}}$ 代入，可得

$$Z_0=60\sqrt{\frac{\mu_r}{\varepsilon_r}}\ln\frac{b}{a} \tag{5-44b}$$

6. 导体损耗

单模传输 TEM 波时，同轴线的(场量)导体损耗衰减系数(单位：Np/m)为(见参考文献[15]第 319 页例 8-3 和第 332 页例 8-9)

$$a_c=\frac{R_S}{2b\eta}\frac{\left(1+\frac{b}{a}\right)}{\ln\frac{b}{a}} \tag{5-45}$$

式中：$R_S=\sqrt{\frac{\omega\mu_0}{2\sigma}}$（导体的表面电阻），$\eta=\sqrt{\frac{\mu}{\varepsilon}}$（填充介质的波阻抗）。

同轴线的尺寸（b/a）不同，其功率容量、导体损耗及特性阻抗也不同。由式（5-43b）可得$\frac{b}{a}\approx1.65$（$Z_0\approx30\ \Omega$）时，功率容量（P_c）最大。由式（5-45）可得$\frac{b}{a}\approx3.59$（$Z_0\approx77\ \Omega$）时，导体损耗最小。显然，功率容量导体损耗对特性阻抗的要求有异，当只要求导体损耗小时，常取特性阻抗为 75 Ω；两者兼顾时，常取特性阻抗为 50 Ω（此时 $b/a\approx2.3$）。

五、同轴线中的高次模及单模传输条件

1. 同轴线中的高次模

同轴线除了传输 TEM 主模之外，还可能传输高次模（$TE_{mn}^{\odot}$ 及 $TM_{mn}^{\odot}$）。这些高次模的截止波长（见参考文献[3]）分别为

$$\lambda_c(TE_{0n})\approx\frac{2}{n}(b-a) \tag{5-46a}$$

$$\lambda_c(TE_{m1})\approx\frac{\pi}{m}(b+a) \tag{5-46b}$$

$$\lambda_c(TM_{mn})\approx\frac{2}{n}(b-a) \tag{5-46c}$$

式中：m,n 取正整数。

2. 单模传输条件

欲单模传输 TEM 模，工作波长（λ）应满足条件

$$\lambda>\pi(b+a) \tag{5-47}$$

习 题

5-1 BJ-100 型矩形波导内填 $\varepsilon_r=2.1$ 的介质，信号频率为 10 GHz，求 TE_{10} 模的相速 v_p、相波长 λ_p、波阻抗 $\eta_{TE_{10}}$ 及特性阻抗 Z_0。

5-2 用 BJ-100 型矩形波导传输电磁波，当工作波长分别为 5 cm、3 cm 及 1.5 cm 时，试判断波导中可能传输哪些模式。

5-3 矩形波导传输的电磁波的工作波长分别为 8 mm 和 3.2 cm，问分别选择什么型号的波导才能保证 TE_{10} 单模传输？

5-4 用 BJ-100 型矩形波导传输 TE_{10} 模，终端负载与波导不匹配，测得波导中相邻两个电场波节点之间的距离为 19.88 mm，求工作波长 λ。

5-5 用 BJ-22 型矩形波导传输频率为 5 GHz 的电磁波，问此波导能传输哪些模式？

5-6 用 BJ-32 型矩形波导传输工作波长为 10 cm 的电磁波，求传输 TE_{10} 模的极

限功率 P_c。若波导长 100 m，求衰减的分贝数($E_c=3\times10^6$ V/m，$\sigma=1.6\times10^7$ S/m)。

5-7 有一内充空气，截面尺寸为 $a\times b(b<a<2b)$ 的矩形波导，以主模工作在 3 GHz。若要求工作频率至少高于主模截止频率的 20%，并至少低于最相近的高阶模截止频率的 20%。

(1) 设计波导尺寸 a 和 b。

(2) 根据所设计的尺寸，计算工作频率为 3 GHz 时的相波长和波阻抗。

5-8 用 BJ-320 型矩形波导传输工作频率为 3 GHz 的 TE_{10} 波，波导长度为 10 cm，试求：

(1) 当波导中充以空气时，电磁波经过该波导的相移量(与始端比较)；

(2) 当波导中充以 $\varepsilon_r=4$ 的介质时，电磁波经过该波导后的相移量。

5-9 媒质为空气的同轴线外导体内直径 $D=7$ mm，内导体直径 $d=3.04$ mm，要求只传输 TEM 波，问电磁波的最短工作波长为多少？

5-10 空气填充的同轴线外导体内半径 $b=8$ mm，内导体半径 $a=2.22$ mm，电磁波的频率为 20 GHz，问同轴线中可能出现哪些模式？

5-11 如图 5.12 所示，空气填充的硬同轴线外导体内直径 $D=35$ mm，内导体直径 $d=15.2$ mm，计算同轴线的特性阻抗。若在相距 $n\lambda/2$(n 为正整数)处加 $\varepsilon_r=2.1$的介质垫圈，加垫圈的一段同轴线的外导体内直径不变，要保持上面算出的特性阻抗值不变，求该段同轴线内导体直径 d'。

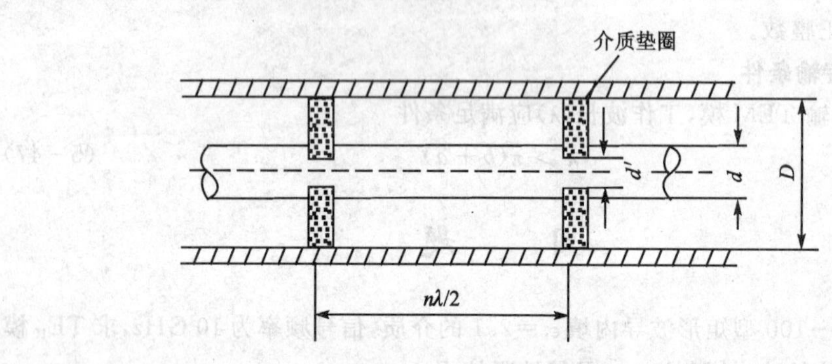

图 5.12 题 5-11 图

5-12 试用场理论方法推求 TEM 波同轴线的(场量)导体损耗衰减系数 α_c[见式(5-45)]。

5-13 欲使 TEM 波同轴线在 30 cm>λ>10 cm 波段内具有最大的功率容量，试设计其横截面几何尺寸 a 和 b(留出 20%的富余量)。

[提示：设外导体内半径 b 保持不变，合理设计比值 b/a，以使 P_c 达到最大值。]

5-14 欲使 TEM 波同轴线在 30 cm>λ>10 cm 波段内具有最低的导体损耗，试设计其横截面几何尺寸 a 和 b(留出 20%的富余量)。

[提示：设外导体内半径 b 保持不变，合理设计比值 b/a，以使 α_c 达到最小值。]

第 6 章　长线理论

6.1　概　述

一、长线的定义

设传输线的长度为 l，传输电磁波的相波长为 λ_p，若 l 大于 λ_p（或 l 与 λ_p 同数量级），则称该传输线为长线。

应该指出，长线和短线是一个相对的概念，均相对电磁波的波长而言，长线并不意味着线的几何长度就很长，而短线也并不一定意味着线的几何长度就很短。

例如在电力工程中，对于频率为 50 Hz 的交流电（波长为 6 000 km）来说，100 km长的电力线仍视为短线。而对于 BJ－100 型矩形波导，单模传输 TE_{10} 模时（$\lambda=3$ cm，$\lambda_p\approx4$ cm），$l=0.1$ m 也是长线。

一般来讲，微波传输线基本可视为长线。

二、长线的特点（分布参数的概念）

在低频电路中，常忽略元件的分布参数效应，认为电场能量全部集中在电容器中；磁场能量全部集中在电感器中；只有电阻元件消耗电磁能量；连接元件的导线是既无电阻又无电感的理想连接线。

在微波频段，分布参数效应非常明显，不可忽略。以平行双导线为例来讨论分布参数效应可有助于理解分布参数的概念。

当信号频率很低时，电流由电路的始端流到终端的时间远小于电磁波的一个周期，在稳态情况下，可以认为沿线电压、电流是同时建立起来的，因此沿线电压、电流的大小和相位与空间位置无关。当频率升高到微波频段时，即使在稳态情况下，沿线电压、电流既随时间变化也随空间位置变化，其原因是双导线的分布参数在起作用。当频率提高以后，导体中流过的高频电流产生趋肤效应，导线有效导电截面减少，使高频损耗电阻加大，沿线各处都存在损耗，这就是分布电阻效应。此外，导线周围存在沿线分布的高频磁场将产生分布电感效应。两条导线上流过的电流彼此反相，两线之间存在沿线分布的高频电场将产生分布电容效应。由于导线周围介质绝缘不理想，存在漏电，这就是分布电导效应。

例如，某平行双导线系统单位长度的分布电感为 $L_0=0.999$ nH/mm，分布电容 $C_0=0.011\ 1$ pF/mm。当信号频率为 50 Hz 时，单位长度的平行双导线引入的串联

电抗和并联电纳分别为

$$X_L = \omega L_0 = 2\pi f L_0 = 3.14 \times 10^{-7}\ \Omega/\text{mm}$$
$$B_C = \omega C_0 = 2\pi f C_0 = 3.49 \times 10^{-12}\ \text{S/mm}$$

当频率提高到 5 GHz 时，引入的串联电抗和并联电纳分别为

$$X_L = 31.4\ \Omega/\text{mm}$$
$$B_C = 3.49 \times 10^{-4}\ \text{S/mm}$$

易见，后者的分布参数效应明显，不可忽略。

三、长线的分布参数

长线的分布参数一般有 4 个：分布电阻 R_0、分布电导 G_0、分布电感 L_0 及分布电容 C_0。

1. 分布电阻 R_0 (Ω/m)

分布电阻指系统（沿轴向）单位长度所呈现的串联电阻值，取决于导线材料及导线的截面尺寸。若导线为理想导体，则 $R_0=0$。

2. 分布电导 G_0 (S/m)

分布电导指系统（沿轴向）单位长度所呈现的并联电导值，取决于导线周围介质材料的损耗。若为理想介质，则 $G_0=0$。

3. 分布电感 L_0 (H/m)

分布电感指系统（沿轴向）单位长度所呈现的串联自感，取决于导线截面尺寸、线间距及介质的磁导率。

4. 分布电容 C_0 (F/m)

分布电容指系统（沿轴向）单位长度所呈现的并联电容，取决于导线截面尺寸、线间距及介质的介电常数。

四、均匀无耗长线的定义

1. 均匀长线

沿线具有均匀性，即 R_0, G_0, L_0, C_0 均为常量。

2. 均匀无耗长线

$R_0=G_0=0$，L_0 和 C_0 为常量。

本章重点分析均匀无耗长线。前面讲过的微波传输线（矩形波导、圆波导、同轴线、平行双导线、微带线等）都可近似视为均匀无耗长线。

6.2 传输线方程及其解

一、前提条件

(1) 长线具有沿轴线（取为 z 轴）的均匀性（均匀长线）。

(2) 长线终端($z=0$)接负载(Z_L)，始端($z=l$)接角频率为 ω 的微波信号源。

(3) 系统处于正弦稳态。

二、传输线方程

如图 6.1 所示，取终端为坐标原点，$\hat{z}$ 由终端(负载)指向始端(信号源)。

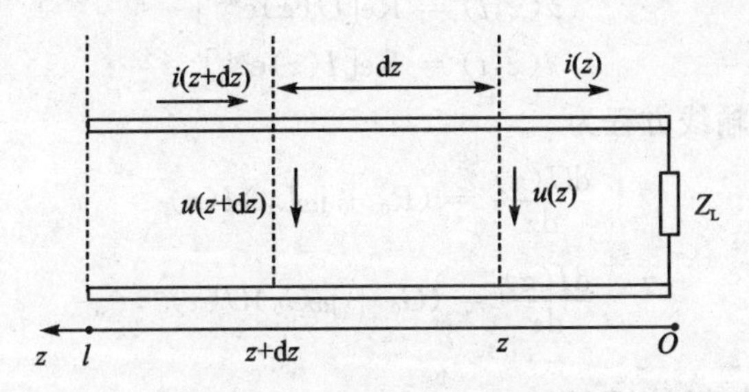

图 6.1　传输线的(dz)微元

在 z 处取一微元($dz>0$)，在 t 时刻，该微元两端电压、电流分别为

$$u(z,t)=u,\quad u(z+dz,t)=u+du=u'$$

$$i(z,t)=i,\quad i(z+dz,t)=i+di=i'$$

dz 段上的分布电阻为 R_0dz，分布电导为 G_0dz，分布电感为 L_0dz，分布电容为 C_0dz，等效电路如图 6.2 所示。下面建立 dz 段上的电压电流方程。

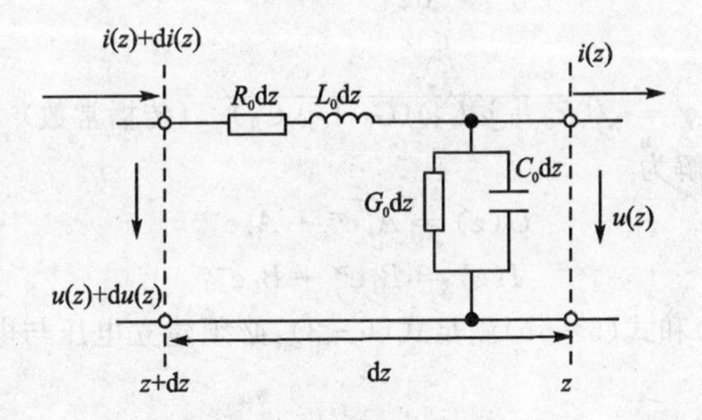

图 6.2　dz 段的等效电路

dz 段上的“电压降”为

$$du=u(z+dz,t)-u(z,t)=\frac{\partial u}{\partial z}dz=(R_0dz)i+(L_0dz)\frac{\partial i}{\partial t}$$

即

$$\frac{\partial u}{\partial z}=R_0i+L_0\frac{\partial i}{\partial t}\tag{6-1a}$$

dz 段上的“电流降”为

$$di=i(z+dz,t)-i(z,t)=\frac{\partial i}{\partial z}dz=(G_0dz)u+(C_0dz)\frac{\partial u}{\partial t}$$

即

$$\frac{\partial i}{\partial z}=G_0u+C_0\frac{\partial u}{\partial t} \tag{6-1b}$$

式(6-1)称为时域中的传输线方程。转换到复频域，定义复电压$U(z)$、复电流$I(z)$，使满足

$$u(z,t)=\mathrm{Re}[U(z)\mathrm{e}^{\mathrm{j}\omega t}] \tag{6-2a}$$

$$i(z,t)=\mathrm{Re}[I(z)\mathrm{e}^{\mathrm{j}\omega t}] \tag{6-2b}$$

从而得复频域的传输线方程为

$$\frac{\mathrm{d}U(z)}{\mathrm{d}z}=(R_0+\mathrm{j}\omega L_0)I(z) \tag{6-3a}$$

$$\frac{\mathrm{d}I(z)}{\mathrm{d}z}=(G_0+\mathrm{j}\omega C_0)U(z) \tag{6-3b}$$

三、传输线方程的通解

1. 通　解

将式(6-3)中的一个方程对z求导，再利用另一方程，可得

$$\frac{\mathrm{d}^2U}{\mathrm{d}z^2}=\gamma^2U \tag{6-4a}$$

$$\frac{\mathrm{d}^2I}{\mathrm{d}z^2}=\gamma^2I \tag{6-4b}$$

式中

$$\gamma=\sqrt{(R_0+\mathrm{j}\omega L_0)(G_0+\mathrm{j}\omega C_0)}\quad\text{（传播常数）} \tag{6-4c}$$

式(6-4)的通解为

$$U(z)=A_1\mathrm{e}^{\gamma z}+A_2\mathrm{e}^{-\gamma z} \tag{6-5a}$$

$$I(z)=B_1\mathrm{e}^{\gamma z}+B_2\mathrm{e}^{-\gamma z} \tag{6-5b}$$

欲使式(6-5a)和式(6-5b)满足式(6-3)，必须建立电压与电流之间的定量关系如下

$$I(z)=\frac{1}{R_0+\mathrm{j}\omega L_0}\frac{\mathrm{d}U(z)}{\mathrm{d}z}=\frac{1}{\sqrt{\dfrac{R_0+\mathrm{j}\omega L_0}{G_0+\mathrm{j}\omega C_0}}}(A_1\mathrm{e}^{\gamma z}-A_2\mathrm{e}^{-\gamma z})=B_1\mathrm{e}^{\gamma z}+B_2\mathrm{e}^{-\gamma z} \tag{6-5c}$$

2. 入射波与反射波的概念

记$\gamma=\alpha+\mathrm{j}\beta$，可以把式(6-5)表示成

$$U(z)=A_1\mathrm{e}^{\alpha z}\mathrm{e}^{\mathrm{j}\beta z}+A_2\mathrm{e}^{-\alpha z}\mathrm{e}^{-\mathrm{j}\beta z}=U_\mathrm{i}(z)+U_\mathrm{r}(z) \tag{6-6a}$$

$$I(z)=B_1\mathrm{e}^{\alpha z}\mathrm{e}^{\mathrm{j}\beta z}+B_2\mathrm{e}^{-\alpha z}\mathrm{e}^{-\mathrm{j}\beta z}=I_\mathrm{i}(z)+I_\mathrm{r}(z) \tag{6-6b}$$

式中：$U_\mathrm{i}(=A_1\mathrm{e}^{\alpha z}\mathrm{e}^{\mathrm{j}\beta z})$代表由信号源向负载方向$(-\hat{z})$传播的电压——电压入射波；

$U_\mathrm{r}(=A_2\mathrm{e}^{-\alpha z}\mathrm{e}^{-\mathrm{j}\beta z})$代表由负载向信号源方向$(\hat{z})$传播的电压——电压反射波；

$I_i(=B_1 e^{\alpha z} e^{j\beta z})$代表由信号源向负载方向$(-\hat{z})$传播的电流——电流入射波；

$I_r(=B_2 e^{-\alpha z} e^{-j\beta z})$代表由负载向信号源方向$(\hat{z})$传播的电流——电流反射波；

入射波代表信号源向负载提供功率的情况，反射波代表负载将信号源提供的功率反馈回信号源的情况。反射波的存在表明：负载没有吸收全部信号功率——功率传输效率未达理想状态(阻抗匹配状态)。利用长线理论可以研究如何提高信号功率的传输效率问题。

四、长线的特性阻抗

1. 定 义

长线的特性阻抗为

$$Z_0=\sqrt{\frac{R_0+j\omega L_0}{G_0+j\omega C_0}}\quad(\Omega) \tag{6-7a}$$

2. 特性阻抗的物理解释

由式(6-5c)、式(6-6)、式(6-7a)，有

$$Z_0=\frac{U_i(z)}{I_i(z)}=\frac{-U_r(z)}{I_r(z)} \tag{6-7b}$$

易见，特性阻抗反映了长线的单向(入射或反射)传输特性。后面的讨论将表明，特性阻抗是长线理论中的一个非常重要的参量。

3. 几种常见均匀无耗传输线的特性阻抗

平行双导线(见图6.3)的特性阻抗为

$$Z_0=120\sqrt{\frac{\mu_r}{\varepsilon_r}}\ln\frac{D}{R} \tag{6-8a}$$

带状线(见图6.4)的特性阻抗为

$$Z_0=\sqrt{\frac{\mu}{\varepsilon}}\frac{\pi\left(1-\frac{t}{b}\right)}{8\text{arcch}(e^{\pi\omega/2b})} \tag{6-8b}$$

单模矩形波导的特性阻抗为

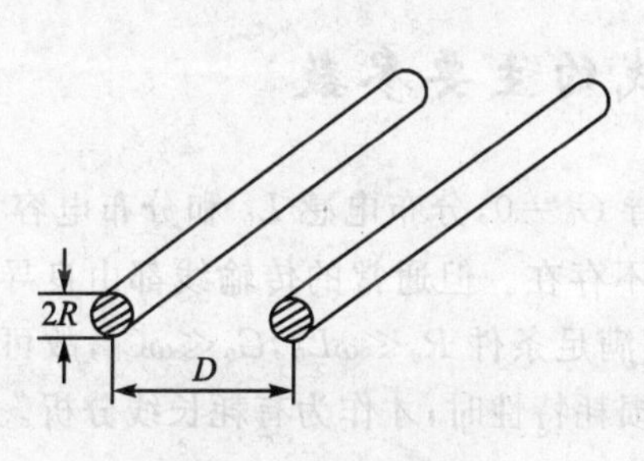

图6.3 平行双导线

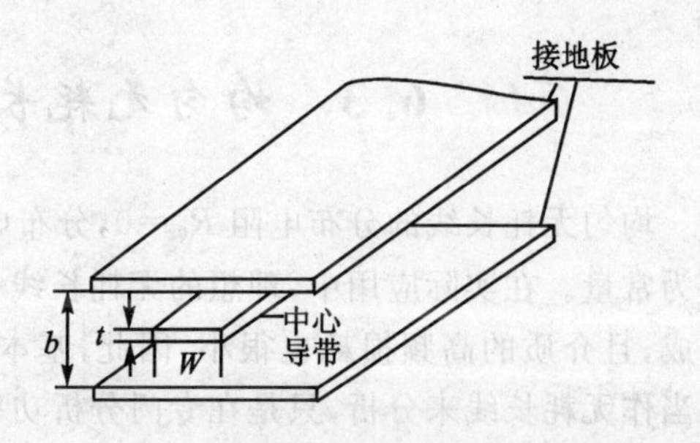

图6.4 带状线

$$Z_0 = \frac{\pi^2}{8}\frac{b}{a}\sqrt{\frac{\mu}{\varepsilon}}\left[\sqrt{1-\left(\frac{\lambda}{2a}\right)^2}\right]^{-1} \tag{6-8c}$$

TEM 模同轴线的特性阻抗为

$$Z_0 = 60\sqrt{\frac{\mu_r}{\varepsilon_r}}\ln\frac{b}{a} \tag{6-8d}$$

均匀无耗传输线的特性阻抗均为正实数。

五、传输线方程的特解

在研究微波传输的效率时，常用到已知终端（负载）参量的情况，即已知终端电压 U_2 及终端电流 $I_2(Z_L=U_2/I_2)$。利用终端参量，可求得传输线方程的特解。

在式(6-5)中令 $z=0$ 并利用式(6-7)，得

$$U(0) = A_1 + A_2 = U_2$$

$$I(0) = \frac{1}{Z_0}(A_1 - A_2) = I_2$$

联立求解，得

$$A_1 = \frac{1}{2}(U_2 + Z_0 I_2)$$

$$A_2 = \frac{1}{2}(U_2 - Z_0 I_2)$$

特解为

$$U(z) = U_i(z) + U_r(z) = \frac{1}{2}(U_2 + Z_0 I_2)e^{\gamma z} + \frac{1}{2}(U_2 - Z_0 I_2)e^{-\gamma z} \tag{6-9a}$$

$$I(z) = I_i(z) + I_r(z) = \frac{1}{Z_0}(U_i - U_r) \tag{6-9b}$$

或者有

$$U(z) = U_2 \operatorname{ch}\gamma z + Z_0 I_2 \operatorname{sh}\gamma z \tag{6-10a}$$

$$I(z) = \frac{U_2}{Z_0}\operatorname{sh}\gamma z + I_2 \operatorname{ch}\gamma z \tag{6-10b}$$

6.3 均匀无耗长线的主要参数

均匀无耗长线的分布电阻 $R_0=0$，分布电导 $G_0=0$，分布电感 L_0 和分布电容 C_0 均为常量。在实际应用中，理想的无耗长线并不存在。但通常的传输线都由良导体构成，且介质的高频损耗也很小，因此，基本可满足条件 $R_0 \ll \omega L_0$，$G_0 \ll \omega C_0$，故可近似当作无耗长线来分析，只是在专门分析功率损耗特性时，才作为有耗长线分析。

一、传播特性

1. 传播常数

将 $R_0=0$ 及 $G_0=0$ 代入式(6-4c)，可得

$$\gamma=\alpha+\mathrm{j}\beta=\sqrt{(R_0+\mathrm{j}\omega L_0)(G_0+\mathrm{j}\omega C_0)}=\mathrm{j}\omega\sqrt{L_0C_0} \tag{6-11a}$$

$$\alpha=0\quad(\text{无耗}) \tag{6-11b}$$

$$\beta=\omega\sqrt{L_0C_0} \tag{6-11c}$$

2. 相速与相波长

$$v_{\mathrm{p}}=\omega/\beta=1/\sqrt{L_0C_0} \tag{6-12a}$$

$$\lambda_{\mathrm{p}}=2\pi/\beta=v_{\mathrm{p}}/f \tag{6-12b}$$

对 TEM 波传输线，v_{p} 与 ω 无关，属非色散系统；对 TE(TM)波传输线，v_{p} 与 ω 有关，属于色散系统。

3. 电压、电流表示式(已知终端)

$$U(z)=U_{\mathrm{i}}+U_{\mathrm{r}}=\frac{1}{2}(U_2+Z_0I_2)\mathrm{e}^{\mathrm{j}\beta z}+\frac{1}{2}(U_2-Z_0I_2)\mathrm{e}^{-\mathrm{j}\beta z} \tag{6-13a}$$

$$I(z)=I_{\mathrm{i}}+I_{\mathrm{r}}=\frac{1}{Z_0}(U_{\mathrm{i}}-U_{\mathrm{r}}) \tag{6-13b}$$

或

$$U(z)=U_2\cos\beta z+\mathrm{j}Z_0I_2\sin\beta z \tag{6-14a}$$

$$I(z)=\mathrm{j}\frac{U_2}{Z_0}\sin\beta z+I_2\cos\beta z \tag{6-14b}$$

二、输入阻抗(Z_{in})

1. 定　义

长线终端接负载 $Z_{\mathrm{L}}(=U_2/I_2)$时，距终端为 z 处向负载方向看去的输入阻抗定义为此处的电压 $U(z)$与电流 $I(z)$之比，即

$$Z_{\mathrm{in}}(z)=U(z)/I(z) \tag{6-15}$$

2. 输入阻抗的计算式

将式(6-14)代入式(6-15)中，得

$$Z_{\mathrm{in}}(z)=\frac{U_2\cos\beta z+\mathrm{j}Z_0I_2\sin\beta z}{\mathrm{j}\dfrac{U_2}{Z_0}\sin\beta z+I_2\cos\beta z}$$

将终端负载条件($U_2=Z_LI_2$)代入上式，经化简得到输入阻抗的计算式

$$Z_{\mathrm{in}}(z)=Z_0\frac{Z_{\mathrm{L}}+\mathrm{j}Z_0\tan\beta z}{Z_0+\mathrm{j}Z_L\tan\beta z} \tag{6-16}$$

易见，输入阻抗随 z 坐标(沿线)变化。

3. 归一化输入阻抗($\widetilde{Z}_{\text{in}}$)

z处的输入阻抗与特性阻抗之比为该处的归一化输入阻抗,即

$$\widetilde{Z}_{\text{in}}(z)=\frac{Z_{\text{in}}(z)}{Z_0} \tag{6-17a}$$

$$\widetilde{Z}_{\text{in}}(z)=\frac{\widetilde{Z}_{\text{L}}+\text{j}\tan\beta z}{1+\text{j}\widetilde{Z}_L\tan\beta z} \tag{6-17b}$$

式中

$$\widetilde{Z}_{\text{L}}=Z_{\text{L}}/Z_0 \quad (\text{归一化负载阻抗})$$

4. 输入导纳(Y_{in})

$$Y_{\text{in}}(z)=\frac{1}{Z_{\text{in}}(z)}=\frac{I(z)}{U(z)}=Y_0\frac{Y_{\text{L}}+\text{j}Y_0\tan\beta z}{Y_0+\text{j}Y_L\tan\beta z} \tag{6-18a}$$

$$\widetilde{Y}_{\text{in}}(z)=\frac{Y_{\text{in}}(z)}{Y_0}=\frac{\widetilde{Y}_{\text{L}}+\text{j}\tan\beta z}{1+\text{j}\widetilde{Y}_{\text{L}}\tan\beta z} \tag{6-18b}$$

式中:$Y_0=1/Z_0$(特性导纳),$Y_{\text{L}}=1/Z_{\text{L}}$(终端负载导纳);$\widetilde{Y}_{\text{L}}=Y_{\text{L}}/Y_0=Y_{\text{L}}Z_0$(归一化负载导纳)。

5. 长线始端输入阻抗

当长线长度为l时,长线始端输入阻抗为

$$Z_{\text{in}}(l)=Z_0\frac{Z_{\text{L}}+\text{j}Z_0\tan\beta l}{Z_0+\text{j}Z_{\text{L}}\tan\beta l} \tag{6-19a}$$

长线始端输入导纳为

$$Y_{\text{in}}(l)=Y_0\frac{Y_{\text{L}}+\text{j}Y_0\tan\beta l}{Y_0+\text{j}Y_{\text{L}}\tan\beta l} \tag{6-19b}$$

三、反射系数(电压反射系数)

1. 定　义

均匀无耗长线终端接任意负载(阻抗)Z_{L}时,距离终端z处的反射电压$U_{\text{r}}(z)$与入射电压$U_{\text{i}}(z)$之比称为该(参考面)处的电压反射系数(或反射系数),即

$$\Gamma(z)=\frac{U_{\text{r}}(z)}{U_{\text{i}}(z)} \tag{6-20}$$

2. 反射系数的表示式

把式(6-13a)的结果代入式(6-20),可得

$$\Gamma(z)=\frac{U_{\text{r}}(z)}{U_{\text{i}}(z)}=\frac{U_2-Z_0I_2}{U_2+Z_0I_2}\text{e}^{-\text{j}2\beta z}=\frac{Z_{\text{L}}-Z_0}{Z_{\text{L}}+Z_0}\text{e}^{-\text{j}2\beta z}=|\Gamma|\text{e}^{\text{j}\varphi} \tag{6-21}$$

式中:φ称为反射系数的辐角。

在式(6-21)中令$z=0$,得终端反射系数为

$$\Gamma(z=0)=\Gamma_2=\frac{U_2-Z_0I_2}{U_2+Z_0I_2}=\frac{Z_L-Z_0}{Z_L+Z_0}=\frac{\widetilde{Z}_L-1}{\widetilde{Z}_L+1}=|\Gamma_2|\,e^{j\varphi_2} \quad (6-22)$$

式中：φ_2 称为终端反射系数的辐角。

对于确定的微波传输系统，Z_0 及 Z_L 均为确定量，把式(6-22)代入式(6-21)中，得任意位置 z 处的反射系数与终端反射系数的关系为

$$\Gamma(z)=|\Gamma|\,e^{j\varphi}=\Gamma_2e^{-j2\beta z}=|\Gamma_2|\,e^{j(\varphi_2-2\beta z)} \quad (6-23a)$$

式中

$$\varphi=\varphi_2-2\beta z \quad (6-23b)$$

3. z(参考面)处电压、电流与反射系数的关系

$$U(z)=U_i(z)+U_r(z)=U_i(z)[1+\Gamma(z)] \quad (6-24a)$$

$$I(z)=I_i(z)+I_r(z)=\frac{1}{Z_0}[U_i(z)-U_r(z)]=$$

$$\frac{U_i(z)}{Z_0}[1-\Gamma(z)]=I_i(z)[1-\Gamma(z)] \quad (6-24b)$$

式(6-24b)表明：电流反射系数较电压反射系数差一个负号。

4. 输入阻抗与反射系数的关系

利用式(6-15)和式(6-24)可得

$$Z_{in}(z)=\frac{U(z)}{I(z)}=Z_0\frac{1+\Gamma(z)}{1-\Gamma(z)} \quad (6-25a)$$

$$\widetilde{Z}_{in}(z)=\frac{1+\Gamma(z)}{1-\Gamma(z)} \quad (6-25b)$$

或

$$\Gamma(z)=\frac{Z_{in}(z)-Z_0}{Z_{in}(z)+Z_0}=\frac{\widetilde{Z}_{in}(z)-1}{\widetilde{Z}_{in}(z)+1} \quad (6-25c)$$

四、驻波比(ρ)与行波系数(K)

1. 驻波比的定义

沿线(合成)电压的模的最大值($|U|_{max}$)与最小值($|U|_{min}$)之比称为均匀无耗传输线的驻波比，即

$$\rho=\frac{|U|_{max}}{|U|_{min}} \quad (6-26a)$$

易见，对于确定的微波传输系统，驻波比为常量(与 z 坐标无关)。

2. 行波系数的定义

$$K=\frac{1}{\rho}=\frac{|U|_{min}}{|U|_{max}} \quad (6-27)$$

3. $\rho(K)$与Γ的关系

由式(6-24a)易得

$$|U|_{\max}=|U_i|(1+|\Gamma|),\quad |U|_{\min}=|U_i|(1-|\Gamma|)$$

从而有

$$\rho=\frac{1+|\Gamma|}{1-|\Gamma|}=\frac{1}{K} \tag{6-26b}$$

或

$$|\Gamma|=\frac{\rho-1}{\rho+1} \tag{6-26c}$$

五、几点讨论

1. 反射系数的重要性质

(1) 沿均匀无耗长线,反射系数的模为常量。

【证明】由式(6-23)和式(6-22),得

$$|\Gamma|=|\Gamma_2|=\left|\frac{Z_L-Z_0}{Z_L+Z_0}\right|$$

对于确定的微波传输系统,Z_L 及 Z_0 均为确定量,所以,$|\Gamma|$必为常量。

(2) 对于均匀无耗长线,有$|\Gamma(z)|\leqslant 1$。

【证明】记 $Z_L=R_L+jX_L(R_L\geqslant 0)$,代入式(6-22)中,得

$$|\Gamma(z)|=|\Gamma_2|=\frac{|Z_L-Z_0|}{|Z_L+Z_0|}=\frac{[(R_L-Z_0)^2+X_L^2]^{1/2}}{[(R_L+Z_0)^2+X_L^2]^{1/2}}\leqslant 1$$

证明中用到 $R_L\geqslant 0, Z_0\geqslant 0$。

【物理解释】因沿线无源,故反射电压的幅度不会超过入射电压的幅度。

(3) 沿均匀无耗长线,反射系数以$\frac{\lambda_p}{2}$为周期。

【证明】由式(6-23)可知,沿均匀无耗长线,与 z 位置相距$\frac{\lambda_p}{2}$处$\left(z_1=z+\frac{\lambda_p}{2}\right.$或$\left.z_2=z-\frac{\lambda_p}{2}\right)$,对应的反射系数的辐角为(注意到$\beta=2\pi/\lambda_p$)

$$\begin{aligned}\varphi(z)&=\varphi_2-2\beta z\\ \varphi(z_1)&=\varphi_2-2\beta z_1=\varphi(z)-2\pi\\ \varphi(z_2)&=\varphi_2-2\beta z_2=\varphi(z)+2\pi\end{aligned}$$

注意到沿线$|\Gamma|$为常量,即得

$$\Gamma\left(z\pm\frac{\lambda_p}{2}\right)=\Gamma(z)$$

2. 输入阻抗的重要性质

(1) 沿均匀无耗长线,输入阻抗(及归一化输入阻抗)以$\frac{\lambda_p}{2}$为周期。由式(6-25)

知，输入阻抗(及归一化输入阻抗)与反射系数具有相同的周期特性。

(2) 沿均匀无耗长线，相距$\frac{\lambda_p}{4}$的两点的归一化输入阻抗(或归一化输入导纳)互为倒数。

【证明】利用式(6－17b)及$\beta=\frac{2\pi}{\lambda_p}$，可得

$$\widetilde{Z}_{in}\left(z\pm\frac{\lambda_p}{4}\right)=\frac{\widetilde{Z}_L+j\tan\left(\beta z\pm\frac{\pi}{2}\right)}{1+j\widetilde{Z}_L\tan\left(\beta z\pm\frac{\pi}{2}\right)}=\frac{\widetilde{Z}_L-j\cot\beta z}{1-j\widetilde{Z}_L\cot\beta z}=\frac{1+j\widetilde{Z}_L\tan\beta z}{\widetilde{Z}_L+j\tan\beta z}=\frac{1}{\widetilde{Z}_{in}(z)}$$

即

$$\widetilde{Z}_{in}\left(z\pm\frac{\lambda_p}{4}\right)=\frac{1}{\widetilde{Z}_{in}(z)}=\widetilde{Y}_{in}(z)=\frac{1}{\widetilde{Y}_{in}\left(z\pm\frac{\lambda_p}{4}\right)} \qquad (6-28)$$

式(6－28)表明：z处的归一化输入阻抗等于$z\pm\frac{\lambda_p}{4}$处的归一化输入导纳。特别有：$Z_L=\infty$(终端开路)时，$z=n\frac{\lambda_p}{2}$处均为开路，$z=\frac{n\lambda_p}{2}+\frac{\lambda_p}{4}$处均为短路；$Z_L=0$(终端短路)时，$z=n\frac{\lambda_p}{2}$处均为短路，$z=\frac{n\lambda_p}{2}+\frac{\lambda_p}{4}$处均为开路($n=0,1,2,\cdots$)。

3. 驻波比的重要性质

(1) 沿均匀无耗长线，ρ为不小于 1 的实常数。

利用式(6－26b)及Γ的性质易证此结论。

(2) $\Gamma=0$ 时，ρ取最小值($\rho=1$)，此时无反射波(称为行波状态)。

(3) $|\Gamma|=1$ 时，ρ取最大值($\rho=\infty$)，此时为全反射状态(称为驻波状态)。

(4) $0<|\Gamma|<1$ 时，$1<\rho<\infty$，此时为部分反射状态(称为行驻波状态)

6.4　均匀无耗长线的工作状态

长线终端接不同负载时，沿线电压、电流呈 3 种不同的分布状态：负载无反射时的行波状态，负载全反射时的驻波状态及部分反射时的行驻波状态。下面分别讨论 3 种工作状态的定义、条件及特性。

一、行波状态

1. 定　义

沿线反射系数为零时的工作状态称为行波状态($\Gamma=0,\rho=K=1$)。

2. 条　件

当终端负载阻抗值等于长线的特性阻抗值时，即可处于行波状态。

【证明】由式(6-22)及式(6-23),有

$$\Gamma(z)=|\Gamma(z)|e^{j\varphi}=|\Gamma_2|e^{j\varphi}=\left|\frac{Z_L-Z_0}{Z_L+Z_0}\right|e^{j\varphi}=0$$

3. 电压、电流及输入阻抗

由式(6-13)可得

$$U(z)=U_i(z)=U_2e^{j\beta z} \tag{6-29a}$$

$$I(z)=I_i(z)=\frac{1}{Z_0}U_2e^{j\beta z} \tag{6-29b}$$

时域表示为(记 U_2 的辐角为 φ_0')

$$u(z,t)=|U_2|\cos(\omega t+\beta z+\varphi_0') \tag{6-30a}$$

$$i(z,t)=\frac{|U_2|}{Z_0}\cos(\omega t+\beta z+\varphi_0') \tag{6-30b}$$

z 处的输入阻抗为

$$Z_{in}(z)=Z_0 \tag{6-31}$$

易见,行波状态下,电压与电流同相位且皆只沿 $-\hat{z}$ 方向(由信号源向负载)传输。电压振幅、电流振幅及沿线输入阻抗均为常量,如图 6.5 所示。

4. 行波状态的物理特征

沿线只有入射波没有反射波;信号源输入给长线的功率全部被负载吸收;负载阻抗值等于长线特性阻抗值;沿线输入阻抗处处等于特性阻抗(行波状态是传输信息的理想状态)。

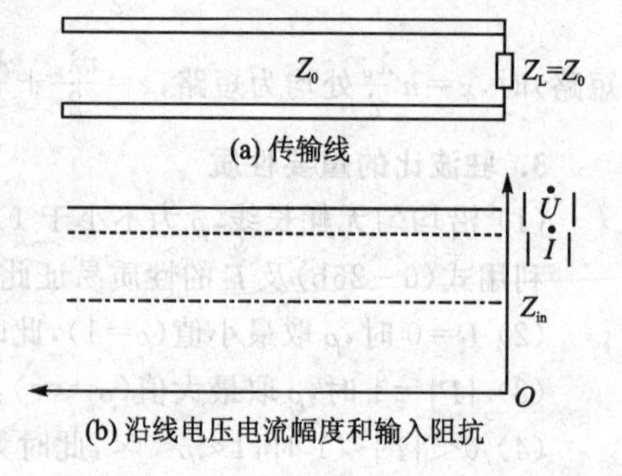

图 6.5 行波状态

二、驻波状态

1. 定 义

沿线 $|\Gamma|=1(\rho=\infty,K=0)$ 时的工作状态称为驻波状态。

2. 条 件

负载满足下列条件之一即可形成驻波状态:

$$Z_L=\begin{cases}0 & (\text{终端短路})\\ \infty & (\text{终端开路})\\ jX_L & (\text{终端接纯电抗负载})\end{cases}$$

3. 电压、电流及输入阻抗

由式(6-23),得 $\Gamma(z)=e^{j(\varphi_2-2\beta z)}$,代入式(6-24),得

$$U(z)=U_i(z)[1+\Gamma(z)]=U_i+U_r=A_1(e^{j\beta z}+e^{j\varphi_2}e^{-j\beta z})=$$

$$|A_1|e^{j(\varphi_0+\frac{\varphi_2}{2})}[e^{j(\beta z-\frac{\varphi_2}{2})}+e^{-j(\beta z-\frac{\varphi_2}{2})}]=$$

$$2\,|\,A_1\,|\,\mathrm{e}^{\mathrm{j}(\varphi_0+\frac{\varphi_2}{2})}\cos\left(\beta z-\frac{\varphi_2}{2}\right) \tag{6-32a}$$

同样可得

$$I(z)=I_{\mathrm{i}}+I_{\mathrm{r}}=\frac{U_{\mathrm{i}}}{Z_0}[1-\Gamma(z)]=\mathrm{j}2\,\frac{|\,A_1\,|}{Z_0}\mathrm{e}^{\mathrm{j}(\varphi_0+\frac{\varphi_2}{2})}\sin\left(\beta z-\frac{\varphi_2}{2}\right) \tag{6-32b}$$

式中：φ_0 为 A_1 的辐角。

时域表示为

$$u(z,t)=2\,|\,A_1\,|\cos\left(\beta z-\frac{\varphi_2}{2}\right)\cos\left(\omega t+\varphi_0+\frac{\varphi_2}{2}\right) \tag{6-33a}$$

$$i(z,t)=\frac{-2\,|\,A_1\,|}{Z_0}\sin\left(\beta z-\frac{\varphi_2}{2}\right)\sin\left(\omega t+\varphi_0+\frac{\varphi_2}{2}\right) \tag{6-33b}$$

易见，在驻波状态，沿线电压与电流的相位（无论随位置坐标 z 或随时间坐标 t）处处、时时差 $\frac{\pi}{2}$。

沿线输入阻抗为

$$Z_{\mathrm{in}}=\frac{U(z)}{I(z)}=-\mathrm{j}Z_0\cot\left(\beta z-\frac{\varphi_2}{2}\right)=\mathrm{j}X_{\mathrm{in}}(z) \tag{6-34}$$

式(6-34)表明，驻波状态中，沿线输入阻抗处处为纯电抗。

4. 驻波状态的物理特征

反射电压（电流）的振幅等于入射电压（电流）的振幅；信号源输入给长线的功率（P_{in}）等于负载反射回信号源的功率（P_{r}）；负载吸收的功率（P_{L}）为零（驻波状态不能传输信息）。

【证明】由 $|\Gamma|=\frac{|U_{\mathrm{r}}|}{|U_{\mathrm{i}}|}=1$，得

$$|\,U_{\mathrm{r}}\,|=|\,U_{\mathrm{i}}\,|$$

同理有

$$|\,I_{\mathrm{r}}\,|=|\,I_{\mathrm{i}}\,|$$

$$P_{\mathrm{in}}=\mathrm{Re}\left[\frac{1}{2}U_{\mathrm{i}}(l)I_{\mathrm{i}}^*(l)\right]=\mathrm{Re}\left[\frac{|\,A_1\,|^2}{2Z_0}\right]=\frac{|\,A_1\,|^2}{2Z_0}$$

$$P_{\mathrm{r}}=\mathrm{Re}\left[\frac{1}{2}U_{\mathrm{r}}(0)I_{\mathrm{r}}^*(0)\right]=\mathrm{Re}\left[\frac{-1}{2}\Gamma\Gamma^*U_{\mathrm{i}}(0)I_{\mathrm{i}}^*(0)\right]=\frac{-|\,A_1\,|^2}{2Z_0}\,|\,\Gamma\,|^2=\frac{-|\,A_1\,|^2}{2Z_0}=-P_{\mathrm{in}}$$

$$P_{\mathrm{L}}=\mathrm{Re}\left[\frac{1}{2}U(z=0)I^*(z=0)\right]$$

利用式(6-32)，可得

$$P_{\mathrm{L}}=0$$

5. 驻波状态的详细研究

(1) 终端短路。此时，$Z_{\mathrm{L}}=0$，$\Gamma_2=-1$，$\Gamma=\mathrm{e}^{\mathrm{j}(\pi-2\beta z)}$，电压表示为

$$U(z) = \mathrm{j}\mid A_1 \mid \mathrm{e}^{\mathrm{j}\varphi_0} 2\sin\beta z \tag{6-35a}$$

$$u(z,t) = -2\mid A_1 \mid \sin\beta z \sin(\omega t + \varphi_0) \tag{6-35b}$$

电流表示为

$$I(z) = \frac{\mid A_1 \mid}{Z_0} \mathrm{e}^{\mathrm{j}\varphi_0} 2\cos\beta z \tag{6-36a}$$

$$i(z,t) = \frac{\mid A_1 \mid}{Z_0} 2\cos\beta z \cos(\omega t + \varphi_0) \tag{6-36b}$$

沿线输入阻抗表示为

$$Z_{\mathrm{in}} = \frac{U(z)}{I(z)} = \mathrm{j}Z_0 \tan\beta z = \mathrm{j}X_{\mathrm{in}} \tag{6-37}$$

图 6.6 所示为电压电流的瞬时分布曲线，电压电流的振幅分布曲线及沿线输入阻抗的变化曲线。

【分析】

① 图 6.6(b)表明，沿线电压、电流并不以波的形式传播，而是呈驻波分布，电压与电流的相位随时、空坐标皆差 $\pi/2$。

② 图 6.6(b)和(c)表明，在 $z=\frac{\lambda_p}{2}n(n=0,1,2,\cdots)$处，电压恒为零，这些点称为电压节点（电压振幅最小的点）；在 $z=\frac{\lambda_p}{4}(2n+1)$处，电压的振幅最大（为 $2|A_1|$），这些点称为电压腹点（电压振幅最大的点）；电压节点为电流腹点；电压腹点为电流节点；终端为电压节点、电流腹点（对应于终端短路状态）。

③ 两相邻电压腹点（或节点）间距为$\frac{\lambda_p}{2}$；两相邻的电压腹点与节点间距为$\frac{\lambda_p}{4}$。

④ 沿线输入阻抗的变化规律：

● 终端($z=0$)，$Z_{\mathrm{in}}=Z_L=0$（短路）；

● $0<z<\frac{\lambda_p}{4}$，$Z_{\mathrm{in}}=\mathrm{j}X_{\mathrm{in}}(0<X_{\mathrm{in}}<\infty)$，输入阻抗呈感性；

● $z=\frac{\lambda_p}{4}$，$Z_{\mathrm{in}}=\pm \mathrm{j}\infty$，呈并联谐振状态；

● $\frac{\lambda_p}{4}<z<\frac{\lambda_p}{2}$，$Z_{\mathrm{in}}=\mathrm{j}X_{\mathrm{in}}(-\infty<X_{\mathrm{in}}<0)$，输入阻抗呈容性；

● $z=\frac{\lambda_p}{2}$，$Z_{\mathrm{in}}=0$（短路），呈串联谐振状态；沿线输入阻抗按上述规律以$\frac{\lambda_p}{2}$为周期重复。

综之，适当选择短路线的长度(l)，在始端可得到任意值的电感或电容（终端短路线可用作微波电抗元件）。

⑤ 沿线无有功功率传输，电、磁能量只在两相邻的电压腹点与节点之间相互转换（微波谐振腔中的工作状态）。

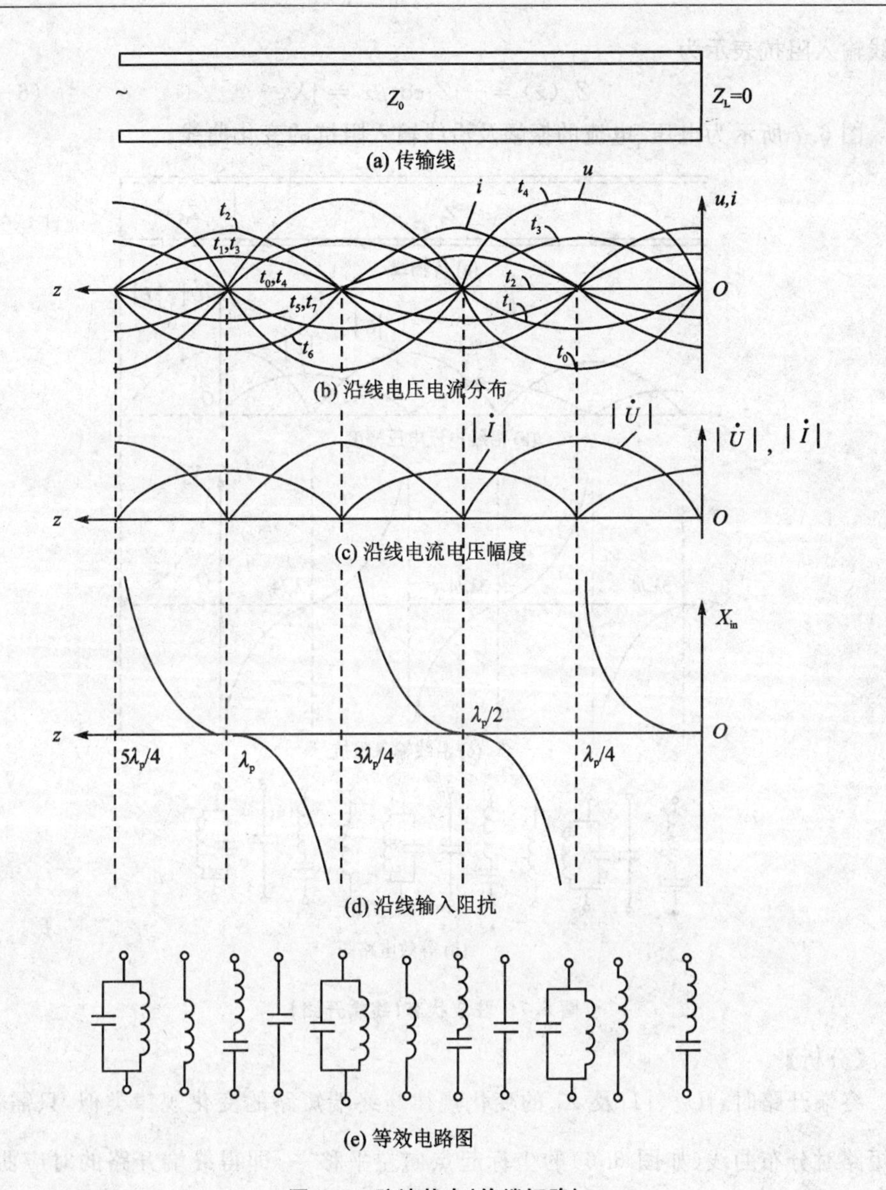

图 6.6　驻波状态(终端短路)

(2) 终端开路。此时，$Z_L=\infty, \Gamma_2=1, \Gamma=e^{-j2\beta z}$，电压表示为

$$U(z)=2\mid A_1\mid e^{j\varphi_0}\cos\beta z \tag{6-38a}$$

$$u(z,t)=2\mid A_1\mid \cos\beta z\cos(\omega t+\varphi_0) \tag{6-38b}$$

电流表示为

$$I(z)=j2\frac{\mid A_1\mid}{Z_0}e^{j\varphi_0}\sin\beta z \tag{6-39a}$$

$$i(z,t)=-2\frac{\mid A_1\mid}{Z_0}\sin\beta z\sin(\omega t+\varphi_0) \tag{6-39b}$$

沿线输入阻抗表示为

$$Z_{in}(z) = -jZ_0\cot\beta z = jX_{in} \tag{6-40}$$

图 6.7 所示为电压、电流的振幅及沿线输入阻抗的变化曲线。

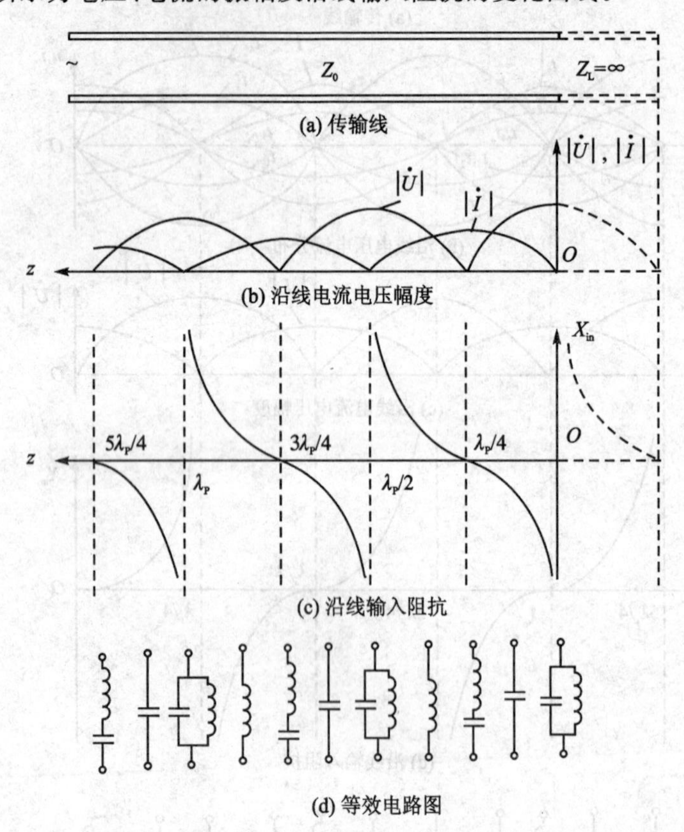

图 6.7 驻波状态(终端开路)

【分析】

终端开路时，$|U|$、$|I|$及 X_{in} 的变化规律与终端短路的变化规律类似，只需将终端短路时分布曲线(如图 6.6)的坐标起点向左平移$\frac{\lambda_p}{4}$，即得终端开路的对应曲线。具体情况不再详述。

应该指出，实际的微波传输线(如矩形波导、同轴线等)终端开口时，并不构成终端开路状态(开口附近有一定的电磁能量向外传输)，当用作微波电抗元件时，一般都采用终端短路线来实现。

(3) 终端接纯电抗负载。此时，$Z_L = jX_L$，$\Gamma_2 = e^{j\varphi_2}$，$\Gamma = e^{j(\varphi_2 - 2\beta z)}$，电压、电流及沿线输入阻抗的表示式由前面的式(6-32)、式(6-33)、式(6-34)给出。

沿线$|U|$，$|I|$及 X_{in} 的变化曲线可由将图 6.6 所示终端短路分布曲线的坐标起点向左平移 l_0 而得到(如图 6.8 所示)。

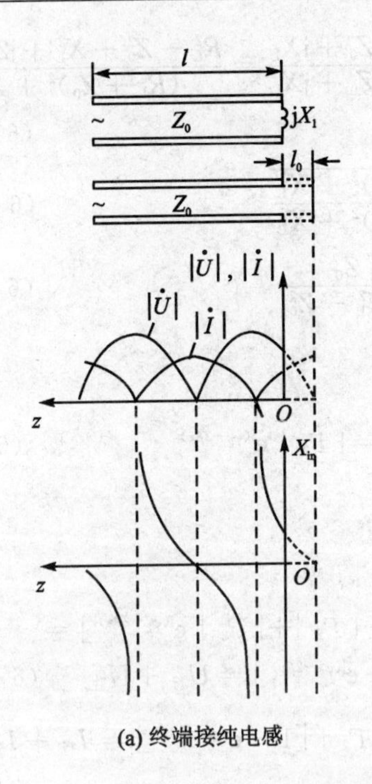

(a) 终端接纯电感

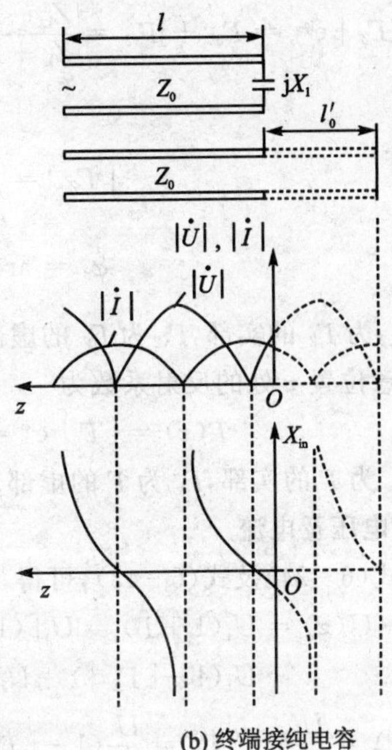

(b) 终端接纯电容

图 6.8　终端接纯电抗负载

图 6.8 中的 l_0 可如下确定：

【终端接纯电感】

$Z_{in}(l_0)=\mathrm{j}Z_0\tan\beta l_0=\mathrm{j}X_L$，注意到 $X_L>0$，有

$$l_0=\frac{1}{\beta}\arctan\frac{X_L}{Z_0}=\frac{\lambda_p}{2\pi}\arctan\frac{X_L}{Z_0} \tag{6-41a}$$

【终端接纯电容】

$Z_{in}(l'_0)=\mathrm{j}Z_0\tan\beta l'_0=\mathrm{j}X_L$，注意到 $X_L<0$，有

$$l'_0=\frac{\lambda_p}{4}+\frac{\lambda_p}{2\pi}\operatorname{arccot}\frac{|X_L|}{Z_0}=\frac{\lambda_p}{2}-\frac{\lambda_p}{2\pi}\arctan\frac{|X_L|}{Z_0} \tag{6-41b}$$

其他具体情况不再详述。

三、行驻波状态

1. 定　义

沿线 $0<|\Gamma|<1$ 时的工作状态称为行驻波状态。

2. 条　件

一般情况，$Z_L=R_L+\mathrm{j}X_L$（其中规定：$R_L\neq0$；R_L 及 X_L 均为有限值；$X_L=0$ 时，$R_L\neq Z_0$）。

3. 反射系数

终端反射系数为

$$\Gamma_2 = |\Gamma_2| e^{j\varphi_2} = \Gamma_{u2} + j\Gamma_{v2} = \frac{Z_L - Z_0}{Z_L + Z_0} = \frac{R_L - Z_0 + jX_L}{R_L + Z_0 + jX_L} = \frac{R_L^2 - Z_0^2 + X_L^2 + j2Z_0 X_L}{(R_L + Z_0)^2 + X_L^2} \tag{6-42a}$$

$$|\Gamma_2| = \sqrt{\frac{(R_L - Z_0)^2 + X_L^2}{(R_L + Z_0)^2 + X_L^2}} \tag{6-42b}$$

$$\varphi_2 = \arctan \frac{2X_L Z_0}{R_L^2 + X_L^2 - Z_0^2} \tag{6-42c}$$

式中:Γ_{u2}为Γ_2的实部,Γ_{v2}为Γ_2的虚部。

任意位置z处的反射系数为

$$\Gamma(z) = |\Gamma| e^{j\varphi} = \Gamma_u + j\Gamma_v = |\Gamma_2| e^{j(\varphi_2 - 2\beta z)} \tag{6-43}$$

式中:Γ_u为Γ的实部,Γ_v为Γ的虚部。

4. 电压及电流

由式(6-24)及式(6-43),可得

$$U(z) = U_i(1+\Gamma) = U_i[(1-|\Gamma_2|) + |\Gamma_2| + |\Gamma_2| e^{j(\varphi_2 - 2\beta z)}] = U_i(1-|\Gamma_2|) + U_i |\Gamma_2| [1 + e^{j(\varphi_2 - 2\beta z)}] = U_{行} + U_{驻} \tag{6-44a}$$

$$I(z) = \frac{U_i}{Z_0}(1-\Gamma) = \frac{U_i}{Z_0}(1-|\Gamma_2|) + \frac{U_i}{Z_0}|\Gamma_2| [1 - e^{j(\varphi_2 - 2\beta z)}] = I_{行} + I_{驻} \tag{6-44b}$$

式(6-44)表明,沿线电压、电流可视为两部分的叠加,其一为行波部分,其二为驻波部分。

行波部分

$$U_{行} = (1-|\Gamma_2|)U_i = (1-|\Gamma_2|)A_1 e^{j\beta z}$$

$$I_{行} = (1-|\Gamma_2|)\frac{U_i}{Z_0} = (1-|\Gamma_2|)\frac{A_1}{Z_0} e^{j\beta z}$$

其分析方法与行波状态的讨论相同。

驻波部分

$$U_{驻} = U_i |\Gamma_2| [1 + e^{j(\varphi_2 - 2\beta z)}] = |\Gamma_2| |A_1| e^{j(\varphi_0 + \frac{\varphi_2}{2})} 2\cos\left(\beta z - \frac{\varphi_2}{2}\right)$$

$$I_{驻} = \frac{U_i}{Z_0} |\Gamma_2| [1 - e^{j(\varphi_2 - 2\beta z)}] = j\frac{|A_1|}{Z_0} |\Gamma_2| e^{j(\varphi_0 + \frac{\varphi_2}{2})} 2\sin\left(\beta z - \frac{\varphi_2}{2}\right)$$

其分析方法同于驻波状态的讨论。

必须指出:在行驻波状态下,负载吸收的功率不完全取决于行波部分(参见 4.2 节),还和$U_{行}$与$I_{驻}$及$U_{驻}$与$I_{行}$所传输的功率有关。

5. 行驻波状态的物理特征

入射功率(P_{in})只有一部分被负载吸收(P_L),其余部分被反射回信号源(P_r)。这种工作状态是工程上最常见的状态。下面推导入射功率、反射功率与吸收功率间的关系。

$$P_{in} = \mathrm{Re}\left[\frac{1}{2}U_i I_i^*\right] = \frac{|A_1|^2}{2Z_0}$$

$$P_r = \mathrm{Re}\left[\frac{1}{2}U_r I_r^*\right] = \mathrm{Re}\left[\frac{1}{2}\Gamma U_i \Gamma^*(-I_i^*)\right] = -|\Gamma|^2\frac{|A_1|^2}{2Z_0} = -P_{in}|\Gamma|^2$$

负号表示反射功率的传播方向与入射功率的传播方向相反。

$$P_L = \mathrm{Re}\left[\frac{1}{2}U_2 I_2^*\right] = \mathrm{Re}\left[\frac{1}{2}A_1(1+\Gamma_2)\frac{A_1^*}{Z_0}(1-\Gamma_2^*)\right] =$$

$$\mathrm{Re}\left[\frac{|A_1|^2}{2Z_0}(1-|\Gamma|^2) + \frac{|A_1|^2}{2Z_0}(\Gamma_2 - \Gamma_2^*)\right] =$$

$$\frac{|A_1|^2}{2Z_0}(1-|\Gamma|^2) = P_{in}(1-|\Gamma|^2) = P_{in} + P_r \tag{6-45}$$

式(6-45)表明:入射功率除一部分被负载吸收之外,其余部分全被反射回信号源。

负载不能吸收全部入射功率的情况称为传输线失配,这不仅造成对入射功率利用率的降低,还将影响信号源的稳定工作,特别是进行大功率传输时,一定要尽力避免(可利用后面介绍的阻抗匹配技术)。

6. 电压、电流的振幅

在实际测量中,得到的并非电压(电流)的瞬时值,而是其振幅(有效)值。因此,有必要研究一下电压、电流振幅的分布情况。

由式(6-24)得

$$U(z) = U_i(1+|\Gamma|\mathrm{e}^{\mathrm{j}\varphi}) = A_1\mathrm{e}^{\mathrm{j}\beta z}(1+|\Gamma|\cos\varphi + \mathrm{j}|\Gamma|\sin\varphi)$$

$$I(z) = \frac{U_i}{Z_0}(1-|\Gamma|\mathrm{e}^{\mathrm{j}\varphi}) = \frac{A_1}{Z_0}\mathrm{e}^{\mathrm{j}\beta z}(1-|\Gamma|\cos\varphi - \mathrm{j}|\Gamma|\sin\varphi)$$

电压振幅为

$$|U(z)| = |A_1|\left[(1+|\Gamma|\cos\varphi)^2 + |\Gamma|^2\sin^2\varphi\right]^{1/2} =$$

$$|A_1|(1+|\Gamma|^2 + 2|\Gamma|\cos\varphi)^{1/2} \tag{6-46a}$$

电流振幅为

$$|I(z)| = \frac{|A_1|}{Z_0}(1+|\Gamma|^2 - 2|\Gamma|\cos\varphi)^{1/2} \tag{6-46b}$$

式中:$\varphi = \varphi_2 - 2\beta z = \varphi_2 - \frac{4\pi}{\lambda_p}z$。

分析式(6-46)可知,沿线电压、电流振幅有如下特点:

(1) 沿线电压、电流振幅随位置坐标(z)呈非正弦的周期分布。

(2) 电压腹点(电流节点)的位置。当 $2\beta z - \varphi_2 = 2n\pi(n=0,1,2,\cdots)$时,即

$$z = \frac{\varphi_2\lambda_p}{4\pi} + n\frac{\lambda_p}{2}(\geqslant 0) \tag{6-47a}$$

电压振幅最大(电压波腹),其值为

$$|U(z)| = |A_1|(1+|\Gamma|) = |U|_{max} \tag{6-47b}$$

电流振幅最小(电流波节),其值为

$$|I(z)|=\frac{|A_1|}{Z_0}(1-|\Gamma|)=|I|_{\min} \tag{6-47c}$$

(3) 电压节点(电流腹点)的位置。当 $2\beta z-\varphi_2=(2n+1)\pi$ 时,即

$$z=\frac{\varphi_2\lambda_p}{4\pi}+(2n+1)\frac{\lambda_p}{4}(\geqslant 0) \tag{6-48a}$$

电压振幅最小(电压波节),其值为

$$|U(z)|=|A_1|(1-|\Gamma|)=|U|_{\min} \tag{6-48b}$$

电流振幅最大(电流波腹),其值为

$$|I(z)|=\frac{|A_1|}{Z_0}(1+|\Gamma|)=|I|_{\max} \tag{6-48c}$$

由式(6-47)和(6-48)易见,$|A_1|<|U|_{\max}<2|A_1|$,$0<|I|_{\min}<\frac{|A_1|}{Z_0}$;$0<|U|_{\min}<|A_1|$,$\frac{|A_1|}{Z_0}<_{\max}<\frac{2|A_1|}{Z_0}$。这表明:行驻波状态下,电压、电流振幅分布介于行波状态与驻波状态之间。

(4) 如图 6.9 所示为各种情况对应的电压、电流的振幅分布曲线。下面进行具体分析。

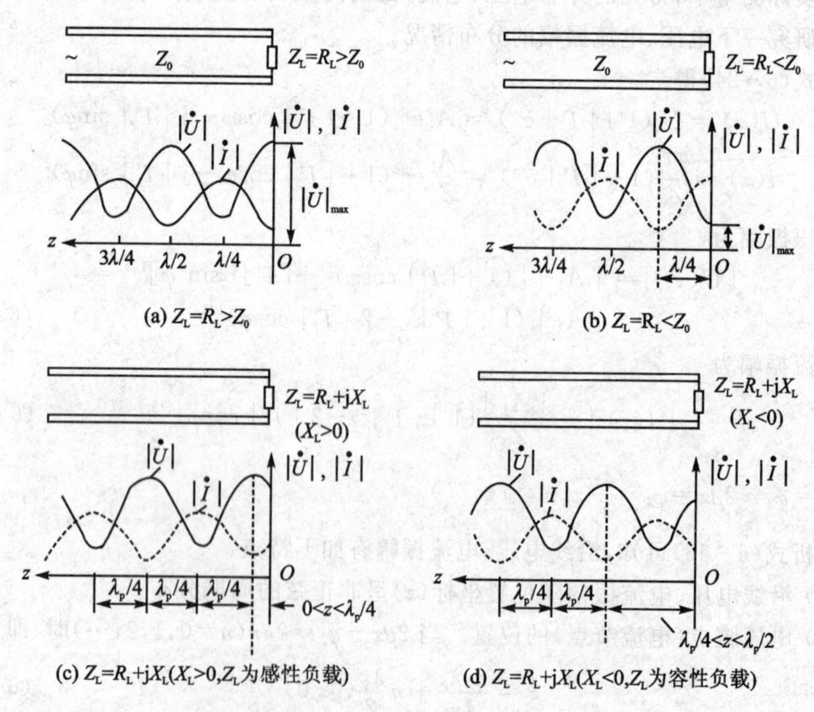

(a) $Z_L=R_L>Z_0$

(b) $Z_L=R_L<Z_0$

(c) $Z_L=R_L+jX_L$($X_L>0$,Z_L为感性负载)

(d) $Z_L=R_L+jX_L$($X_L<0$,Z_L为容性负载)

图 6.9 行驻波状态的电压电流振幅分布

- $Z_L=R_L>Z_0$ 时，终端为电压腹点($\varphi_2=0$)，对应图 6.9(a)所示的情况；
- $Z_L=R_L<Z_0$ 时，终端为电压节点($\varphi_2=\pi$)，对应图 6.9(b)所示的情况；
- $Z_L=R_L+jX_L$($X_L>0$，Z_L 为感性负载)时，$0<\varphi_2<\pi$，第一个电压腹点在 $0<z<\frac{\lambda_p}{4}$ 范围内，第一个电压节点在 $\frac{\lambda_p}{4}<z<\frac{\lambda_p}{2}$ 范围内，对应图 6.9(c)所示的情况；
- $Z_L=R_L+jX_L$($X_L<0$，Z_L 为容性负载)时，$\pi<\varphi_2<2\pi$，第一个电压腹点在 $\frac{\lambda_p}{4}<z<\frac{\lambda_p}{2}$ 范围内，第一个电压节点在 $0<z<\frac{\lambda_p}{4}$ 范围内，对应图 6.9(d)所示的情况。

7. 沿线输入阻抗的变化规律

$$Z_{in}(z)=R_{in}+jX_{in}=Z_0\frac{Z_L+jZ_0\tan\beta z}{Z_0+jZ_L\tan\beta z}$$

$$\widetilde{Z}_{in}(z)=\frac{Z_{in}}{Z_0}=\widetilde{R}_{in}+j\widetilde{X}_{in}=\frac{\widetilde{Z}_L+j\tan\beta z}{1+j\widetilde{Z}_L\tan\beta z}=\frac{1+\Gamma}{1-\Gamma}=\frac{1+|\Gamma|e^{j\varphi}}{1-|\Gamma|e^{j\varphi}}$$

分析上式可知沿线输入阻抗有如下变化规律：

(1) 沿线输入阻抗以 $\frac{\lambda_p}{2}$ 为周期变化。

(2) 在电压腹点处，$\varphi=0$(或 $\varphi=\pm 2n\pi$)，此时有

$$\widetilde{Z}_{in}(\text{波腹})=\frac{1+|\Gamma|}{1-|\Gamma|}=\rho \tag{6-49a}$$

$$Z_{in}(\text{波腹})=Z_0\rho \tag{6-49b}$$

(3) 在电压节点处，$\varphi=\pi$，此时有

$$\widetilde{Z}_{in}(\text{波节})=\frac{1-|\Gamma|}{1+|\Gamma|}=\frac{1}{\rho} \tag{6-50a}$$

$$Z_{in}(\text{波节})=Z_0/\rho \tag{6-50b}$$

(4) 任意位置处沿线归一化输入阻抗的变化曲线如图 6.10 所示，图(a)对应 Z_L 为感性负载；图(b)对应 Z_L 为容性负载。

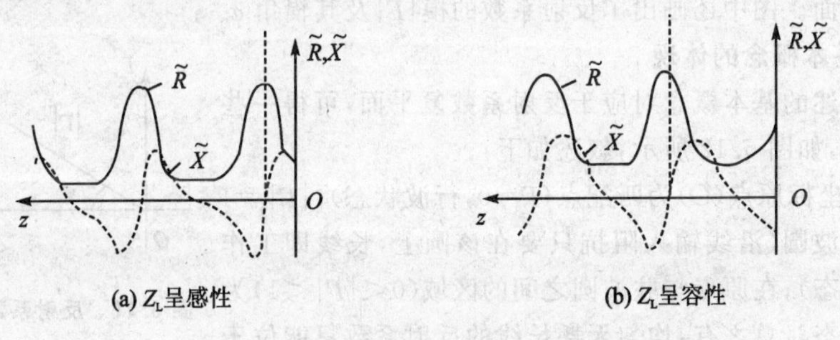

(a) Z_L呈感性　　(b) Z_L呈容性

图 6.10　行驻波状态的阻抗分布

6.5 圆 图

分析长线的工作状态离不开计算阻抗和反射系数等参量，这将会碰到大量繁琐的复数运算。解决的方法是采用图解法（即用圆图，也称为 Smith 圆图）来进行分析和计算。由于图解法只涉及简单的数学运算，既方便又直观，因而在工程设计与计算中得到普遍的应用。

一、基本概念

圆图构成和运用的原理基于均匀无耗长线的一些基本概念与公式，现复述如下：

(1) $$\Gamma(z)=\Gamma_u+j\Gamma_v=|\Gamma|e^{j\varphi}=\frac{U_r(z)}{U_i(z)},\quad (\varphi=\varphi_2-2\beta z)$$

沿均匀无耗长线，有 $0\leqslant|\Gamma(z)|=$常量$\leqslant1$

(2) $$\widetilde{Z}_{in}(z)=\widetilde{R}+j\widetilde{X}=\frac{1+\Gamma(z)}{1-\Gamma(z)}$$

$$\widetilde{Y}_{in}(z)=\frac{1}{\widetilde{Z}_{in}(z)}=\frac{1-\Gamma}{1+\Gamma}$$

上式表明，$\widetilde{Z}_{in}$（$\widetilde{Y}_{in}$）与 Γ 具有一一对应的关系。

(3) 在电压腹点，有 $\varphi=0$；$\Gamma=|\Gamma|$（正实数）；$\widetilde{Z}_{in}=\rho$，$Z_{in}=Z_0\rho$。

(4) 在电压节点，有 $\varphi=\pi$；$\Gamma=-|\Gamma|$（负实数）；$\widetilde{Z}_{in}=1/\rho$，$Z_{in}=Z_0/\rho$。

(5) $\Gamma=0$ 为行波状态（此时 $Z_{in}=Z_0$）；$|\Gamma|=1$（$\Gamma=e^{j\varphi}$）为驻波状态；$0<|\Gamma|<1$ 为行驻波状态。

二、反射系数复平面

1. Γ 复平面的建立

如图 6.11 所示，以 Γ 的实部（Γ_u）为横轴，以 Γ 的虚部（Γ_v）为纵轴 即可建立反射系数复平面。图中还画出了反射系数的模 $|\Gamma|$ 及其辐角 φ。

2. 基本概念的体现

将前述的基本概念对应于反射系数复平面，可得一些重要结论，如图 6.12 所示，叙述如下：

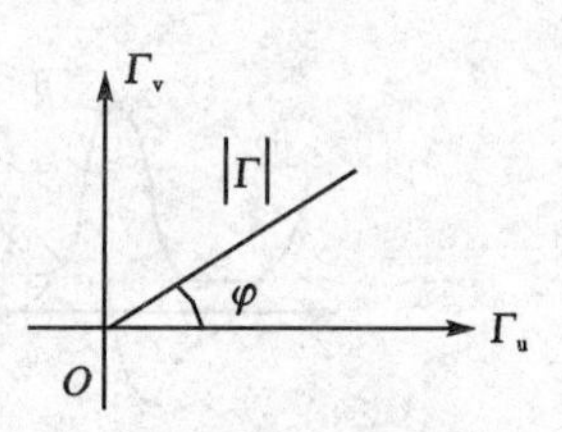

图 6.11 反射系数复平面

(1) 坐标原点（O）为匹配点（$\Gamma=0$，行波状态）；$|\Gamma|=1$ 的圆为驻波圆（沿线输入阻抗只要在该圆上，长线即工作于驻波状态）；在原点与驻波圆之间的区域（$0<|\Gamma|<1$）为行驻波状态。总之有：均匀无耗长线的反射系数只能位于

驻波圆内部(或驻波圆圆周上)。

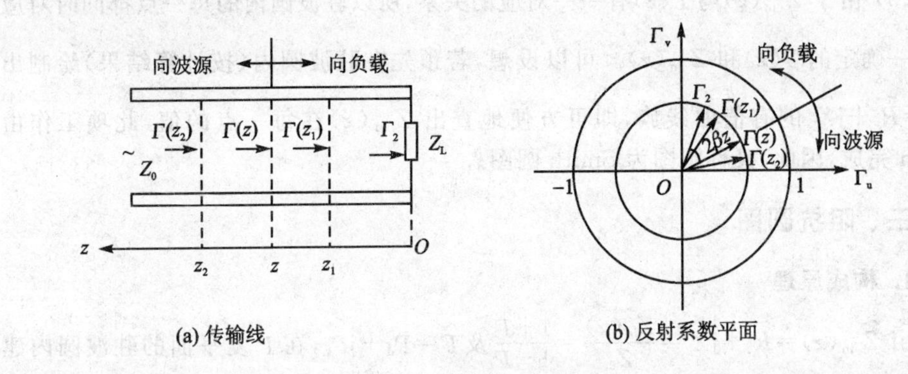

(a) 传输线　　　　(b) 反射系数平面

图 6.12　反射系数沿线变化

(2) 沿均匀无耗长线移动($z\to z_{1,2}$),$|\Gamma|$保持不变。这一性质在Γ复平面上体现为:$\Gamma(z)$的端点沿以原点为圆心,$|\Gamma|$为半径的圆周(称为等$|\Gamma|$圆)转动,转动的方向分为两种情况,由负载向信号源方向移动(如由$z=0$到z或由z到z_2)时,z坐标值增大,φ值减小,对应在Γ复平面上沿等$|\Gamma|$圆顺时针转过角度$|\Delta\varphi|$($|\Delta\varphi|=2\beta z=\dfrac{4\pi}{\lambda_p}z$或$|\Delta\varphi|=2\beta|z-z_2|=\dfrac{4\pi}{\lambda_p}|z-z_2|$);由信号源向负载方向移动(如由$z$到$z_1$)时,$z$坐标值减小,$\varphi$值增大,对应为沿等$|\Gamma|$圆逆时针转过角度$\Delta\varphi$($\Delta\varphi=2\beta|z-z_1|=\dfrac{4\pi}{\lambda_p}|z-z_1|$)。综上有:沿线移动距离$\Delta z$,对应沿等$|\Gamma|$圆转过角度$\Delta\varphi\left(=\Delta\varphi=\dfrac{-4\pi}{\lambda_p}\Delta z\right)$。即:沿线向波源方向移动时,对应沿等$|\Gamma|$圆顺时针转动;沿线向负载方向移动时,对应沿等$|\Gamma|$圆逆时针转动。

若定义沿线z处的电长度(或波长数)为

$$l_z = z/\lambda_p \tag{6-51}$$

则沿线平移Δz对应电长度增量为

$$\Delta l_z = \Delta z/\lambda_p$$

对应的反射系数辐角增量为

$$\Delta\varphi = -4\pi\frac{\Delta z}{\lambda_p} = -4\pi\Delta l_z \tag{6-52}$$

特别是当$\Delta z=\pm\lambda_p/2$(沿线移动半个相波长)时,$\Delta\varphi=\mp 2\pi$,对应沿等$|\Gamma|$圆转一圈。

(3) $\varphi=0$对应着正实轴由(0,0)到(1,0)的直线段,此直线段为电压腹点的集合($\widetilde{Z}_{in}=\rho$),特别是(1,0)点为开路点。

(4) $\varphi=\pi$对应着负实轴由(−1,0)到(0,0)的直线段,此直线段为电压节点的集合($\widetilde{Z}_{in}=1/\rho$),特别是(−1,0)点为短路点。

(5) 由于 $\widetilde{Z}_{in}(z)$ 与 $\Gamma(z)$ 有一一对应的关系，所以驻波圆内的每一点都同时对应着唯一确定的 $\Gamma(z)$ 和 $\widetilde{Z}_{in}(z)$。可以设想，若预先在驻波圆内(按计算结果)绘制出 $\widetilde{Z}_{in}=\widetilde{R}+j\widetilde{X}$ 的有值曲线族，即可方便地查出 $\widetilde{Z}_{in}(z)$ 在每一点的值，此项工作由 Smith 完成，因此，又称圆图为 Smith 圆图。

三、阻抗圆图

1. 构成原理

由 $\widetilde{Z}_{in}(z)=\widetilde{R}+j\widetilde{X}=\dfrac{Z_{in}(z)}{Z_0}=\dfrac{1+\Gamma}{1-\Gamma}$ 及 $\Gamma=\Gamma_u+j\Gamma_v$，在 Γ 复平面的驻波圆内建立两族曲线[$\widetilde{R}=\widetilde{R}(\Gamma_u,\Gamma_v)$ 族及 $\widetilde{X}=\widetilde{X}(\Gamma_u,\Gamma_v)$ 族]；在两族曲线上(预先计算)标出相应的 $\widetilde{R}$，$\widetilde{X}$ 值；沿驻波圆外侧按一定规律标出反射系数的辐角(或对应的电长度)值，即可构成阻抗圆图。

2. 阻抗圆图中的 $\widetilde{R}$，$\widetilde{X}$ 曲线族方程

利用归一化输入阻抗与反射系数的关系式，可得

$$\widetilde{Z}_{in}(z)=\widetilde{R}+j\widetilde{X}=\frac{1+\Gamma}{1-\Gamma}=\frac{1+\Gamma_u+j\Gamma_v}{1-\Gamma_u-j\Gamma_v}=\frac{(1+\Gamma_u+j\Gamma_v)(1-\Gamma_u+j\Gamma_v)}{(1-\Gamma_u)^2+\Gamma_v^2}=$$

$$\frac{1-\Gamma_u^2-\Gamma_v^2}{(1-\Gamma_u)^2+\Gamma_v^2}+j\frac{2\Gamma_v}{(1-\Gamma_u)^2+\Gamma_v^2} \tag{6-53}$$

对比得

$$\widetilde{R}=\frac{1-\Gamma_u^2-\Gamma_v^2}{(1-\Gamma_u)^2+\Gamma_v^2} \quad (\text{归一化输入电阻}) \tag{6-54a}$$

$$\widetilde{X}=\frac{2\Gamma_v}{(1-\Gamma_u)^2+\Gamma_v^2} \quad (\text{归一化输入电抗}) \tag{6-55a}$$

上式可化成以 $\widetilde{R}$，$\widetilde{X}$ 为参变量的两组圆曲线族方程

$$\left(\Gamma_u-\frac{\widetilde{R}}{1+\widetilde{R}}\right)^2+\Gamma_v^2=\frac{1}{(1+\widetilde{R})^2} \tag{6-54b}$$

$$(\Gamma_u-1)^2+\left(\Gamma_v-\frac{1}{\widetilde{X}}\right)^2=\frac{1}{\widetilde{X}^2} \tag{6-55b}$$

式(6-54)代表等 $\widetilde{R}$ 圆族(等电阻圆或等实部圆)；式(6-55)代表等 $\widetilde{X}$ 圆族(等电抗圆或等虚部圆)。

3. 等 $\widetilde{R}$ 圆的基本特征

在式(6-54b)中，对参变量 $\widetilde{R}$ 在[0,∞)上取值即构成一组圆曲线族，称为等电

阻圆(等 $\widetilde{R}$ 圆)。等 $\widetilde{R}$ 圆的基本特征如下:

(1) 圆心轨迹与 Γ 复平面正实轴[由(0,0)到(1,0)一段]重合,圆心坐标为 $\left(\dfrac{\widetilde{R}}{1+\widetilde{R}},0\right)$。

(2) 等 $\widetilde{R}$ 圆的半径为 $\dfrac{1}{1+\widetilde{R}}$,当 $\widetilde{R}$ 取遍 $[0,\infty)$ 值时,等 $\widetilde{R}$ 圆的半径取遍 $(0,1]$ 域内值。特别是 $\widetilde{R}=\infty$ 时,收缩至一点(1,0)——开路点。

(3) 所有等 $\widetilde{R}$ 圆皆公切于点(1,0)处,切线方程为 $\Gamma_u=1$。

如图 6.13 所示为 $\widetilde{R}=0,\dfrac{1}{2},1,2,\infty$ 值的圆,图中 $\widetilde{R}$ 的数值沿实轴标注。易见,$\widetilde{R}$ 值越小,等 $\widetilde{R}$ 圆越大;$\widetilde{R}=0$ 对应为驻波圆;$\widetilde{R}=\infty$ 的极限情况所对应的等 $\widetilde{R}$ 圆收缩至一点(1,0)。

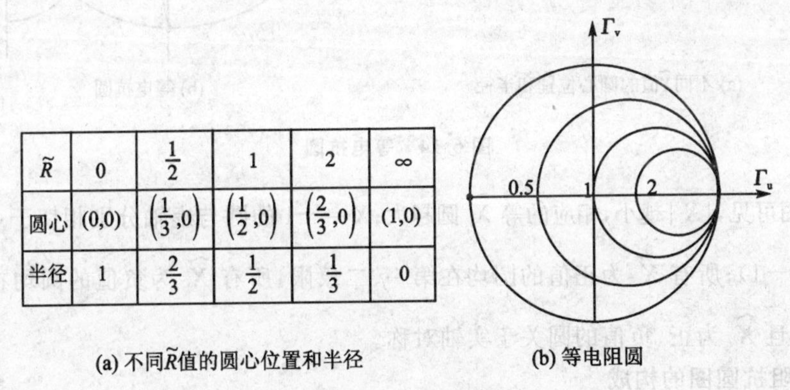

$\widetilde{R}$	0	$\frac{1}{2}$	1	2	∞
圆心	(0,0)	$\left(\frac{1}{3},0\right)$	$\left(\frac{1}{2},0\right)$	$\left(\frac{2}{3},0\right)$	(1,0)
半径	1	$\frac{2}{3}$	$\frac{1}{2}$	$\frac{1}{3}$	0

(a) 不同 $\widetilde{R}$ 值的圆心位置和半径　　(b) 等电阻圆

图 6.13　等电阻圆

4. 等 $\widetilde{X}$ 圆的基本特征

在式(6-55b)中,对参变量 $\widetilde{X}$ 在 $(-\infty,\infty)$ 域上取值即构成另一组圆曲线族,称为等电抗圆(等 $\widetilde{X}$ 圆)。等 $\widetilde{X}$ 圆的基本特征:

(1) 圆心轨迹在直线 $\Gamma_u=1$ 上,圆心坐标为 $\left(1,\dfrac{1}{\widetilde{X}}\right)$。

(2) 等 $\widetilde{X}$ 圆的半径为 $\dfrac{1}{|\widetilde{X}|}$,当 $\widetilde{X}$ 取遍 $(-\infty,+\infty)$ 值时,等 $\widetilde{X}$ 圆半径取遍 $(0,\infty)$ 域内值。特别是 $\widetilde{X}=0$ 时,等 $\widetilde{X}$ 圆半径为无穷大,圆心在无限远处,驻波圆内的实轴段对应为此圆的一段弧;而 $\widetilde{X}=\pm\infty$ 时,等 $\widetilde{X}$ 圆收缩为点(1,0)——开路点。

(3) 所有等 $\widetilde{X}$ 均在公切点(1,0)处与实轴相切。

(4) 等 $\widetilde{X}$ 圆(的参考值)关于实轴奇对称。

图 6.14 所示为 $\widetilde{X}=0,\pm\frac{1}{2},\pm1,\pm2,\pm\infty$ 值的圆,图中 $\widetilde{X}$ 的值沿驻波圆内侧标注。

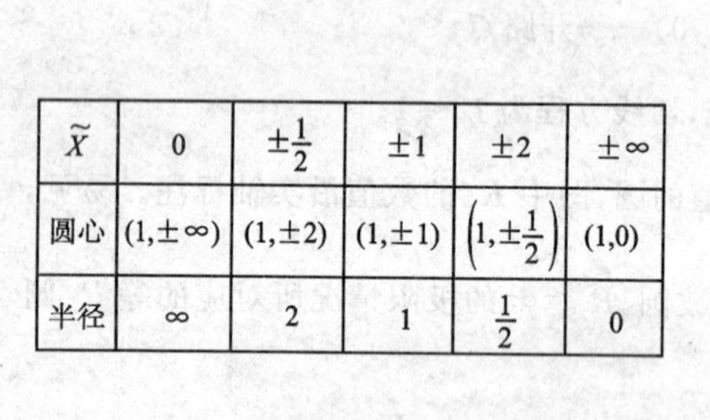

$\widetilde{X}$	0	$\pm\frac{1}{2}$	±1	±2	$\pm\infty$
圆心	$(1,\pm\infty)$	$(1,\pm2)$	$(1,\pm1)$	$\left(1,\pm\frac{1}{2}\right)$	$(1,0)$
半径	∞	2	1	$\frac{1}{2}$	0

(a) 不同 $\widetilde{X}$ 值的圆心位置和半径

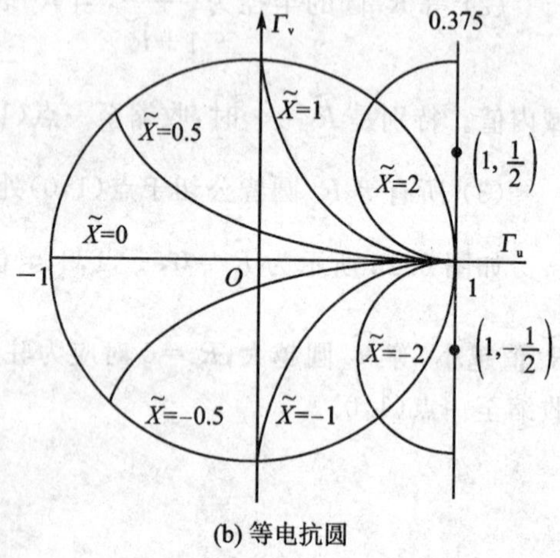

(b) 等电抗圆

图 6.14　等电抗圆

由图可见,$|\widetilde{X}|$越小,相应的等 $\widetilde{X}$ 圆越大;$\widetilde{X}=\pm1$ 的圆与虚轴分别相切于点(0,1)与点(0,−1);所有 $\widetilde{X}$ 为正值的圆均在第一、二象限,所有 $\widetilde{X}$ 为负值的圆均在第三、四象限,且 $\widetilde{X}$ 为正、负值的圆关于实轴对称。

5. 阻抗圆图的构成

将上述的等电阻圆族与等电抗圆族绘制在同一张图上,并且标出反射系数的辐角刻度($-180°\leqslant\varphi\leqslant180°$),即得到阻抗圆图,如图 6.15 所示(电抗只标绝对值)。

【讨论】

(1) 驻波圆(单位圆)内实轴上,$\widetilde{X}=0$,Z_{in}为纯电阻。

(2) 实轴上方($\Gamma_v>0$)区域,Z_{in}呈感性($\widetilde{X}>0$),对应于 $0>\varphi>\pi$;实轴下方($\Gamma_v<0$)区域,Z_{in}呈容性($\widetilde{X}<0$),对应于 $\pi<\varphi<2\pi$。

(3) 对于终端短路线($Z_L=0$),终端(短路点)位于(−1,0)点,由终端沿驻波圆($|\Gamma|=1$)顺时针转 $\Delta l_z<\frac{1}{4}$电长度(对应 $\Delta\varphi<\pi$),可得到任意值的电感;而顺时针(由终端沿驻波圆)转$\frac{1}{4}<\Delta l_z<\frac{1}{2}$电长度($\pi<\Delta\varphi<2\pi$),可得到任意值的电容。

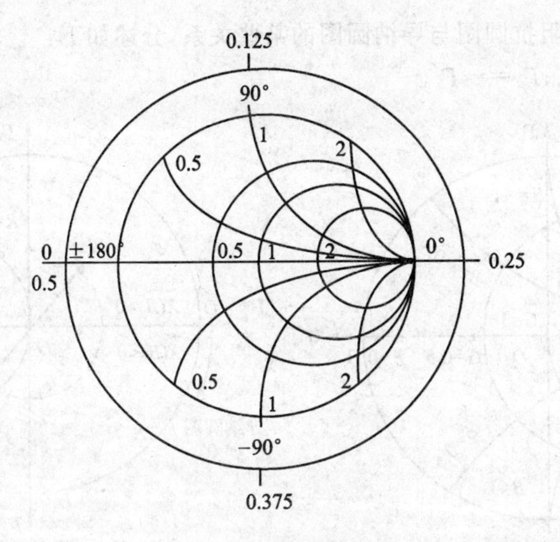

图 6.15　阻抗圆图

(4) Z_L 呈感性时($X_L>0$),由终端向源方向移动,将先到达电压腹点(距终端距离小于 $\lambda_p/4$),Z_L 呈容性时($X_L<0$),由终端向源方向移动,应先到达电压节点(距终端距离小于 $\lambda_p/4$)。

四、导纳圆图

1. 导纳圆图的构成

由

$$\widetilde{Y}_{in}(z)=\widetilde{G}+j\widetilde{B}=\frac{1-\Gamma}{1+\Gamma}=\frac{1-\Gamma_u-j\Gamma_v}{1+\Gamma_u+j\Gamma_v}$$

可得两圆族方程

$$\left(\Gamma_u+\frac{\widetilde{G}}{1+\widetilde{G}}\right)^2+\Gamma_v^2=\left(\frac{1}{1+\widetilde{G}}\right)^2 \tag{6-56a}$$

$$(\Gamma_u+1)^2+\left(\Gamma_v+\frac{1}{\widetilde{B}}\right)^2=\left(\frac{1}{\widetilde{B}}\right)^2 \tag{6-56b}$$

式(6-56a)为等 $\widetilde{G}$ 圆(等电导圆)方程;式(6-56b)为等 $\widetilde{B}$ 圆(等电纳圆)方程。

在 Γ 复平面的驻波圆内绘出等 $\widetilde{G}$ 圆族及等 $\widetilde{B}$ 圆族即得导纳圆图,如图 6.16 所示。

2. 导纳圆图与阻抗圆图的关系

在式(6-56)中,令 $\Gamma_u=-\Gamma_u'$,$\Gamma_v=-\Gamma_v'$,即得式(6-54b)及式(6-55b)。易见,在(Γ_u',Γ_v')平面内的导纳圆图全同于在(Γ_u,Γ_v)平面内的阻抗圆图。换而言之,将图 6.16绕坐标原点旋转 π 角度即重合于图 6.15。这表明:Smith 圆图既可作为阻抗圆图,也可作为导纳圆图,前者对应等 $\widetilde{R}$,$\widetilde{X}$ 圆族,后者对应等 $\widetilde{G}$,$\widetilde{B}$ 圆族。在

图 6.17 中描述了阻抗圆图与导纳圆图的某些关系，分述如下：

(1) $\Gamma_u = -\Gamma_u'$；$\Gamma_v = -\Gamma_v'$。

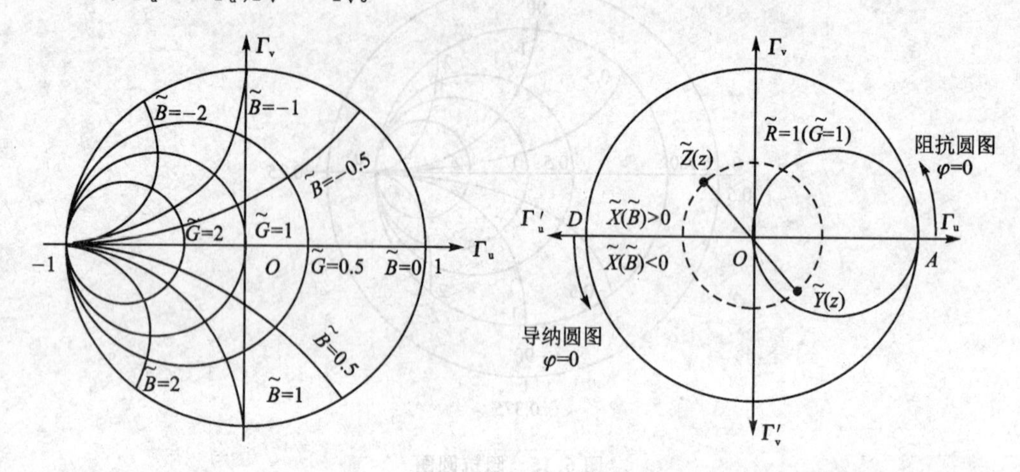

图 6.16　导纳圆图　　　　**图 6.17　导纳圆图与阻抗圆图的关系**

(2) 作为导纳圆图使用时，A 点为短路点，D 点为开路点，$\overline{OA}$为电压节点轨迹，$\overline{OD}$为电压腹点轨迹；作为阻抗圆图使用时，A 点为开路点，D 点为短路点，$\overline{OA}$为电压腹点轨迹，$\overline{OD}$为电压节点轨迹。

(3)沿线 z 位置的 $\widetilde{Z}_{in}(z)$ 与 $\widetilde{Y}_{in}(z)$ 在同一等$|\Gamma|$圆上，且关于坐标原点对称，即：z 位置的归一化导纳（阻抗）等于 $z\pm\frac{\lambda_p}{4}$位置的归一化阻抗（导纳）。

(4) 图 6.17 实轴上部（$\Gamma_v>0$，$\Gamma_v'<0$）$\widetilde{X}$ 及 $\widetilde{B}$ 均为正值，实轴下部（$\Gamma_v<0$，$\Gamma_v'>0$）$\widetilde{X}$ 及 $\widetilde{B}$ 均为负值（在 Smith 圆图中不标负号）。

(5) 作为导纳圆图使用时，实轴上方为容性区（$\widetilde{B}>0$），实轴下方为感性区（$\widetilde{B}<0$）；作为阻抗圆图使用时，实轴上方为感性区（$\widetilde{X}>0$），实轴下方为容性区（$\widetilde{X}<0$）。

五、Smith 圆图总论

1. Smith 圆图（见图 6.18）给出 4 组数据、两族曲线

(1) $\widetilde{R}$（或 $\widetilde{G}$）的值（沿实轴给出）——对应 $\widetilde{R}$（或 $\widetilde{G}$）圆族曲线。

(2) $\widetilde{X}$（或 $\widetilde{B}$）的绝对值（沿驻波圆内侧给出）——对应 $\widetilde{X}$（或 $\widetilde{B}$）圆族曲线（其值关于实轴奇对称）。

(3) φ 的值（沿驻波圆外侧给出）。

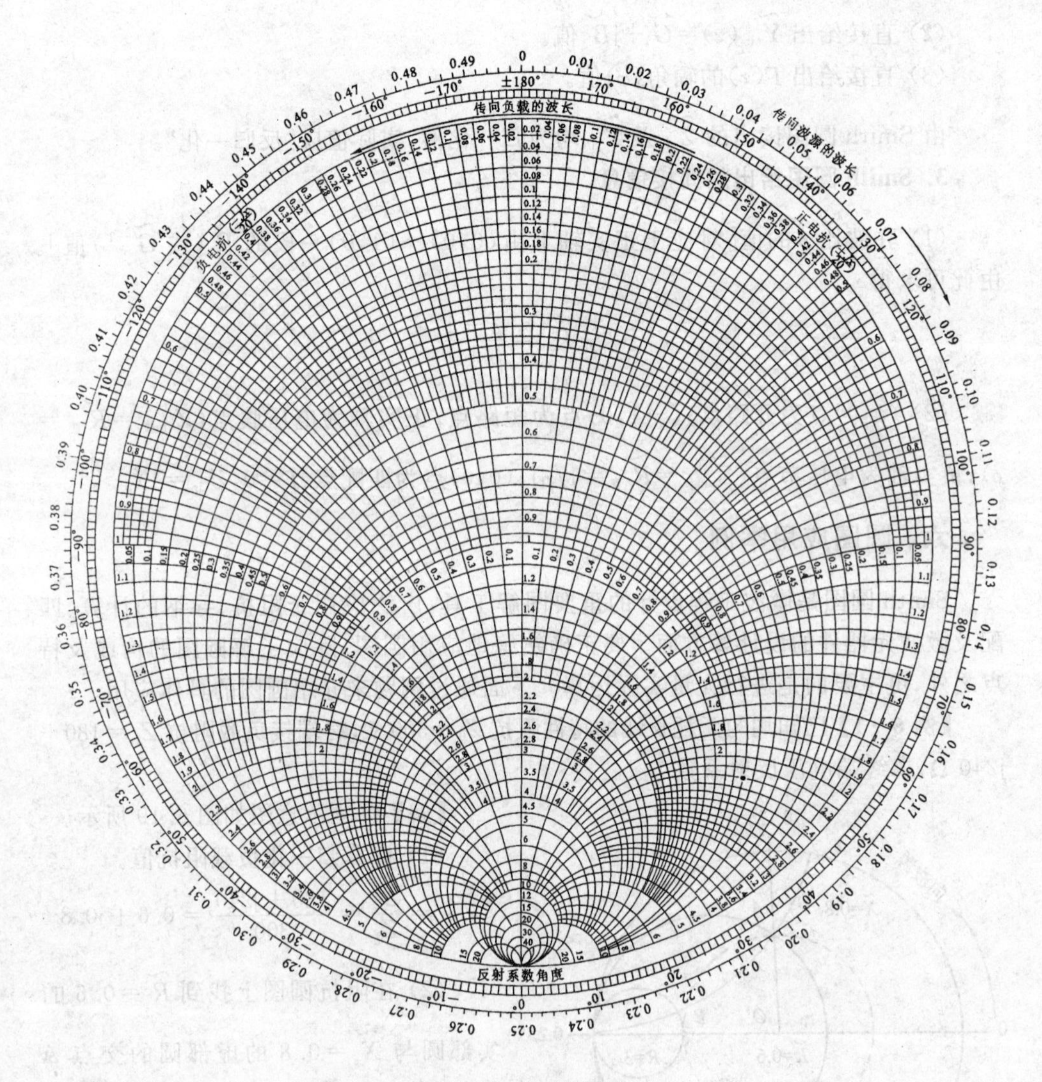

图 6.18　Smith 圆图

(4) 波长数 l_z 的值(沿最外圆外侧给出)。

2. Smith 圆图给出的直接信息

(1) 直接给出 $\widetilde{Z}_{in}(z)=\widetilde{R}+j\widetilde{X}$ 值。

(2) 直接给出 $\widetilde{Y}_{in}(z)=\widetilde{G}+j\widetilde{B}$ 值。

(3) 直接给出 $\Gamma(z)$的辐角(φ)值。

由 Smith 圆图读出的 $\widetilde{Z}_{in}$及 $\widetilde{Y}_{in}$均为归一化值,实际值应"反归一化"。

3. Smith 圆图给出的间接信息

(1) 驻波比 ρ 的值[对应于正实轴上由(0,0)→(1,0)一段的 $\widetilde{R}$(或 $\widetilde{G}^{-1}$)值]。由此可求得

$$|\Gamma|=\frac{\rho-1}{\rho+1}$$

(2) (1,0)点为开路点;(−1,0)点为短路点;正实轴为电压腹点($\widetilde{Z}_{in腹}=\widetilde{R}_{腹}=\rho$);负实轴为电压节点($\widetilde{Z}_{in节}=\widetilde{R}_{节}=1/\rho$);(0,0)点为匹配点($\Gamma=0,\widetilde{Z}_{in}=1$)。

六、圆图应用举例

Smith 圆图是微波工程设计的重要图解工具,广泛应用于阻抗、导纳的计算、匹配及微波元器件的设计等方面。要正确熟练地应用圆图,除应了解圆图的构成及特点之外,更主要的是进行大量实际运算。下面通过例题来介绍圆图的具体应用。

【例 6-1】 已知均匀无耗长线的特性阻抗 $Z_0=300\ \Omega$,终端接负载阻抗 $Z_L=180+j240\ \Omega$,求终端电压反射系数 Γ_2。

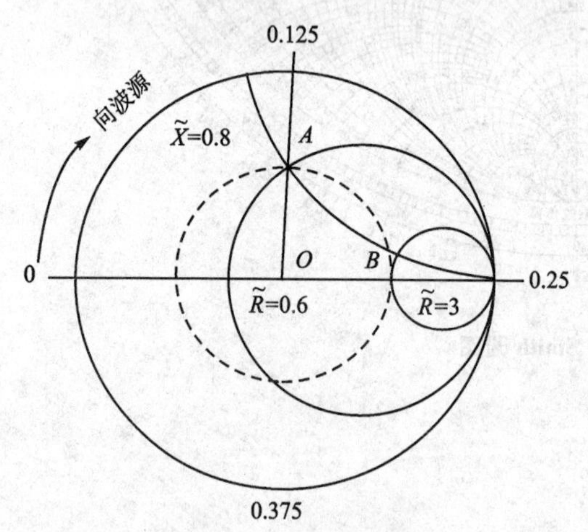

图 6.19 例 6-1 题图

【解】 解题示意图如图 6.19 所示。

(1) 计算归一化负载阻抗值。

$$\widetilde{Z}_L=\frac{Z_L}{Z_0}=\frac{180+j240}{300}=0.6+j0.8$$

(2) 在阻抗圆图上找到 $\widetilde{R}=0.6$ 的实部圆与 $\widetilde{X}=0.8$ 的虚部圆的交点 A(见图 6.19),A 点即 $\widetilde{Z}_L$ 在阻抗圆图中的位置。

(3) 确定终端反射系数的模值。以$\overline{OA}$为半径,O 点为圆心作等$|\Gamma|$圆(或称等驻波比圆)与正实轴交于 B 点,B 点对

应的实部圆值($\widetilde{R}=3$)即为驻波比 ρ 的值(B 点为电压腹点，$\widetilde{Z}_{\text{in}B}=\widetilde{Z}_{\text{in腹}}=\rho$)，因而有

$$|\Gamma_2|=\frac{\rho-1}{\rho+1}=\frac{3-1}{3+1}=0.5$$

(4) 确定终端反射系数的辐角 φ_2。延长射线$\overline{OA}$可读得 A 点对应的 φ 值为 90°，即有 $\varphi_2=90^\circ$，最后得终端电压反射系数为

$$\Gamma_2=0.5e^{j90^\circ}=j0.5$$

【例 6-2】已知同轴线特性阻抗 $Z_0=50\ \Omega$，信号波长 $\lambda=10$ cm，终端电压反射系数 $\Gamma_2=0.2e^{j50^\circ}$。求：

(1) 终端负载阻抗 Z_L；

(2) 电压波腹点和波节点的阻抗；

(3) 靠近终端第一个电压波腹点及波节点距终端的距离。

【解】解题过程如图 6.20 所示。

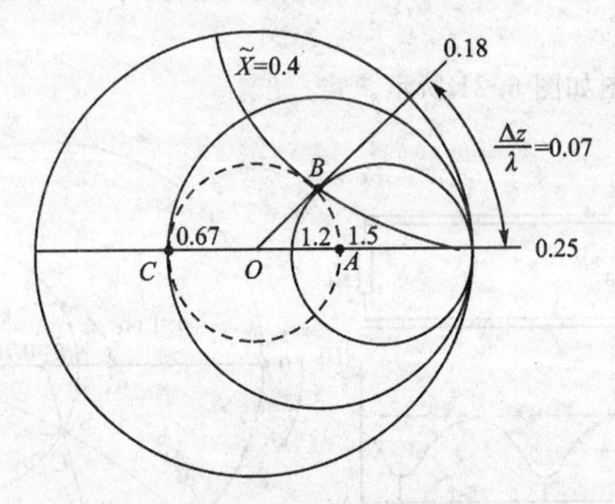

图 6.20　例 6-2 题图

(1) 求驻波比。

$$\rho=\frac{1+|\Gamma_2|}{1-|\Gamma_2|}=\frac{1+0.2}{1-0.2}=1.5$$

(2) 求电压腹、节点的输入阻抗。

$$\widetilde{Z}_{\text{in腹}}=\rho, Z_{\text{in腹}}=\rho Z_0=75\ \Omega$$

$$\widetilde{Z}_{\text{in节}}=1/\rho, Z_{\text{in节}}=Z_0/\rho=33.3\ \Omega$$

(3) 确定终端负载 Z_L。在正实轴上找到实部圆值为 1.5 的 A 点(如图 6.20 所示)，A 点即为电压腹点。自 A 点起沿等$|\Gamma|$圆逆时针转动(对应沿长线向负载方向移动)$\Delta\varphi=50^\circ$到 B 点(B 点对应的波长数为 $l_{zB}=\frac{180^\circ-50^\circ}{4\times180^\circ}\approx0.18$。$A$ 点与 B 点的波长数之差为 $\Delta l_{zAB}=0.25-0.18=0.07=\frac{\Delta\varphi}{4\pi}$)，读取 B 点对应的实部圆值($\widetilde{R}_B=$

1.2)及虚部圆值($\widetilde{X}_B=0.4$),可得终端负载阻抗为

$$\widetilde{Z}_L=1.2+j0.4$$

$$Z_L=\widetilde{Z}_L Z_0=(1.2+j0.4)\times 50\ \Omega=60+j20\ \Omega$$

(4) 求第一电压腹(节)点到终端的距离。由终端(B 点)沿等$|\Gamma|$圆顺时针转到正实轴上(交于 A 点),读取 A 点与 B 点的波长数差值 $\Delta l_{zAB}=0.07$,则第一电压腹点到终端(B 点)的距离为

$$l_{腹1}=0.07\lambda=0.7\ \text{cm}$$

而第一电压节点到终端的距离为

$$l_{节1}=(0.07+0.25)\lambda=3.2\ \text{cm}$$

【例 6-3】用特性阻抗为 $Z_0=50\ \Omega$ 的同轴测量线测得负载(Z_L)的驻波比为 $\rho=1.66$,第一个电压节点距终端 10 mm,两相邻节点间距为 50 mm。求终端负载阻抗 Z_L。

【解】解题示意图如图 6.21 所示。

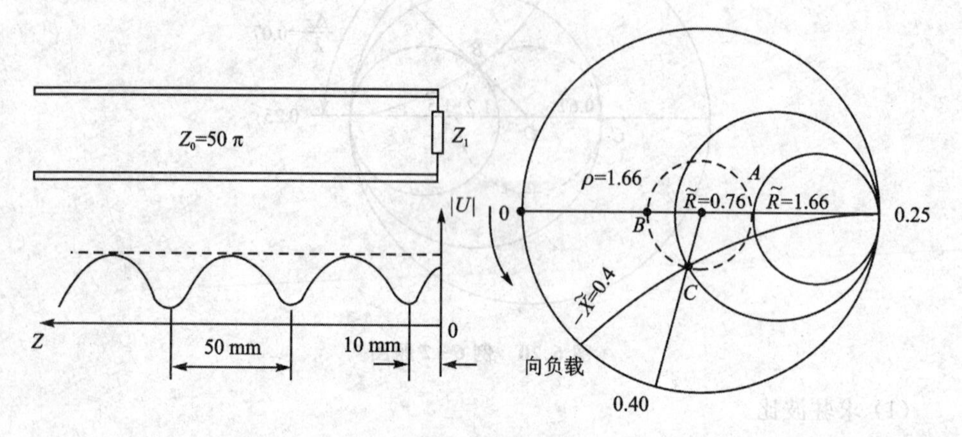

图 6.21 例 6-3 题图

(1) 由 $\rho=1.66$ 可知图中 A 点对应于电压腹点,B 点对应电压节点(阻抗圆图)。

(2) 两相邻电压节点间距应为半个相波长,从而有

$$\lambda_p=2\times 50=100\ \text{mm}$$

(3) 第一电压节点距终端的波长数为

$$l_{z节1}=\frac{10}{100}=0.1$$

(4) 自电压节点 B 沿等$|\Gamma|$圆逆时针转(对应沿长线向负载方向移动)过波长数 0.1 至 C 点,读取 C 点对应的实部圆值($\widetilde{R}_C=0.76$)及虚部圆值($\widetilde{X}_C=-0.4$),即得终端负载阻抗为

$$\widetilde{Z}_L = 0.76 - \mathrm{j}0.4$$

$$Z_L = \widetilde{Z}_L Z_0 = (0.76 - \mathrm{j}0.4) \times 50\ \Omega = 38 - \mathrm{j}20\ \Omega$$

【例 6－4】图 6.22 所示为单分支阻抗调配器。原传输线(称为主线)的特性导纳 $Y_0=0.02$ S,终端负载导纳为 $Y_L=(1-\mathrm{j}1.2)\times10^{-2}$ S(不匹配)。为实现匹配,有两套方案,其一是在距终端 $d_1=0.265\lambda$ 处并联一电感元件(电纳值为 B_1),其二是在距终端 $d_2=0.435\lambda$ 处并联一电容元件(电纳值为 B_2),如此可使并联元件左侧一段传输线实现匹配(即 $\widetilde{Y}_{in}=1,|\Gamma_{左}|=0$)。试确定两套方案分别并联的电纳值 B_1 及 B_2。

【解】解题示意图如图 6.23 所示。

(1) 并联问题宜用导纳圆图求解。

(2) $\widetilde{Y}_L=Y_L/Y_0=0.5-\mathrm{j}0.6$,在导纳圆图上找到 $\widetilde{Y}_L$ 的对应点 A。

(3) 为使并联分支左侧实现匹配,D 点(或 C 点)的归一化导纳的实部必须为 1(即 D 点或 C 点必在 $\widetilde{G}=1$ 的匹配圆上),这应由适当的 d_1 或 d_2 来保证。

(4) 求 B_1 值。自 A 点起沿等$|\Gamma|$圆顺时针转过波长数 $l_{z1}=0.265$(对应沿均匀无耗长线向信号源方向移动 d_1 距离),(恰好)至匹配圆($\widetilde{G}=1$)上的 D 点,得 D 点的归一化导纳为

$$\widetilde{Y}_{inD} = 1 + \mathrm{j}1.1$$

为使并联元件左侧匹配,应取 $\widetilde{B}_1=-1.1,B_1=\widetilde{B}_1Y_0=-2.2\times10^{-2}$ S。

(5) 求 B_2 值。自 A 点起沿等$|\Gamma|$圆顺时针转过波长数 $l_{z2}=0.435$(恰好)至匹配圆上的 C 点,得 C 点的归一化导纳为

$$\widetilde{Y}_{inC} = 1 - \mathrm{j}1.1$$

为使并联元件左侧匹配,应取 $\widetilde{B}_2=1.1,B_2=\widetilde{B}_2Y_0=2.2\times10^{-2}$ S。

【注】单分支阻抗调配器在第 7 章介绍。

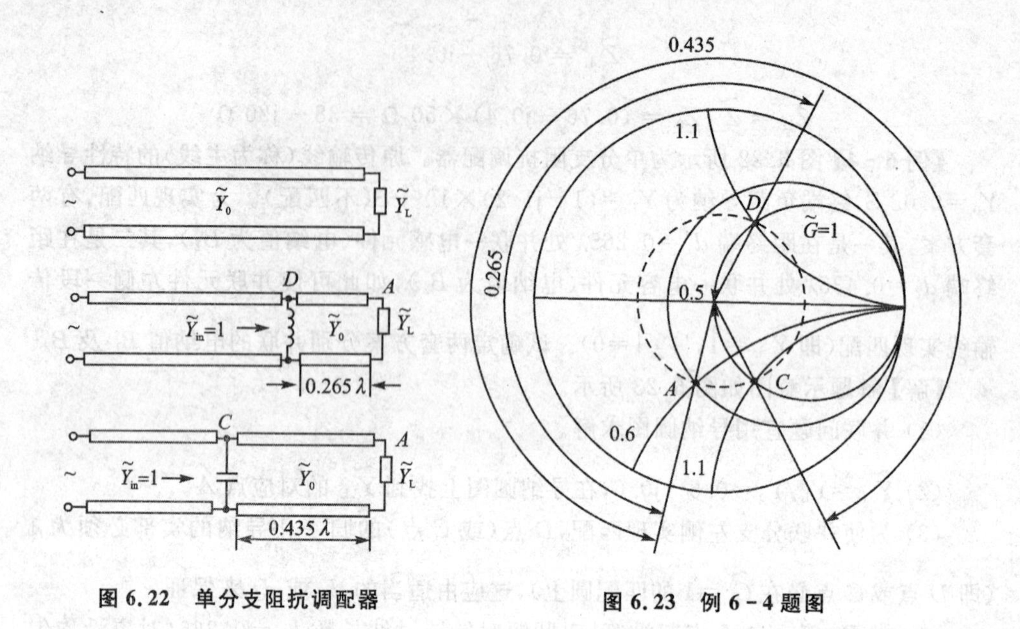

图 6.22 单分支阻抗调配器　　　　图 6.23 例 6-4 题图

习 题

6-1 TEM 波传输线长度为 10 cm，当信号频率为 10 GHz 时，此传输线属于长线还是短线？

6-2 TEM 波传输线长度为 10 km，当信号频率为 50 Hz 时，此传输线属于长线还是短线？

6-3 均匀无耗长线的分布电感 $L_0=1.665$ nH/mm，分布电容 $C_0=0.666$ pF/mm，介质为空气，求特性阻抗 Z_0。求信号频率分别为 50 Hz 和 10 GHz 时，计算每厘米线段引入的串联电抗和并联电纳。

6-4 均匀无耗长线的特性阻抗 $Z_0=200\ \Omega$，终端接负载阻抗 Z_L，已知终端电压入射波复振幅 $\dot{U}_{i2}=20$ V，终端电压反射波复振幅 $\dot{U}_{r2}=2$ V，求距终端 $z_1=\frac{3\lambda}{4}$处合成电压 $\dot{U}(z_1)$及合成电流 $\dot{I}(z_1)$；z_1 处的瞬时电压 $u(z_1,t)$及瞬时电流 $i(z_1,t)$的表达式。

6-5 均匀无耗长线终端负载阻抗等于长线的特性阻抗，已知终端电压瞬时值表示式为

$$u(z=0,t)=100\cos\left(\omega t+\frac{2\pi}{3}\right)$$

求距终端 $z_1=\frac{\lambda}{4}$处的电压瞬时值及复频域值的表示式 $u(z_1,t)$及 $\dot{U}(z_1)$。

6-6 已知均匀无耗长线特性阻抗 $Z_0=50\ \Omega$，终端接负载阻抗 Z_L 时测得终端

电压反射系数 $\Gamma_2=0.5e^{j30^\circ}$，求负载阻抗 Z_L。

6-7　均匀无耗长线终端接负载阻抗 $Z_L=100\ \Omega$，信号频率 $f=1$ GHz 时测得终端电压反射系数辐角 $\varphi_2=180^\circ$ 及电压驻波比 $\rho=1.5$，计算终端电压反射系数 Γ_2，特性阻抗 Z_0 及第一电压波腹点到终端的距离 l，设系统为填充空气的 TEM 波传输线。

6-8　求图 6.24 所示各电路在输入端的反射系数 Γ 及输入阻抗 Z_{in}。

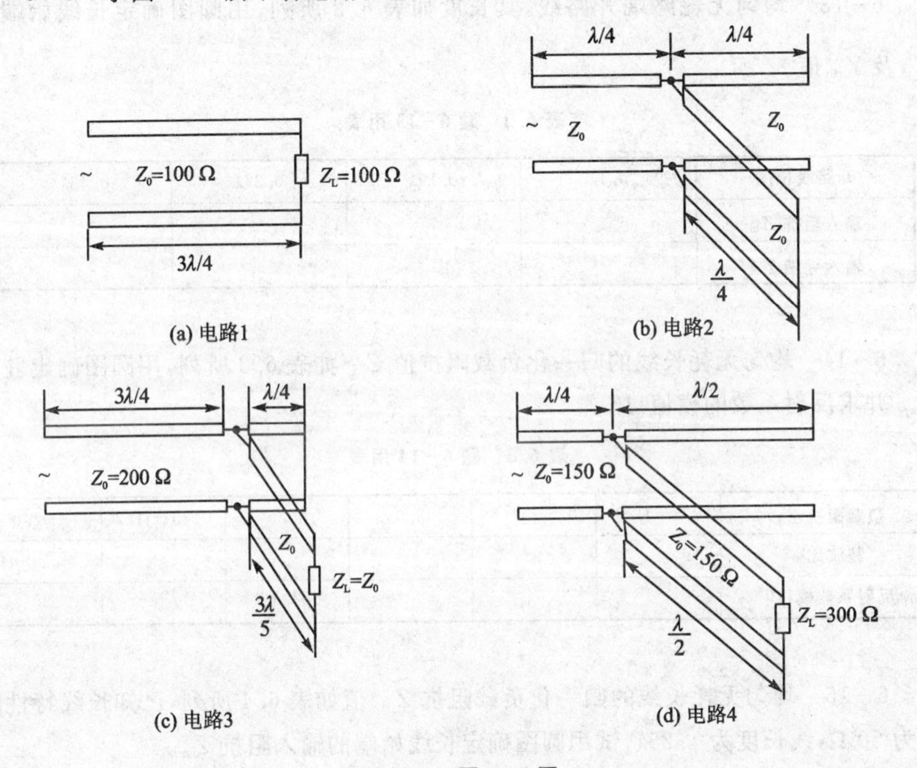

图 6.24　题 6-8 图

6-9　特性阻抗为 50 Ω 的均匀无耗长线终端接负载时，测得反射系数的模值 $|\Gamma|=0.2$，求线上电压腹点和电压节点处的输入阻抗。

6-10　均匀无耗长线特性阻抗 $Z_0=50\ \Omega$，电压节点处的输入阻抗为 25 Ω，终端为电压腹点，求终端电压反射系数 Γ_2 和负载阻抗 Z_L。

6-11　均匀无耗长线终端接负载阻抗 Z_L 时，沿线电压呈行驻波分布，相邻波节点之间距离为 2 cm，第一电压节点距终端 0.5 cm，驻波比为 1.5，求终端电压反射系数 Γ_2。

6-12　均匀无耗终端短路线，其长度如表 6.1 所列，试用圆图确定长线输入端归一化输入阻抗 $\widetilde{Z}_{in}$ 及归一化输入导纳 $\widetilde{Y}_{in}$。

表 6.1 题 6-12 用表

短路线长度	0.182λ	0.25λ	0.15λ	0.62λ
输入阻抗 $\widetilde{Z}_{in}$				
输入导纳 $\widetilde{Y}_{in}$				

6-13 均匀无耗终端开路线，其长度如表 6.2 所列，用圆图确定长线始端的 $\widetilde{Z}_{in}$ 及 $\widetilde{Y}_{in}$ 值。

表 6.2 题 6-13 用表

开路线长度	0.1λ	0.19λ	0.37λ	0.48λ
输入阻抗 $\widetilde{Z}_{in}$				
输入导纳 $\widetilde{Y}_{in}$				

6-14 均匀无耗长线的归一化负载阻抗值 $\widetilde{Z}_L$ 如表 6.3 所列，用圆图确定驻波比 ρ 并求反射系数的模值 $|\Gamma|$。

表 6.3 题 6-14 用表

负载阻抗 $\widetilde{Z}_L$	0.3+j1.3	0.5−j1.6	3.0	0.25	0.45−j1.2	−j2.0
驻波比 ρ						
反射系数模 $|\Gamma|$						

6-15 均匀无耗长线的归一化负载阻抗 $\widetilde{Z}_L$ 值如表 6.4 所列，已知长线特性阻抗为 50 Ω，线长度为 1.25λ，试用圆图确定长线始端的输入阻抗 Z_{in}。

表 6.4 题 6-15 用表

负载阻抗 $\widetilde{Z}_L$	0.8+j	0.3−j1.1	∞	j1.0	1.0	6+j3
输入阻抗 Z_{in}/Ω						

6-16 已知均匀无耗长线特性阻抗 $Z_0=50\ \Omega$，终端负载阻抗 $Z_L=10-j20\Omega$，用圆图确定终端电压反射系数 Γ_2。

6-17 均匀无耗长线传输 TEM 波，其特性阻抗 $Z_0=50\ \Omega$，负载阻抗 $Z_L=130-j70\ \Omega$，线长 $l=30$ cm，信号频率 $f=300$ MHz，用圆图确定始端的输入阻抗 Z_{in} 及输入导纳 Y_{in}。

6-18 用圆图求图 6.25 所示电路的输入端输入阻抗 Z_{in}。

6-19 用圆图求图 6.26 所示电路的输入端输入阻抗 Z_{in}。

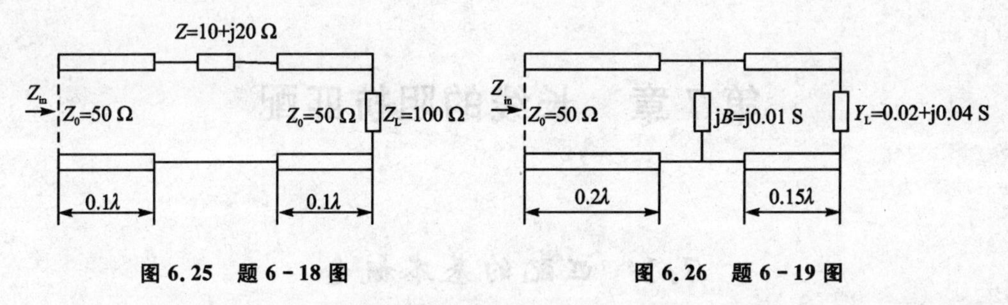

图 6.25　题 6-18 图　　　图 6.26　题 6-19 图

6-20　图 6.27 所示电路负载阻抗 $Z_L=300-j260\Omega$，用圆图确定始端输入阻抗 Z_{in}。

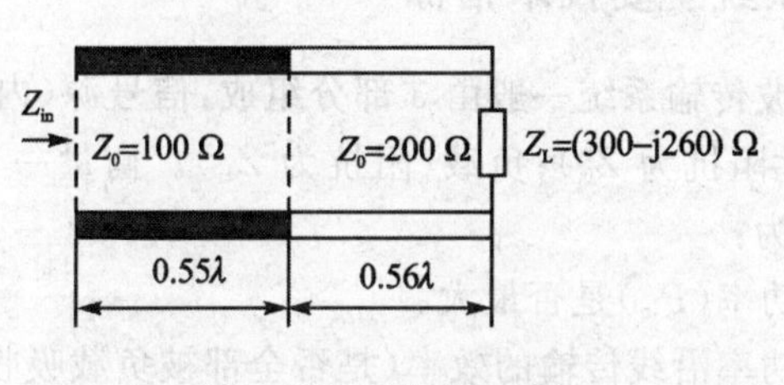

图 6.27　题 6-20 图

6-21　均匀无耗长线终端负载导纳的归一化值为 $\widetilde{Y}_L=0.8-j1.0$，试用圆图确定第一电压腹点及第一电压节点至终端的距离(用波长数表示)。

6-22　如图 6.28 所示电路，终端负载不匹配。今通过距终端 $\lambda/8$ 处并接一段长度为 $\lambda/8$ 的开路线及与开路线相距 $\lambda/4$ 处串接一段长度为 $\lambda/8$ 的短路线而使均匀无耗长线始端输入阻抗归一化值为 $\widetilde{Z}_{in}=1$，已知各段特性阻抗均为 $Z_0=50\ \Omega$，试用圆图求负载阻抗 Z_L。

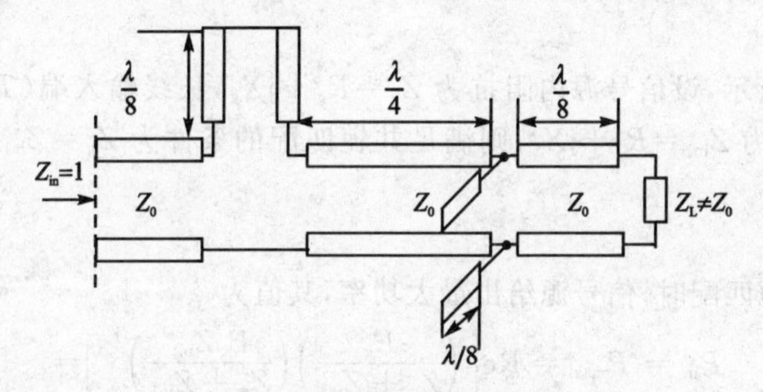

图 6.28　题 6-22 图

第 7 章　长线的阻抗匹配

7.1　匹配的基本概念

一、微波传输系统主要技术指标

如图 7.1 所示微波传输系统一般由 3 部分组成：信号源（内阻抗为 Z_g、电动势为 E_g）；微波传输线（特性阻抗为 Z_0）；负载（阻抗为 Z_L）。衡量一个微波传输系统质量优劣的主要技术指标为：

(1) 信号源给出功率（P_{in}）是否最大。

(2) 信号源给出功率沿线传输的效率（是否全部被负载吸收）。

(3) 频带宽度。

(4) 其他（信号源的稳定、系统的功率容量等）。

可见，一个理想的微波传输系统应该具有如下特征：在相当宽的频率范围内，信号源向传输线供给最大功率且全部被负载吸收（$P_{in}=P_{max}=P_L$）。

二、共轭匹配

1. 定　义

信号源向传输线给出最大功率（$P_{in}=P_{max}$）。

2. 条　件

如图 7.1 所示，设信号源内阻抗为 $Z_g=R_g+jX_g$，长线输入端（T_1 参考面，$z=l$ 处）的输入阻抗为 $Z_{in1}=R_1+jX_1$，则满足共轭匹配的条件为 $Z_g=Z_{in1}^*$，即 $R_g=R_1$ 且 $X_g=-X_1$。

3. 特　征

当实现共轭匹配时，信号源给出最大功率，其值为

$$P_{in}=P_{max}=\mathrm{Re}\left[\left(\frac{E_g}{Z_g+Z_{in1}}\right)\left(\frac{E_g Z_{in1}}{Z_g+Z_{in1}}\right)^*\right]=$$

$$\frac{|E_g|^2R_1}{|Z_g+Z_{in1}|^2}=\frac{|E_g|^2R_1}{(R_g+R_1)^2+(X_g+X_1)^2}=\frac{|E_g|^2}{4R_g}$$

三、负载无反射匹配（阻抗匹配）

1. 定　义

负载吸收信号源给出的全部（入射）功率（$P_L=P_{in}$）。

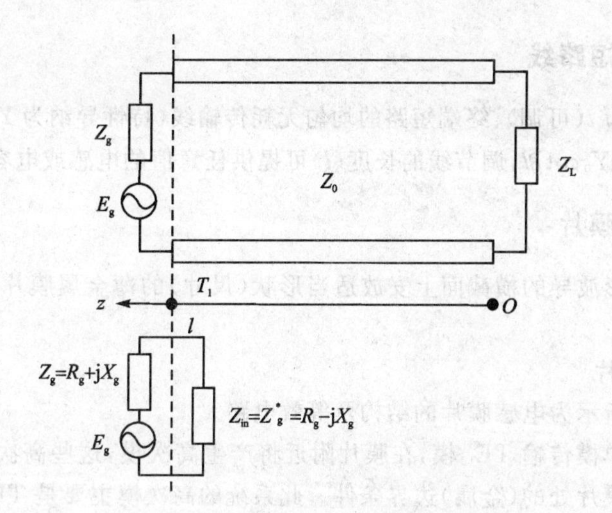

图 7.1 微波传输系统示意图

2. 条 件

$Z_L = Z_0$（或 $\Gamma = 0$）

3. 特 征

(1) 系统传输效率达 100%。

(2) 沿线无反射波。

(3) 沿线各点皆有 $Z_{in} = Z_0$。

四、几点讨论

(1) 共轭匹配与阻抗匹配的定义不同，实现的条件不同，因此不一定能够同时实现两种匹配。

(2) 两种匹配同时实现的条件是

$$Z_g = R_g + jX_g = Z_{in1}^* = R_1 - jX_1 = Z_0^* = Z_L^* = R_L - jX_L$$

对于均匀无耗长线有 Z_0 为正实常量，故有

$$Z_g = R_g = Z_L = R_L = Z_0$$

本章将介绍实现阻抗匹配的方法。

7.2 电抗(电纳)元件

在进行阻抗匹配(的调整)过程中，常需并联可调电抗(电纳)，提供这类可调电抗的微波元件统称为电抗元件。

电抗元件的理论计算相当复杂且只能得到一些近似结果。考虑到在微波工程中，电抗元件多用来调匹配(具有可调性)，故本书仅作一些定性分析。

一、终端短路线

一段长度为 l(可调)、终端短路的均匀无耗传输线(特性导纳为 Y_0),其输入端的导纳为 $Y_{in}=-jY_0\cot\beta l$,调节线的长度(l)可提供任意值的电感或电容。

二、波导膜片

在单模矩形波导的横截面上安放适当形状(尺寸)的薄金属膜片,可提供一定值的电感或电容。

1. 电感膜片

如图 7.2 所示为电感膜片的结构及等效电路。

矩形波导单模传输 TE_{10} 模,在膜片附近将产生高次模,这些高次模与 TE_{10} 模的场叠加以满足膜片处的(金属)边界条件。此系统的高次模主要是 TE_{30} 等(远离膜片处,高次模被衰减掉),高次模的能量将集中储存在膜片附近。由于 TE_{30} 模的磁能大于电能,故膜片的作用可等效为并联电感。改变膜片间距(d)可改变电感值。其近似计算公式为

$$B\approx -Y_0\,\frac{\lambda_p}{a}\cot^2\left[\frac{\pi(d-t)}{2a}\right] \tag{7-1}$$

式中:t 为膜片厚度;Y_0 为矩形波导单模传输 TE_{10} 模时的特性导纳。

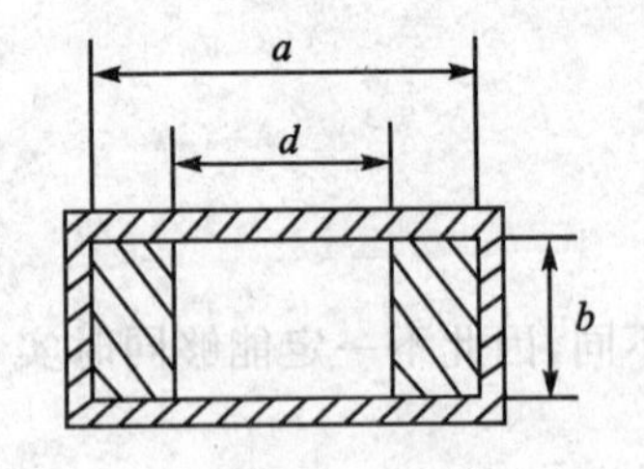

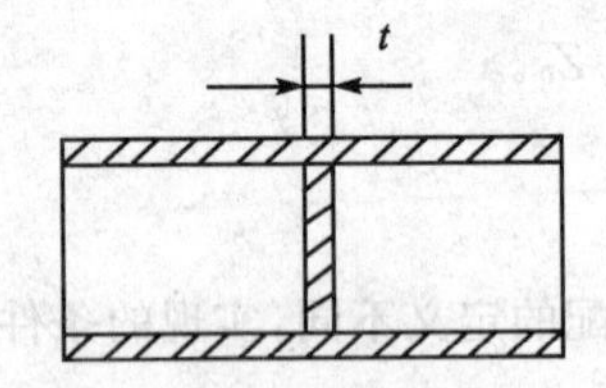

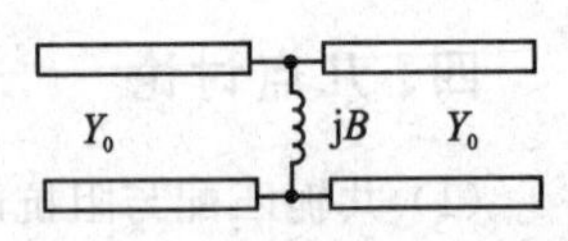

图 7.2 电感膜片

2. 电容膜片

如图 7.3 所示为电容膜片的结构及等效电路。

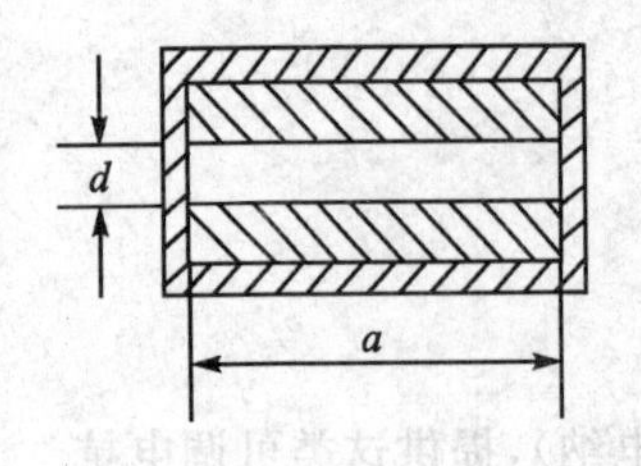

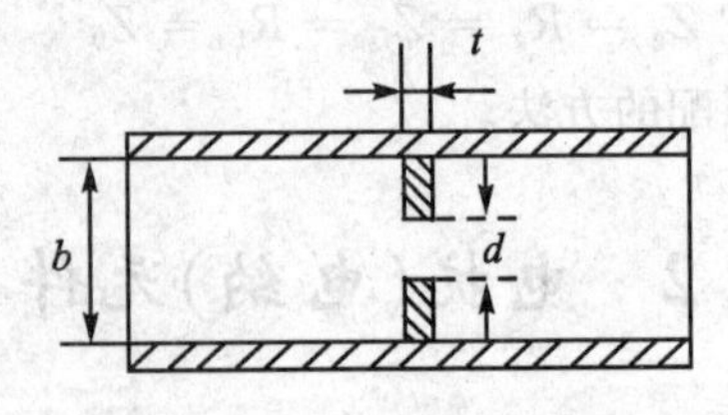

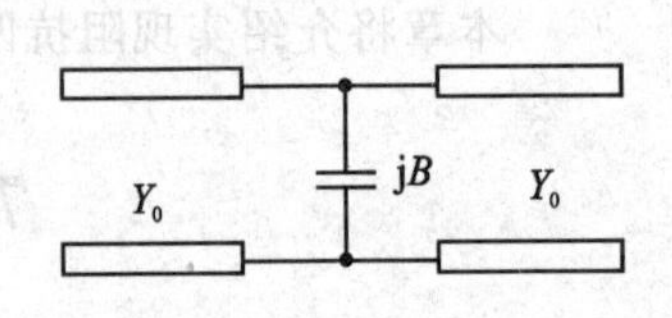

图 7.3 电容膜片

在膜片附近(边界条件要求)将产生 TM_{21} 等高次模,其在膜片附近储存的电能大于磁能,故可等效为一并联电容,改变膜片间距(d)可改变电容值。其近似计算公

式为

$$B \approx Y_0\left[\frac{4b}{\lambda_p}\ln\left(\csc\frac{\pi d}{2b}\right)+\frac{2\pi t}{\lambda_p}\left(\frac{b}{d}-\frac{d}{b}\right)\right] \tag{7-2}$$

三、波导螺钉

图 7.4 所示为矩形波导宽壁中央插入一只深度可调的金属螺钉的系统(称为波导螺钉)的结构及等效电路。

几点结论

(1) 螺钉插入深度 $h<\frac{\lambda_p}{4}$时,提供可调的并联电容。

(2) 螺钉插入深度 $h>\frac{\lambda_p}{4}$时,提供可调的并联电感。

(3) 对于单模矩形波导,有 $b<\frac{a}{2}<\frac{\lambda}{2}\left(<\frac{\lambda_p}{2}\right)$,因此在一般情况下,螺钉插入深度应小于$\frac{\lambda_p}{4}$(否则波导容易被击穿),故一般而言,波导螺钉只适于提供可调电容。

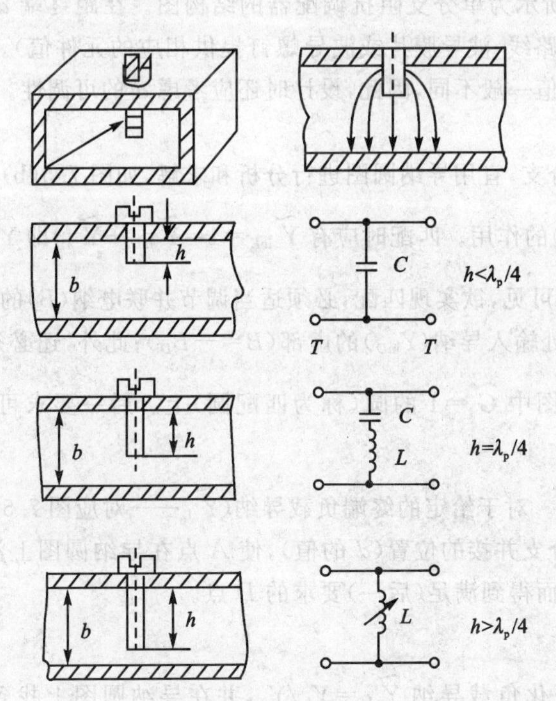

图 7.4　波导螺钉

7.3 分支阻抗调配器

一、概　述

为了匹配各种不同的负载阻抗($Z_L \neq Z_0$),常在沿线的恰当位置并联合适的电纳元件(称为分支阻抗调配器),用并联电纳(不耗能)引起的反射来抵消传输线因负载不匹配而引起的反射,最终实现阻抗匹配。本节介绍用圆图设计(计算)分支阻抗调配器的方法(称为图解法)。图解法物理概念明确,但存在读图误差。在附录G中,给出了分支阻抗调配器的理论(解析)设计(计算)公式,利用计算机进行辅助设计,可以提高设计精度。

二、单分支阻抗调配器

1. 结　构

如图7.5(a)所示为单分支阻抗调配器的结构图。在距终端 d 处并接一个电纳元件(可由终端短路线、波导膜片或波导螺钉提供相应的元件值)。对于不同的负载导纳(Y_L),d 的取值一般不同,因此,设计时还应考虑 d 的可调性。

2. 调配原理

由于有并联分支,宜用导纳圆图进行分析和求解,如图7.5(b)所示。

(1) Y_2($=\mathrm{j}B$)的作用。匹配时应有 $\widetilde{Y}_{\mathrm{in}E}=1=\widetilde{Y}_{\mathrm{in}D}+\widetilde{Y}_2$,即 $\widetilde{Y}_{\mathrm{in}D}=\widetilde{G}_D+\mathrm{j}\widetilde{B}_D=1-\widetilde{Y}_2=1-\mathrm{j}\widetilde{B}$。可见,欲实现匹配,必须适当调节并联电纳($B$)的值,以使其最终完全抵消 D 参考面处输入导纳($Y_{\mathrm{in}D}$)的虚部($B=-B_D$);此外,还必须使 D 点(对应于 $\widetilde{Y}_{\mathrm{in}D}$)位于导纳圆图中 $\widetilde{G}=1$ 的圆(称为匹配圆)上。后一要求可由调节 d 的值来实现。

(2) d 的作用。对于给定的终端负载导纳($\widetilde{Y}_L$——对应图7.5(b)中的 A 点),总可以通过调节单分支并接的位置(d 的值),使 A 点在导纳圆图上沿等$|\Gamma|$圆顺时针转到匹配圆上,从而得到满足(后一)要求的 D 点。

3. 调配过程

(1) 计算归一化负载导纳 $\widetilde{Y}_L=Y_L/Y_0$,并在导纳圆图上找到对应的 A 点,如图7.5(b)所示。

(2) 确定 d。由 A 点起,沿等$|\Gamma|$圆顺时针转到匹配圆($\widetilde{G}=1$ 的圆)上的 D 点,查得 A 点与 D 点对应的波长数之差$\left(\dfrac{d}{\lambda_p}\right)_D$,则分支电纳($Y_2=\mathrm{j}B$)并接位置到终端的

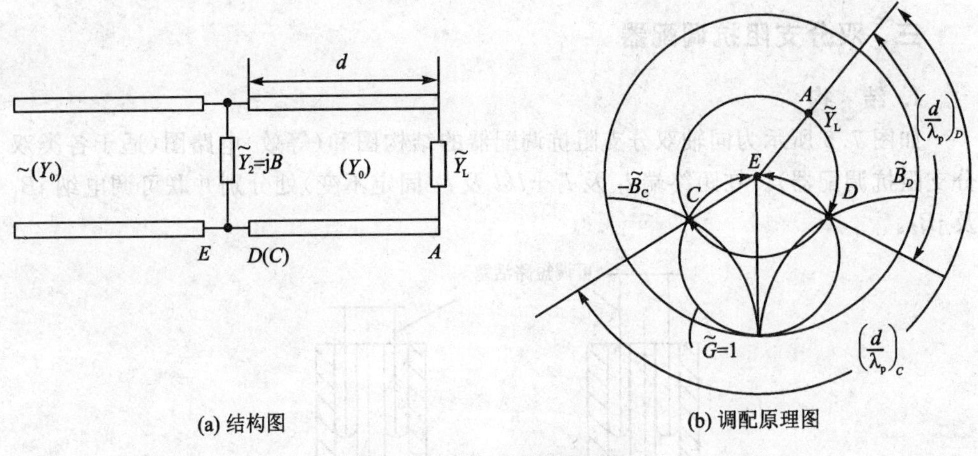

(a) 结构图　　　　　　(b) 调配原理图

图 7.5　单分支阻抗调配器

距离可确定为 $d=d_D=\left(\dfrac{d}{\lambda_p}\right)_D\cdot\lambda_p$。

(3) 确定 B。查出 D 点对应的归一化输入导纳($\widetilde{Y}_{inD}$)的虚部值($\widetilde{B}_D$)，调节并联电纳(使 $\widetilde{B}=-\widetilde{B}_D$)，即可最终实现匹配(对应 $\widetilde{Y}_{inE}=1$——E 点达匹配点)。

4. 讨　论

(1) 在调配过程中，在导纳圆图上由 A 点(终端)到 E 点(匹配点)经过两条路径：其一是由 A 点起，沿等 $|\Gamma|$ 圆顺时针转到匹配圆上的 D 点(此过程由调节 $d=\left(\dfrac{d}{\lambda_p}\right)_D$ 来实现)，其二是由 D 点起，沿匹配圆到达 E 点(匹配点)，此过程由调节并联电纳 $Y_2(=\mathrm{j}B=-\mathrm{j}B_D)$ 来实现。

(2) 可以有两套调配方案，第一套方案如前所述($A\to D\to E$)，此时有 $d=d_D=\left(\dfrac{d}{\lambda_p}\right)_D\cdot\lambda_p$，$B=-B_D$(并联分支必须为电感，以抵消容性 Y_{inD} 的虚部)。第二套方案为 $A\to C\to E$[见图 7.5(b)]，此时有 $d=d_C=\left(\dfrac{d}{\lambda_p}\right)_C\cdot\lambda_p$，$B=-B_C$(并联分支必须为电容，以抵消感性 Y_{inC} 的虚部)。

(3) 如并联(分支)电纳由波导(单)螺钉提供(只能提供电容)，则只能采用上述的第二套方案($A\to C\to E$)。

(4) 单分支阻抗调配器属窄频带调配器。例如：在中心相波长($\lambda_p=\lambda_{p0}$)处调至匹配后，d 值根据 $\widetilde{Y}_L$ 及 λ_{p0} 确定，以使 D(或 C)点到达匹配圆上；此后，如频率改变($\lambda_p\neq\lambda_{p0}$)，则因 d 及 Y_L 值不变，故使 D(或 C)点不能在匹配圆上，此时，无论如何调节并联电纳($Y_2=\mathrm{j}B$)，也不可能实现理想匹配。

(5) 单分支阻抗调配器在要求 d 固定的系统中不适用(d 需随 Y_L 的变化而变化)。

三、双分支阻抗调配器

1. 结　构

如图 7.6 所示为同轴双分支阻抗调配器的结构图和(等效)电路图(适于各类双分支阻抗调配器)。在距终端 l_1 及 l_1+l(l 及 l_1 固定不变)处分别并联可调电纳 $\mathrm{j}B_1$ 及 $\mathrm{j}B_2$。

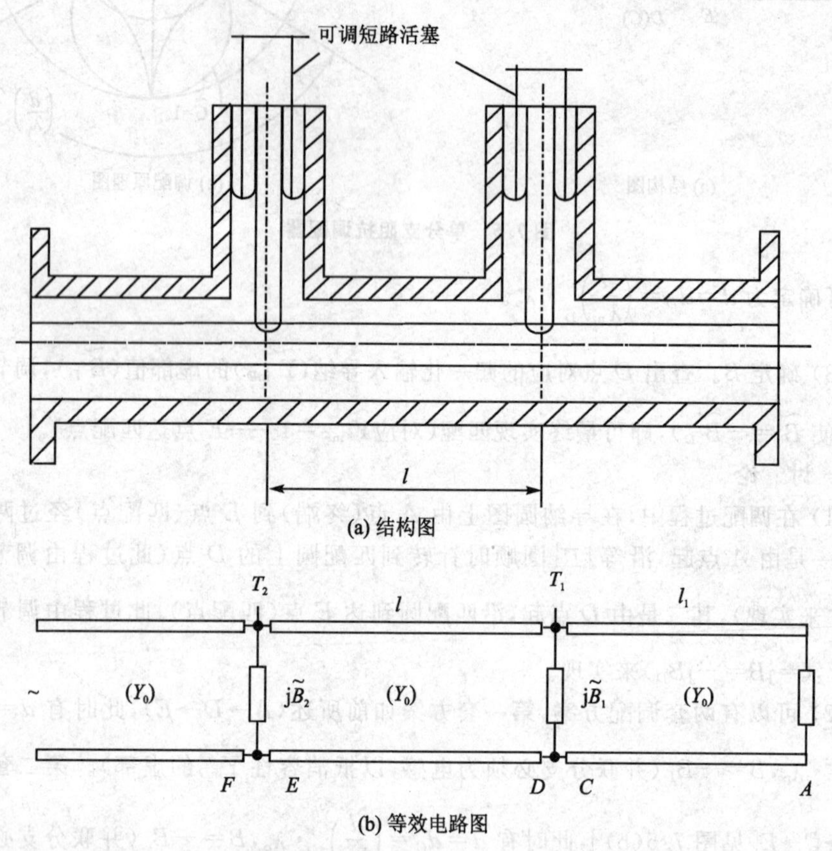

图 7.6　同轴双分支阻抗调配器

2. 调配原理

对于并联分支($\mathrm{j}B_1$ 及 $\mathrm{j}B_2$)的情况,应该用导纳圆图进行分析和求解,如图 7.7 所示。

(1) $\mathrm{j}B_2$ 的作用。匹配时应有$\widetilde{Y}_{\mathrm{in}F}=1=\widetilde{Y}_{\mathrm{in}E}+\mathrm{j}\widetilde{B}_2$,即$\widetilde{Y}_{\mathrm{in}E}=\widetilde{G}_E+\mathrm{j}\widetilde{B}_E=1-\mathrm{j}\widetilde{B}_2$。可见,欲实现匹配,必须适当调节并联电纳($\mathrm{j}B_2$)的值,以使其最终完全抵消 E 参考面处输入导纳($Y_{\mathrm{in}E}$)的虚部($B_2=-B_E$);此外,还必须使 E 点(对应于$\widetilde{Y}_{\mathrm{in}E}$)位于图 7.7(a)中的匹配圆($\widetilde{G}=1$ 的圆)上。后一要求可通过设置“辅助圆”来实现。

(2) 辅助圆的定义及作用。把匹配圆上的(所有)点沿对应的等$|\Gamma|$圆(均)逆时针转动波长数(增量)l/λ_p，即得辅助圆[见图 7.7(a)]。易见，为使 E 点在匹配圆上，对应的 D 点必须在辅助圆上(辅助圆上的点沿对应的等$|\Gamma|$圆顺时针转动波长数 l/λ_p，必到匹配圆上)。下面研究如何保证 D 点在辅助圆上。

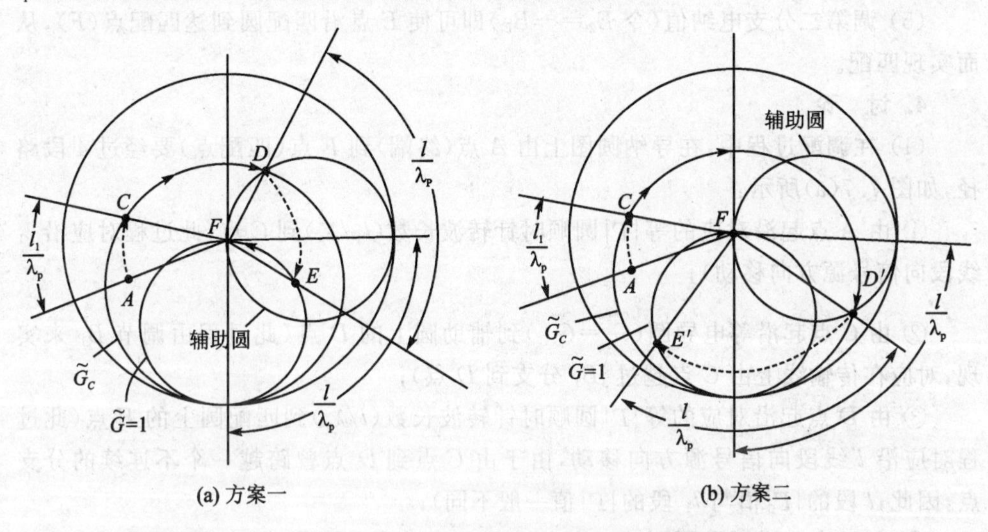

(a) 方案一　　(b) 方案二

图 7.7　双分支阻抗调配器的调配原理图

(3) jB_1 的作用。给定终端负载导纳($\widetilde{Y}_L$)及对应的 l_1，总可以在导纳圆图上找到对应的 A 点($\widetilde{Y}_L$)及 C 点($\widetilde{Y}_{inC}$)，如图 7.7(a)所示。此时应有$\widetilde{Y}_{inD}=\widetilde{Y}_{inC}+j\widetilde{B}_1=\widetilde{G}_D+j\widetilde{B}_D=\widetilde{G}_C+j(\widetilde{B}_C+\widetilde{B}_1)$。易见，只需适当调节 $j\widetilde{B}_1$($\widetilde{B}_1=\widetilde{B}_D-\widetilde{B}_C$)，即可使 C 点(通过改变 $\widetilde{Y}_{inC}$ 的虚部)沿实部圆 $\widetilde{G}_C$($=\widetilde{G}_D$)到达辅助圆上的 D 点——实部圆 $\widetilde{G}_C$ 与辅助圆的交点(之一)。

3. 调配过程

如图 7.6(b)和图 7.7(a)所示。

(1) 画出辅助圆。将匹配圆的直径以坐标原点为支点，逆时针转动波长数 l/λ_p，即得到辅助圆的直径，从而可画出辅助圆。

(2) 由给定的 $\widetilde{Y}_L$，在导纳圆图上找到对应的 A 点。再由 A 点起，沿对应的等$|\Gamma|$圆顺时针转动波长数 l_1/λ_p 到 C 点，查得 $\widetilde{Y}_{inC}=\widetilde{G}_C+j\widetilde{B}_C$。

(3) 找到 $\widetilde{G}=\widetilde{G}_C$ 的实部圆与辅助圆的交点(之一)D 点(实际上有两个交点——对应有两套调配方案)，查得 $\widetilde{Y}_{inD}=\widetilde{G}_D+j\widetilde{B}_D=\widetilde{G}_C+j\widetilde{B}_D=\widetilde{G}_C+j(\widetilde{B}_C+\widetilde{B}_1)$，即可确定第一分支电纳值 B_1 为

$$B_1 = B_D - B_C \quad (\text{或}\ \widetilde{B}_1 = \widetilde{B}_D - \widetilde{B}_C)$$

(4) 由 D 点起沿对应的等$|\Gamma|$圆顺时针转动波长数 l/λ_p(一定可以)到达匹配圆上的 E 点,查得 $\widetilde{Y}_{inE}=1+j\widetilde{B}_E$。

(5) 调第二分支电纳值(令 $B_2=-B_E$)即可使 E 点沿匹配圆到达匹配点(F),从而实现匹配。

4. 讨 论

(1) 在调配过程中,在导纳圆图上由 A 点(终端)到 F 点(匹配点)要经过 4 段路径,如图 7.7(a)所示:

① 由 A 点起沿对应的等$|\Gamma|$圆顺时针转波长数(l_1/λ_p)到 C 点(此过程对应沿 l_1 线段向信号源方向移动);

② 由 C 点起沿等电导圆($\widetilde{G}=\widetilde{G}_C$)到辅助圆上的 D 点(此过程由调节 B_1 来实现,对应在传输线上由 C 点越过 jB_1 分支到 D 点);

③ 由 D 点起沿对应的等$|\Gamma|$圆顺时针转波长数(l/λ_p)到匹配圆上的 E 点(此过程对应沿 l 线段向信号源方向移动,由于由 C 点到 D 点曾跨越一个不连续的分支点,因此,l 段的$|\Gamma|$值与 l_1 段的$|\Gamma|$值一般不同);

④ 由 E 点起沿匹配圆到达匹配点(F),这一过程由调节 B_2 来实现,对应在传输线上由 E 点越过 jB_2 分支到 F 点,使$|\Gamma|$突变为零。

(2) 对于确定的负载导纳 $\widetilde{Y}_L$,有两套调配方案:其一为 $A\to C\to D\to E\to F$;其二为 $A\to C\to D'\to E'\to F$,如图 7.7(b)。两套方案分别对应不同的路径及不同的 B_1 和 B_2 值。

(3) 在双分支阻抗调配系统中,两并联分支(电纳)接入的位置固定不变,即可对在一定范围内变化的终端负载实现调配。

(4) 双分支阻抗调配器也属于窄频带调配器(可参考单分支情况自行分析)。

(5) 双分支阻抗调配器存在不可调配区(称为匹配死区)。如图 7.8 所示,若 $\widetilde{Y}_L$ 沿 l_1 线段移动到第一分支(jB_1)处,对应的 C 点($\widetilde{Y}_{inC}$)位于阴影区之内,则无论 B_1 调为何值,均无法使 D 点(或 D'点)落在辅助圆上,从而无法调配。可以证明,当两并联分支间距 $l=\lambda_p/4$ 时,匹配死区为 $\widetilde{G}>1$;当 $l=\lambda_p/8$ 时,匹配死区为 $\widetilde{G}>2$。利用三分支阻抗调配器,可以解决双分支阻抗调配器存在匹配死区的问题。

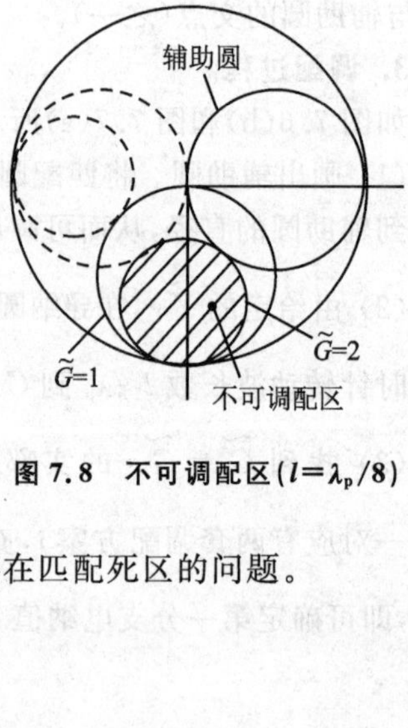

图 7.8 不可调配区($l=\lambda_p/8$)

四、三分支阻抗调配器

1. 结 构

如图7.9所示，3个并联分支(jB_1、jB_2及jB_3)的间距皆为$l=\lambda_p/8$。

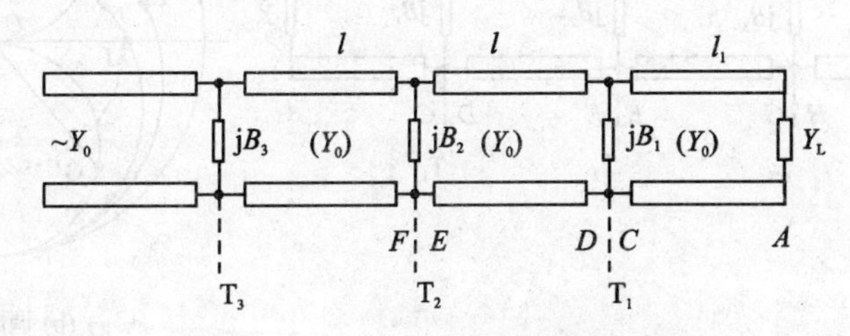

图7.9 三分支阻抗调配器的等效电路

2. 调配原理

(1) 对应于某一$\widetilde{Y}_L$值，若T_1参考面右侧(C点)的归一化输入导纳$\widetilde{Y}_{inC}$落入图7.8所示的不可调配区(即匹配死区)内，则调节$B_1=0$，有$\widetilde{Y}_{inD}=\widetilde{Y}_{inC}$。因$T_1$参考面与$T_2$参考面间距为$l=\lambda_p/8$，故$\widetilde{Y}_{inD}$沿线向信号源方向移动$l$距离到达$T_2$参考面右侧($E$点)的归一化输入导纳$\widetilde{Y}_{inE}$必定移出了匹配死区(如图7.8所示，$\widetilde{Y}_{inE}$应在小虚线圆之内)。此时，利用$jB_2$和$jB_3$组成双分支阻抗调配器，即可对$\widetilde{Y}_L$调匹配。

(2) 若$\widetilde{Y}_{inC}$不在匹配死区之内，则令$B_3=0$，利用jB_1和jB_2组成双分支阻抗调配器，即可对$\widetilde{Y}_L$调匹配。

五、波导四螺钉阻抗调配器

1. 结 构

如图7.10(a)所示，该调配器由4个按等间距($l=\lambda_p/8$)排列的波导螺钉构成，4个波导螺钉皆只能提供电容，对应的等效(并联)导纳依次为jB_1，jB_2，jB_3及jB_4。

2. 调配原理及过程

(1) 将所有螺钉皆旋出波导(即调$B_1=B_2=B_3=B_4=0$)，测得$\widetilde{Y}_L$对应的驻波比$\left(\rho=\frac{1+|\Gamma|}{1-|\Gamma|}\right)$，确定$\widetilde{Y}_L$在$T_1$参考面右侧($C$点)形成的归一化输入导纳$\widetilde{Y}_{inC}$，对应于导纳圆图上的$C$点[见图7.10(b)]。

(2) 第一轮调节：

【原则】一律由B_1开始调节，再顺次调节B_2，B_3，B_4各一次。每一次调节时，都使本分支左侧驻波比ρ(等价于$|\Gamma|$)减至最小。

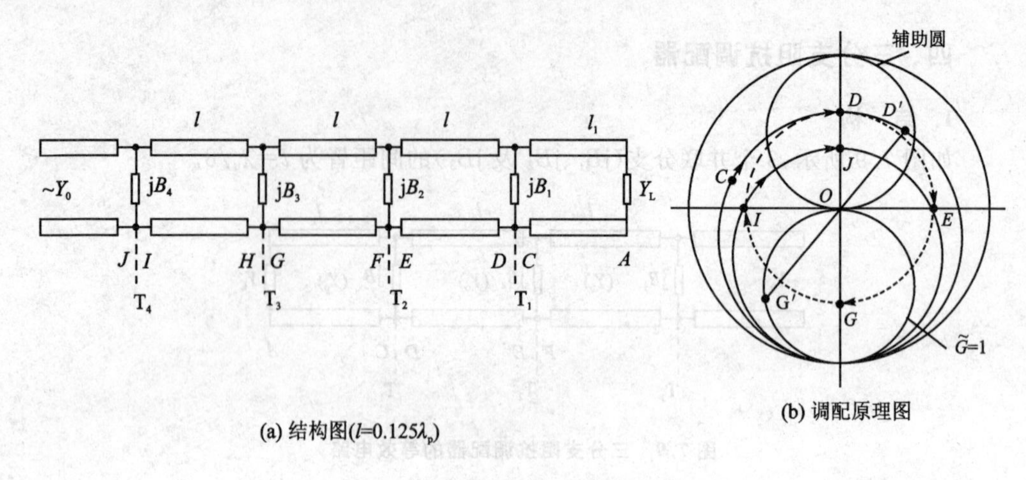

(a) 结构图(l=0.125λ_p)

(b) 调配原理图

图 7.10　波导四螺钉阻抗调配器

【具体过程】 如图 7.10(b)所示,对 C 点($\widetilde{Y}_{\mathrm{in}C}$)而言,调节 j$B_1$(电容值增大)可使该分支左侧($D$ 点)的驻波比减小,至 D 点(沿 $\widetilde{G}=\widetilde{G}_C$ 圆)到达实轴上时,本次调节结束(ρ 相对最小),B_1 值即可确定,D 点沿对应的等$|\Gamma|$圆顺时针转波长数(0.125)到 E 点,此时调节 jB_2(电容值增大)反而使该分支左侧(F 点)的 ρ 值增大,故应令 $B_2=0$(F 点与 E 点重合);F 点沿等$|\Gamma|$圆顺时针转波长数(0.125)到 G 点,同理应令 $B_3=0$(G 点与 H 点重合);H 点沿等$|\Gamma|$圆顺时针转波长数(0.125)到 I 点,对 I 点($\widetilde{Y}_{\mathrm{in}I}$)而言,调节 j$B_4$(电容值增大)可使该分支左侧($J$ 点)的 ρ 值减小,至 J 点(沿 $\widetilde{G}=\widetilde{G}_I$ 圆)到达实轴上时,本次调节结束,驻波比 ρ 达第一轮调节的最小值。

【注】 对于图 7.10(b)所示的 C 点而言,在第一轮调节过程中,只有 B_1 和 B_4 起作用($B_2=B_3=0$)。应该指出,C 点在不同区域,起作用的分支序号将会不同。具体情形可通过做本章习题 7-12 得到验证。

(3) 第二轮调节:如经第一轮调节后,所得的驻波比达不到技术要求,可进行第二轮调节。

【原则】 在第一轮调节的基础上,对某一分支(如第一分支)的调节先给予一个"欠佳量"(即不使本分支左侧的 ρ 值达到相对最小值——调该分支的电容值,使其对应 ρ 略大于本次调解最小值,以使后序分支(如第三分支)右侧的归一化导纳位于匹配圆内部的感性区(实轴左侧)。此时,调节该后序分支(如第三分支)使其左侧的 ρ 值达到(相对)最小。然后,经下一分支(如第四分支)的调节,可使最终的 ρ 值(较第一轮调节的 ρ 值)进一步减小。按此原则,经反复顺次调节 B_1,B_2,B_3,B_4,一般可使驻波比由原始值($\rho\leqslant 3$)减小到 $\rho\approx 1.1$,接近理想匹配状态。具体过程见例 7-1。

【例 7-1】 在图 7.10(b)所示的第一轮调节的基础上,试论证如何通过给予 jB_1 一个"欠佳量"而最终实现理想匹配($\rho=1$)。

【解】(1)在图 7.10(b)中,继续调节 jB_1(电容值增大),使 D 点(沿 $\widetilde{G}=\widetilde{G}_C$ 圆)移至 D'点[D'点关于坐标原点(O)的对称点(G'点)恰好在匹配圆上(实轴左侧的感性区内)]。此时,令 $B_2=B_4=0$,适当调节 jB_3(电容值增大)使 $\widetilde{B}_3$ 值等于 G'点归一化输入导纳的虚部的负值,即可实现第三分支左侧传输线的驻波比 $\rho=1$(理想匹配)。

(2) 由图 7.10(b)可见,只要调节 jB_1 使第一分支左侧归一化输入导纳位于$\widetilde{G}=\widetilde{G}_C$ 圆上 D 点与 D'点之间,皆可以通过调节 jB_3(使第三分支左侧归一化输入导纳的对应点到达负实轴上)及 jB_4(使第四分支左侧归一化输入导纳的对应点达正实轴上),使得最终的 ρ 值较第一轮进一步减小(令 $B_2=0$),并且,越接近 D'点,最终的驻波比越小。

【注】本例题所论述的实现理想匹配的过程,实质上利用了间距为$\frac{\lambda_p}{4}$的双分支阻抗调配器(由 jB_1 和 jB_3 构成),对应的 D'点应该位于相应的辅助圆上[见图 7.10(b)]。只要 C 点位于实轴左半匹配圆与实轴右半辅助圆所界定的区域内(称为可调配区),皆可实现理想匹配。若 C 点位于可调配区之外,只需于 jB_4 左侧(按等间距)再加入一个螺钉,经适当调节 $B_1=0$(或 $B_1=B_2=0$),总可使 C 点移至 D 点(或 F 点),位于可调配区内,进而可实现理想匹配。

7.4 阶梯阻抗变换器

当负载阻抗与传输线的特性阻抗不相等,或是连接两段特性阻抗不同的传输线时,可以在其间接入一阻抗变换器,以获得良好的匹配。常用的阻抗变换器有两类:一类为由四分之一波长传输线段组成的阶梯阻抗变换器;另一类为渐变线阻抗变换器。

一、单节四分之一波长阻抗变换器

1. 构　成

如图 7.11 所示,若主传输线特性阻抗为 Z_0,终端接一纯电阻性负载 $Z_L=R_L\neq Z_0$,则可以通过在主传输线与负载之间接入一特性阻抗为 Z_1、长度为$\frac{\lambda_{p0}}{4}$的传输线段来实现匹配(λ_{p0}为变换段所在中心频率处的相波长)。

2. 确定变换段特性阻抗 Z_1

在第 6 章中给出了求沿线(z 处)输入阻抗的一般公式

$$Z_{in}(z)=Z_0\frac{Z_L+jZ_0\tan(\beta z)}{Z_0+jZ_L\tan(\beta z)}$$

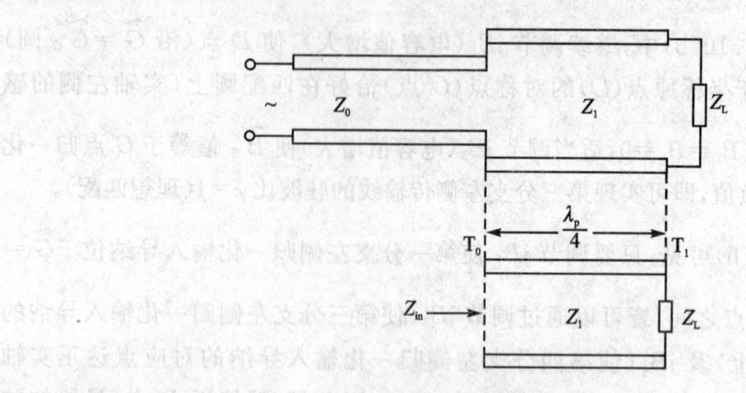

图 7.11 $\frac{\lambda_{p0}}{4}$线段阻抗变换器

对变换段而言，代入 $Z_0=Z_1$，$z=\frac{\lambda_{p0}}{4}$，$\beta=\frac{2\pi}{\lambda_{p0}}$（在中心频率处：$\lambda_p=\lambda_{p0}$），可得变换段输入端（$T_0$ 参考面处）的输入阻抗为

$$Z_{in}=Z_1\frac{Z_L+jZ_1\tan\left(\frac{2\pi}{\lambda_{p0}}\cdot\frac{\lambda_{p0}}{4}\right)}{Z_1+jZ_L\tan\left(\frac{2\pi}{\lambda_{p0}}\cdot\frac{\lambda_{p0}}{4}\right)}=\frac{Z_1^2}{Z_L}$$

为使主线匹配（Z_{in}可视为主线的终端负载），当令 $Z_{in}=\frac{Z_1^2}{Z_L}=Z_0$，从而有

$$Z_1=\sqrt{Z_0Z_L}=\sqrt{Z_0R_L} \tag{7-3}$$

由于均匀无耗长线的特性阻抗为正实数，所以必须要求 Z_L 为正实数（纯电阻负载）。

3. 终端负载为复阻抗($Z_L=R_L+jX_L$)的匹配方法

(1) 在终端并接终端短路线（调节其长度），使短路线的输入端电纳与负载导纳(Y_L)的虚部等值反号（互相抵消），再经$\frac{\lambda_{p0}}{4}$变换段实现主线匹配（此时应有 $Z_1=\sqrt{\frac{Z_0(R_L^2+X_L^2)}{R_L}}$）。

(2) 把$\frac{\lambda_{p0}}{4}$变换段在主线（终端接负载阻抗 Z_L）的电压波腹（或电压波节）点接入，即可实现主线匹配，此时应有 $Z_1=\sqrt{Z_0^2\rho}$（腹点接入）或 $Z_1=\sqrt{\frac{Z_0^2}{\rho}}$（节点接入）。

4. 频率特性

对于单一频率，单节$\frac{\lambda_{p0}}{4}$阻抗变换器是一个理想的匹配器，但在工程实际中，主线传输的是多谐（正弦）信号，由于变换段的特性阻抗 Z_1 及长度 $l\left(=\frac{\lambda_{p0}}{4}\right)$一经确定即固定不变，所以当信号频率偏离中心频率($f_0$)时($\lambda_p \neq \lambda_{p0}$)，有 $\beta l = \frac{2\pi}{\lambda_p}\frac{\lambda_{p0}}{4} = \frac{\lambda_{p0}}{\lambda_p}\frac{\pi}{2} \neq \frac{\pi}{2}$，从而有 $Z_{in} \neq Z_0$，因此图 7.11 中 T_0 参考面处的反射系数不再为零(主线失配)。下面分析失配与频偏的关系。

$$\Gamma = \frac{Z_{in} - Z_0}{Z_{in} + Z_0} = \frac{Z_1 \dfrac{Z_L + jZ_1 \tan(\beta l)}{Z_1 + jZ_L \tan(\beta l)} - Z_0}{Z_1 \dfrac{Z_L + jZ_1 \tan(\beta l)}{Z_1 + jZ_L \tan(\beta l)} + Z_0} = \frac{Z_1 Z_L - Z_0 Z_1 + j(Z_1^2 - Z_0 Z_L)\tan(\beta l)}{Z_1 Z_L + Z_0 Z_1 + j(Z_1^2 + Z_0 Z_L)\tan(\beta l)}$$

代入 $Z_1 = \sqrt{Z_0 Z_L}$，$\theta = \beta l = \frac{\pi}{2}\frac{\lambda_{p0}}{\lambda_p}$，得

$$\Gamma = \frac{Z_L - Z_0}{(Z_L + Z_0) + 2j\sqrt{Z_0 Z_L}\tan\theta}$$

其模值为(注意到 $Z_L = R_L$ 为纯阻性负载)

$$|\Gamma| = \frac{|Z_L - Z_0|}{[(Z_L + Z_0)^2 + 4Z_0 Z_L \tan^2\theta]^{\frac{1}{2}}} = \left[1 + \left(\frac{2\sqrt{Z_0 Z_L}}{Z_L - Z_0}\sec\theta\right)^2\right]^{-\frac{1}{2}} \tag{7-4}$$

在中心频率附近$\left(设频偏很小：\theta \to \frac{\pi}{2}\right)$，近似有

$$|\Gamma| \approx \frac{|Z_L - Z_0|}{2\sqrt{Z_L Z_0}}|\cos\theta| \tag{7-5}$$

当 $\theta = 0$ 时(相当于未加变换段)，反射系数模值最大。由式(7-4)可得

$$|\Gamma|_{max} = \frac{|Z_L - Z_0|}{Z_L + Z_0} \tag{7-6}$$

由式(7-4)可以画出$|\Gamma|$随θ变化的曲线，如图 7.12 所示。

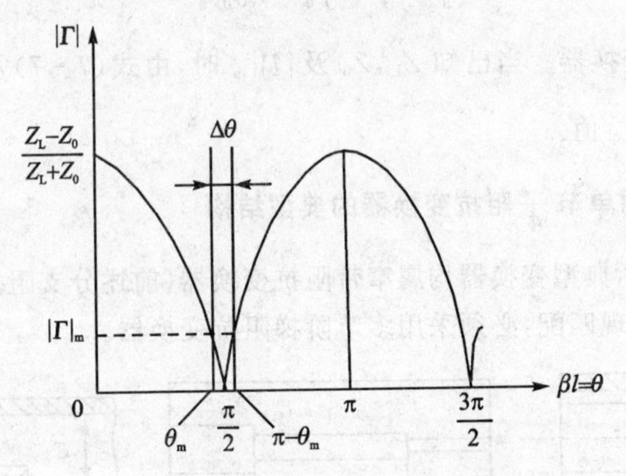

图 7.12　单节$\frac{\lambda}{4}$变换器的频率特性

【讨论】

① $|\Gamma|$是θ的周期函数(周期为 π)。

② $\theta=\frac{\pi}{2}=\theta_0(f=f_0,\lambda_p=\lambda_{p0})$，$|\Gamma|=0$(匹配)，而当$\theta$偏离$\frac{\pi}{2}(f=f_0+\Delta f)$时，$|\Gamma|$迅速增大，这说明单节$\frac{\lambda_{p0}}{4}$阻抗变换器的频带很窄。

③ 当给定$|\Gamma|$的最大允许值$|\Gamma|_m$时($|\Gamma|\leqslant|\Gamma|_m$)，单节$\frac{\lambda_{p0}}{4}$阻抗变换器的工作带宽对应于图 7.12 中 $\Delta\theta$ 所限定的频段内。

由 $\cos^2(\pi-\theta)=\cos^2\theta$，易得$|\Gamma(\theta_m)|=|\Gamma(\pi-\theta_m)|=|\Gamma|_m$，进而可求 $\Delta\theta$ 与$|\Gamma|_m$的关系。

$$\theta_m=\arccos\frac{2|\Gamma|_m\sqrt{Z_0 Z_L}}{\sqrt{1-|\Gamma|_m^2}\;|Z_L-Z_0|} \tag{7-7}$$

或近似有

$$\theta_m\approx\arccos\frac{2|\Gamma|_m\sqrt{Z_0 Z_L}}{|Z_L-Z_0|} \tag{7-8}$$

$$\Delta\theta=(\pi-\theta_m)-\theta_m=\pi-2\theta_m \tag{7-9}$$

对 TEM 波传输线，有

$$\lambda_p=\lambda=\frac{v}{f}$$

$$\theta=\frac{\pi}{2}\frac{\lambda_{p0}}{\lambda_p}=\frac{\pi}{2}\frac{f}{f_0}=\theta_0\frac{f}{f_0}$$

此时相对频带宽度为

$$W_q=\frac{f_2-f_1}{f_0}=\frac{\Delta f}{f_0}=\frac{\Delta\theta}{\theta_0}=2-\frac{4}{\pi}\theta_m \tag{7-10}$$

对于单节$\frac{\lambda_{p0}}{4}$变换器。当已知 Z_L，Z_0 及$|\Gamma|_m$时，由式(7-7)及式(7-10)，可求其相对工作带宽 W_q 值。

5. 几种常见的单节$\frac{\lambda_{p0}}{4}$阻抗变换器的典型结构

如图 7.13 所示典型变换器均属窄带阻抗变换器(前述分支阻抗调配器也如此)，欲在较宽频带内实现匹配，必须采用多节阶梯阻抗变换器。

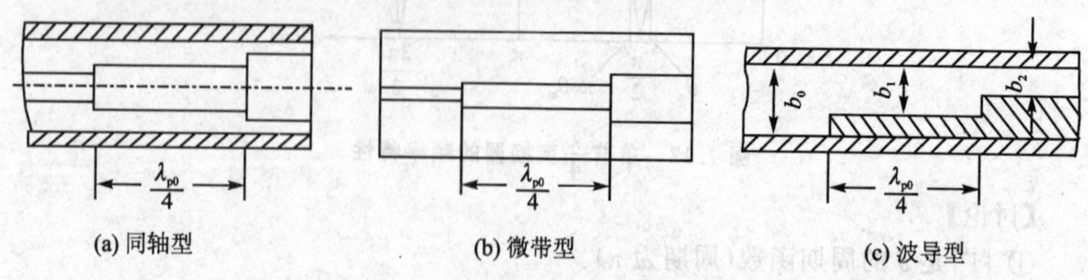

图 7.13 单节$\frac{\lambda}{4}$变换器的典型结构

二、两节阶梯阻抗变换器对频率特性的改善

1. 结 构

如图7.14所示，两节阶梯阻抗变换器由两段（单节）四分之一波长微波传输线级联构成，相应线段的特性阻抗分别为 Z_1 及 Z_2。

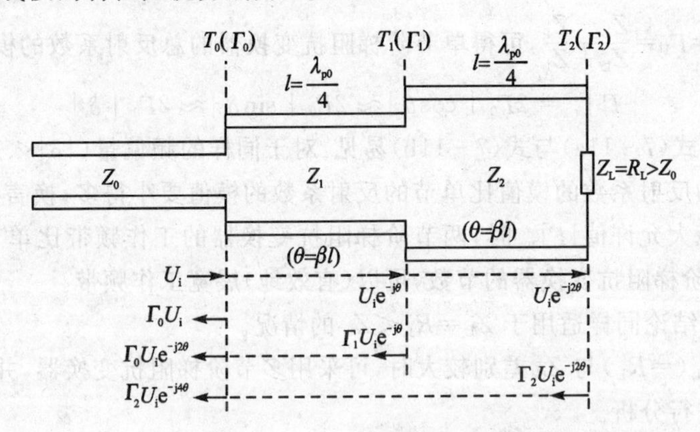

图7.14 两节(λ/4)阶梯阻抗变换器

2. 前提条件

(1) 主线特性阻抗（Z_0）与两节（λ/4）传输线段特性阻抗（Z_1，Z_2）及纯电阻负载（$Z_L=R_L$）之间满足关系 $Z_0<Z_1<Z_2<Z_L$，且两节传输线段的长度均为 $\lambda_{p0}/4$。

(2) 参考面 T_0，T_1，T_2 处的局部电压反射系数对应为 Γ_0，Γ_1，Γ_2。三者满足关系

$$\Gamma_0=\frac{Z_1-Z_0}{Z_1+Z_0}=\Gamma_2=\frac{Z_L-Z_2}{Z_L+Z_2}=\frac{1}{2}\Gamma_1=\frac{1}{2}\frac{Z_2-Z_1}{Z_2+Z_1}$$

(3) $|\Gamma|\ll 1$（Z_L 大于又约等于 Z_0）。

3. 主线(Z_0 段)上的总反射系数

由于各参考面处的局部反射系数都很小，故可应用小反射理论，近似认为各参考面处入射电压幅度相等，总的反射电压只取各参考面上一次反射电压之和（T_i 处的 N 次反射电压正比于 Γ_i^N）。

记 $\lambda_p=\lambda_{p0}-\Delta\lambda$，$\Delta\lambda$ 称为“频偏量”（$|\Delta\lambda|\ll 1$），则有

$$\theta=\beta l=\frac{2\pi}{\lambda_p}\frac{\lambda_{p0}}{4}=\frac{\pi}{2}\frac{\lambda_{p0}}{\lambda_{p0}-\Delta\lambda}\approx\frac{\pi}{2}\left(1+\frac{\Delta\lambda}{\lambda_{p0}}\right)=\frac{\pi}{2}+\delta$$

式中：$\delta=\frac{\pi\Delta\lambda}{2\lambda_{p0}}$（$|\delta|\ll 1$）。

T_0 参考面处的总反射电压为（见图7.14）

$$U_r=\Gamma_0U_i+\Gamma_1U_ie^{-j2\theta}+\Gamma_2U_ie^{-j4\theta}=U_i[\Gamma_0(e^{j2\theta}+e^{-j2\theta})+\Gamma_1]e^{-j2\theta}=$$
$$U_i\Gamma_1(1+\cos 2\theta)e^{-j2\theta}=(2\Gamma_1\cos^2\theta)U_ie^{-j2\theta}$$

T_0 参考面处总电压反射系数为

$$\Gamma = \frac{U_r}{U_i} = 2\Gamma_1 \cos^2\theta e^{-j2\theta}$$

$$|\Gamma| = 2\Gamma_1 \cos^2\theta \approx 2\Gamma_1 \sin^2\delta \approx 2\Gamma_1 \delta^2 \tag{7-11a}$$

4. 讨　论

(1) 单节阶梯阻抗变换器的总反射系数。仿前面的推导过程，取 $Z_0 < Z_1 < Z_L$，$\Gamma_0 = \dfrac{Z_1 - Z_0}{Z_1 + Z_0} = \Gamma_1 = \dfrac{Z_L - Z_1}{Z_L + Z_1}$，可得单节阶梯阻抗变换器的总反射系数的模值为

$$|\Gamma|_1 = 2\Gamma_0 |\cos\theta| \approx 2\Gamma_0 |\sin\delta| \approx 2\Gamma_0 |\delta| \tag{7-11b}$$

(2) 对比式(7-11a)与式(7-11b)易见：对于同样的频偏量($|\delta| \ll 1$)，两节阶梯阻抗变换器的反射系数的模值比单节的反射系数的模值要小得多；换言之，给定反射系数模值的最大允许值$|\Gamma|_m$时，两节阶梯阻抗变换器的工作频带比单节要宽得多。这表明，增加阶梯阻抗变换器的节数，可以(有效地)展宽工作频带。

(3) 以上结论同样适用于 $Z_L = R_L < Z_0$ 的情况。

(4) 当 $Z_L (=R_L)$ 与 Z_0 差别较大时，可采用多节阶梯阻抗变换器，并且仍可利用小反射理论进行分析。

三、N 节阶梯阻抗变换器

1. N 节阶梯阻抗变换器的总反射系数

(1) 前提条件：

① 主线特性阻抗(Z_0)与各节($\lambda/4$)传输线特性阻抗($Z_1, Z_2, \cdots, Z_{N-1}, Z_N$)及纯电阻负载阻抗($Z_L = R_L$)之间满足关系 $Z_0 < Z_1 < Z_2 < \cdots < Z_{N-1} < Z_N < Z_L$，且各节传输线段的长度皆为 $\lambda_{p0}/4$。

② 参考图 7.14，参考面 $T_0, T_1, \cdots, T_{N-1}, T_N$ 处的局部电压反射系数满足如下对应关系

$$\Gamma_n = \frac{Z_{n+1} - Z_n}{Z_{n+1} + Z_n} = \Gamma_{N-n} = \frac{Z_{N-n+1} - Z_{N-n}}{Z_{N-n+1} + Z_{N-n}} \tag{7-12}$$

式中：$n = 0, 1, \cdots, N/2$(N 为偶数)或$(N+1)/2$(N 为奇数)；$Z_{N+1} = Z_L$。

③ $|\Gamma_n| \ll 1$(可以应用小反射理论)。

(2) 主线上的总反射系数。仿两节阶梯阻抗变换器情况的推导过程，可得主线在 T_0 参考面处的总反射系数为

$$\begin{aligned}\Gamma &= \Gamma_0 + \Gamma_1 e^{-j2\theta} + \Gamma_2 e^{-j4\theta} + \cdots + \Gamma_n e^{-j2n\theta} + \cdots + \Gamma_N e^{-j2N\theta} = \\ &\Gamma_0 (1 + e^{-j2N\theta}) + \Gamma_1 (e^{-j2\theta} + e^{-j2(N-1)\theta}) + \cdots = \\ &e^{-jN\theta}[\Gamma_0 (e^{jN\theta} + e^{-jN\theta}) + \Gamma_1 (e^{j(N-2)\theta} + e^{-j(N-2)\theta}) + \cdots]\end{aligned} \tag{7-13}$$

式(7-13)右侧方括号中最后一项为

$$\begin{cases} \Gamma_{\frac{N-1}{2}} (e^{j\theta} + e^{-j\theta}) & (N\ 为奇数) \\ \Gamma_{\frac{N}{2}} & (N\ 为偶数) \end{cases}$$

从而有

$$\Gamma = 2\mathrm{e}^{-\mathrm{j}N\theta}[\Gamma_0\cos N\theta + \Gamma_1\cos(N-2)\theta + \cdots + \Gamma_{\frac{N-1}{2}}\cos\theta](N\ 为奇数) \tag{7-14a}$$

$$\Gamma = 2\mathrm{e}^{-\mathrm{j}N\theta}\left[\Gamma_0\cos N\theta + \Gamma_1\cos(N-2)\theta + \cdots + \frac{1}{2}\Gamma_{\frac{N}{2}}\right](N\ 为偶数) \tag{7-14b}$$

$$|\Gamma| = 2\,|\Gamma_0\cos N\theta + \Gamma_1\cos(N-2)\theta + \Gamma_2\cos(N-4)\theta + \cdots| \tag{7-15}$$

式(7-15)为 $\cos\theta$ 的(N 次)多项式，有多个 θ 值可以满足 $|\Gamma|=0$，只需适当选取各局部电压反射系数 $\Gamma_0, \Gamma_1, \cdots, \Gamma_N$，也即适当选取各节($\lambda/4$)传输线段的特性阻抗 Z_1，$Z_2, \cdots, Z_N$，就可以得到各种特征的匹配通带(称为 N 节阶梯阻抗变换器的综合或设计)。下面介绍两种形式的阻抗变换器：最平坦通带特性阻抗变换器和等波纹通带特性阻抗变换器。

2. 最平坦(巴特沃斯)通带特性阻抗变换器

(1) 定义：在中心频率处$\left(\theta=\dfrac{\pi}{2}\right)$，$|\Gamma|=0$；在中心频率附近，$|\Gamma|$变化最小(最平坦通带特性)。

(2) 条件：因$|\Gamma|$是 $\cos\theta$ 的 N 次多项式，所以应使$|\Gamma|$对 $\cos\theta$ 的前($N-1$)阶导数在中心频率处全为零，才能满足定义。

(3) 主线反射系数表达式(变换器输入端)为

$$\Gamma = A(1+\mathrm{e}^{-\mathrm{j}2\theta})^N = A2^N\mathrm{e}^{-\mathrm{j}N\theta}\cos^N\theta = \frac{Z_\mathrm{L}-Z_0}{Z_\mathrm{L}+Z_0}\mathrm{e}^{-\mathrm{j}N\theta}\cos^N\theta \tag{7-16a}$$

$$|\Gamma| = \frac{|Z_\mathrm{L}-Z_0|}{Z_\mathrm{L}+Z_0}|\cos^N\theta| \tag{7-16b}$$

把式(7-16a)按二项式展开，得

$$\Gamma = A[\mathrm{C}_0^N + \mathrm{C}_1^N\mathrm{e}^{-\mathrm{j}2\theta} + \cdots + \mathrm{C}_n^N\mathrm{e}^{-\mathrm{j}2n\theta} + \cdots + \mathrm{C}_N^N\mathrm{e}^{-\mathrm{j}2N\theta}] \tag{7-17}$$

式中二项式系数为

$$\mathrm{C}_n^N = \frac{N!}{(N-n)!\,n!} \tag{7-18}$$

易见：C_n^N 具有对称性[$\mathrm{C}_n^N=\mathrm{C}_{N-n}^N$]；常数 A 为

$$A = \frac{Z_\mathrm{L}-Z_0}{Z_\mathrm{L}+Z_0}2^{-N} \tag{7-19}$$

将式(7-17)与式(7-13)相比较，令对应指数项系数相等，可得局部电压反射系数为

$$\Gamma_n = \frac{Z_\mathrm{L}-Z_0}{Z_\mathrm{L}+Z_0}2^{-N}\mathrm{C}_n^N \tag{7-20}$$

式中：$n=0,1,\cdots,N$，且满足 $\Gamma_n=\Gamma_{N-n}$，N 为变换段的节数。

利用式(7-20)算得 Γ_n 后，可由局部反射系数与各节($\lambda/4$)传输线段特性阻抗关系式[见式(7-12)]，求出各节传输线的特性阻抗。

(4) 频率特性。图 7.15 所示为由式(7-16b)所给出的$|\Gamma|$的频率特性曲线。当给定$|\Gamma|$的最大允许值$|\Gamma|_m$时,可求得通带边缘频率θ_1及θ_2。

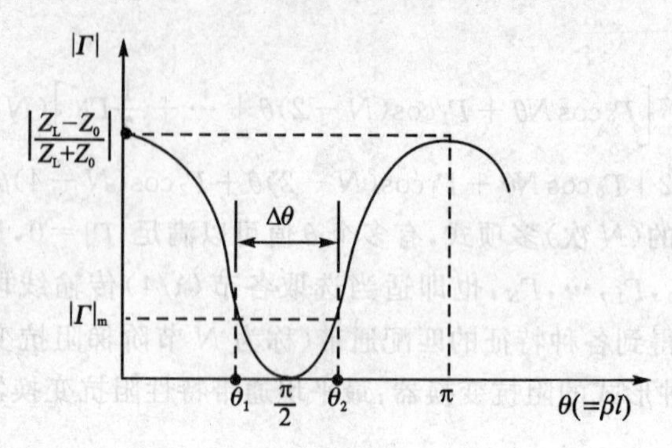

图 7.15　巴特沃斯阻抗变换器的频率特性

在式(7-16b)中,令$|\Gamma(\theta_{1,2})|=|\Gamma|_m$,可得

$$\theta_1=\theta_m=\arccos\left[\frac{(Z_L+Z_0)\ |\Gamma|_m}{|Z_L-Z_0|}\right]^{\frac{1}{N}} \tag{7-21a}$$

$$\theta_2=\pi-\theta_m=\pi-\theta_1 \tag{7-21b}$$

传输 TEM 波时的相对带宽可由式(7-10)及式(7-21)求得

$$W_q=2-\frac{4}{\pi}\theta_m=2-\frac{4}{\pi}\arccos\left[\frac{(Z_L+Z_0)\ |\Gamma|_m}{|Z_L-Z_0|}\right]^{\frac{1}{N}} \tag{7-22}$$

一般有$|\Gamma|_m\ll|\Gamma|_{max}=\frac{|Z_L-Z_0|}{(Z_L+Z_0)}$。由式(7-21)及式(7-22)易见:节数$N$减小,$\theta_m\to\frac{\pi}{2}(W_q\to 0)$;节数$N$增加,$\theta_m$减小($W_q$增大);$N\to\infty$时,$\theta_m\to 0,W_q\to 2$。

(5) 工程设计。给定技术指标:$|\Gamma|_m,\theta_m,Z_0,Z_L$。

① 确定节数N。把给定的技术指标代入式(7-16b)中得

$$N\geqslant\frac{\lg\left[\frac{(Z_L+Z_0)\ |\Gamma|_m}{|Z_L-Z_0|}\right]}{\lg|\cos\theta_m|} \tag{7-23}$$

在式(7-23)中,节数N应取进位正整数。

② 确定各节传输线段的特性阻抗。确定了节数N之后,先利用式(7-20)确定各(参考面处的)局部电压反射系数Γ_n,再由式(7-12)依次令$n=0,1,\cdots,N-1$,即可顺次确定各节传输线段的特性阻抗$Z_1,Z_2,\cdots,Z_N$。

③ 工程设计中的近似公式。利用式(7-20)及式(7-12),确定各节传输线段的特性阻抗稍显复杂,在工程设计中,当满足$\frac{1}{2}\leqslant\frac{Z_L}{Z_0}\leqslant 2$时可用下面的近似公式来确定各节传输线段的特性阻抗。

$$\ln\frac{Z_{n+1}}{Z_n}=2^{-N}C_n^N\ln\frac{Z_L}{Z_0}\quad(n=0,1,\cdots,N-1) \tag{7-24}$$

式(7-24)可以通过做本章习题 7-18 得到证明。

【例 7-2】 给定技术指标：$Z_L=200\ \Omega$，$Z_0=100\ \Omega$，$|\Gamma|_m=0.1$，$\theta_m=60°$，试设计最平坦通带特性多节阶梯阻抗变换器。

【解】 $Z_L/Z_0=2$，可以用近似公式进行设计。

(1) 确定节数 N。由式(7-23)可得

$$N=\frac{\lg\left[\frac{(200+100)\times 0.1}{200-100}\right]}{\lg|\cos 60°|}\approx 1.74\quad (\text{取 } N=2)$$

(2) 确定两节传输线段的特性阻抗(Z_1，Z_2)。在式(7-24)中，先令 $n=0$，$N=2$，有

$$\ln\frac{Z_1}{Z_0}=2^{-2}C_0^2\ln\frac{Z_L}{Z_0}=\frac{1}{4}\ln\frac{Z_L}{Z_0}=\ln\left(\frac{Z_L}{Z_0}\right)^{\frac{1}{4}}$$

即

$$Z_1=Z_0\left(\frac{Z_L}{Z_0}\right)^{\frac{1}{4}}=100\times 2^{\frac{1}{4}}\ \Omega\approx 119\ \Omega$$

再令 $n=1$，有

$$\ln\frac{Z_2}{Z_1}=2^{-2}C_1^2\ln\frac{Z_L}{Z_0}=\ln\left(\frac{Z_L}{Z_0}\right)^{\frac{1}{2}}$$

即

$$Z_2=Z_1\left(\frac{Z_L}{Z_0}\right)^{\frac{1}{2}}\approx 168\ \Omega$$

(3) 验算。把 $N=2$，$|\Gamma|_m=0.1$，$Z_L=200\ \Omega$，$Z_0=100\ \Omega$ 代入式(7-21a)中计算设计后的 θ_m，可得

$$\theta_m=\arccos\sqrt{\frac{(200+100)\ \Omega\times 0.1}{(200-100)\ \Omega}}\approx 56.8°(\text{有一定的富余带宽})$$

3. 等波纹(切比雪夫)通带特性阻抗变换器

(1) 定义：在通带内[$\theta_m\leqslant\theta\leqslant\pi-\theta_m$，$|\Gamma(\theta)|\leqslant|\Gamma|_m$]，$|\Gamma(\theta)|$呈等波纹规律变化(如图 7.16 所示)。

(2) 条件：将 $\Gamma(\cos\theta)$用 N 阶切比雪夫多项式来表示即可。

(3) 主线反射系数表达式(变换器输入端)为

$$\Gamma(\theta)=\frac{Z_L-Z_0}{Z_L+Z_0}e^{-jN\theta}\frac{T_N(\sec\theta_m\cos\theta)}{T_N(\sec\theta_m)}\tag{7-25a}$$

式中：$T_N(x)$为以 x 为自变量的 N 阶切比雪夫多项式，其定义为

$$T_N(x)=\begin{cases}\cos(N\arccos x) & |x|=\left|\dfrac{\cos\theta}{\cos\theta_m}\right|\leqslant 1\\ \mathrm{ch}(N\mathrm{arcch}\,x) & |x|=\left|\dfrac{\cos\theta}{\cos\theta_m}\right|>1\end{cases}\tag{7-25b}$$

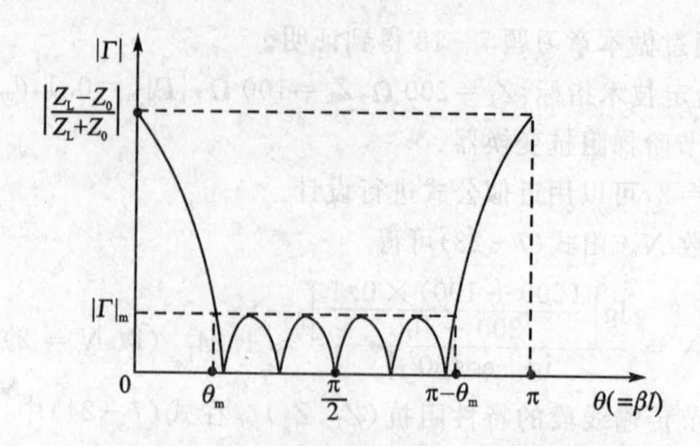

图 7.16 切比雪夫阻抗变换器的频率特性

切比雪夫多项式具有如下性质：

① $|x|\leqslant1$，$|T_N(x)|\leqslant1$ 且呈等波纹规律变化(对应于 $\theta_m<\theta<\pi-\theta_m$)。

② $|x|=1$，$|T_N(x)|=1$(对应于 $\theta=\theta_m$ 或 $\theta=\pi-\theta_m$)。

③ $|x|>1$，$|T_N(x)|$迅速增加(对应于 $0<\theta<\theta_m$ 或 $\pi-\theta_m<\theta<\pi$)。

利用切比雪夫多项式的性质及式(7-25a)，可得

$$|\Gamma|_m=|\Gamma(\theta=\theta_m)|=\left|\frac{Z_L-Z_0}{Z_L+Z_0}\right|\frac{1}{|T_N(\sec\theta_m)|} \tag{7-26a}$$

此时，式(7-25a)可以表示成

$$\Gamma(\theta)=\pm|\Gamma|_m T_N(\sec\theta_m\cos\theta)e^{-jN\theta}(Z_L>Z_0 \text{ 取正号}, Z_L<Z_0 \text{ 取负号}) \tag{7-26b}$$

(4) 工程设计。给定技术指标：$|\Gamma|_m$，θ_m，Z_0，Z_L。

① 确定节数 N。把给定的技术指标代入式(7-26a)，得

$$N\geqslant\frac{\operatorname{arcch}\left[\frac{|Z_L-Z_0|}{(Z_L+Z_0)|\Gamma|_m}\right]}{\operatorname{arcch}(\sec\theta_m)} \tag{7-27}$$

查有关数学手册即可确定 N 值(取进位正整数)。

② 确定各局部电压反射系数 Γ_n。利用式(7-25)及式(7-14)，可得

$$\Gamma=\frac{Z_L-Z_0}{Z_L+Z_0}e^{-jN\theta}\frac{T_N(\sec\theta_m\cos\theta)}{T_N(\sec\theta_m)}=2e^{-jN\theta}[\Gamma_0\cos N\theta+\Gamma_1\cos(N-2)\theta+\cdots] \tag{7-28}$$

$T_N(x)$的展开式(记 $x=\sec\theta_m\cos\theta$)为

$$T_1(x)=x \tag{7-29a}$$

$$T_2(x)=2x^2-1 \tag{7-29b}$$

$$T_3(x)=4x^3-3x \tag{7-29c}$$

$$T_4(x)=8x^4-8x^2+1 \tag{7-29d}$$

$\cos^N\theta$ 的展开式为

$$\cos^2\theta=\frac{1}{2}(1+\cos 2\theta) \tag{7-30a}$$

$$\cos^3\theta=\frac{1}{4}(\cos 3\theta+3\cos\theta) \tag{7-30b}$$

$$\cos^4\theta=\frac{1}{8}(\cos 4\theta+4\cos 2\theta+3) \tag{7-30c}$$

利用式(7-29)、式(7-30)、式(7-28)，经比较系数即可求得各局部电压反射系数。此处$N\leqslant 4$，$N>4$的情况可通过查有关《微波工程手册》来得到各局部电压反射系数。

【例7-3】已知$|\Gamma|_m=0.05$，$Z_L=100\ \Omega$，$Z_0=50\ \Omega$，试设计等波纹型两节阶梯阻抗变换器。

【解】(1)求θ_m及W_q(传输TEM波)。由式(7-26a)及式(7-29b)，得

$$T_2(\sec\theta_m)=2\sec^2\theta_m-1=\frac{Z_L-Z_0}{(Z_L+Z_0)|\Gamma|_m}=\frac{100-50}{(100+50)\times 0.05}\approx 6.67$$

解得$\sec\theta_m\approx 1.96$，$\theta_m\approx 59.3°$。

由式(7-10)，可求得相对带宽为

$$W_q=2-\frac{4}{\pi}\theta_m=2-\frac{4\times 59.3°}{180°}\approx 0.68$$

(2) 确定各局部电压反射系数($\Gamma_0=\Gamma_2$，Γ_1)。在式(7-28)中令$N=2$并利用式(7-14b)、式(7-29b)、式(7-30a)及式(7-26b)，可得

$$\begin{aligned}\Gamma&=2e^{-j2\theta}\left[\Gamma_0\cos 2\theta+\frac{1}{2}\Gamma_1\right]=[2\Gamma_0\cos 2\theta+\Gamma_1]e^{-j2\theta}=\\&|\Gamma|_m T_2(\sec\theta_m\cos\theta)e^{-j2\theta}=|\Gamma|_m[2\sec^2\theta_m\cos^2\theta-1]e^{-j2\theta}=\\&|\Gamma|_m[\sec^2\theta_m(\cos 2\theta+1)-1]e^{-j2\theta}\end{aligned}$$

经对比同类项系数(令其相等)，等

$$2\Gamma_0=|\Gamma|_m\sec^2\theta_m$$

$$\Gamma_1=|\Gamma|_m(\sec^2\theta_m-1)$$

经计算得

$$\Gamma_0=\frac{1}{2}|\Gamma|_m\sec^2\theta_m=\frac{0.05}{2}\times 1.96^2\approx 0.096=\Gamma_2$$

$$\Gamma_1=0.05\times(1.96^2-1)\approx 0.142$$

(3) 确定各节传输线段的特性阻抗(Z_1，Z_2)。由$\Gamma_0=\dfrac{Z_1-Z_0}{Z_1+Z_0}$，得

$$Z_1=Z_0\frac{1+\Gamma_0}{1-\Gamma_0}=50\ \Omega\times\frac{1+0.096}{1-0.096}\approx 60.62\ \Omega$$

另由$\Gamma_2=\dfrac{Z_L-Z_2}{Z_L+Z_2}$，得

$$Z_2=Z_L\frac{1-\Gamma_2}{1+\Gamma_2}=100\ \Omega\times\frac{1-0.096}{1+0.096}\approx 82.48\ \Omega$$

必须指出：由 $\Gamma_1=\dfrac{Z_2-Z_1}{Z_2+Z_1}$，可得 $Z_2=Z_1\ \dfrac{(1+\Gamma_1)}{(1-\Gamma_1)}=80.69\ \Omega$。出现结果不一致的原因是：在推导过程中利用了小反射理论，小反射理论本身就是一种近似理论。利用网络综合理论，可得精确结果。

4. 讨 论

(1) 变负载情况。设在工作频带内，负载阻抗随频率变化，其变化范围为 $R_{\mathrm{Lmin}}\leqslant Z_{\mathrm{L}}=R_{\mathrm{L}}\leqslant R_{\mathrm{Lmax}}$。则定义变阻比为 $R=\dfrac{R_{\mathrm{L}}}{Z_0}=\dfrac{Z_{\mathrm{L}}}{Z_0}$，其在工作频带内的变化范围为 $R_{\min}=\dfrac{R_{\mathrm{Lmin}}}{Z_0}\leqslant R\leqslant\dfrac{R_{\mathrm{Lmax}}}{Z_0}=R_{\max}$。取 $R_{\max}$ 与 $\dfrac{1}{R_{\min}}$ 两者之较大者记为 R_{m}，则可按下面公式计算节数 N，并进行相应设计。

① 对“最平坦型”，有

$$N\geqslant\frac{\lg\left[\dfrac{(R_{\mathrm{m}}+1)\,|\Gamma|_{\mathrm{m}}}{(R_{\mathrm{m}}-1)}\right]}{\lg|\cos\theta_{\mathrm{m}}|}$$

② 对“等波纹型”，有

$$N\geqslant\frac{\operatorname{arcch}\left[\dfrac{(R_{\mathrm{m}}-1)}{(R_{\mathrm{m}}+1)\,|\Gamma|_{\mathrm{m}}}\right]}{\operatorname{arcch}(\sec\theta_{\mathrm{m}})}$$

在以上公式中，N 取进位正整数(见参考文献[10])。

(2) 两种类型阻抗变换器的性能比较。

① 满足相同的技术指标($|\Gamma|_{\mathrm{m}},\theta_{\mathrm{m}},R=\dfrac{Z_{\mathrm{L}}}{Z_0}$)时，“等波纹型”比“最平坦型”所需的节数少。

② 节数相同时，$|\Gamma|_{\mathrm{m}}$ 及 R 也相同，“等波纹型”比“最平坦型”的频带宽。

③ 节数相同时，θ_{m} 及 R 也相同，“等波纹型”比“最平坦型”所对应的 $|\Gamma|_{\mathrm{m}}$ 值小(见例 7-2 和例 7-3)。

综上可知，等波纹通带特性阶梯阻抗变换器的性能优于最平坦通带特性阶梯阻抗变换器。

习 题

7-1 已知均匀无耗长线的特性阻抗 $Z_0=50\ \Omega$，沿线电压波腹值 $|\dot{U}|_{\max}=10$ V，电压波节值 $|\dot{U}|_{\min}=6$ V，第一电压节点距终端 $0.12\lambda_{\mathrm{p}}$，求负载阻抗 Z_{L}。若用终端短路线进行单分支调匹配，求终端短路线的并接位置(到终端的距离)和最短电长度(波长数)。

7-2 一个喇叭天线由矩形波导馈电(如图 7.17)传输 TE_{10} 波，喇叭呈现的等效

归一化负载阻抗 $\widetilde{Z}_{\mathrm{L}}=0.8+\mathrm{j}0.6$，若用一对称电容膜片进行单分支调配，求电容膜片接入到喇叭的距离 l 及膜片的 $\dfrac{d}{b}$ 值。若采用对称电感膜片进行匹配，则 l 及 $\dfrac{d}{a}$ 又各为多少？（设 $b=\dfrac{a}{2}$，$\lambda_{\mathrm{p}}=2a$，$f=10\ \mathrm{GHz}$，电容膜片及电感膜片的厚度忽略不计）

7-3　如图 7.18 所示，两段同轴线特性阻抗分别为 $Z_{01}=75\ \Omega$，$Z_{02}=50\ \Omega$，采用由介质套筒构成的四分之一波长变换段进行匹配。已知工作频率 $f=3\ \mathrm{GHz}$，外导体内径 $D=16\ \mathrm{mm}$，$|\Gamma|_{\mathrm{m}}=0.1$。试确定该介质的相对介电常数 ε_{r}，变换段的长度 l，内导体直径 d_1 及带宽 Δf（设同轴线传输 TEM 波）。

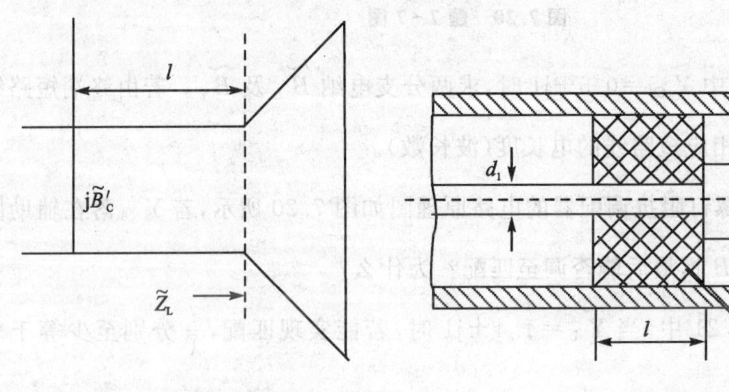

图 7.17　题 7-2 图　　　　图 7.18　题 7-3 图

7-4　标准 3 cm 矩形波导 $a\times b=22.86\ \mathrm{mm}\times 10.16\ \mathrm{mm}$，现要将此波导通过四分之一波长变换段与一等效阻抗为 100 Ω 的矩形波导相连接（它们的宽边尺寸同为 a，内部均为空气并单模传输 $\mathrm{TE_{10}}$ 模），当工作波长 $\lambda=3.2\ \mathrm{cm}$ 时，求变换段波导的窄边尺寸 b'。

7-5　一段填充介质为空气的矩形波导与一段填充相对介电常数为 $\varepsilon_{\mathrm{r}}=2.56$ 的介质的矩形波导，借助于一段四分之一波长矩形波导变换器（内填介质的相对介电常数为 $\varepsilon'_{\mathrm{r}}$）进行匹配。已知各波导（均单模传输）的横截面几何尺寸相同，$a=2.5\ \mathrm{cm}$，$f=10\ \mathrm{GHz}$。求变换波导内填介质的相对介电常数 $\varepsilon'_{\mathrm{r}}$ 及变换段的几何长度 l。

7-6　试画出图 7.19 所示匹配装置的等效电路，并说明它能展宽 $\dfrac{\lambda}{4}$ 变换器工作频带的基本原理（其中：$Z_1=\sqrt{Z_0 Z_{\mathrm{L}}}$）

7-7　同轴线双分支阻抗调配器的工作原理图如图 7.20 所示。试在圆图上画出下列情况的调配过程，并分别说明两种情况下分支导纳 $\mathrm{j}B_1$ 及 $\mathrm{j}B_2$ 是容性还是感性。

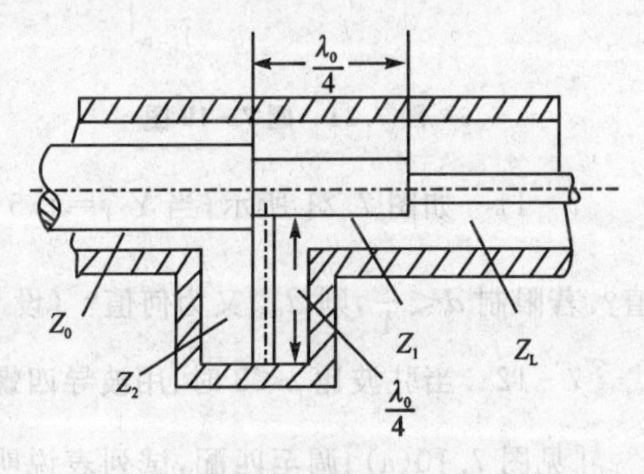

图 7.19　题 7-6 图

(1) $\widetilde{Y}_{C2}=0.5+j1$；

(2) $\widetilde{Y}_{C2}=0.6$。

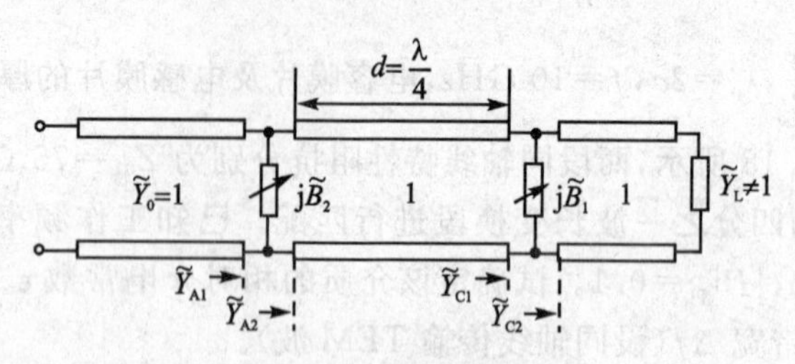

图 7.20　题 7－7 图

7－8　题 7－7 中 $\widetilde{Y}_{C2}=0.5+j1$ 时，求两分支电纳 $\widetilde{B}_1$ 及 $\widetilde{B}_2$。若由终端短路线提供 $\widetilde{B}_1$ 及 $\widetilde{B}_2$，求相应短路线的电长度（波长数）。

7－9　波导两螺钉阻抗调配器的电路原理图如图 7.20 所示，若 $\widetilde{Y}_{C1}$ 落在辅助圆上，但 $\widetilde{Y}_{C1}=\widetilde{G}-j|\widetilde{B}|$，最后能否调至匹配？为什么？

7－10　在图 7.21 中，当 $\widetilde{Y}_L=1.4\pm j1$ 时，若能实现匹配，$\frac{l}{\lambda}$分别至少等于多少？（取 $d=\frac{\lambda}{4}$）

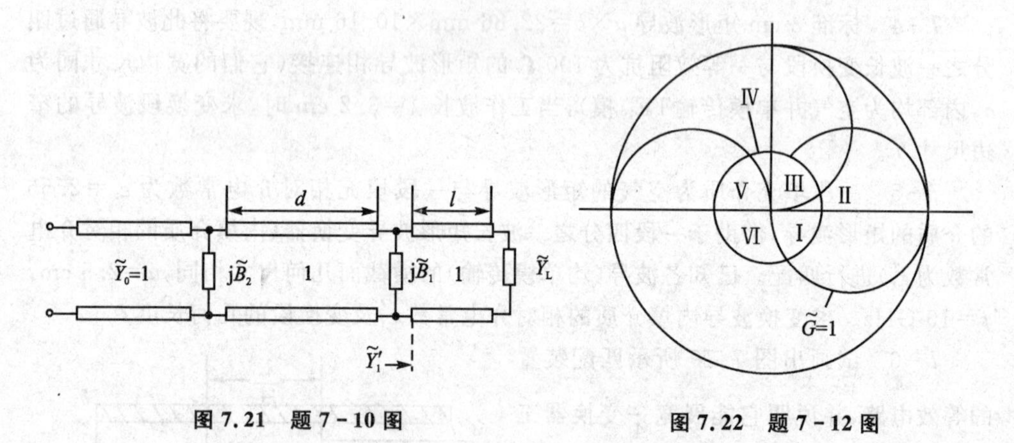

图 7.21　题 7－10 图　　　　图 7.22　题 7－12 图

7－11　如图 7.21 所示，当 $\widetilde{Y}'_1=1.5+j2$ 时，如果限制 $d>\frac{\lambda}{4}$，则此时 $d_{\min}$ 为何值？若限制 $d<\frac{\lambda}{4}$，则 $d_{\max}$ 又为何值？（设 $j\widetilde{B}_1$ 及 $j\widetilde{B}_2$ 由短路线提供）

7－12　当驻波比 $\rho<3$ 时，用波导四螺钉调配器将图 7.22 所示的六个区域内的 $\widetilde{Y}_{inC}$［见图 7.10(a)］调至匹配，试列表说明（在第一轮调节过程中）$\widetilde{Y}_{inC}$ 在不同区域

时，哪几个螺钉起调配作用(已知螺钉间距为 $l=\frac{\lambda_p}{8}$)。

7-13 一同轴线特性阻抗 $Z_0=50\ \Omega$，终端负载 $Z_L=100\ \Omega$，要求在工作频段内具有最平坦的反射特性且 $\rho\leqslant\rho_{max}=1.05$。当用两节同轴阶梯阻抗变换器进行匹配时，求两节变换器的几何尺寸(已知同轴线外导体内径 $D=16$ mm，介质为空气)。

7-14 设计一同轴线最平坦型两节阶梯阻抗变换器，已知主同轴线特性阻抗 $Z_0=50\ \Omega$，负载阻抗 $Z_L=100\ \Omega$，工作中心频率 $f_0=3$ GHz，$|\Gamma|_m=0.09$。计算相对带宽 W_q 及工作频带 $f_1\sim f_2$。

7-15 按题 7-14 指标要求，试计算两节等波纹阶梯阻抗变换器的特性阻抗 Z_1 及 Z_2，相对带宽 W_q 及工作频带 $f_1\sim f_2$。

7-16 如图 7.23 所示为由电感膜片构成的单分支阻抗调配器，试用圆图定性描述调配过程(包括 d 和 $\widetilde{B}$ 的确定)。

7-17 在图 7.23 中，若单分支导纳(jB)由波导螺钉提供，且 $Z_L=2Z_0$。试用圆图定性描述调配过程(包括 d 和 $\widetilde{B}$ 的确定)。

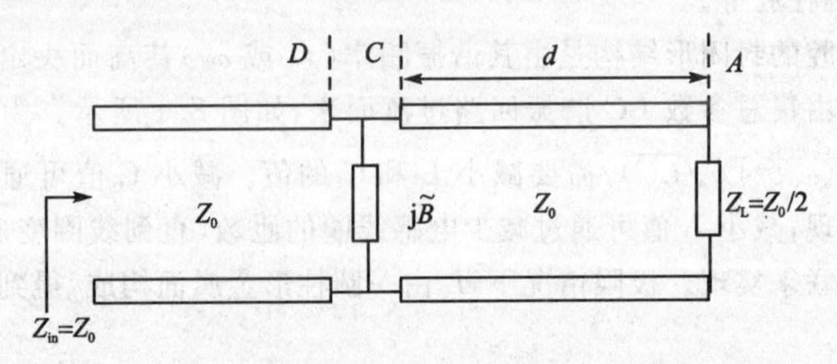

图 7.23 题 7-16 图

7-18 试推导式(7-24)。

7-19 试推导式(7-23)。

7-20 在图 7.6 中，当两并联分支(jB_1 和 jB_2)间距 $l=\lambda_p/8$ 时，试证明：不可调配区为 $\widetilde{G}>2$。

[提示：在导纳圆图中，列出辅助圆方程，与不可调配区边界方程联立求解。]

第 8 章　微波谐振腔

8.1　概　述

微波谐振腔广泛应用于微波信号源、波长计和微波滤波器中。它相当于低频段集总参数的 LC 振荡回路，是一种基本的微波元件。

一、微波谐振腔的结构

孤立的微波谐振腔应具有封闭形金属空腔结构。在实际应用中，于空腔的适当位置开口，以便与外部（源或负载）交换电磁能量（称为耦合）。具体结构可分为：同轴腔、矩形腔和圆柱腔等。

微波谐振腔的封闭形结构是由其谐振频率（f_0 或 ω_0）甚高而决定的。谐振腔可定性地看作是由集总参数 LC 谐振回路过渡而来，如图 8.1 所示。为了提高谐振回路的谐振频率（$\omega_0=1/\sqrt{LC}$），需要减小 L 和 C 的值。减小 C 值可通过增大电容器极板间距来实现；减小 L 值可通过减少电感线圈的匝数（直到线圈变成直导线）并把多根直导线并联来实现。极限情况下，L 由一圆柱形金属面构成，得到如图 8.1 所示的圆柱谐振腔。

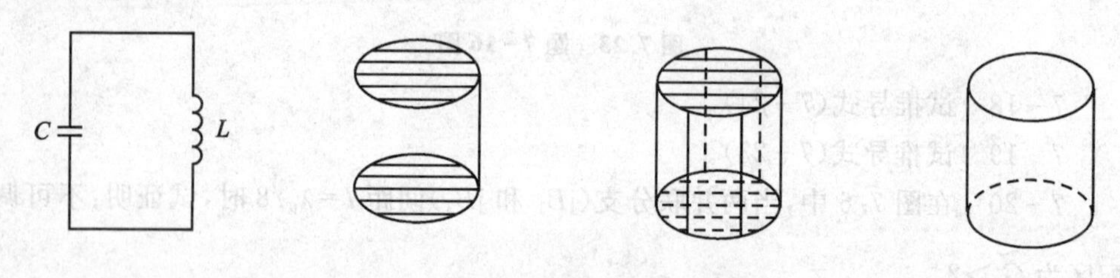

图 8.1　LC 谐振回路过渡为谐振腔

二、微波谐振腔的主要技术指标

（1）谐振波长（λ_0）或谐振频率（f_0）。

（2）结构模式。

（3）品质因数。

8.2　微波谐振腔的品质因数

一、品质因数的定义

1. 固有品质因数(Q_0)

$$Q_0 = \omega_0 \frac{<W_m>+<W_e>}{P_R} \tag{8-1}$$

式中:ω_0 为谐振角频率($\omega_0=2\pi f_0$);$\langle W_m \rangle$为谐振腔内储存的磁能的时间平均值;$\langle W_e \rangle$为谐振腔内储存的电能的时间平均值;P_R 为谐振腔自身损耗功率。

2. 外部品质因数(Q_e)

$$Q_e = \omega_0 \frac{<W_m>+<W_e>}{P_L} \tag{8-2}$$

式中:P_L 为与谐振腔相连接的外部负载消耗的功率。

3. 有载品质因数(Q_L)

$$Q_L = \omega_0 \frac{<W_m>+<W_e>}{P_R+P_L} \tag{8-3}$$

【讨论】

(1) Q_0 值的大与小代表谐振腔本身质量的优与劣。Q_0 值大,表明腔本身的功耗小,腔的自身质量优良。

(2) Q_e 值的大与小代表谐振腔向外部负载提供能量的效率的低与高。用于微波信号源中的谐振腔,其 Q_e 应越小越好。

(3) Q_L 是衡量整个谐振系统(带载腔)质量优劣的综合参量。Q_L 与 Q_0 及 Q_e 有如下关系

$$Q_L^{-1} = Q_0^{-1} + Q_e^{-1} \tag{8-4}$$

二、谐振腔内的电磁能量及功耗

1. 腔内的电能与磁能

微波谐振腔中的电磁能量关系与集总参数 LC 谐振回路中的电磁能量关系有许多相似之处。图 8.2 分别描绘了 LC 并联谐振回路及同轴谐振腔中电场与磁场、电能与磁能的分布规律(其中同轴谐振腔的长度为 $l=\frac{\lambda}{2}$,两端短路封闭)。

对于集总参数(并联)LC 谐振回路,电容中电场能量的时间平均值为

$$<W_e> = \frac{1}{4}CU^2$$

式中:U 为电容 C 两端电压。

电感 L 中磁场能量的时间平均值为

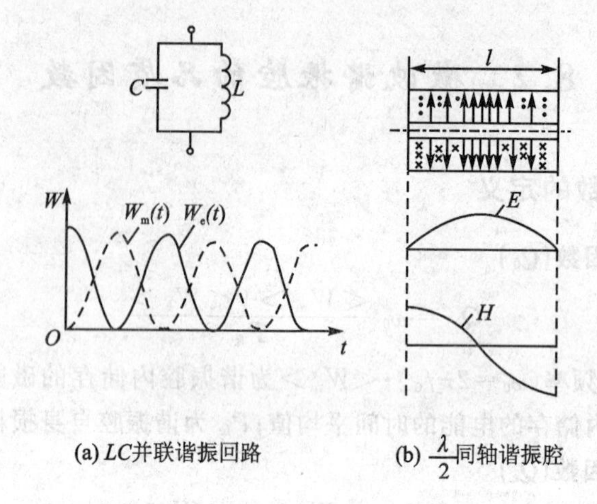

(a) LC并联谐振回路　　(b) $\frac{\lambda}{2}$同轴谐振腔

图 8.2　*LC* 谐振回路与同轴腔

$$<W_m>=\frac{1}{4}LI^2=\frac{1}{4}L\left(\frac{U}{\omega L}\right)^2=\frac{U^2}{4L\omega^2}$$

式中：I 为回路电流。当回路谐振时（$\omega=\omega_0$），并联电纳为零，意味着$<W_e>=<W_m>$，从而得谐振（角）频率为

$$\omega_0=\frac{1}{\sqrt{LC}} \tag{8-5}$$

在谐振回路中，电、磁能量以振荡的形式互相转换，但回路中存储的总电磁能量保持不变，且有

$$<W>=<W_m>+<W_e>=2<W_m>=2<W_e>=\frac{1}{2}CU^2$$

若计及损耗，则图 8.2(a)中电路应有并联电导 G，其损耗功率为

$$P_R=\frac{1}{2}GU^2$$

对于微波谐振腔，设腔内空间体积为 V，其金属边界面为 S。腔内电场能量时间平均值为

$$<W_e>=\frac{\varepsilon}{4}\iiint_V \boldsymbol{E}\cdot\boldsymbol{E}^*\,\mathrm{d}V \tag{8-6a}$$

腔内磁场能量时间平均值为

$$<W_m>=\frac{\mu}{4}\iiint_V \boldsymbol{H}\cdot\boldsymbol{H}^*\,\mathrm{d}V \tag{8-6b}$$

谐振时（与 LC 回路同样）有$<W_e>=<W_m>$，腔内总电磁能量的时间平均值为

$$<W>=<W_m>+<W_e>=2<W_m>=2<W_e>=\frac{\mu}{2}\iiint_V \boldsymbol{H}\cdot\boldsymbol{H}^*\,\mathrm{d}V \tag{8-7}$$

2. 腔体的功耗

若计及腔壁的(导体)损耗,设金属腔壁的表面电阻为 R_S,透入深度为 δ,电导率为 σ,则腔壁总的损耗功率(腔本身的损耗)为

$$P_R = \frac{R_S}{2}\oiint_S \boldsymbol{H}_t \cdot \boldsymbol{H}_t^* \,\mathrm{d}S \tag{8-8}$$

式中:$\boldsymbol{H}_t$ 为 S 上磁场的切向分量。

$$R_S = \frac{1}{\sigma\delta} = \sqrt{\frac{\omega_0\mu_0}{2\sigma}} \tag{8-9}$$

三、谐振腔固有品质因数

由式(8-6)、式(8-7)、式(8-8)、式(8-9)、式(8-1),得

$$Q_0 = \frac{2\iiint_V \boldsymbol{H} \cdot \boldsymbol{H}^* \,\mathrm{d}V}{\delta\oiint_S \boldsymbol{H}_t \cdot \boldsymbol{H}_t^* \,\mathrm{d}S} \tag{8-10}$$

式中,$\delta=\sqrt{\frac{2}{\omega_0\mu_0\sigma}}$为金属腔壁的透入深度。

8.3　微波谐振腔的激励与耦合

一、基本概念

谐振腔的激励(输入)与耦合(输出)本质上是同一类问题,均属于传输线(波导或同轴线)与谐振腔(波导腔或同轴腔)之间相互激发的问题。

通常与谐振腔相“外接”的传输线中导行波的模式是已知的,而谐振腔内希望激发的谐振模式也是已知的。因此,激励与耦合的问题就成为如何选择适当的激励与耦合装置以使其激励和耦合出所要求的模式,应尽可能消除不需要的模式。

一般而言,传输线与谐振腔之间的激励与耦合是可逆过程,即若传输线中的(传输)模式按某种方法激励起谐振腔的(振荡)模式,则腔内的该(振荡)模式可按同样的方法在传输线中耦合输出原(传输)模式。以下将激励与耦合(输出)统称为耦合。

二、耦合(激励)的原则

(1) 所用耦合装置能在被耦合(激励)一侧建立与所希望模式相一致的电场(电场耦合)。

(2) 所用耦合装置能在被耦合(激励)一侧建立与所希望模式相一致的磁场(磁场耦合)。

(3) 所用耦合装置能在被耦合(激励)一侧的导电壁上建立与所希望模式相一致

的壁电流。

三、耦合(激励)的结构及类型

1. 波导谐振腔与波导(传输线)之间的耦合

如图 8.3 所示为波导谐振腔与波导之间的几种耦合结构。图中(a)属于磁场(电感)耦合;图(b)属于电场(电容)耦合;图(c)属于电磁耦合。

图 8.3 波导谐振腔的几种耦合结构

2. 同轴谐振腔与同轴线之间的耦合

图 8.4 所示为同轴谐振腔与同轴线之间的几种耦合结构及其等效电路。图 8.4(a)为直接耦合(电导耦合),等效电路中的 L_1 代表引线电感,移动接触点位置可改变耦合强弱。图 8.4(b)为探针耦合,探针顶部加金属圆片可加大耦合,改变圆片与内导体间距或上、下移动探针均可改变耦合强弱。图 8.4(c)为环耦合,环面必须与腔内磁场线交链才有耦合,改变环的大小、环与磁场线的相对位置均可改变耦合强弱。

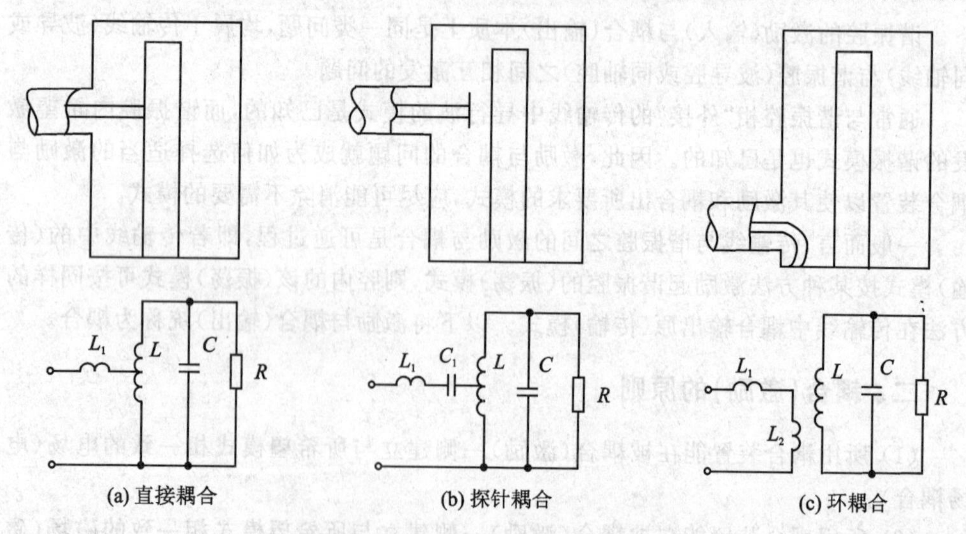

图 8.4 同轴腔的几种耦合结构及其等效电路

3. 圆柱腔与矩形波导之间的耦合

图 8.5 所示为圆柱腔与矩形波导耦合的 3 种连接方式及其等效电路。其中圆柱腔等效为并联谐振回路,耦合孔等效为理想变压器,具体采用什么样的耦合结构应视具体情况决定。

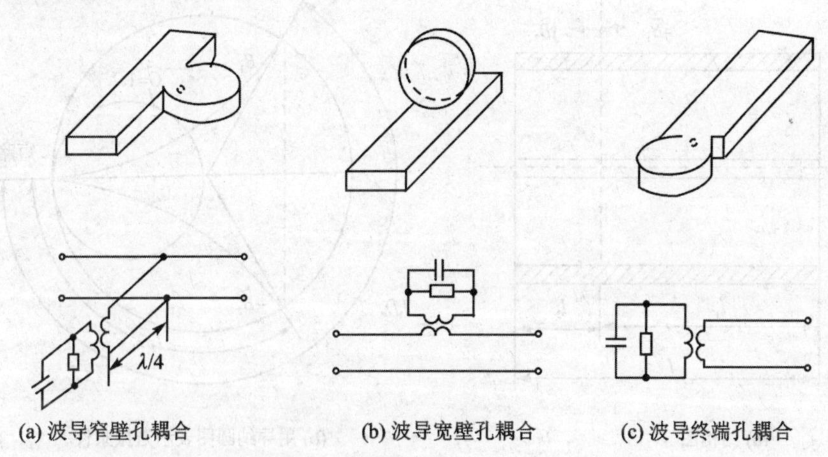

(a) 波导窄壁孔耦合　(b) 波导宽壁孔耦合　(c) 波导终端孔耦合

图 8.5　圆柱腔与矩形波导孔耦合的几种连接方式及其等效电路

8.4　同轴谐振腔

一、$\frac{\lambda}{2}$同轴谐振腔

1. 结　构

图 8.6 所示为$\frac{\lambda}{2}$型同轴谐振腔的结构图,由一段长度为 l 的同轴线两端短路(用金属板封闭)构成,长度 l 应取半个波长的整数倍。

2. 谐振条件

由于两端短路,所以沿线导纳为纯电纳。对 TEM 波,当在 $\lambda_p=\lambda_0$ 谐振时,在任意参考面 T 向两边看去的导纳为 $\mathrm{j}\widetilde{B}_1$ 和 $\mathrm{j}\widetilde{B}_2$(如图 8.6),两者在 T 参考面处之和(并联关系)应为零,即

$$\widetilde{B}_1+\widetilde{B}_2=0 \quad 或 \quad \widetilde{B}_1=-\widetilde{B}_2 \tag{8-11}$$

利用导纳圆图可得 $\widetilde{B}_1$ 点与 $\widetilde{B}_2$ 点关于实轴奇对称,即

$$\frac{l_1}{\lambda_0}+\frac{l_2}{\lambda_0}=\frac{1}{2} \quad \left(或\frac{l_1}{\lambda_0}+\frac{l_2}{\lambda_0}=\frac{n+1}{2}=\frac{l}{\lambda_0}\right)$$

由上式可得谐振条件为

$$\lambda_0 = \frac{2l}{n+1} \quad 或 \quad l = \frac{n+1}{2}\lambda_0 \tag{8-12}$$

式中：$n=0,1,2,\cdots$。

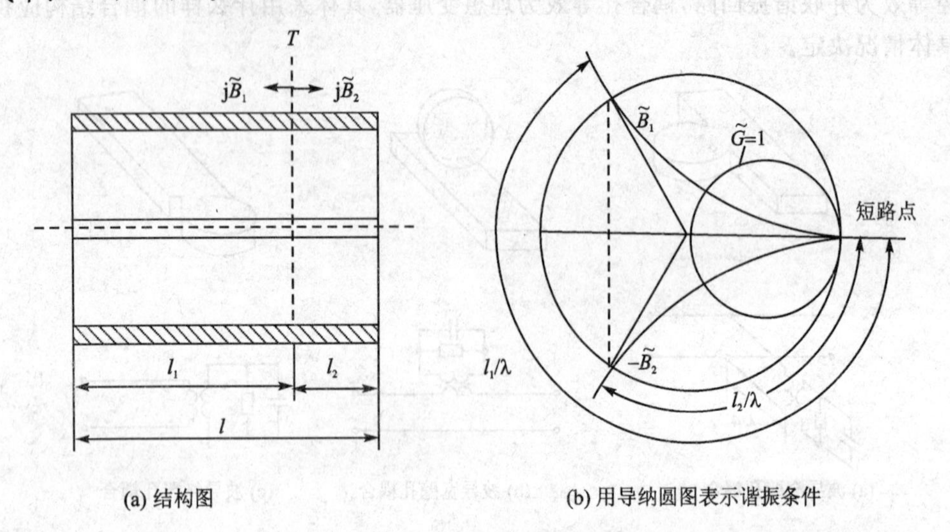

(a) 结构图　　(b) 用导纳圆图表示谐振条件

图 8.6 $\frac{\lambda}{2}$型同轴谐振腔

3. 几点讨论

(1) 谐振具有多谐性(多频性)。给定谐振腔的长度 l 时，满足式(8-12)的所有 λ_0(对应不同的 n 值)皆可产生谐振(对应多个谐振频率 f_0)。反之，当谐振波长给定(λ_0)时，对应有无穷多个谐振长度(l)，取 $n=0$ 得最短谐振长度为

$$l = l_{\min} = \frac{1}{2}\lambda_0 \tag{8-13}$$

而给定 l 时(取 $n=0$)得最大谐振波长为

$$\lambda_0 = \lambda_{0\max} = 2l \tag{8-14a}$$

对应的谐振频率(最低谐振频率)为

$$f_{0\min} = \frac{v}{\lambda_{0\max}} = \frac{1}{\lambda_{0\max}\sqrt{\mu\varepsilon}} = \frac{1}{2l\sqrt{\mu\varepsilon}} \tag{8-14b}$$

一般谐振频率为

$$f_0 = (n+1)f_{0\min} \tag{8-14c}$$

(2) 谐振具有多模性。只要满足谐振条件，原来同轴线中可以存在的各种传输模式皆可谐振——多模谐振(横向场分布不同)。一般应采用 TEM 模谐振。

(3) 把腔内的长度设计成可调状态，可在一定范围内产生频率连续可调的谐振模式。

4. 固有品质因数(工作在 TEM 模)

$$Q_0=\frac{2l}{\delta}\frac{1}{4+\frac{l}{b}\frac{1+\left(\frac{b}{a}\right)}{\ln\left(\frac{b}{a}\right)}} \tag{8-15}$$

式中:a 为同轴线的内导体半径,b 为外导体的内半径。

保持外导体几何尺寸 b 不变,改变$\frac{b}{a}$的值可得不同的 Q_0 值。令$\frac{\mathrm{d}Q_0}{\mathrm{d}\left(\frac{b}{a}\right)}=0$,可得,$\frac{b}{a}=3.59$ 时,$Q_0=Q_{0\max}$。

二、$\frac{\lambda}{4}$同轴谐振腔

1. 结　构

如图 8.7(a)所示,长度为 l 的同轴线一端短路,另一端开路(开路端常将外导体延长一段来减少辐射损耗),长度 l 应比$\frac{\lambda_0}{2}$的整数倍多$\frac{\lambda_0}{4}$。

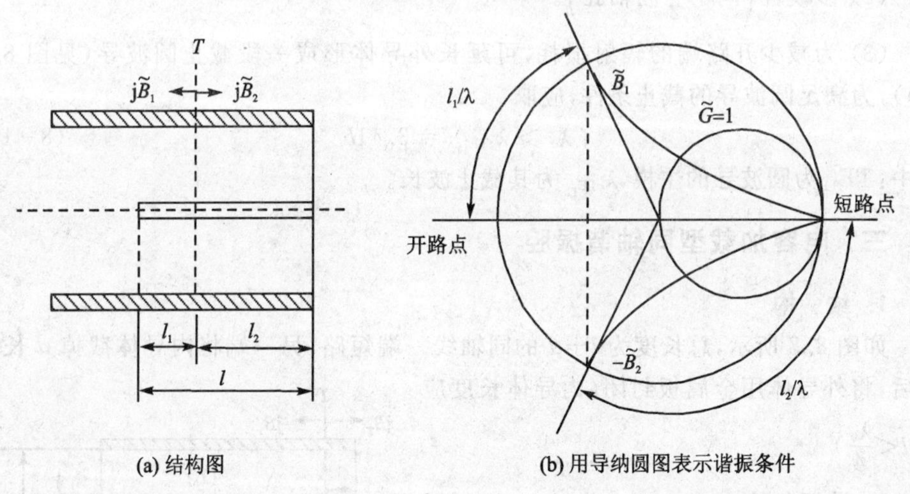

(a) 结构图　　(b) 用导纳圆图表示谐振条件

图 8.7　$\frac{\lambda}{4}$型同轴谐振腔

2. 谐振条件

当在 $\lambda_p=\lambda_0$ 处谐振时,于 T 参考面处有

$$\widetilde{B}_1+\widetilde{B}_2=0 \quad 或 \quad \widetilde{B}_1=-\widetilde{B}_2 \tag{8-16}$$

由图 8.7(b)可知,由短路点(沿驻波圆)顺时针转波长数$\frac{l_2}{\lambda_0}$就得到 $\widetilde{B}_2$;由开路点(沿驻波圆)顺时针转波长数$\frac{l_1}{\lambda_0}$就得到 $\widetilde{B}_1$。因 $\widetilde{B}_1$ 与 $\widetilde{B}_2$ 关于实轴奇对称,所以有

$$\frac{l_1}{\lambda_0}+\frac{l_2}{\lambda_0}=\frac{1}{4} \quad 或 \quad \left(\frac{l_1}{\lambda_0}+\frac{l_2}{\lambda_0}=\frac{l}{\lambda_0}=\frac{1}{4}+\frac{n}{2}\right)$$

由上式可得谐振条件为

$$\lambda_0=\frac{4l}{2n+1} \quad 或 \quad l=\frac{2n+1}{4}\lambda_0 \tag{8-17}$$

式中：$n=0,1,2,\cdots$。

3. 几点讨论

(1) 多谐性。给定长度 l，所有满足式(8-17)的频率皆可产生谐振，令 $n=0$，得最大谐振波长为

$$\lambda_{0\max}=4l \tag{8-18a}$$

对应的最低谐振频率为

$$f_{0\min}=\frac{1}{\sqrt{\mu\varepsilon}\lambda_{0\max}}=\frac{1}{4l\sqrt{\mu\varepsilon}} \tag{8-18b}$$

给定 λ_0，可得腔体的最短长度($n=0$)为

$$l_{\min}=\frac{\lambda_0}{4} \tag{8-18c}$$

(2) 多模性$\left(同于\frac{\lambda}{2}同轴腔\right)$。

(3) 为减少开路端的辐射损耗，可延长外导体形成一段截止圆波导(见图 8.7(a))，为满足圆波导的截止条件，应取

$$\lambda_0>\lambda_{cTE_{11}}=3.41b \tag{8-19}$$

式中：TE_{11} 为圆波导的主模，$\lambda_{cTE_{11}}$ 为其截止波长。

三、电容加载型同轴谐振腔

1. 结　构

如图 8.8 所示，总长度为 $l+d$ 的同轴线一端短路，另一端将内导体截掉 d 长度之后，将外导体用金属板封闭(内导体长度应取 $l<\frac{\lambda_0}{4}$)。

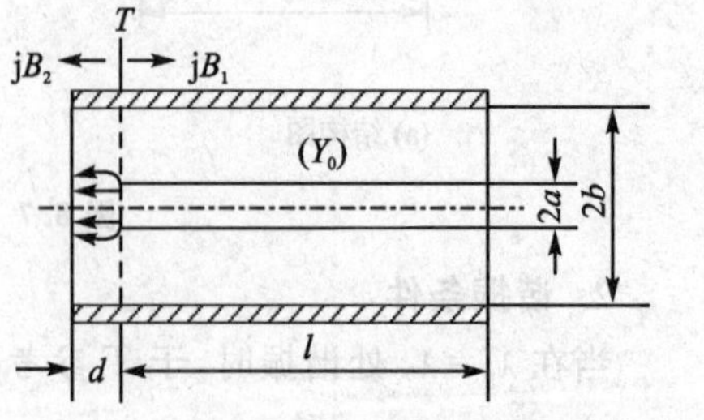

2. 谐振条件

(1) 短路点在 T 参考面(见图 8.8)提供的导纳为

$$\mathrm{j}\widetilde{B}_1=-\mathrm{j}\cot\beta l \tag{8-20}$$

图 8.8　电容加载型同轴谐振腔

即

$$\mathrm{j}B_1=-\mathrm{j}Y_0\cot\frac{2\pi l}{\lambda_0}$$

因 $l<\frac{\lambda_0}{4}$，所以，B_1 呈感性。

(2) 左端内导体端面与封闭金属板在 T 参考面提供一电容，其导纳为

$$\mathrm{j}B_2 = \mathrm{j}\omega_0 C$$

忽略边缘效应时，C 为平行板电容器的电容，其值为 $C=\frac{\varepsilon\pi a^2}{d}$（$a$ 为内导体半径）。

(3) 在 $\lambda_p=\lambda_0$ 处谐振时，应有（T 参考面处）

$$\mathrm{j}B_2 = -\mathrm{j}B_1$$

由此可得谐振条件为

$$\omega_0 C = \frac{\omega_0\varepsilon\pi a^2}{d} = Y_0\cot(\beta l) = Y_0\cot\frac{2\pi l}{\lambda_0} = Y_0\cot(\omega_0 l\sqrt{\mu\varepsilon}) \tag{8-21a}$$

或 $d=\frac{\omega_0\varepsilon\pi a^2}{Y_0}\tan(\beta l)$，代入 $\omega_0=\frac{\beta}{\sqrt{\mu\varepsilon}}=\frac{2\pi}{\lambda_0\sqrt{\mu\varepsilon}}$，得

$$d = \frac{2\pi^2 a^2}{Y_0}\sqrt{\frac{\varepsilon}{\mu}}\frac{1}{\lambda_0}\tan\frac{2\pi l}{\lambda_0} \tag{8-21b}$$

式中：Y_0 为同轴线的特性导纳，当工作于 TEM 模时，有 $Y_0=\left(\frac{60}{\sqrt{\varepsilon_r}}\ln\frac{b}{a}\right)^{-1}$。

3. 几点讨论

(1) 电容加载同轴腔的设计方法。由给定的 $\omega_0(\lambda_0)$，先按技术要求合理设计（单模）同轴线，再取定内导体长度 l（如取 $l=0.2\lambda_0<\frac{\lambda_0}{4}$），然后，由式(8-21b)计算 d 值即可。

(2) 缩短效应。给定谐振频率（对应 λ_0 一定）时。由式(8-21b)知，d 与 l 可同时减小（仍可满足谐振条件），即谐振腔的（轴向）长度可以很短，便于在微波集成电路中应用。

(3) 多谐性。给定谐振腔的轴向尺寸（l 和 d）时，利用谐振条件[式(8-21a)]可解出多个 ω_0 值（多频率谐振）。具体求解过程如图 8.9 所示（图解法）。

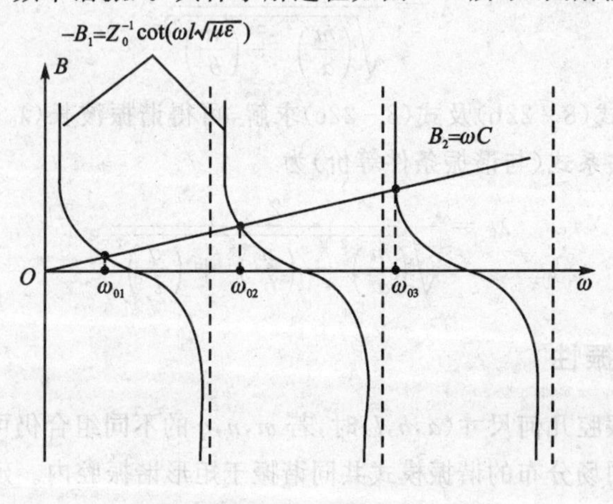

图 8.9　图解法

画出 $B_2=\omega C$ 及 $-B_1=\frac{1}{Z_0}\cot(\omega l\ \sqrt{\mu\varepsilon})$ 曲线，B_2（直线）与 $-B_1$（余切曲线族）的交点的横坐标（$\omega_{01},\omega_{02},\cdots$）即为谐振腔的谐振（角）频率。

8.5 矩形谐振腔

一、结 构

如图 8.10 所示，于矩形波导轴线（z 轴）的适当位置（$z=0$ 及 $z=-l$）放两块封闭的金属平板，即构成矩形谐振腔。腔的几何尺寸为 $a\times b\times l$。

二、谐振条件

矩形谐振腔的结构（指轴向）与半波长同轴谐振腔相同。因此，矩形谐振腔的谐振长度（轴向尺寸 l_1）应为半个谐振相波长（λ_{p0}）的整数倍，由此可得谐振条件为

$$l=\frac{q}{2}\lambda_{p0}\quad(q=1,2,3,\cdots)\tag{8-22a}$$

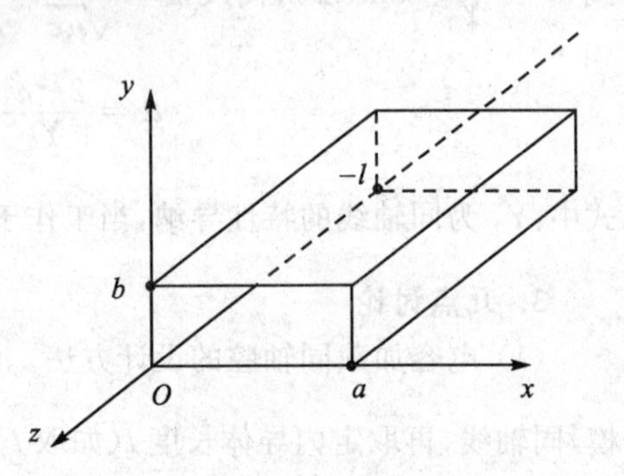

图 8.10 矩形谐振腔

式中：谐振相波长 λ_{p0} 与谐振波长 λ_0 的关系为

$$\lambda_{p0}=\frac{\lambda_0}{\sqrt{1-\left(\frac{\lambda_0}{\lambda_c}\right)^2}}\tag{8-22b}$$

$$\lambda_c=\frac{2}{\sqrt{\left(\frac{m}{a}\right)^2+\left(\frac{n}{b}\right)^2}}\tag{8-22c}$$

联立式(8-22a)、式(8-22b)及式(8-22c)求解，可得谐振波长（λ_0）与矩形谐振腔的几何尺寸之间的关系式（与谐振条件等价）为

$$\lambda_0=\frac{2}{\sqrt{\left(\frac{m}{a}\right)^2+\left(\frac{n}{b}\right)^2+\left(\frac{q}{l}\right)^2}}\tag{8-23}$$

三、多模谐振性

给定矩形谐振腔几何尺寸（a,b,l）时，若 m,n,q 的不同组合仍可满足式(8-23)，则可导致多种不同场分布的谐振模式共同谐振于矩形谐振腔内。延续矩形波导中导行模式的分类与记法可以把矩形谐振腔中的谐振模式分类并记为：TE_{mnq} 模式（$E_z=$

0 但 $H_z \neq 0$)和 TM_{mnq} 模式($H_z = 0$ 但 $E_z \neq 0$)。

不同的谐振模式,其场的分布状态肯定不同,但对应的谐振波长或频率[必须满足式(8-23)]可能相同,也可能不同。

四、单模谐振问题

在工程实际中,经常需要用矩形谐振腔构成微波信号源来激励单模传输的矩形波导。这就要求矩形谐振腔的谐振模式必须能够有效地在矩形波导中激励起 TE_{10} 导行模式。因此,矩形谐振腔中只可能存在单模谐振 TE_{10q} 中之一。下面推导矩形微波谐振腔单模谐振条件。

(1) 在对应的矩形波导中,单模传输 TE_{10} 模的条件为

$$a < \lambda_0 < 2a \quad 且 \quad 2b \leqslant a$$

即有

$$\frac{1}{a^2} < \frac{4}{\lambda_0^2} < \frac{4}{a^2} \quad 且 \quad 2b \leqslant a \tag{8-24a}$$

式中:λ_0 为矩形波导的工作波长,也是对应的矩形谐振腔的谐振波长。

(2) 在用单模矩形波导构成的矩形谐振腔中,只可能谐振 TE_{10q} 谐振模式。对应的谐振条件可由式(8-23)求得

$$\lambda_0 = \frac{2}{\sqrt{\frac{1}{a^2} + \frac{q^2}{l^2}}}$$

即有

$$\frac{4}{\lambda_0^2} = \frac{1}{a^2} + \frac{q^2}{l^2} \tag{8-24b}$$

联立式(8-24a)及式(8-24b)求解,得 TE_{10q} 模可谐振的条件为

$$\frac{1}{a^2} < \frac{4}{\lambda_0^2} = \frac{1}{a^2} + \frac{q^2}{l^2} < \frac{4}{a^2} \quad 且 \quad 2b \leqslant a$$

即有

$$l > q\frac{a}{\sqrt{3}} \quad 且 \quad 2b \leqslant a \tag{8-24c}$$

(3) 单模谐振条件。由式(8-24c),易得 TE_{101} 模单模谐振[TE_{10q}($q \geqslant 2$)模不谐振]的条件为

$$\frac{2a}{\sqrt{3}} > l > \frac{a}{\sqrt{3}} \quad 且 \quad 2b \leqslant a \tag{8-25a}$$

当谐振波长(或频率)给定时,由式(8-23)可得 TE_{101} 模的谐振条件为

$$l = \frac{\lambda_0}{2\sqrt{1 - \left(\frac{\lambda_0}{2a}\right)^2}} \tag{8-25b}$$

联立式(8-25a)和式(8-25b)求解，最后可得矩形谐振腔单模谐振(TE_{101}模)的条件为(见参考文献[11])

$$\left.\begin{aligned}&\frac{\sqrt{7}}{4}\lambda_0 < a < \lambda_0\\&2b \leqslant a\\&l = \frac{\lambda_0}{\sqrt{4-\left(\frac{\lambda_0}{a}\right)^2}}\end{aligned}\right\} \tag{8-26}$$

五、TE_{101}谐振模

1. 场量表达式

矩形谐振腔中的TE_{101}模由矩形波导中沿$\hat{z}$方向传输的TE^i_{10}模(称为入射波)与沿$-\hat{z}$方向传输的TE^r_{10}模(称为反射波)叠加而成。

入射波场量满足的导波方程由式(5-22)和式(5-23)给出

$$\frac{\partial^2 H_{zi}}{\partial x^2}+\frac{\partial^2 H_{zi}}{\partial y^2}+k_c^2 H_{zi}=0$$

$$H_{xi}=\frac{-\mathrm{j}\beta}{k_c^2}\frac{\partial H_{zi}}{\partial x}$$

$$E_{yi}=\frac{\mathrm{j}\omega\mu}{k_c^2}\frac{\partial H_{zi}}{\partial x}$$

对应的场解由式(5-24)给定($m=1,n=0$)

$$H_{zi}=H_{i0}\cos\frac{\pi x}{a}\mathrm{e}^{-\mathrm{j}\beta z}$$

$$H_{xi}=\frac{\mathrm{j}\beta a}{\pi}H_{i0}\sin\frac{\pi x}{a}\mathrm{e}^{-\mathrm{j}\beta z}$$

$$E_{yi}=\frac{-\mathrm{j}\omega\mu a}{\pi}H_{i0}\sin\frac{\pi x}{a}\mathrm{e}^{-\mathrm{j}\beta z}$$

$$E_{xi}=E_{zi}=H_{yi}=0$$

利用式(5-3)、式(5-6)、式(5-7)和式(5-8)并注意到：对入射场量(设为ψ_i)，有$\frac{\partial\psi_i}{\partial z}=-\mathrm{j}\beta\psi_i$，对反射场量(设为$\psi_r$)，有$\frac{\partial\psi_r}{\partial z}=\mathrm{j}\beta\psi_r$，可得反射波场量满足的导波方程为

$$\frac{\partial^2 H_{zr}}{\partial x^2}+\frac{\partial^2 H_{zr}}{\partial y^2}+k_c^2 H_{zr}=0$$

$$H_{xr}=\frac{\mathrm{j}\beta}{k_c^2}\frac{\partial H_{zr}}{\partial x}$$

$$E_{yr}=\frac{\mathrm{j}\omega\mu}{k_c^2}\frac{\partial H_{zr}}{\partial x}$$

对应的场解为(类似于入射场的求解过程)

$$H_{zr}=H_{r0}\cos\frac{\pi x}{a}e^{j\beta z}$$

$$H_{xr}=\frac{-j\beta a}{\pi}H_{r0}\sin\frac{\pi x}{a}e^{j\beta z}$$

$$E_{yr}=\frac{-j\omega\mu a}{\pi}H_{r0}\sin\frac{\pi x}{a}e^{j\beta z}$$

$$E_{xr}=E_{zr}=H_{yr}=0$$

将入射波与反射波磁场的 $\hat{z}$ 分量叠加,得

$$H_z=H_{zi}+H_{zr}=(H_{i0}e^{-j\beta z}+H_{r0}e^{j\beta z})\cos\frac{\pi x}{a}$$

利用矩形谐振腔的边界条件 $z=0$ 及 $z=l$, $H_z=0$,可得 $H_{r0}=-H_{i0}$ 及 $\beta=\frac{q\pi}{l}$。从而得

$$H_z=-j2H_{i0}\cos\frac{\pi x}{a}\sin\frac{q\pi z}{l}$$

令 $q=1\left(\beta=\frac{\pi}{l}\right)$,即得 TE_{101} 谐振模的场量为

$$H_z=H_0\cos\frac{\pi x}{a}\sin\frac{\pi z}{l} \tag{8-27a}$$

$$H_x=H_{xi}+H_{xr}=\frac{-\beta a}{\pi}H_0\sin\frac{\pi x}{a}\cos\frac{\pi z}{l} \tag{8-27b}$$

$$E_y=E_{yi}+E_{yr}=\frac{-j\omega\mu a}{\pi}H_0\sin\frac{\pi x}{a}\sin\frac{\pi z}{l} \tag{8-27c}$$

$$E_x=E_z=H_y=0 \tag{8-27d}$$

2. 谐振波长

$$\lambda_0=\frac{2}{\sqrt{\left(\frac{1}{a}\right)^2+\left(\frac{1}{l}\right)^2}} \tag{8-28a}$$

3. 固有品质因数

$$Q_0=\frac{\lambda_0}{\delta}\frac{\sqrt{\left(\frac{1}{a^2}+\frac{1}{l^2}\right)^3}}{2\left[\left(\frac{2}{a}+\frac{1}{b}\right)\frac{1}{a^2}+\left(\frac{2}{l}+\frac{1}{b}\right)\frac{1}{l^2}\right]} \tag{8-28b}$$

对立方体谐振腔($a=b=l$),有

$$Q_0=\frac{\lambda_0}{\delta}\frac{1}{3\sqrt{2}} \tag{8-28c}$$

式中:δ 为矩形腔金属壁的透入深度。

【例 8-1】已知 3 cm 微波信号源的矩形谐振腔工作于单模谐振状态,试判断其

谐振频率的(最大)可调范围。

【解】3 cm 微波信号源产生的微波信号的中心(谐振)波长为 3 cm,对应的中心(谐振)频率为 10 GHz。该信号源所用的矩形谐振腔是由 BJ－100 型矩形波导构成的,其宽边尺寸 $a=2.286$ cm,窄边尺寸 $b=1.016$ cm,轴向尺寸为 l_0。实用中,通过调节轴向尺寸(l)可以(连续)调节谐振波长(或频率)。

当矩形谐振腔工作于单模谐振状态时,其谐振模式应为 TE_{101} 模。由式(8－23)可得 TE_{101} 模的谐振波长为

$$\lambda_0=\frac{2}{\sqrt{\dfrac{1}{a^2}+\dfrac{1}{l^2}}}$$

易见:适当调节轴向尺寸 l,可以(连续地)改变谐振波长及谐振频率。为实现单模谐振于 TE_{101} 模式,由式(8－25a)可得轴向尺寸(l)的最大调节范围为

$$\frac{2}{\sqrt{3}}a>l>\frac{1}{\sqrt{3}}a$$

对应的谐振波长(λ_0)的最大调节范围为

$$\frac{4a}{\sqrt{7}}=\frac{2a}{\sqrt{1+\dfrac{3}{4}}}>\lambda_0>\frac{2a}{\sqrt{1+3}}=a$$

在上式中取等号,可得最大谐振波长($\lambda_{0\max}$)及对应的最低谐振频率($f_{0\min}$)为

$$\lambda_{0\max}=\frac{4a}{\sqrt{7}}\approx 3.456\ \text{cm}=3.456\times10^{-2}\ \text{m}$$

$$f_{0\min}=\frac{v}{\lambda_{0\max}}\approx\frac{3\times10^8\ \text{m/s}}{3.456\times10^{-2}\ \text{m}}\approx 8.68\ \text{GHz}$$

最小谐振波长($\lambda_{0\min}$)及对应的最高谐振频率($f_{0\max}$)为

$$\lambda_{0\min}=a=2.286\ \text{cm}$$

$$f_{0\max}=\frac{v}{\lambda_{0\min}}\approx\frac{3\times10^8\ \text{m/s}}{2.286\times10^{-2}\ \text{m}}\approx 13.12\ \text{GHz}$$

最后得谐振频率的(最大)调节范围与轴向尺寸的对应关系为

$$f_0=\frac{v}{\lambda_0}=\frac{v}{2}\sqrt{\frac{1}{a^2}+\frac{1}{l^2}}$$

$$2.64\ \text{cm}\approx\frac{2a}{\sqrt{3}}>l>\frac{a}{\sqrt{3}}\approx 1.32\ \text{cm}$$

$$\frac{\sqrt{7}v}{4a}\approx 8.68\ \text{GHz}<f_0<13.12\ \text{GHz}\approx\frac{v}{a}$$

习　题

8－1　微波谐振腔与集总参数谐振回路相比较有哪些特点。

8－2　画出图 8.11 所示两种同轴谐振腔中 TEM 谐振模的电场、磁场驻波分布曲线。

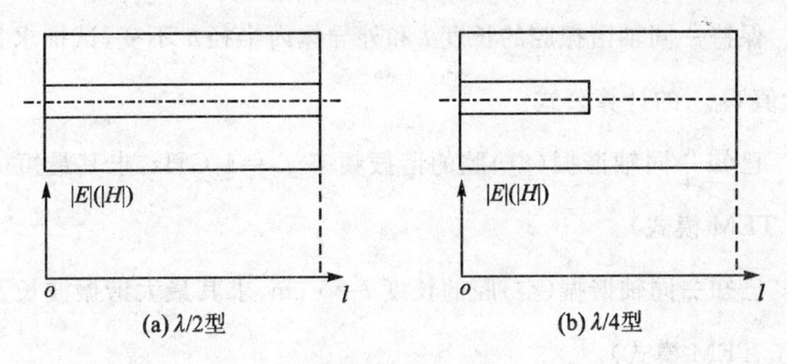

(a) $\lambda/2$型　　(b) $\lambda/4$型

图 8.11　题 8－2 图

8－3　长度为 $l=5$ cm 的$\dfrac{\lambda}{2}$同轴谐振腔，其外导体内直径 $D=2.4$ cm，内导体直径 $d=0.8$ cm。腔体材料选黄铜($\sigma=1.57\times10^7$ S/m)，求谐振腔的固有品质因数 Q_0。

8－4　折叠式同轴腔如图 8.12 所示(不计中间金属套筒厚度)，欲使内同轴线的特性阻抗与外同轴线的特性阻抗相等，求内同轴线外导体内半径(也即外同轴线内导体半径)b 值(设内同轴线内导体半径 $a=8$ mm，外同轴线外导体内半径 $d=24$ mm)。

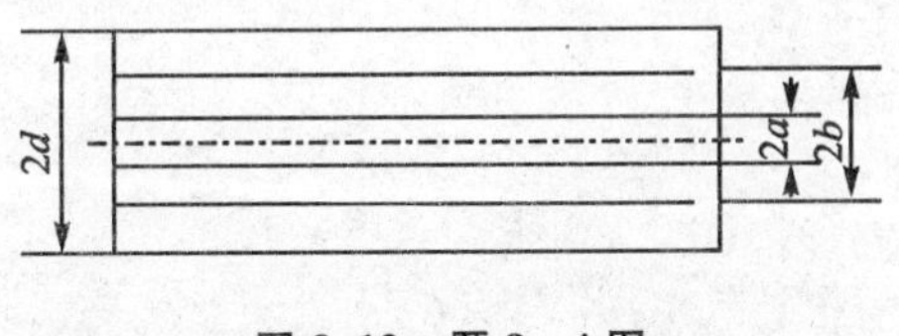

图 8.12　题 8－4 图

8－5　10 cm 吸收式波长计由$\dfrac{\lambda}{4}$同轴腔构成，频率覆盖范围为 2 500～3 700 MHz。同轴腔外导体内直径 $D=24$ mm，内导体直径 $d=8$ mm，用金属(短路)活塞调节内导体长度，问整个频率覆盖范围内活塞移动的距离是多少？

8－6　电容加载同轴谐振腔的加载电容为 $C=1$ pF 同轴线特性阻抗 $Z_0=50\ \Omega$，外导体内半径 $b=16$ mm，TEM 谐振模的谐振波长为 $\lambda_0=30$ cm，求此同轴腔的几何尺寸 a,d,l。

8－7　立方体谐振腔谐频率为 $f_0=12$ GHz 采用 TE_{101} 谐振模，求谐振腔的边长。

8－8　试用场理论的方法推求式(8－15)。

8－9　在式(8－15)中，保持 l 和 b 不变，试确定 b/a 的值，以使 Q_0 达最大值 Q_{0max}，并推导 Q_{0max} 的计算公式。给定 $l=5$ cm，$2b=2.4$ cm，$\sigma=1.57\times10^7$ S/m，试求$\dfrac{\lambda}{2}$同轴谐振腔的最大固有品质因数 Q_{0max}，并与习题 8－3 的计算结果相比较。

8-10　试推求$\frac{\lambda}{4}$同轴谐振腔的固有品质因数Q_0的计算公式。

8-11　保持$\frac{\lambda}{4}$同轴谐振腔的长度l和外导体内半径b不变，试推求其固有品质因数的最大值Q_{0max}的计算公式。

8-12　已知$\frac{\lambda}{4}$同轴谐振(空)腔的谐振频率$f_0=1$ GHz，求其最短(谐振)长度l_{min}(谐振于TEM模式)。

8-13　已知$\frac{\lambda}{2}$同轴谐振(空)腔的长度$l=5$ cm，求其最大谐振波长及最低谐振频率(谐振于TEM模式)。

第9章　微波网络理论简介

9.1　概　述

前几章分别用场理论和路理论分析了微波传输线及微波谐振腔的相关特性。在实际的微波系统中(如雷达),还涉及许多其他微波元件,如:功率定向耦合器、微波开关、混频器等。这些微波元件的结构复杂,难以用M组严格求解。工程上经常避开这些元件的内部场结构,而将其视为具有几个端口的微波网络,再用类似于低频电路理论的方法,计算或测量其(对外表现的)参量,进而用这些(外部)参量来描述其性能(或功能)。这种分析方法称为微波网络理论。

一、微波网络的构成

一般的微波网络都表示一种实用的微波元件,都是由微波传输线按一定的规律组合而成。如果某一微波元件通过N个端口与外界联系,则其对应的微波网络就称为N端口微波网络。实际的N端口微波网络与外界相联系的状况可以用下述语言来描述:

网络的第n号端口经特性阻抗为Z_{0n}的微波传输线(长度为l_n)与(外接)负载阻抗(Z_{Ln})相连接;

网络的第m号端口经特性阻抗为Z_{0m}的微波传输线(长度为l_m)与内阻抗为Z_{gm}的信号源相连接($m,n=1,2,\cdots,N$)。

二、微波网络的特点

1. 必须有确定的模式

构成微波元件的微波传输线中的模式不同,将导致该微波元件的网络参数不同。只有模式确定,相应的网络参量才能确定。规定:如不特殊指明,本书视同轴线、微带线等双导体微波传输线的工作模式为TEM模;矩形波导的工作模式为TE_{10}模。

2. 必须规定参考面

微波元件由微波传输线相互连接,由于分布参数效应,使得其对应的微波网络参量与参考面的选择有关。一般来讲,参考面不同,同一微波元件的网络参量也不同。

3. 网络端口电压(电流)宜用归一化量

设网络第n号端口(T_n参考面处)的实际电压和电流分别为U_n和I_n,则定义该端口的归一化电压为

$$\widetilde{U}_n = U_n / \sqrt{Z_{0n}}$$

该端口的归一化电流为

$$\widetilde{I}_n = I_n \sqrt{Z_{0n}}$$

式中：Z_{0n}为网络第 n 号端口外接微波传输线的特性阻抗。

三、入射与反射的概念

1. 入射的概念

(1) 入射量的定义。由第 n 号端口进入网络(指沿进入网络的方向传输)的电压和电流分别称为入射电压(U_{in})和入射电流(I_{in})，$n=1,2,\cdots,N$。

(2) 产生入射量的原因。有两个因素可以在第 n 号端口产生入射量：其一是在该端口接了信号源；其二是该端口外接负载阻抗(Z_{Ln})与所接的传输线不匹配($Z_{0n}\neq Z_{Ln}$)，导致 Z_{Ln}不能完全吸收网络由该端口输出的电磁功率，而产生的“反射波”将由该端口进入网络。

2. 反射的概念

(1) 反射量的定义。由网络的第 n 号端口输出(指沿离开网络方向传输)的电压和电流分别称为反射电压(U_{rn})和反射电流(I_{rn})，$n=1,2,\cdots,N$。

(2) 产生反射量的原因。有两个因素可以在第 n 号端口产生反射量：其一是由网络的其他端口传输到该端口的电磁功率将由该端口输出(反应了网络各端口之间的传输特性)；其二是该端口所接的信号源(内阻抗为 Z_g)与本端口未匹配($Z_g\neq Z_{inn}$，Z_{inn}为第 n 号端口的输入阻抗)，导致信号源输出的电磁功率不能全部进入网络，而产生的“反射波”将沿离开网络的方向传回信号源。

四、一些重要关系式(以第 n 号端口为例)

1. 端口电压和电流

虽然网络理论与长线理论关于入射量和反射量的定义有所不同(网络理论按进入和离开网络来定义，而长线理论则按传向负载和传向信号源来定义)，但是，沿均匀无耗长线电压和电流的表述形式是相似的。对于第 n 号端口，有

$$U_n = U_{in} + U_{rn}, \widetilde{U}_n = \widetilde{U}_{in} + \widetilde{U}_{rn} = U_{in} / \sqrt{Z_{0n}} + U_{rn} / \sqrt{Z_{0n}}$$

$$I_n = I_{in} + I_{rn} = (U_{in} - U_{rn}) / Z_{0n}$$

$$\widetilde{I}_n = \widetilde{I}_{in} + \widetilde{I}_{rn} = I_{in}\sqrt{Z_{0n}} + I_{rn}\sqrt{Z_{0n}} = U_{in} / \sqrt{Z_{0n}} - U_{rn} / \sqrt{Z_{0n}} = \widetilde{U}_{in} - \widetilde{U}_{rn}$$

即有

$$\widetilde{I}_{in} = \widetilde{U}_{in}, \widetilde{I}_{rn} = -\widetilde{U}_{rn}, U_{in} = Z_{0n} I_{in}, U_{rn} = -Z_{0n} I_{rn}$$

2. 端口输入功率

由 n 口输入的功率为

$$P_{in}=\left|\frac{1}{2}U_{in}I_{in}^{*}\right|=\left|\frac{U_{in}U_{in}^{*}}{2Z_{0n}}\right|=\frac{1}{2}\widetilde{U}_{in}\widetilde{U}_{in}^{*}=\frac{1}{2}\widetilde{U}_{in}\widetilde{I}_{in}^{*}=\frac{1}{2}|\widetilde{U}_{in}|^{2}$$

3. 端口输出功率

由 n 口输出的功率为

$$P_{on}=\left|\frac{1}{2}U_{rn}I_{rn}^{*}\right|=\frac{|-U_{rn}U_{rn}^{*}|}{2Z_{0n}}=\frac{1}{2}\widetilde{U}_{rn}\widetilde{U}_{rn}^{*}=\left|\frac{1}{2}\widetilde{U}_{rn}\widetilde{I}_{rn}^{*}\right|=\frac{1}{2}|\widetilde{U}_{rn}|^{2}$$

4. 端口外接负载的反射系数

如果 n 口的外接负载不匹配($Z_{0n}\neq Z_{Ln}$)，则由外接负载阻抗(Z_{Ln})所形成的(电压)反射系数定义为(注意：传向 Z_{Ln} 的电压是 U_{rn}，而被 Z_{Ln} 反回的电压是 U_{in})

$$\Gamma_{Ln}=\frac{Z_{Ln}-Z_{0n}}{Z_{Ln}+Z_{0n}}=\frac{U_{in}}{U_{rn}}=\frac{\widetilde{U}_{in}}{\widetilde{U}_{rn}}=\frac{-I_{in}}{I_{rn}}=\frac{-\widetilde{I}_{in}}{\widetilde{I}_{rn}}$$

即有

$$U_{in}=U_{rn}\Gamma_{Ln},I_{in}=-I_{rn}\Gamma_{Ln}$$

利用 Γ_{Ln} 的定义，可以得到(n)端口输入功率与输出功率之间的关系式为

$$P_{in}=\left|\frac{1}{2}U_{in}I_{in}^{*}\right|=\left|\frac{1}{2}(U_{rn}\Gamma_{Ln})(-I_{rn}\Gamma_{Ln})^{*}\right|=\left|\Gamma_{Ln}\Gamma_{Ln}^{*}\left(\frac{1}{2}U_{rn}I_{rn}^{*}\right)\right|=|\Gamma_{Ln}|^{2}P_{on}$$

易见：当 $Z_{Ln}=Z_{0n}$ 时，$\Gamma_{Ln}=0,U_{in}=0,P_{in}=0$。此时，没有电磁功率由 n 口进入网络，而由该端口输出的电磁功率(P_{on})将全部被该端口外接负载(Z_{Ln})所吸收，称这种情况为：n 口接匹配负载。

9.2 二端口微波网络

二端口网络是最基本的微波网络。对于线性二端口微波网络，应用叠加原理可以写出表征其特性的多种形式的线性代数方程组(对应不同的网络参量)。表征二端口微波网络的网络参量可分为两类。

第一类网络参量描述网络参考面上电压与电流之间的关系。对于图 9.1 所示的二端口网络，T_1 及 T_2 参考面上的电压、电流如图 9.1(a)所示，描述电压、电流关系的线性方程组有 3 种形式。

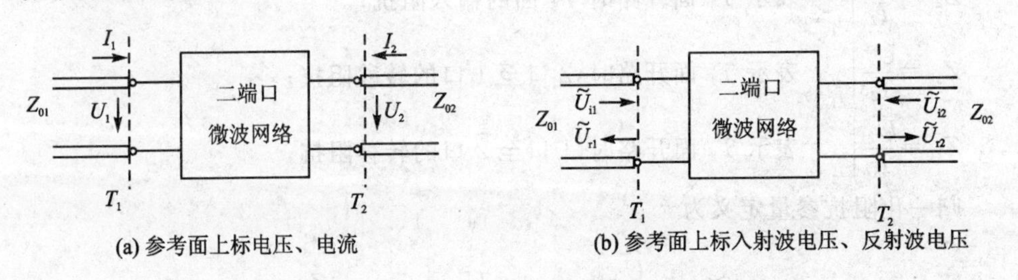

图 9.1　二端口微波网络

$$\left.\begin{aligned}U_1 &= Z_{11}I_1 + Z_{12}I_2\\ U_2 &= Z_{21}I_1 + Z_{22}I_2\end{aligned}\right\} \quad \text{或} \quad \begin{bmatrix}U_1\\U_2\end{bmatrix}=\begin{bmatrix}Z_{11} & Z_{12}\\ Z_{21} & Z_{22}\end{bmatrix}\begin{bmatrix}I_1\\I_2\end{bmatrix}$$

简写成

$$\boldsymbol{U} = \boldsymbol{ZI} \tag{9-1}$$

$$\left.\begin{aligned}I_1 &= Y_{11}U_1 + Y_{12}U_2\\ I_2 &= Y_{21}U_1 + Y_{22}U_2\end{aligned}\right\} \quad \text{或} \quad \begin{bmatrix}I_1\\I_2\end{bmatrix}=\begin{bmatrix}Y_{11} & Y_{12}\\ Y_{21} & Y_{22}\end{bmatrix}\begin{bmatrix}U_1\\U_2\end{bmatrix}$$

简写成

$$\boldsymbol{I} = \boldsymbol{YU} \tag{9-2}$$

$$\left.\begin{aligned}U_1 &= aU_2 - bI_2\\ I_1 &= cU_2 - dI_2\end{aligned}\right\} \quad \text{或} \quad \begin{bmatrix}U_1\\I_1\end{bmatrix}=\begin{bmatrix}a & b\\ c & d\end{bmatrix}\begin{bmatrix}U_2\\-I_2\end{bmatrix}$$

式中记

$$\begin{bmatrix}a & b\\ c & d\end{bmatrix} = \boldsymbol{A} \tag{9-3}$$

第二类网络参量描述网络参考面上入射波电压与反射波电压之间的关系。对于图 9.1(b)所示的参考面 T_1 和 T_2 上的归一化入射波电压和归一化反射波电压，可以写出如下形式的线性方程组

$$\left.\begin{aligned}\widetilde{U}_{r1} &= S_{11}\widetilde{U}_{i1} + S_{12}\widetilde{U}_{i2}\\ \widetilde{U}_{r2} &= S_{21}\widetilde{U}_{i1} + S_{22}\widetilde{U}_{i2}\end{aligned}\right\} \quad \text{或} \quad \begin{bmatrix}\widetilde{U}_{r1}\\ \widetilde{U}_{r2}\end{bmatrix}=\begin{bmatrix}S_{11} & S_{12}\\ S_{21} & S_{22}\end{bmatrix}\begin{bmatrix}\widetilde{U}_{i1}\\ \widetilde{U}_{i2}\end{bmatrix}$$

简写成

$$\widetilde{\boldsymbol{U}}_{r} = \boldsymbol{S}\widetilde{\boldsymbol{U}}_{i} \tag{9-4}$$

一、各种网络参量的定义

1. 阻抗参量

由式(9-1)，可定义阻抗参量如下：

$Z_{11}=\left.\dfrac{U_1}{I_1}\right|_{I_2=0}$ 表示 T_2 面开路时 T_1 面的输入阻抗；

$Z_{22}=\left.\dfrac{U_2}{I_2}\right|_{I_1=0}$ 表示 T_1 面开路时 T_2 面的输入阻抗；

$Z_{12}=\left.\dfrac{U_1}{I_2}\right|_{I_1=0}$ 表示 T_1 面开路时，2 口至 1 口的转移阻抗；

$Z_{21}=\left.\dfrac{U_2}{I_1}\right|_{I_2=0}$ 表示 T_2 面开路时，1 口至 2 口的转移阻抗；

归一化阻抗参量定义为

$$\widetilde{Z}_{11} = \left.\frac{\widetilde{U}_1}{\widetilde{I}_1}\right|_{\widetilde{I}_2=0} = \left.\frac{U_1}{I_1 Z_{01}}\right|_{\widetilde{I}_2=0} = \frac{Z_{11}}{Z_{01}}$$

$$\widetilde{Z}_{22}=\left.\frac{\widetilde{U}_2}{\widetilde{I}_2}\right|_{\widetilde{I}_1=0}=\left.\frac{U_2}{I_2 Z_{02}}\right|_{\widetilde{I}_1=0}=\frac{Z_{22}}{Z_{02}}$$

$$\widetilde{Z}_{12}=\left.\frac{\widetilde{U}_1}{\widetilde{I}_2}\right|_{\widetilde{I}_1=0}=\left.\frac{U_1}{I_2\sqrt{Z_{01}Z_{02}}}\right|_{\widetilde{I}_1=0}=\frac{Z_{12}}{\sqrt{Z_{01}Z_{02}}}$$

$$\widetilde{Z}_{21}=\left.\frac{\widetilde{U}_2}{\widetilde{I}_1}\right|_{\widetilde{I}_2=0}=\left.\frac{U_2}{I_1\sqrt{Z_{01}Z_{02}}}\right|_{\widetilde{I}_2=0}=\frac{Z_{21}}{\sqrt{Z_{01}Z_{02}}}$$

归一化电压、电流关系用阻抗参量表示为

$$\begin{bmatrix}\widetilde{U}_1\\ \widetilde{U}_2\end{bmatrix}=\begin{bmatrix}\widetilde{Z}_{11} & \widetilde{Z}_{12}\\ \widetilde{Z}_{21} & \widetilde{Z}_{22}\end{bmatrix}\begin{bmatrix}\widetilde{I}_1\\ \widetilde{I}_2\end{bmatrix}\quad 或\quad \widetilde{\boldsymbol{U}}=\widetilde{\boldsymbol{Z}}\widetilde{\boldsymbol{I}} \tag{9-5}$$

2. 导纳参量

由式(9-2),可定义导纳参量如下:

$Y_{11}=\left.\dfrac{I_1}{U_1}\right|_{U_2=0}$　表示 T_2 面短路时 T_1 面的输入导纳;

$Y_{22}=\left.\dfrac{I_2}{U_2}\right|_{U_1=0}$　表示 T_1 面短路时 T_2 面的输入导纳;

$Y_{12}=\left.\dfrac{I_1}{U_2}\right|_{U_1=0}$　表示 T_1 面短路时,2 口至 1 口的转移导纳;

$Y_{21}=\left.\dfrac{I_2}{U_1}\right|_{U_2=0}$　表示 T_2 面短路时,1 口至 2 口的转移导纳;

归一化导纳参量定义为

$$\widetilde{Y}_{11}=\left.\frac{\widetilde{I}_1}{\widetilde{U}_1}\right|_{\widetilde{U}_2=0}=\frac{Y_{11}}{Y_{01}}$$

$$\widetilde{Y}_{22}=\left.\frac{\widetilde{I}_2}{\widetilde{U}_2}\right|_{\widetilde{U}_1=0}=\frac{Y_{22}}{Y_{02}}$$

$$\widetilde{Y}_{12}=\left.\frac{\widetilde{I}_1}{\widetilde{U}_2}\right|_{\widetilde{U}_1=0}=\frac{Y_{12}}{\sqrt{Y_{01}Y_{02}}}$$

$$\widetilde{Y}_{21}=\left.\frac{\widetilde{I}_2}{\widetilde{U}_1}\right|_{\widetilde{U}_2=0}=\frac{Y_{21}}{\sqrt{Y_{01}Y_{02}}}$$

以上各式中,Y_{01} 和 Y_{02} 分别为 1 口和 2 口所接传输线的特性导纳。归一化电压、电流关系用导纳参量表示为

$$\begin{bmatrix}\widetilde{I}_1\\\widetilde{I}_2\end{bmatrix}=\begin{bmatrix}\widetilde{Y}_{11} & \widetilde{Y}_{12}\\\widetilde{Y}_{21} & \widetilde{Y}_{22}\end{bmatrix}\begin{bmatrix}\widetilde{U}_1\\\widetilde{U}_2\end{bmatrix}\quad 或\quad \widetilde{\boldsymbol{I}}=\widetilde{\boldsymbol{Y}}\widetilde{\boldsymbol{U}} \tag{9-6}$$

3. 转移参量

由式(9-3),可定义转移参量如下：

$a=\left.\dfrac{U_1}{U_2}\right|_{I_2=0}$ 表示 T_2 面开路时,2 口至 1 口的电压转移系数；

$b=\left.\dfrac{U_1}{-I_2}\right|_{U_2=0}$ 表示 T_2 面短路时,2 口至 1 口的转移阻抗；

$c=\left.\dfrac{I_1}{U_2}\right|_{I_2=0}$ 表示 T_2 面开路时,2 口至 1 口的转移导纳；

$d=\left.\dfrac{I_1}{-I_2}\right|_{U_2=0}$ 表示 T_2 面短路时,2 口至 1 口的电流转移系数。

归一化转移参量定义为

$$A=\left.\frac{\widetilde{U}_1}{\widetilde{U}_2}\right|_{\widetilde{I}_2=0}=a\cdot\sqrt{\frac{Z_{02}}{Z_{01}}}$$

$$B=\left.\frac{\widetilde{U}_1}{-\widetilde{I}_2}\right|_{\widetilde{U}_2=0}=\frac{b}{\sqrt{Z_{01}Z_{02}}}$$

$$C=\left.\frac{\widetilde{I}_1}{\widetilde{U}_2}\right|_{\widetilde{I}_2=0}=c\cdot\sqrt{Z_{01}Z_{02}}$$

$$D=\left.\frac{\widetilde{I}_1}{-\widetilde{I}_2}\right|_{\widetilde{U}_2=0}=d\cdot\sqrt{\frac{Z_{01}}{Z_{02}}}$$

归一化电压、电流关系用转移参量表示为

$$\begin{bmatrix}\widetilde{U}_1\\\widetilde{I}_1\end{bmatrix}=\begin{bmatrix}A & B\\C & D\end{bmatrix}\begin{bmatrix}\widetilde{U}_2\\-\widetilde{I}_2\end{bmatrix}\quad 或\quad \begin{bmatrix}\widetilde{U}_1\\\widetilde{I}_1\end{bmatrix}=\widetilde{\boldsymbol{A}}\begin{bmatrix}\widetilde{U}_2\\-\widetilde{I}_2\end{bmatrix} \tag{9-7}$$

式中 $\widetilde{\boldsymbol{A}}=\begin{bmatrix}A & B\\C & D\end{bmatrix}$称为归一化转移参量矩阵。

4. 散射参量

由式(9-4),可定义散射参量为：

$S_{11}=\left.\dfrac{\widetilde{U}_{r1}}{\widetilde{U}_{i1}}\right|_{\widetilde{U}_{i2}=0}$ 表示 T_2 面接匹配负载时 T_1 面的电压反射系数；

$S_{22}=\left.\dfrac{\widetilde{U}_{r2}}{\widetilde{U}_{i2}}\right|_{\widetilde{U}_{i1}=0}$ 表示 T_1 面接匹配负载时 T_2 面的电压反射系数；

$S_{12}=\left.\dfrac{\widetilde{U}_{r1}}{\widetilde{U}_{i2}}\right|_{\widetilde{U}_{i1}=0}$ 表示 T_1 面接匹配负载时，2 口至 1 口的(归一化)电压传输系数；

$S_{21}=\left.\dfrac{\widetilde{U}_{r2}}{\widetilde{U}_{i1}}\right|_{\widetilde{U}_{i2}=0}$ 表示 T_2 面接匹配负载时，1 口至 2 口的(归一化)电压传输系数。

二、二端口网络参量之间的变换

一般而言，求二端口网络的转移参量比较容易(直接列写 1 口电压、电流与 2 口电压、电流的电路方程即可)。而求其他参量相对复杂，利用参量变换可由转移参量求得其他参量。

(1) $\boldsymbol{Z}$ 参量与 $\boldsymbol{A}$ 参量的关系

$$\boldsymbol{Z}=\begin{bmatrix} Z_{11} & Z_{12} \\ Z_{21} & Z_{22} \end{bmatrix}=\begin{bmatrix} \dfrac{a}{c} & \dfrac{|\boldsymbol{A}|}{c} \\ \dfrac{1}{c} & \dfrac{d}{c} \end{bmatrix} \tag{9-8}$$

(2) $\boldsymbol{Y}$ 参量与 $\boldsymbol{A}$ 参量的关系

$$\boldsymbol{Y}=\begin{bmatrix} Y_{11} & Y_{12} \\ Y_{21} & Y_{22} \end{bmatrix}=\begin{bmatrix} \dfrac{d}{b} & \dfrac{-|\boldsymbol{A}|}{b} \\ \dfrac{-1}{b} & \dfrac{a}{b} \end{bmatrix} \tag{9-9}$$

(3) $\boldsymbol{S}$ 参量与 $\widetilde{\boldsymbol{A}}$ 参量的关系

$$\left.\begin{aligned} S_{11} &= \frac{(A-D)+(B-C)}{A+B+C+D} \\ S_{12} &= \frac{2\,|\widetilde{\boldsymbol{A}}|}{A+B+C+D} \\ S_{21} &= \frac{2}{A+B+C+D} \\ S_{22} &= \frac{(D-A)+(B-C)}{A+B+C+D} \end{aligned}\right\} \tag{9-10}$$

三、典型的二端口网络转移参量矩阵

根据转移参量的定义，不难得到表 9.1 所列二端口网络的转移参量矩阵 $\boldsymbol{A}$ 及归

一化转移参量矩阵 $\widetilde{A}$ 。

【例 9-1】推导表 9.1 中最后一个二端口网络的转移参量矩阵。

表 9.1 典型的二端口网络的转移参量矩阵

基本网络	$A=\begin{bmatrix} a & b \\ c & d \end{bmatrix}$	$\widetilde{A}=\begin{bmatrix} A & B \\ C & D \end{bmatrix}$
Z_{01}，Z_{02}，T_1，T_2	$\begin{bmatrix} 1 & 0 \\ 0 & 1 \end{bmatrix}$	$\begin{bmatrix} \sqrt{\frac{Z_{02}}{Z_{01}}} & 0 \\ 0 & \sqrt{\frac{Z_{01}}{Z_{02}}} \end{bmatrix}$
Z_{01}，Z，Z_{02}，T_1，T_2	$\begin{bmatrix} 1 & Z \\ 0 & 1 \end{bmatrix}$	$\begin{bmatrix} \sqrt{\frac{Z_{02}}{Z_{01}}} & \frac{Z}{\sqrt{Z_{01}Z_{02}}} \\ 0 & \sqrt{\frac{Z_{01}}{Z_{02}}} \end{bmatrix}$
Y_{01}，Y，Y_{02}，T_1，T_2	$\begin{bmatrix} 1 & 0 \\ Y & 1 \end{bmatrix}$	$\begin{bmatrix} \sqrt{\frac{Y_{01}}{Y_{02}}} & 0 \\ \frac{Y}{\sqrt{Y_{01}Y_{02}}} & \sqrt{\frac{Y_{02}}{Y_{01}}} \end{bmatrix}$
Z_{01}，Z_{02}，n:1，T_1，T_2	$\begin{bmatrix} n & 0 \\ 0 & \frac{1}{n} \end{bmatrix}$	$\begin{bmatrix} n\sqrt{\frac{Z_{02}}{Z_{01}}} & 0 \\ 0 & \frac{1}{n}\sqrt{\frac{Z_{01}}{Z_{02}}} \end{bmatrix}$
Z_{01}，Z_0，Z_{02}，T_1，θ，T_2	$\begin{bmatrix} \cos\theta & jZ_0\sin\theta \\ j\frac{1}{Z_0}\sin\theta & \cos\theta \end{bmatrix}$	$\begin{bmatrix} \sqrt{\frac{Z_{02}}{Z_{01}}}\cos\theta & j\frac{Z_0\sin\theta}{\sqrt{Z_{01}Z_{02}}} \\ j\frac{\sqrt{Z_{01}Z_{02}}\sin\theta}{Z_0} & \sqrt{\frac{Z_{01}}{Z_{02}}}\cos\theta \end{bmatrix}$

【解】以 T_2 面为终端($z=0$)，T_1 面为源端($z=l,\theta=\beta l$)，由长线理论式(6-14)得

$$U_1 = \cos\theta U_2 + jZ_0\sin\theta(-I_2)$$

$$I_1 = j\frac{\sin\theta}{Z_0}U_2 + \cos\theta(-I_2)$$

由图 9.1(a)并由式(9-3)，得

$$U_1 = aU_2 + b(-I_2)$$

$$I_1 = cU_2 + d(-I_2)$$

对比即得一段长为 l 的传输线的转移参量为

$$a = d = \cos\theta = \cos\beta l,\quad b = \mathrm{j}Z_0\sin\theta,\quad c = \mathrm{j}\frac{\sin\theta}{Z_0}$$

四、二端口网络的组合(连接)

二端口网络的基本组合方式有3种。如图9.2所示,其中图9.2(a)为两个二端口网络的级联;图9.2(b)为两个二端口网络的并联;图中9.2(c)为两个二端口网络的串联。无论哪种组合,最终都等效为一个组合而成的二端口网络,组合网络的参量可由各个子网络的参量来表示。

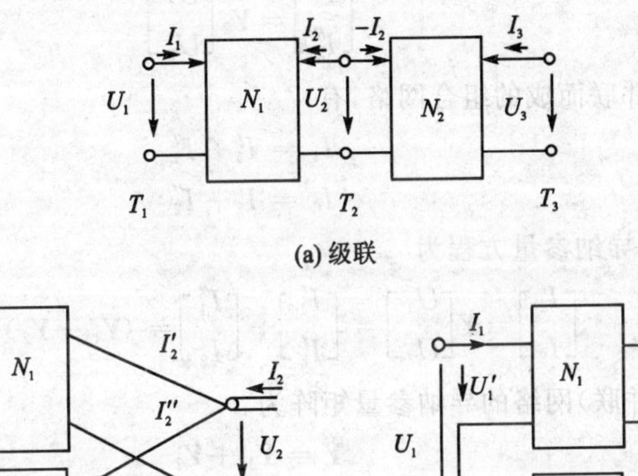

(a) 级联

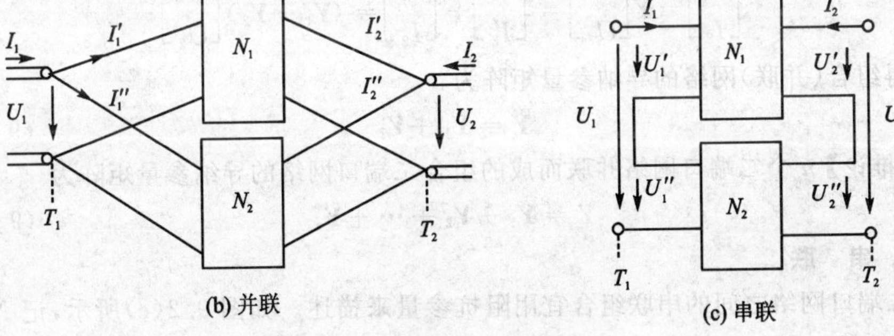

(b) 并联　　(c) 串联

图9.2　二端口网络的3种组合方式

1. 级　联

A 参量适于描述二端口网络的级联。如图9.2(a)所示,记 N_1 的转移参量矩阵为 $\boldsymbol{A}_1$,N_2 的转移参量矩阵为 $\boldsymbol{A}_2$,则有

$$\begin{bmatrix} U_1 \\ I_1 \end{bmatrix} = \boldsymbol{A}_1 \begin{bmatrix} U_2 \\ -I_2 \end{bmatrix}$$

$$\begin{bmatrix} U_2 \\ -I_2 \end{bmatrix} = \boldsymbol{A}_2 \begin{bmatrix} U_3 \\ -I_3 \end{bmatrix}$$

对 N_1 与 N_2 级联的组合网络,有

$$\begin{bmatrix} U_1 \\ I_1 \end{bmatrix} = \boldsymbol{A} \begin{bmatrix} U_3 \\ -I_3 \end{bmatrix} = \boldsymbol{A}_1\boldsymbol{A}_2 \begin{bmatrix} U_3 \\ -I_3 \end{bmatrix}$$

对比得组合(级联)网络的转移参量矩阵为

$$\boldsymbol{A}=\boldsymbol{A}_1\boldsymbol{A}_2 \tag{9-11}$$

【推论】n 个二端口网络级联而成的组合二端口网络的转移参量矩阵为

$$\boldsymbol{A}=\boldsymbol{A}_1\boldsymbol{A}_2\cdots\boldsymbol{A}_n \tag{9-12}$$

2. 并　联

二端口网络之间的并联组合适于用导纳参量描述。如图 9.2(b)所示,记 N_1 网络的导纳参量矩阵为 $\boldsymbol{Y}_1$;N_2 网络的导纳参量矩阵为 $\boldsymbol{Y}_2$,则有

$$\begin{bmatrix}I_1'\\I_2'\end{bmatrix}=\boldsymbol{Y}_1\begin{bmatrix}U_1\\U_2\end{bmatrix}$$

$$\begin{bmatrix}I_1''\\I_2''\end{bmatrix}=\boldsymbol{Y}_2\begin{bmatrix}U_1\\U_2\end{bmatrix}$$

对 N_1 与 N_2 并联而成的组合网络,有

$$I_1=I_1'+I_1''$$
$$I_2=I_2'+I_2''$$

故组合网络的导纳参量方程为

$$\begin{bmatrix}I_1\\I_2\end{bmatrix}=\boldsymbol{Y}\begin{bmatrix}U_1\\U_2\end{bmatrix}=\begin{bmatrix}I_1'\\I_2'\end{bmatrix}+\begin{bmatrix}I_1''\\I_2''\end{bmatrix}=(\boldsymbol{Y}_1+\boldsymbol{Y}_2)\begin{bmatrix}U_1\\U_2\end{bmatrix}$$

对比得组合(并联)网络的导纳参量矩阵为

$$\boldsymbol{Y}=\boldsymbol{Y}_1+\boldsymbol{Y}_2 \tag{9-13}$$

【推论】n 个二端口网络并联而成的组合二端口网络的导纳参量矩阵为

$$\boldsymbol{Y}=\boldsymbol{Y}_1+\boldsymbol{Y}_2+\cdots+\boldsymbol{Y}_n \tag{9-14}$$

3. 串　联

二端口网络之间的串联组合宜用阻抗参量来描述。如图 9.2(c)所示,记 N_1 网络的阻抗参量矩阵为 $\boldsymbol{Z}_1$;记 N_2 网络的阻抗参量矩阵为 $\boldsymbol{Z}_2$,则有

$$\begin{bmatrix}U_1'\\U_2'\end{bmatrix}=\boldsymbol{Z}_1\begin{bmatrix}I_1\\I_2\end{bmatrix}$$

$$\begin{bmatrix}U_1''\\U_2''\end{bmatrix}=\boldsymbol{Z}_2\begin{bmatrix}I_1\\I_2\end{bmatrix}$$

对 N_1 与 N_2 串联而成的组合网络,有

$$U_1=U_1'+U_1''$$
$$U_2=U_2'+U_2''$$

故组合网络的阻抗参量方程为

$$\begin{bmatrix}U_1\\U_2\end{bmatrix}=\boldsymbol{Z}\begin{bmatrix}I_1\\I_2\end{bmatrix}=\begin{bmatrix}U_1'\\U_2'\end{bmatrix}+\begin{bmatrix}U_1''\\U_2''\end{bmatrix}=(\boldsymbol{Z}_1+\boldsymbol{Z}_2)\begin{bmatrix}I_1\\I_2\end{bmatrix}$$

对比得组合(串联)网络的阻抗参量矩阵为

$$\boldsymbol{Z} = \boldsymbol{Z}_1 + \boldsymbol{Z}_2 \tag{9-15}$$

【推论】n 个二端口网络串联而成的组合二端口网络的阻抗参量矩阵为

$$\boldsymbol{Z} = \boldsymbol{Z}_1 + \boldsymbol{Z}_2 + \cdots + \boldsymbol{Z}_n \tag{9-16}$$

【注意】以上所得结论一般不适于用对应的归一化参量矩阵来表示。

五、二端口网络的基本性质

一般情况下二端口网络的独立参量的数目为 4 个，当网络具有某些特性（如对称性、可逆性和无耗性）时，其独立参量数目将减少。

1. 线性微波网络

若微波网络参考面上的电压和电流呈线性关系（网络方程为线性代数方程），就称为线性微波网络。

线性网络的网络参量与端口电压、电流无关。

大多数无源微波元件均可等效为线性微波网络。

2. 可逆微波网络

先设 T_2 面开路，T_1 面加电流 I_1，于 T_2 面呈现电压为 $U_2=U_{21}$；然后倒过来，使 T_1 面开路，T_2 面加电流 I_2，于 T_1 面呈现电压为 $U_1=U_{12}$。若令 $I_1=I_2$ 时有 $U_{21}=U_{12}$，则称网络为可逆网络（或称为互易网络）。

满足如下（等价）条件之一即为可逆网络

$$Z_{12} = Z_{21} \Leftrightarrow Y_{12} = Y_{21} \Leftrightarrow |\boldsymbol{A}| = |\widetilde{\boldsymbol{A}}| = 1 \Leftrightarrow S_{12} = S_{21} \tag{9-17}$$

对二端口可逆网络而言，其独立的网络参量至多只有 3 个。

3. 对称网络

网络结构对称（对二端口网络有：1 口与 2 口结构相同（包括两口所接传输线也相同）），称为对称网络。满足如下条件之一即为对称网络（以 $Z_{01}=Z_{02}$ 为前提）

$$Z_{22} = Z_{11} \Leftrightarrow Y_{11} = Y_{22} \Leftrightarrow a = d \Leftrightarrow S_{11} = S_{22} \tag{9-18}$$

对称二端口网络的独立的网络参量至多只有 3 个。

4. 无耗网络

网络本身无功耗（输入网络的总功率等于由网络输出的总功率）的网络称为无耗网络。无耗网络满足如下条件

$$\boldsymbol{S}^{\mathrm{T}}\boldsymbol{S}^{*} = \boldsymbol{I} \tag{9-19}$$

式中：$\boldsymbol{S}^{\mathrm{T}}$ 为 $\boldsymbol{S}$ 的转置矩阵；$\boldsymbol{S}^{*}$ 为 $\boldsymbol{S}$ 的共轭矩阵；$\boldsymbol{I}$ 为单位矩阵。

【证明】输入网络的总功率为

$$P_{\mathrm{in}} = \frac{1}{2}\widetilde{\boldsymbol{U}}_{\mathrm{i}}^{\mathrm{T}}\widetilde{\boldsymbol{U}}_{\mathrm{i}}^{*}$$

输出网络的总功率为

$$P_{\mathrm{out}} = \frac{1}{2}\widetilde{\boldsymbol{U}}_{\mathrm{r}}^{\mathrm{T}}\widetilde{\boldsymbol{U}}_{\mathrm{r}}^{*}$$

利用 $\widetilde{\boldsymbol{U}}_r = \boldsymbol{S}\widetilde{\boldsymbol{U}}_i$，得

$$\widetilde{\boldsymbol{U}}_r^{\mathrm{T}} = \widetilde{\boldsymbol{U}}_i^{\mathrm{T}}\boldsymbol{S}^{\mathrm{T}}$$

$$\widetilde{\boldsymbol{U}}_r^{*} = \boldsymbol{S}^{*}\widetilde{\boldsymbol{U}}_i^{*}$$

代入 P_{out} 的表达式中，得

$$P_{\mathrm{out}} = \frac{1}{2}\widetilde{\boldsymbol{U}}_i^{\mathrm{T}}\boldsymbol{S}^{\mathrm{T}}\boldsymbol{S}^{*}\widetilde{\boldsymbol{U}}_i^{*}$$

若网络无耗，则有

$$P_{\mathrm{out}} = \frac{1}{2}\widetilde{\boldsymbol{U}}_i^{\mathrm{T}}\boldsymbol{S}^{\mathrm{T}}\boldsymbol{S}^{*}\widetilde{\boldsymbol{U}}_i^{*} = P_{\mathrm{in}} = \frac{1}{2}\widetilde{\boldsymbol{U}}_i^{\mathrm{T}}\widetilde{\boldsymbol{U}}_i^{*}$$

即有

$$\boldsymbol{S}^{\mathrm{T}}\boldsymbol{S}^{*} = \boldsymbol{I}$$

反之，若有

$$\boldsymbol{S}^{\mathrm{T}}\boldsymbol{S}^{*} = \boldsymbol{I}$$

则有

$$P_{\mathrm{out}} = \frac{1}{2}\widetilde{\boldsymbol{U}}_i^{\mathrm{T}}\widetilde{\boldsymbol{U}}_i^{*} = P_{\mathrm{in}}$$

即网络无耗。

【讨论】(1)对可逆无耗网络有 $\boldsymbol{S}^{\mathrm{T}} = \boldsymbol{S}$，即

$$\boldsymbol{S}\boldsymbol{S}^{*} = \boldsymbol{I} \tag{9-20a}$$

展开上式，有

$$\left.\begin{aligned} |S_{11}|^2 + |S_{12}|^2 = 1 \\ S_{11}S_{12}^{*} + S_{12}S_{22}^{*} = 0 \\ S_{12}S_{11}^{*} + S_{22}S_{12}^{*} = 0 \\ |S_{12}|^2 + |S_{22}|^2 = 1 \end{aligned}\right\} \tag{9-20b}$$

解之有

$$|S_{11}| = |S_{22}| \tag{9-21a}$$

$$|S_{12}| = \sqrt{1 - |S_{11}|^2} \tag{9-21b}$$

令 $S_{11} = |S_{11}|\mathrm{e}^{\mathrm{j}\varphi_{11}}$，$S_{12} = S_{21} = |S_{12}|\mathrm{e}^{\mathrm{j}\varphi_{12}}$，$S_{22} = |S_{22}|\mathrm{e}^{\mathrm{j}\varphi_{22}}$，利用式(9-20b)中的第二(或第三)个方程，得

$$2\varphi_{12} = \varphi_{11} + \varphi_{22} \pm \pi \tag{9-21c}$$

式(9-21)表明，对于可逆无耗二端口网络，其散射参量[$S_{11} = |S_{11}|\mathrm{e}^{\mathrm{j}\varphi_{11}}$，$|S_{12}|\mathrm{e}^{\mathrm{j}\varphi_{12}} = S_{12} = S_{21}$，$S_{22} = |S_{22}|\mathrm{e}^{\mathrm{j}\varphi_{22}}$]在一般情况下为复数，且 6 个未知量($|S_{11}|$，$|S_{22}|$，$|S_{12}|$，$\varphi_{11}$，$\varphi_{22}$，$\varphi_{12}$)中只有 3 个是独立的。

(2) 对可逆无耗对称二端口网络，有

$$S_{11} = S_{22} = |S_{11}|\mathrm{e}^{\mathrm{j}\varphi_{11}} \tag{9-22a}$$

$$S_{12}=S_{21}=|S_{12}|e^{j\varphi_{12}}=\sqrt{1-|S_{11}|^2}e^{j\varphi_{12}} \tag{9-22b}$$

$$\varphi_{12}=\varphi_{11}\pm\frac{\pi}{2} \tag{9-22c}$$

此时只有两个独立参量($|S_{11}|$,φ_{11})。

六、用阻抗法测二端口网络的散射参量

如图 9.3 所示,在二端口网络的 T_2 面接负载 Z_L(Z_L 产生的反射系数为 Γ_L),记 T_1 面(由网络产生的)反射系数为 Γ_1,则反射波电压与入射波电压之间的关系为 $\widetilde{U}_{i2}=\Gamma_L\widetilde{U}_{r2}$,$\widetilde{U}_{r1}=\Gamma_1\widetilde{U}_{i1}$,从而有

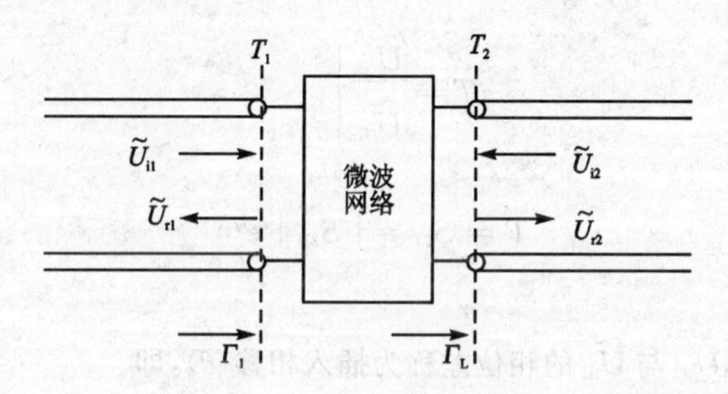

图 9.3　二端口微波网络

$$\widetilde{U}_{r1}=S_{11}\widetilde{U}_{i1}+S_{12}\widetilde{U}_{i2}=S_{11}\widetilde{U}_{i1}+S_{12}\Gamma_L\widetilde{U}_{r2}=\Gamma_1\widetilde{U}_{i1}$$

$$\widetilde{U}_{r2}=S_{21}\widetilde{U}_{i1}+S_{22}\widetilde{U}_{i2}=S_{21}\widetilde{U}_{i1}+S_{22}\Gamma_L\widetilde{U}_{r2}$$

联立求解,得网络输入端电压反射系数 Γ_1 与网络散射参量间的关系为(设网络可逆 $S_{12}=S_{21}$)

$$\Gamma_1=\frac{\widetilde{U}_{r1}}{\widetilde{U}_{i1}}=S_{11}+S_{12}^2\frac{\Gamma_L}{1-S_{22}\Gamma_L} \tag{9-23}$$

若在 T_2 面分别接 3 种特定的负载:$Z_L=Z_{02}$,$Z_L=0$ 及 $Z_L=\infty$,则对应的 Z_L 值分别为 $\Gamma_L=0$,$\Gamma_L=-1$ 及 $\Gamma_L=1$。记在 T_1 面测得的 Γ_1(的对应)值分别为 $\Gamma_{1\cdot M}$,$\Gamma_{1\cdot S}$及 $\Gamma_{1\cdot O}$,则由式(9-23)可得

$$\Gamma_{1\cdot M}=S_{11}$$

$$\Gamma_{1\cdot S}=S_{11}-\frac{S_{12}^2}{1+S_{22}}$$

$$\Gamma_{1\cdot O}=S_{11}+\frac{S_{12}^2}{1-S_{22}}$$

联立求解,得可逆二端口网络的 3 个独立参量为

$$S_{11}=\Gamma_{1\cdot M} \tag{9-24a}$$

$$S_{22}=\frac{2\Gamma_{1\cdot M}-\Gamma_{1\cdot S}-\Gamma_{1\cdot O}}{\Gamma_{1\cdot S}-\Gamma_{1\cdot O}} \tag{9-24b}$$

$$S_{12}^2=\frac{2\Gamma_{1\cdot M}(\Gamma_{1\cdot M}-\Gamma_{1\cdot S}-\Gamma_{1\cdot O})+2\Gamma_{1\cdot S}\Gamma_{1\cdot O}}{\Gamma_{1\cdot S}-\Gamma_{1\cdot O}} \tag{9-24c}$$

七、二端口网络的外特征参量

1. 电压传输系数

当网络输出端接匹配负载时，输出端参考面(T_2)上反射波电压$\widetilde{U}_{r2}$与输入端参考面(T_1)上入射波电压$\widetilde{U}_{i1}$之比，称为电压传输系数，即

$$T=\left.\frac{\widetilde{U}_{r2}}{\widetilde{U}_{i1}}\right|_{\widetilde{U}_{i2}=0} \tag{9-25}$$

或

$$T=S_{21}=|S_{21}|e^{j\varphi_{21}} \tag{9-26}$$

2. 插入相移

当$\widetilde{U}_{i2}=0$时，$\widetilde{U}_{r2}$与$\widetilde{U}_{i1}$的相位差称为插入相移(θ)，即

$$\theta=\varphi_{21} \tag{9-27a}$$

网络可逆时($S_{12}=S_{21}$)，有

$$\theta=\varphi_{12}=\varphi_{21} \tag{9-27b}$$

网络可逆无耗且对称时，有

$$\theta=\varphi_{12}=\varphi_{11}\pm\frac{\pi}{2} \tag{9-27c}$$

3. 插入衰减

当网络输出端接匹配负载时($\widetilde{U}_{i2}=0$)，输入端入射波功率P_i与负载吸收功率P_L之比称为插入衰减，即

$$L=\left.\frac{P_i}{P_L}\right|_{\widetilde{U}_{i2}=0} \tag{9-28a}$$

或

$$L=10\lg\left(\left.\frac{P_i}{P_L}\right|_{\widetilde{U}_{i2}=0}\right)\quad(\text{dB}) \tag{9-28b}$$

利用$P_i=\frac{1}{2}|\widetilde{U}_{i1}|^2$及$P_L=\frac{1}{2}|\widetilde{U}_{r2}|^2$，得

$$L=10\lg\frac{1}{|S_{21}|^2}\quad(\text{dB}) \tag{9-29a}$$

【讨论】

(1) 对无源网络，必有$P_i\geqslant P_L$，故$L\geqslant 0$ dB。

(2)插入衰减的物理解释。式(9-29a)可改写为

$$L = 10\lg\left(\frac{1-|S_{11}|^2}{|S_{21}|^2}\cdot\frac{1}{1-|S_{11}|^2}\right) = 10\lg\frac{1-|S_{11}|^2}{|S_{21}|^2} + 10\lg\frac{1}{1-|S_{11}|^2}\quad(\mathrm{dB})\tag{9-29b}$$

式中:$10\lg\frac{1-|S_{11}|^2}{|S_{21}|^2}$表示网络损耗引起的吸收衰减,对于无耗网络有$|S_{21}|^2=1-|S_{11}|^2$,故此项为零。$10\lg\frac{1}{1-|S_{11}|^2}$表示网络输入端(本身)不匹配所引起的衰减,若输入端匹配($S_{11}=0$),则此项为零。

4. 输入驻波比

网络输出端接匹配负载时($\widetilde{U}_{i2}=0$),输入端的驻波比称为输入驻波比,即

$$\rho = \left.\frac{|\widetilde{U}_1|_{\max}}{|\widetilde{U}_1|_{\min}}\right|_{\widetilde{U}_{i2}=0}\tag{9-30}$$

或

$$\rho = \frac{1+|S_{11}|}{1-|S_{11}|}\tag{9-31a}$$

对无耗二端口网络,有

$$L = 10\lg\frac{1}{|S_{21}|^2} = 10\lg\frac{1}{1-|S_{11}|^2} = 10\lg\frac{(\rho+1)^2}{4\rho}\quad(\mathrm{dB})\tag{9-31b}$$

综上可见,网络的 4 个外特征参量均与网络的散射参量有关,而散射参量既可由$\widetilde{\boldsymbol{A}}$参量求得,也可通过实际测量得到。

9.3 多端口微波网络

一、n 端口微波网络的散射参量

设 n 端口微波网络各端口参考面上的归一化入射波(进入网络)电压为$\widetilde{U}_{i1},\widetilde{U}_{i2},\cdots,\widetilde{U}_{in}$,归一化反射波(离开网络)电压为$\widetilde{U}_{r1},\widetilde{U}_{r2},\cdots,\widetilde{U}_{rn}$,则散射参量矩阵方程为

$$\begin{bmatrix}\widetilde{U}_{r1}\\\widetilde{U}_{r2}\\\vdots\\\widetilde{U}_{rn}\end{bmatrix} = \begin{bmatrix}S_{11} & S_{12} & \cdots & S_{1n}\\S_{21} & S_{22} & \cdots & S_{2n}\\\vdots & \vdots & & \vdots\\S_{n1} & S_{n2} & \cdots & S_{nn}\end{bmatrix}\begin{bmatrix}\widetilde{U}_{i1}\\\widetilde{U}_{i2}\\\vdots\\\widetilde{U}_{in}\end{bmatrix}\tag{9-32a}$$

或简写成

$$\widetilde{\boldsymbol{U}}_{\mathrm{r}} = \boldsymbol{S}\widetilde{\boldsymbol{U}}_{\mathrm{i}} \tag{9-32b}$$

其中定义

$$S_{kj} = \left.\frac{\widetilde{U}_{rk}}{\widetilde{U}_{ij}}\right|_{\text{除}j\text{口外全接匹配负载}} \tag{9-32c}$$

$k=j$ 时，S_{jj} 为 j 口本身的电压反射系数；$k\neq j$ 时，S_{kj} 为 j 口至 k 口的电压传输系数。

二、多端口微波网络的基本性质

多端口微波网络的基本性质（线性、可逆性、无耗性、对称性）的定义与二端口网络相同。下面叙述用散射参量描述时各种性质的对应条件。

1. 线性网络

网络参量 $\boldsymbol{S}$ 与端口电压无关。

2. 可逆网络

$$\boldsymbol{S} = \boldsymbol{S}^{\mathrm{T}} \quad (\text{或 } S_{kj} = S_{jk}(k \neq j)) \tag{9-33}$$

3. 无耗网络

$$\boldsymbol{S}^{\mathrm{T}}\boldsymbol{S}^{*} = \boldsymbol{I} \tag{9-34}$$

4. 对称网络

若网络的第 k 口与第 j 口结构相同（对称），则有

$$S_{kk} = S_{jj} \quad \text{且} \quad Z_{0k} = Z_{0j} \tag{9-35}$$

三、移动参考面对散射参量 S 的影响

1. 前提条件

如图 9.4 所示，设各口原来参考面分别为 $T_1, T_2, \cdots, T_n$，所对应的散射参量矩阵为 $\boldsymbol{S}$；现将各端口参考面向离开网络方向（沿均匀无耗传输线）依次移动距离 l_1，$l_2, \cdots, l_n$ 至新参考面 $T_1', T_2', \cdots, T_n'$，所确定的网络的散射参量为 $\boldsymbol{S}'$。移动前第 j 口参考面 T_j 处的归一化入射电压及反射电压为 $\widetilde{U}_{ij}$ 及 $\widetilde{U}_{rj}$；移动后第 j 口参考面 T_j' 处的归一化入射电压及反射电压为 $\widetilde{U}_{ij}'$ 及 $\widetilde{U}_{rj}'$。

2. 变换关系

由图 9.4 易知，对第 j 口而言，移动参考面之后的入射电压较移动参考面之前的入射电压相位超前 $\beta_j l_j$；而反射电压相位则滞后 $\beta_j l_j$，即

$$\widetilde{U}_{ij}' = \widetilde{U}_{ij}\mathrm{e}^{\mathrm{j}\beta_j l_j}$$

$$\widetilde{U}_{rj}' = \widetilde{U}_{rj}\mathrm{e}^{-\mathrm{j}\beta_j l_j}$$

同理，对第 k 口有

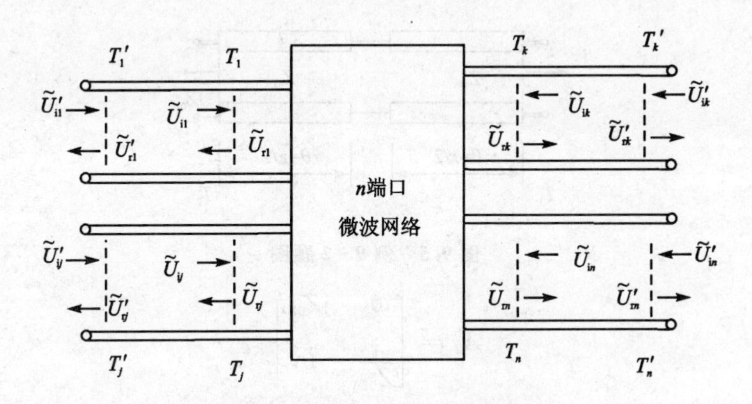

图 9.4　*n* 端口网络参考面的移动

$$\widetilde{U}_{ik}' = \widetilde{U}_{ik}\mathrm{e}^{\mathrm{j}\beta_k l_k}$$

$$\widetilde{U}_{rk}' = \widetilde{U}_{rk}\mathrm{e}^{-\mathrm{j}\beta_k l_k}$$

根据散射参量的定义并利用上述关系式，可得

$$S_{jk}' = \frac{\widetilde{U}_{rj}'}{\widetilde{U}_{ik}'} = \frac{\widetilde{U}_{rj}\mathrm{e}^{-\mathrm{j}\beta_j l_j}}{\widetilde{U}_{ik}\mathrm{e}^{\mathrm{j}\beta_k l_k}} = S_{jk}\mathrm{e}^{-\mathrm{j}(\beta_j l_j + \beta_k l_k)} \quad \text{（除 } k \text{ 口外全接匹配负载）} \tag{9-36a}$$

其中，$j,k=1,2,\cdots,n$ 。上述关系式可综合归纳写成下述形式

$$\boldsymbol{S}' = \boldsymbol{PSP} \tag{9-36b}$$

式中：$\boldsymbol{P}$ 称为 $n\times n$ 阶变换矩阵，其元素为

$$P_{jk} = \begin{cases} \mathrm{e}^{-\mathrm{j}\beta_k l_k} & (j = k) \\ 0 & (j \neq k) \end{cases} \tag{9-36c}$$

3. 几点讨论

(1) 以上结论只适于参考面沿均匀无耗传输线移动的情况。

(2) 若某参考面(T_k)向着(靠近)网络方向移动距离 l_k 至 T_k' 参考面，则式(9-36c)中有

$$P_{kk} = \mathrm{e}^{\mathrm{j}\beta_k l_k} \tag{9-36d}$$

【例 9-2】 求图 9.5 所示由参考面 T_1, T_2 所确定网络的散射参量矩阵。

【解】 此系统可视为两个二端口网络的级联组合，可先求 $\widetilde{\boldsymbol{A}}$，再求 $\boldsymbol{S}$。

对于 Z_{01} 段传输线，有

$$\mathbf{A}_1 = \begin{bmatrix} 0 & \mathrm{j}Z_{01} \\ \dfrac{\mathrm{j}}{Z_{01}} & 0 \end{bmatrix}$$

对于 Z_{02} 段传输线，有

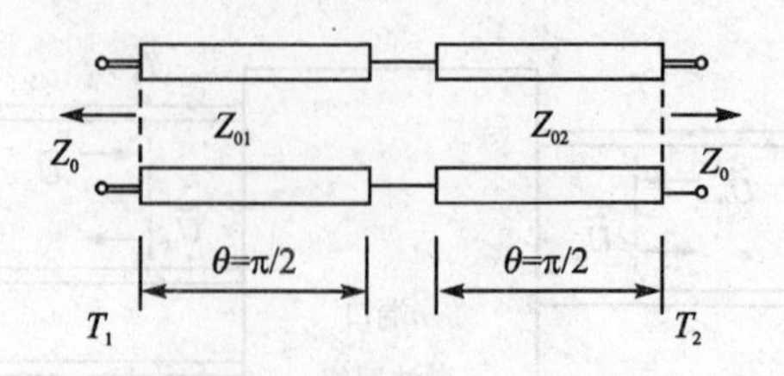

图 9.5 例 9-2 题图

$$\boldsymbol{A}_2=\begin{bmatrix}0 & \mathrm{j}Z_{02}\\ \dfrac{\mathrm{j}}{Z_{02}} & 0\end{bmatrix}$$

级联组合二端口网络的转移参量矩阵为

$$\boldsymbol{A}=\boldsymbol{A}_1\boldsymbol{A}_2=\begin{bmatrix}-\dfrac{Z_{01}}{Z_{02}} & 0\\ 0 & \dfrac{-Z_{02}}{Z_{01}}\end{bmatrix}=\widetilde{\boldsymbol{A}}$$

利用 $\boldsymbol{S}$ 与 $\widetilde{\boldsymbol{A}}$ 的变换关系式(9-10),得散射参量矩阵为

$$\boldsymbol{S}=\frac{1}{Z_{01}^2+Z_{02}^2}\begin{bmatrix}Z_{02}^2-Z_{01}^2 & 2Z_{01}Z_{02}\\ 2Z_{01}Z_{02} & Z_{01}^2-Z_{02}^2\end{bmatrix}$$

【注】此例如用参考面移动法求解将得错误结果。两段传输线之间的连线段的 $\widetilde{\boldsymbol{A}}_1$ 矩阵为

$$\widetilde{\boldsymbol{A}}_1=\begin{bmatrix}\sqrt{\dfrac{Z_{02}}{Z_{01}}} & 0\\ 0 & \sqrt{\dfrac{Z_{01}}{Z_{02}}}\end{bmatrix}$$

散射参量矩阵为

$$\boldsymbol{S}_1=\frac{-1}{Z_{01}+Z_{02}}\begin{bmatrix}Z_{02}-Z_{01} & 2\sqrt{Z_{01}Z_{02}}\\ 2\sqrt{Z_{01}Z_{02}} & Z_{01}-Z_{02}\end{bmatrix}$$

变换矩阵为

$$\boldsymbol{P}=\begin{bmatrix}-\mathrm{j} & 0\\ 0 & -\mathrm{j}\end{bmatrix}$$

将参考面分别沿 Z_{01} 及 Z_{02} 段传输线移至 T_1 及 T_2 处,所得的散射参量矩阵为

$$\boldsymbol{S}_1'=\boldsymbol{P}\boldsymbol{S}_1\boldsymbol{P}=\frac{-1}{Z_{01}+Z_{02}}\begin{bmatrix}Z_{02}-Z_{01} & 2\sqrt{Z_{01}Z_{02}}\\ 2\sqrt{Z_{01}Z_{02}} & Z_{01}-Z_{02}\end{bmatrix}$$

出现错误结果的原因是,移动参考面的过程并非沿均匀无耗传输线,在 T_1 处由 Z_{01} 跃变为 Z_{02};在 T_2 处由 Z_{02} 跃变为 Z_{01}。可以验证,当在 T_1 及 T_2 面所接(外侧)传输

线的特性阻抗分别为 Z_{01} 及 Z_{02} 时，两种方法所得结果相同。

四、多端口网络的简化

设 n 端口网络中的第 $m+1,m+2,\cdots,n$ 口分别接已知负载 $Z_{\mathrm{L}m+1},Z_{\mathrm{L}m+2},\cdots,Z_{\mathrm{L}n}$，产生的反射系数对应为 $\Gamma_{m+1},\Gamma_{m+2},\cdots,\Gamma_n$。其中

$$\Gamma_j=\frac{Z_{\mathrm{L}j}-Z_{0j}}{Z_{\mathrm{L}j}+Z_{0j}}\quad (j=m+1,m+2,\cdots,n(m<n))$$

1. 反射系数矩阵

由 $\Gamma_j=\dfrac{\widetilde{U}_{\mathrm{i}j}}{\widetilde{U}_{\mathrm{r}j}}$，有

$$\begin{bmatrix}\widetilde{U}_{\mathrm{i}m+1}\\ \widetilde{U}_{\mathrm{i}m+2}\\ \vdots\\ \widetilde{U}_{\mathrm{i}n}\end{bmatrix}=\begin{bmatrix}\Gamma_{m+1} & 0 & \cdots & 0\\ 0 & \Gamma_{m+2} & \cdots & 0\\ \vdots & \vdots & & \vdots\\ 0 & 0 & \cdots & \Gamma_n\end{bmatrix}\begin{bmatrix}\widetilde{U}_{\mathrm{r}m+1}\\ \widetilde{U}_{\mathrm{r}m+2}\\ \vdots\\ \widetilde{U}_{\mathrm{r}n}\end{bmatrix}\tag{9-37a}$$

简记为

$$\widetilde{\boldsymbol{U}}_{i\mathrm{II}}=\boldsymbol{\Gamma}\widetilde{\boldsymbol{U}}_{r\mathrm{II}}\tag{9-37b}$$

$$\boldsymbol{\Gamma}=\begin{bmatrix}\Gamma_{m+1} & 0 & \cdots & 0\\ 0 & \Gamma_{m+2} & \cdots & 0\\ \vdots & \vdots & & \vdots\\ 0 & 0 & \cdots & \Gamma_n\end{bmatrix}\tag{9-37c}$$

称为反射系数矩阵(为 $n-m$ 阶对角阵)。

2. 化　简

原 n 口网络的散射参量方程为

$$\begin{bmatrix}\widetilde{U}_{\mathrm{r}1}\\ \vdots\\ \widetilde{U}_{\mathrm{r}m}\\ \hline \widetilde{U}_{\mathrm{r}m+1}\\ \vdots\\ \widetilde{U}_{\mathrm{r}n}\end{bmatrix}=\left[\begin{array}{cccc|ccc}S_{11} & S_{12} & \cdots & S_{1m} & S_{1m+1} & \cdots & S_{1n}\\ \vdots & \vdots & & \vdots & \vdots & & \vdots\\ S_{m1} & S_{m2} & \cdots & S_{mm} & S_{mm+1} & \cdots & S_{mn}\\ \hline S_{m+11} & S_{m+12} & \cdots & S_{m+1m} & S_{m+1m+1} & \cdots & S_{m+1n}\\ \vdots & \vdots & & \vdots & \vdots & & \vdots\\ S_{n1} & S_{n2} & \cdots & S_{nm} & S_{nm+1} & \cdots & S_{nn}\end{array}\right]\begin{bmatrix}\widetilde{U}_{\mathrm{i}1}\\ \vdots\\ \widetilde{U}_{\mathrm{i}m}\\ \hline \widetilde{U}_{\mathrm{i}m+1}\\ \vdots\\ \widetilde{U}_{\mathrm{i}n}\end{bmatrix}\tag{9-38a}$$

按所画虚线用分块矩阵表示式(9－38a)为

$$\widetilde{\boldsymbol{U}}_{\mathrm{r}}=\begin{bmatrix}\widetilde{\boldsymbol{U}}_{\mathrm{r}\mathrm{I}}\\ \cdots\cdots\\ \widetilde{\boldsymbol{U}}_{\mathrm{r}\mathrm{II}}\end{bmatrix}=\begin{bmatrix}\boldsymbol{S}_{\mathrm{I}\,\mathrm{I}} & \boldsymbol{S}_{\mathrm{I}\,\mathrm{II}}\\ \boldsymbol{S}_{\mathrm{II}\,\mathrm{I}} & \boldsymbol{S}_{\mathrm{II}\,\mathrm{II}}\end{bmatrix}\begin{bmatrix}\widetilde{\boldsymbol{U}}_{\mathrm{i}\mathrm{I}}\\ \cdots\cdots\\ \widetilde{\boldsymbol{U}}_{\mathrm{i}\mathrm{II}}\end{bmatrix}=\boldsymbol{S}\widetilde{\boldsymbol{U}}_{\mathrm{i}} \tag{9－38b}$$

式中

$$\widetilde{\boldsymbol{U}}_{\mathrm{r}\mathrm{I}}=\begin{bmatrix}\widetilde{U}_{\mathrm{r}1}\\ \vdots\\ \widetilde{U}_{\mathrm{r}m}\end{bmatrix},\quad \widetilde{\boldsymbol{U}}_{\mathrm{r}\mathrm{II}}=\begin{bmatrix}\widetilde{U}_{\mathrm{r}m+1}\\ \vdots\\ \widetilde{U}_{\mathrm{r}n}\end{bmatrix}$$

$$\widetilde{\boldsymbol{U}}_{\mathrm{i}\mathrm{I}}=\begin{bmatrix}\widetilde{U}_{\mathrm{i}1}\\ \vdots\\ \widetilde{U}_{\mathrm{i}m}\end{bmatrix},\quad \widetilde{\boldsymbol{U}}_{\mathrm{i}\mathrm{II}}=\begin{bmatrix}\widetilde{U}_{\mathrm{i}m+1}\\ \vdots\\ \widetilde{U}_{\mathrm{i}n}\end{bmatrix}=\boldsymbol{\Gamma}\widetilde{\boldsymbol{U}}_{\mathrm{r}\mathrm{II}}$$

$$\boldsymbol{S}_{\mathrm{I}\,\mathrm{I}}=\begin{bmatrix}S_{11} & S_{12} & \cdots & S_{1m}\\ S_{21} & S_{22} & \cdots & S_{2m}\\ \vdots & \vdots & & \vdots\\ S_{m1} & S_{m2} & \cdots & S_{mm}\end{bmatrix},\quad \boldsymbol{S}_{\mathrm{I}\,\mathrm{II}}=\begin{bmatrix}S_{1m+1} & S_{1m+2} & \cdots & S_{1n}\\ S_{2m+1} & S_{2m+2} & \cdots & S_{2n}\\ \vdots & \vdots & & \vdots\\ S_{mm+1} & S_{mn+2} & \cdots & S_{mn}\end{bmatrix}$$

$$\boldsymbol{S}_{\mathrm{II}\,\mathrm{I}}=\begin{bmatrix}S_{m+11} & S_{m+12} & \cdots & S_{m+1m}\\ S_{m+21} & S_{m+22} & \cdots & S_{m+2m}\\ \vdots & \vdots & & \vdots\\ S_{n1} & S_{n2} & \cdots & S_{nm}\end{bmatrix},\quad \boldsymbol{S}_{\mathrm{II}\,\mathrm{II}}=\begin{bmatrix}S_{m+1m+1} & S_{m+1m+2} & \cdots & S_{m+1n}\\ S_{m+2m+1} & S_{m+2m+2} & \cdots & S_{m+2n}\\ \vdots & \vdots & & \vdots\\ S_{nm+1} & S_{nm+2} & \cdots & S_{nn}\end{bmatrix}$$

展开式(9－38),得

$$\widetilde{\boldsymbol{U}}_{\mathrm{r}\mathrm{I}}=\boldsymbol{S}_{\mathrm{I}\,\mathrm{I}}\widetilde{\boldsymbol{U}}_{\mathrm{i}\mathrm{I}}+\boldsymbol{S}_{\mathrm{I}\,\mathrm{II}}\widetilde{\boldsymbol{U}}_{\mathrm{i}\mathrm{II}}=\boldsymbol{S}_{\mathrm{I}\,\mathrm{I}}\widetilde{\boldsymbol{U}}_{\mathrm{i}\mathrm{I}}+\boldsymbol{S}_{\mathrm{I}\,\mathrm{II}}\boldsymbol{\Gamma}\widetilde{\boldsymbol{U}}_{\mathrm{r}\mathrm{II}}$$

$$\widetilde{\boldsymbol{U}}_{\mathrm{r}\mathrm{II}}=\boldsymbol{S}_{\mathrm{II}\,\mathrm{I}}\widetilde{\boldsymbol{U}}_{\mathrm{i}\mathrm{I}}+\boldsymbol{S}_{\mathrm{II}\,\mathrm{II}}\widetilde{\boldsymbol{U}}_{\mathrm{i}\mathrm{II}}=\boldsymbol{S}_{\mathrm{II}\,\mathrm{I}}\widetilde{\boldsymbol{U}}_{\mathrm{i}\mathrm{I}}+\boldsymbol{S}_{\mathrm{II}\,\mathrm{II}}\boldsymbol{\Gamma}\widetilde{\boldsymbol{U}}_{\mathrm{r}\mathrm{II}}$$

联立求解,可得

$$\widetilde{\boldsymbol{U}}_{\mathrm{r}\mathrm{I}}=\{\boldsymbol{S}_{\mathrm{I}\,\mathrm{I}}+\boldsymbol{S}_{\mathrm{I}\,\mathrm{II}}\boldsymbol{\Gamma}(\boldsymbol{I}-\boldsymbol{S}_{\mathrm{II}\,\mathrm{II}}\boldsymbol{\Gamma})^{-1}\boldsymbol{S}_{\mathrm{II}\,\mathrm{I}}\}\widetilde{\boldsymbol{U}}_{\mathrm{i}\mathrm{I}}=\boldsymbol{S}_{m}\widetilde{\boldsymbol{U}}_{\mathrm{i}\mathrm{I}} \tag{9－39a}$$

式中定义

$$\boldsymbol{S}_{m}=\boldsymbol{S}_{\mathrm{I}\,\mathrm{I}}+\boldsymbol{S}_{\mathrm{I}\,\mathrm{II}}\boldsymbol{\Gamma}(\boldsymbol{I}-\boldsymbol{S}_{\mathrm{II}\,\mathrm{II}}\boldsymbol{\Gamma})^{-1}\boldsymbol{S}_{\mathrm{II}\,\mathrm{I}} \tag{9－39b}$$

$\boldsymbol{S}_m$ 可视为未知负载的 m 端口网络散射参量矩阵。至此,即把原来 n 端口网络的(复杂)计算转化为 $m(m<n)$端口网络的(简单)计算了。

【例 9－3】已知某四端口微波网络的散射参量矩阵为

$$S=\frac{1}{\sqrt{2}}\begin{bmatrix}0&0&1&j\\0&0&j&1\\1&j&0&0\\j&1&0&0\end{bmatrix}$$

今于该网络的第 3 和第 4 端口分别接可移动的短路活塞(在对应的参考面 T_3 和 T_4 处产生的反射系数分别为 $\Gamma_3=e^{j\theta_3}$ 和 $\Gamma_4=e^{j\theta_4}$)。求对应(简化后)的二端口网络的散射参量矩阵。

【解】相应的各分块矩阵分别求为

$$S_{\mathrm{I\,I}}=\begin{bmatrix}0&0\\0&0\end{bmatrix}=S_{\mathrm{II\,II}}$$

$$S_{\mathrm{I\,II}}=\frac{1}{\sqrt{2}}\begin{bmatrix}1&j\\j&1\end{bmatrix}=S_{\mathrm{II\,I}}$$

$$\Gamma=\begin{bmatrix}e^{j\theta_3}&0\\0&e^{j\theta_4}\end{bmatrix}$$

由式(9-39),可得简化后的二端口网络的散射参量矩阵为

$$S_2=S_{\mathrm{I\,II}}\Gamma S_{\mathrm{II\,I}}=\frac{1}{2}\begin{bmatrix}1&j\\j&1\end{bmatrix}\begin{bmatrix}e^{j\theta_3}&0\\0&e^{j\theta_4}\end{bmatrix}\begin{bmatrix}1&j\\j&1\end{bmatrix}=\frac{1}{2}\begin{bmatrix}(e^{j\theta_3}-e^{j\theta_4})&j(e^{j\theta_3}+e^{j\theta_4})\\j(e^{j\theta_3}+e^{j\theta_4})&(e^{j\theta_4}-e^{j\theta_3})\end{bmatrix}$$

实际应用中,可使两短路活塞同步调节($\theta_3=\theta_4=\theta$),则有

$$S_2=\begin{bmatrix}0&je^{j\theta}\\je^{j\theta}&0\end{bmatrix}$$

1 口与 2 口之间的电压关系为

$$\begin{bmatrix}\widetilde{U}_{r1}\\\widetilde{U}_{r2}\end{bmatrix}=S_2\begin{bmatrix}\widetilde{U}_{i1}\\\widetilde{U}_{i2}\end{bmatrix}$$

即

$$\begin{cases}\widetilde{U}_{r1}=\widetilde{U}_{i2}e^{j\left(\theta+\frac{\pi}{2}\right)}\\\widetilde{U}_{r2}=\widetilde{U}_{i1}e^{j\left(\theta+\frac{\pi}{2}\right)}\end{cases}$$

结果表明:当 2 口输入 $\widetilde{U}_{i2}$ 时,1 口的输出 $\widetilde{U}_{r1}$ 与 $\widetilde{U}_{i2}$ 等幅,但相位滞后了 $\theta+\frac{\pi}{2}$;同理,当 1 口输入 $\widetilde{U}_{i1}$ 时,2 口的输出 $\widetilde{U}_{r2}$ 与 $\widetilde{U}_{i1}$ 等幅,但相位滞后了 $\theta+\frac{\pi}{2}$,改变所接短路活塞的位置,可以改变 θ,从而改变输出电压相位的滞后量。具有此种功能的微波网络称为可变移相器。

习　题

9－1　归一化电压 $\widetilde{U}$ 和归一化电流 $\widetilde{I}$ 如何定义？$\widetilde{U}$ 和 $\widetilde{I}$ 的量纲是否相同？

9－2　已知矩形波导单模传输TE_{10}模时的特性阻抗 $Z_0=528\ \Omega$，终端模式电压和电流分别为 $\dot{U}_2=230$ V 和 $\dot{I}_2=0.2$ A。求入射波功率 P_{in}，反射波功率 P_r，负载吸收功率 P_L 及终端反射系数 Γ_2。

9－3　求图 9.6 所示参考面 T_1 和 T_2 所确定网络的转移参量矩阵 $\mathbf{A}$ 及 $\widetilde{\mathbf{A}}$。

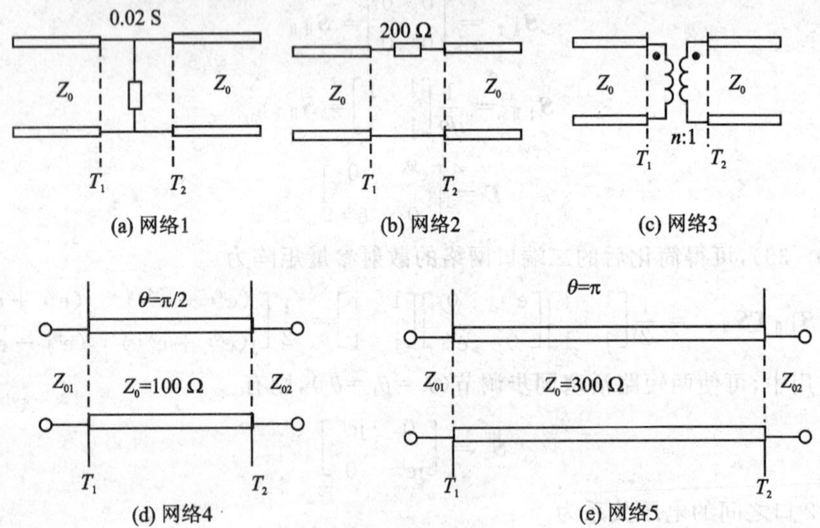

图 9.6　题 9－3 图

9－4　图 9.7 所示的可逆二端口网络参考面 T_2 处接负载阻抗 Z_L，求参考面 T_1 处的输入阻抗 Z_{in}。

9－5　图 9.8 所示的可逆二端口网络参考面 T_2 处接负载导纳 Y_L，求参考面 T_1 处的输入导纳 Y_{in}。

9－6　已知可逆无耗二端口网络的转移参量 $a=d=1+XB$，$c=2B+XB^2$（式中 X 为电抗，B 为电纳），求另一转移参量 b。

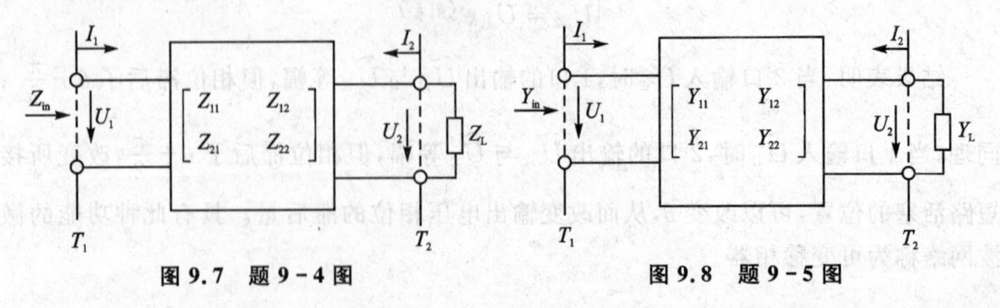

图 9.7　题 9－4 图　　　　**图 9.8　题 9－5 图**

9-7　图 9.9 所示二端口网络参考面 T_2 处接归一化负载阻抗 $\widetilde{Z}_L$，已知网络的归一化转移参量为 A,B,C 及 D。求参考面 T_1 处的归一化输入阻抗 $\widetilde{Z}_{in}$。

9-8　求图 9.10 所示二端口网络参考面 T_1 和 T_2 所确定的散射参量矩阵。

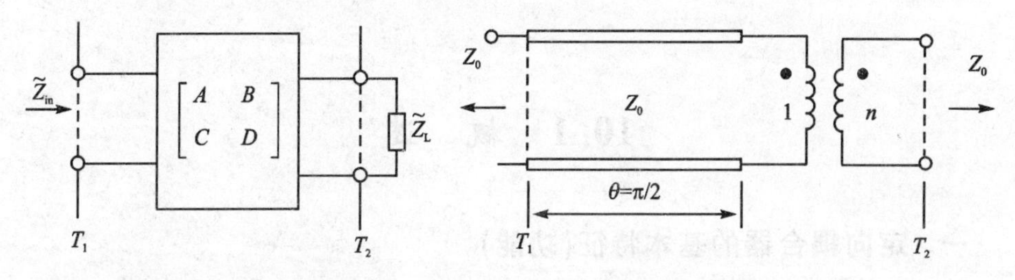

图 9.9　题 9-7 图　　　　图 9.10　题 9-8 图

9-9　图 9.11 所示可逆对称无耗二端口网络参考面 T_2 处接匹配负载，测得距参考面 T_1 距离为 $l=0.125\lambda_p$ 处为电压波节，驻波比 $\rho=1.5$，求该网络的散射参量矩阵。

9-10　如图 9.12 所示，参考面 T_1 和 T_2 所确定的二端口网络的散射参量为 S_{11},S_{12},S_{21} 及 S_{22}，网络输入端口(1 口)传输线上波的相移常数为 β，若参考面 T_1 外移距离 l_1 至 T_1'处，求参考面 T_1'和 T_2 所确定的网络的散射参量矩阵 $\boldsymbol{S}'$。

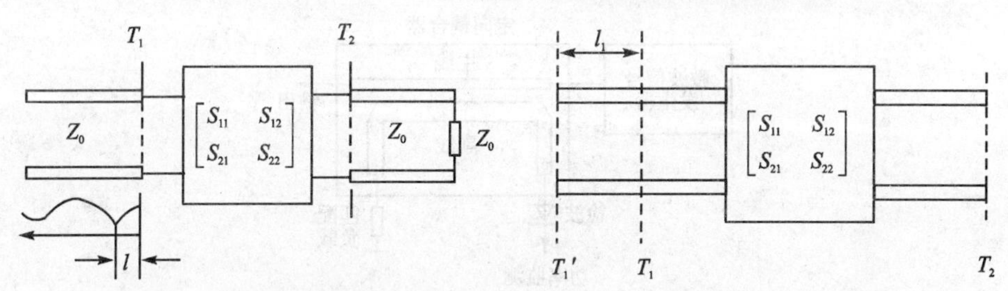

图 9.11　题 9-9 图　　　　图 9.12　题 9-10 图

9-11　已知二端口网络的散射参量矩阵为

$$\boldsymbol{S}=\begin{bmatrix}-\mathrm{j}0.2 & -0.98\\ -0.98 & -\mathrm{j}0.2\end{bmatrix}$$

求该网络的插入相移 θ，插入衰减 L(dB)，电压传输系数 T 及输入驻波比 ρ。

9-12　用阻抗法测得可逆二端口网络的 3 个反射系数分别为 $\Gamma_{1\cdot M}=\dfrac{2}{3}$，$\Gamma_{1\cdot S}=\dfrac{3}{5}$，$\Gamma_{1\cdot O}=1$，求网络的散射参量矩阵。该网络是否为无耗网络？

9-13　已知二端口网络的转移参量 $a=d=0,b=\mathrm{j}Z_0,c=\dfrac{\mathrm{j}}{Z_0}$，两个端口外接传输线特性阻抗均为 Z_0，求网络的 $\widetilde{\boldsymbol{Z}}$，$\widetilde{\boldsymbol{Y}}$ 及 $\boldsymbol{S}$。

9-14　在本章例 9-3 中令 $\theta_4=\pi+\theta_3$，求化简后的二端口网络的散射参量矩阵 $\boldsymbol{S}_2$，并叙述其功能。

第 10 章　定向耦合器

10.1　概　述

一、定向耦合器的基本特征(功能)

如图 10.1 所示为监测微波信号发生器的输出功率的电原理图。所用的定向耦合器的功能是：一方面把从主线耦合过来的功率的绝大部分送给(匹配)负载；另一方面只取出耦合功率中的一小部分送给功率监测器的检波器用以监测微波信号发生器的输出功率。

定向耦合器是微波传输系统中应用最广泛的元件，是一个四端口微波网络(如图 10.2所示)，具有如下基本特性：

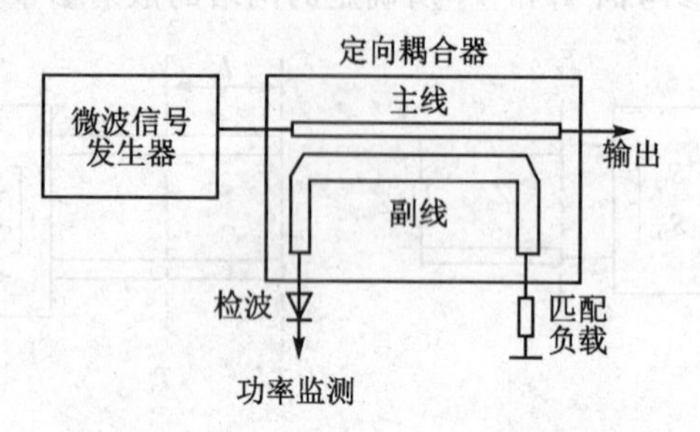

图 10.1　微波信号发生器的功率监测

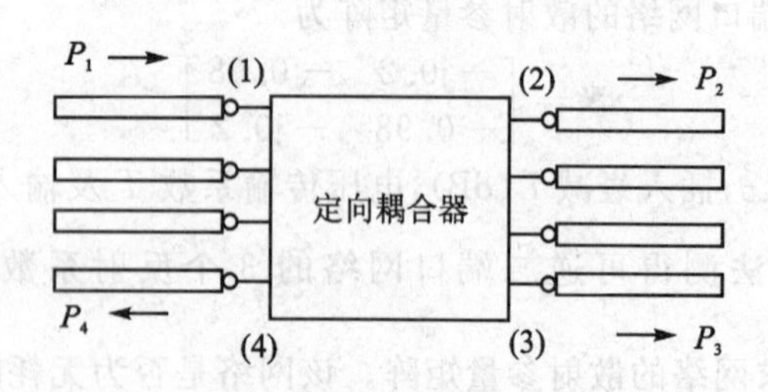

图 10.2　定向耦合器

1. 耦合传输性

设电磁波从(1)口输入，除一部分能量从(2)口(直接)输出外，还有一部分能量(经耦合)从(3)口输出——具有功率分配特性。

2. 隔离性

(1) 口输入的电磁能量从(2)口和(3)口输出，从(4)口无输出(或只有很小部分输出)。

输入的电磁能量仅从两个口(按一定比例)输出，而从另一口无输出的特征称为定向耦合性(或隔离性)，它是定向耦合器的基本特征。

二、定向耦合器的分类与结构

定向耦合器的种类和形式很多，结构上差异很大，工作原理也不尽相同。如图 10.3所示为定向耦合器的几种结构形式。

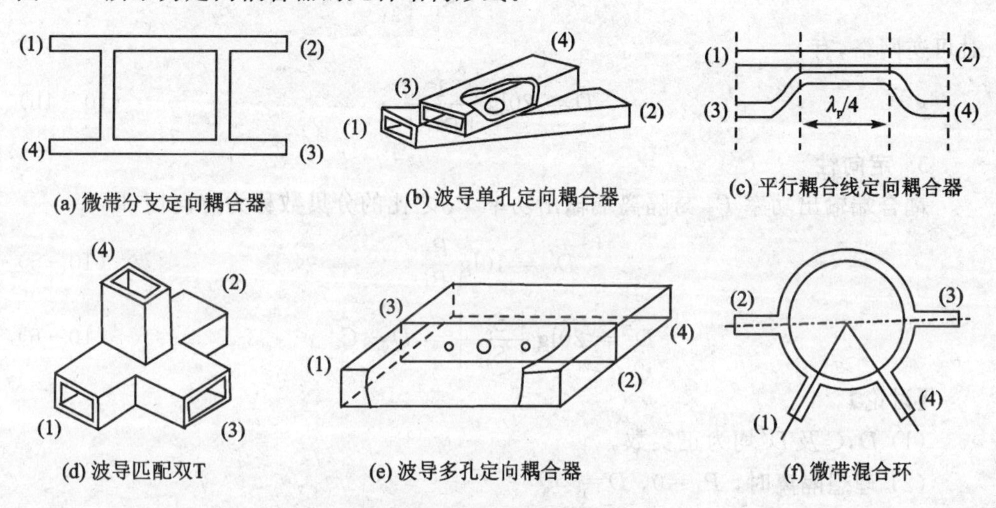

图 10.3　定向耦合器及桥路元件

三、定向耦合器的技术指标

设(1)口为输入口，(2)口为直接输出口，(3)口为耦合输出口，(4)口为隔离口(如图 10.2 所示)。

1. 耦合度

输入端((1)口)输入功率 P_1 与耦合端((3)口)输出功率 P_3 之比的分贝数称为耦合度，即

$$C = 10\lg \frac{P_1}{P_3} \tag{10-1}$$

利用 $P_1 = \frac{1}{2}|\widetilde{U}_{i1}|^2$ 及 $P_3 = \frac{1}{2}|\widetilde{U}_{r3}|^2 = \frac{1}{2}|S_{31}\widetilde{U}_{i1}|^2$，可得

$$C = 20\lg \frac{1}{|S_{31}|} \tag{10-2a}$$

对可逆网络，有

$$C = 20\lg \frac{1}{|S_{13}|} \tag{10-2b}$$

2. 隔离度

输入端((1)口)输入功率 P_1 与隔离端((4)口)输出功率 P_4 之比的分贝数称为隔离度,即

$$D = 10\lg \frac{P_1}{P_4} \tag{10-3}$$

或

$$D = 20\lg \frac{1}{|S_{41}|} \tag{10-4a}$$

对可逆网络,有

$$D = 20\lg \frac{1}{|S_{14}|} \tag{10-4b}$$

3. 定向性

耦合端输出功率 P_3 与隔离端输出功率 P_4 之比的分贝数称为定向性,即

$$D' = 10\lg \frac{P_3}{P_4} \tag{10-5}$$

$$D' = 20\lg \frac{|S_{31}|}{|S_{41}|} = D - C \tag{10-6}$$

【讨论】

(1) D,C 及 D' 均为正实数。

(2) 理想隔离时,$P_4=0$,$D=\infty$。

(3) D' 综合反应了定向耦合器的耦合及隔离特性。

【例 10-1】 求全对称理想定向耦合器的散射参量矩阵(在图 10.2 中,可逆无耗网络具有上下及左右全对称特性,且各端口本身调至匹配)。

【解】 一般情况下四端口网络的散射参量矩阵可写成

$$\boldsymbol{S} = \begin{bmatrix} S_{11} & S_{12} & S_{13} & S_{14} \\ S_{21} & S_{22} & S_{23} & S_{24} \\ S_{31} & S_{32} & S_{33} & S_{34} \\ S_{41} & S_{42} & S_{43} & S_{44} \end{bmatrix}$$

由可逆性,得

$$S_{ij} = S_{ji}$$

由全对称性,得

$$S_{11} = S_{22} = S_{33} = S_{44},\ S_{12} = S_{43},\ S_{14} = S_{23},\ S_{13} = S_{42}$$

由各端口本身调匹配,得

$$S_{11} = S_{22} = S_{33} = S_{44} = 0$$

至此可得

$$\boldsymbol{S}=\begin{bmatrix}0 & S_{12} & S_{13} & S_{14}\\ S_{12} & 0 & S_{14} & S_{13}\\ S_{13} & S_{14} & 0 & S_{12}\\ S_{14} & S_{13} & S_{12} & 0\end{bmatrix} \tag{10-7}$$

易见:至多可能有 3 个独立参量。

由无耗性,得

$$\boldsymbol{S}^{\mathrm{T}}\boldsymbol{S}^{*}=\boldsymbol{I} \tag{10-8a}$$

以第一行分乘各列,得

$$\left.\begin{aligned}|S_{12}|^2+|S_{13}|^2+|S_{14}|^2&=1\\ S_{13}S_{14}^{*}+S_{14}S_{13}^{*}&=0\\ S_{12}S_{14}^{*}+S_{14}S_{12}^{*}&=0\\ S_{12}S_{13}^{*}+S_{13}S_{12}^{*}&=0\end{aligned}\right\} \tag{10-8b}$$

联立后 3 个方程,求得

$$\frac{S_{12}^{*}}{S_{12}}=\frac{-S_{12}^{*}}{S_{12}}$$

$$\frac{S_{13}^{*}}{S_{13}}=\frac{-S_{13}^{*}}{S_{13}}$$

$$\frac{S_{14}^{*}}{S_{14}}=\frac{-S_{14}^{*}}{S_{14}}$$

易见,欲使式(10-8)成立,S_{12},S_{13},S_{14} 3 个参量中必须有一个为零,即可逆无耗全对称全匹配的四端口网络必定具有定向性。

设 $S_{14}=0$((1)口与(4)口之间隔离),则构成正向定向耦合器,此时,式(10-8b)变成

$$\left.\begin{aligned}|S_{12}|^2+|S_{13}|^2&=1\\ S_{12}S_{13}^{*}+S_{13}S_{12}^{*}&=0\end{aligned}\right\} \tag{10-8c}$$

式(10-8c)中的第一个方程描述了能量守恒关系

$$\frac{1}{2}|\widetilde{U}_{\mathrm{r2}}|^2+\frac{1}{2}|\widetilde{U}_{\mathrm{r3}}|^2=\frac{1}{2}|\widetilde{U}_{\mathrm{i1}}|^2$$

即

$$P_{\mathrm{r2}}+P_{\mathrm{r3}}=P_{\mathrm{i1}}$$

第二个方程给出了两输出口输出信号的相位关系,设 $S_{12}=|S_{12}|\mathrm{e}^{\mathrm{j}\theta_2}$,$S_{13}=|S_{13}|\mathrm{e}^{\mathrm{j}\theta_3}$,代入第二方程,得

$$\mathrm{e}^{\mathrm{j}(\theta_2-\theta_3)}=-\mathrm{e}^{\mathrm{j}(\theta_3-\theta_2)}$$

即

$$\theta_3=\theta_2\pm\frac{\pi}{2} \tag{10-8d}$$

给定耦合度 C(dB)之后,可得

$$|S_{13}| = 10^{-\frac{C}{20}} = \alpha$$

$$|S_{12}| = \beta = \sqrt{1-\alpha^2}$$

最后得完全对称理想定向耦合器的散射参量矩阵为

$$\boldsymbol{S} = \begin{bmatrix} 0 & \beta & \pm \mathrm{j}\alpha & 0 \\ \beta & 0 & 0 & \pm \mathrm{j}\alpha \\ \pm \mathrm{j}\alpha & 0 & 0 & \beta \\ 0 & \pm \mathrm{j}\alpha & \beta & 0 \end{bmatrix} \mathrm{e}^{\mathrm{j}\theta_2} \tag{10-9}$$

在保证对称的前提下,合理移动各端口参考面可调解 θ_2 的值($\theta_2=0$ 时,$\boldsymbol{S}$ 的表达式最简单)。

10.2 波导匹配双 T

在波导双 T 接头内部装入匹配元件即成为波导匹配双 T(魔 T)。它是一种3 dB 定向耦合器,在微波工程及天线系统中有着广泛的应用。

一、波导匹配双 T 的构成

1. ET 分支

如图 10.4 所示,分支沿主波导 TE_{10} 模电场所在平面(垂直)伸出。其特点为:(4)口(称 E 臂)输入时,在两对称臂((1)口和(2)口)有等幅反相输出,即

$$S_{14} = -S_{24} \tag{10-10}$$

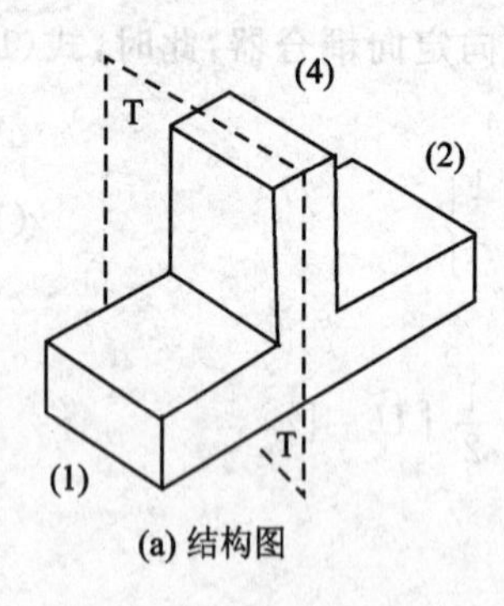

(a) 结构图

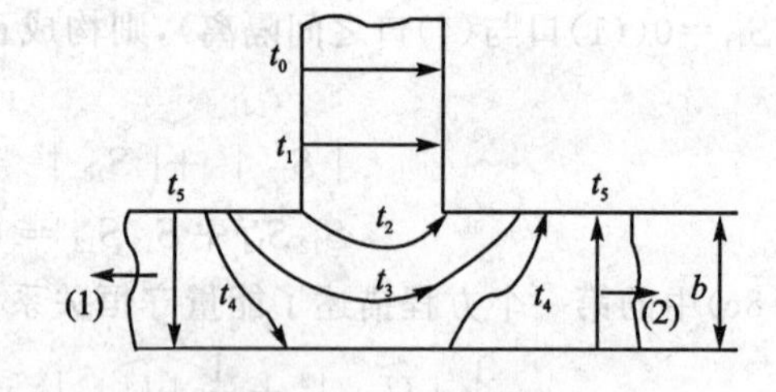

(b) 电力线分布图

图 10.4 ET 分支

2. HT 分支

如图 10.5 所示,分支沿主波导 TE_{10} 模磁场所在平面(垂直)伸出。其特点是:(3)口(称 H 臂)输入时,在两对称臂((1)口和(2)口)有等幅同相输出,即

$$S_{13} = S_{23} \tag{10-11}$$

3. 波导双 T(接头)

如图 10.6 所示,由 ET 分支和 HT 分支组合起来即构成波导双 T。其特点为:

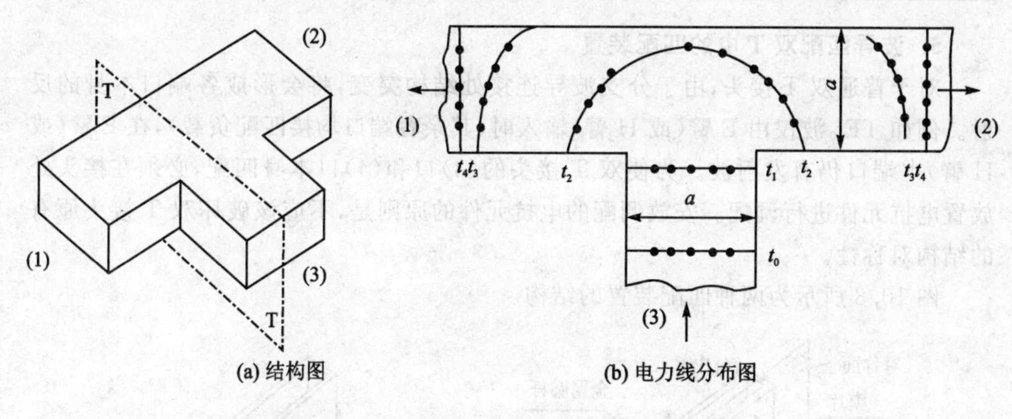

图 10.5　HT 分支

(1) $S_{14}=-S_{24}$(同于 ET)。

(2) $S_{13}=S_{23}$(同于 HT)。

(3) (4)口(E 臂)与(3)口(H 臂)之间隔离。即

$$S_{34}=S_{43}=0 \tag{10-12}$$

其原由是:(4)口输入时,在 H 臂内产生反对称电场(如图 10.4(b)所示),无法激励起 TE_{10} 模,而(3)口输入时,在接头区内电力线方向平行于 E 臂波导的宽壁,因此在 E 臂内无法激励起 TE_{10} 模(如图 10.5(b)所示)。

综上可得波导双 T 的散射参量矩阵为

$$\boldsymbol{S}=\begin{bmatrix} S_{11} & S_{12} & S_{13} & S_{14} \\ S_{12} & S_{11} & S_{13} & -S_{14} \\ S_{13} & S_{13} & S_{33} & 0 \\ S_{14} & -S_{14} & 0 & S_{44} \end{bmatrix} \tag{10-13}$$

4. 波导匹配双 T

在波导双 T 接头中加入匹配装置以使其(3)口和(4)口本身匹配,即

$$S_{33}=S_{44}=0 \tag{10-14}$$

就构成了波导匹配双 T,其表示符号如图 10.7 所示。

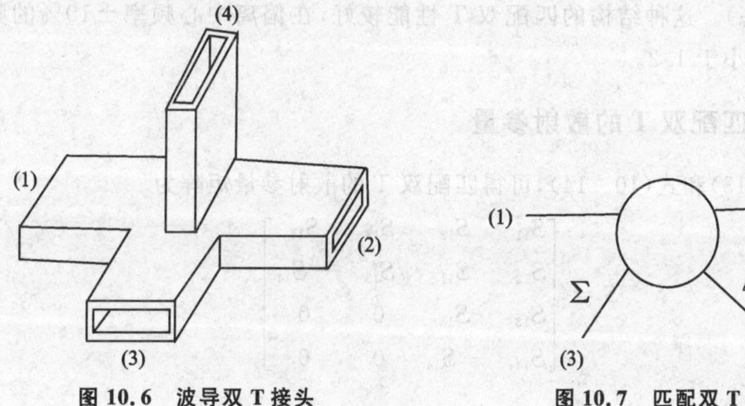

图 10.6　波导双 T 接头　　**图 10.7　匹配双 T 符号**

5. 波导匹配双 T 中的匹配装置

对于普通双 T 接头，由于分支波导连接处结构突变，将会形成各端口本身的反射。例如 TE_{10} 波仅由 E 臂（或 H 臂）输入时（其余各端口均接匹配负载），在 E 臂（或 H 臂）本端口仍有发射波。为使双 T 接头的(3)口和(4)口本身匹配，必须在接头处放置电抗元件进行调配。安放调配的电抗元件的原则是，不应该破坏双 T 接头原有的结构对称性。

图 10.8 所示为两种匹配装置的结构。

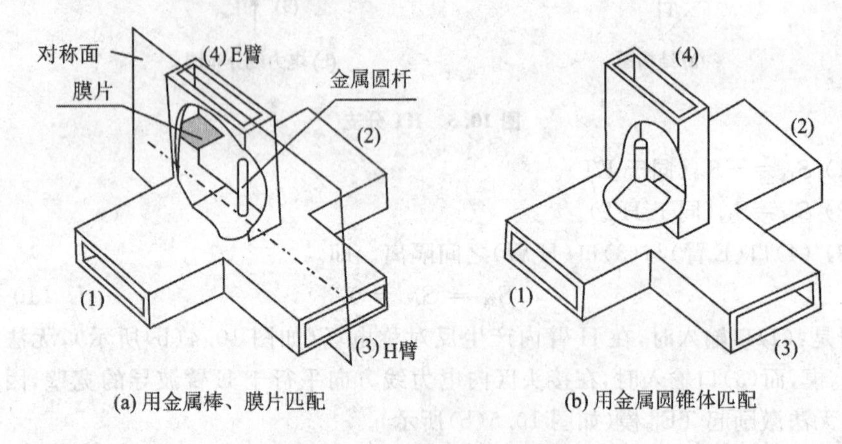

图 10.8　双 T 接头的匹配

在图 10.8(a)中，在对称面上插入一根（可调）金属棒可使 H 臂端口呈本身匹配状态。其原理是，金属棒与 H 臂中的电力线平行，形成对 H 臂内的反射以抵消因接头结构不连续而产生的反射；同时该金属棒与 E 臂中 TE_{10} 波的电力线垂直，从而几乎无反射作用。在接头区 E 臂中加入一感性膜片，调整其大小、厚度及位置可使其在 E 臂内的反射抵消因接头结构不连续而产生的反射；由于膜片平行于 E 臂内的电力线而垂直于 H 臂内的电力线，故只对 E 臂有反射作用。

在图 10.8(b)中，匹配元件为对称面处的金属圆锥体和其顶部的金属棒。先调整圆锥体使 E 臂端口本身匹配，然后调金属棒使 H 臂端口本身匹配（金属棒不影响 E 臂的匹配状态）。这种结构的匹配双 T 性能较好，在偏离中心频率±10%的频带内，驻波比可以小于 1.2。

二、波导匹配双 T 的散射参量

由式(10-13)和式(10-14)，可得匹配双 T 的散射参量矩阵为

$$\boldsymbol{S}=\begin{bmatrix} S_{11} & S_{12} & S_{13} & S_{14} \\ S_{12} & S_{11} & S_{13} & -S_{14} \\ S_{13} & S_{13} & 0 & 0 \\ S_{14} & -S_{14} & 0 & 0 \end{bmatrix}$$

利用无耗性条件，可得

$$\boldsymbol{S}^{\mathrm{T}}\boldsymbol{S}^{*}=\boldsymbol{I} \tag{10-15}$$

展开，可得

$$\left.\begin{aligned}&|S_{13}|^2+|S_{13}|^2=1\\&|S_{14}|^2+|S_{14}|^2=1\\&|S_{11}|^2+|S_{12}|^2+|S_{13}|^2+|S_{14}|^2=1\end{aligned}\right\} \tag{10-16}$$

联立求解，得

$$\left.\begin{aligned}&|S_{13}|=|S_{14}|=\frac{1}{\sqrt{2}}\\&S_{11}=0\\&S_{12}=0\end{aligned}\right\} \tag{10-17}$$

易见：只要(3)口和(4)口自身调配，(1)口和(2)口本身自动匹配且(1)口和(2)口之间隔离。

适当移动(3)口和(4)口参考面，即适当设计 H 臂和 E 臂长度(不改变对称性和匹配性)，总可使 $S_{13}=\frac{1}{\sqrt{2}}=S_{14}$，最后得波导匹配双 T 的散射参量矩阵为

$$\boldsymbol{S}=\frac{1}{\sqrt{2}}\begin{bmatrix}0&0&1&1\\0&0&1&-1\\1&1&0&0\\1&-1&0&0\end{bmatrix} \tag{10-18}$$

易见，匹配双 T 是一个 3 dB(等功率分配)定向耦合器。例如：仅(1)口输入时，(2)口隔离，(3)口和(4)口等幅输出，其他口输入也有类似特征。

三、波导匹配双 T 的应用

1. 平衡混频器

在接收机混频电路中，为使本振信号与接收信号之间互相隔离以防止互相干扰，可将它们分别接在匹配双 T 的 H 臂和 E 臂上，为得到本振信号与接收信号之间的差频信号，可在匹配双 T 的两对称臂中装接混频晶体，如图 10.9 所示。

本振信号和接收信号都能以相等幅度适当相位加到两个晶体(二极管)进行混频，所得差频信号送到中放电路进行放大。选择两混频晶体使两者特性完全相同，则本振信号(经两晶体反射)无法串入天线通道，而天线的接收信号也不会串入本振电路中。

2. 阻抗测量电桥

图 10.10 所示为利用匹配双 T 组成平衡电桥测量阻抗的原理图。由 H 臂输入的信号等幅同相送到(1)口和(2)口，经两端口所接阻抗 Z_0 和 Z_x 反射在 E 臂中相减后送到指示器。如果 Z_0 与 Z_x 相等，则其反射波也等幅同相，因此 E 臂无输出，指示

器的指示值为零。实用中为测量未知阻抗 Z_x,可调整已知阻抗 Z_0,直到指示器指示值为零时,所测阻抗值就等于此时的 Z_0 值。

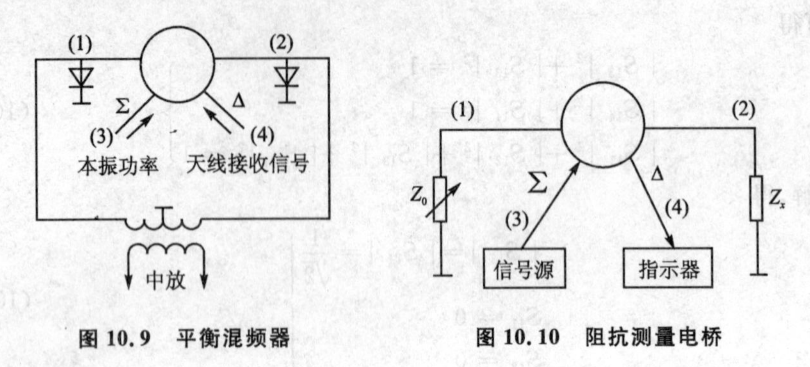

图 10.9 平衡混频器　　图 10.10 阻抗测量电桥

10.3 双分支定向耦合器

一、双分支定向耦合器的结构

1. 电路结构

如图 10.11 所示为双分支定向耦合器的电路结构图。双分支定向耦合器由主线、副线及两条耦合分支线组成。两分支线的长度及其间距均为四分之一中心相波长(λ_{p0})。分支线与主线、副线均为并联关系,其结构具有(上下)对称性。由于(2)口

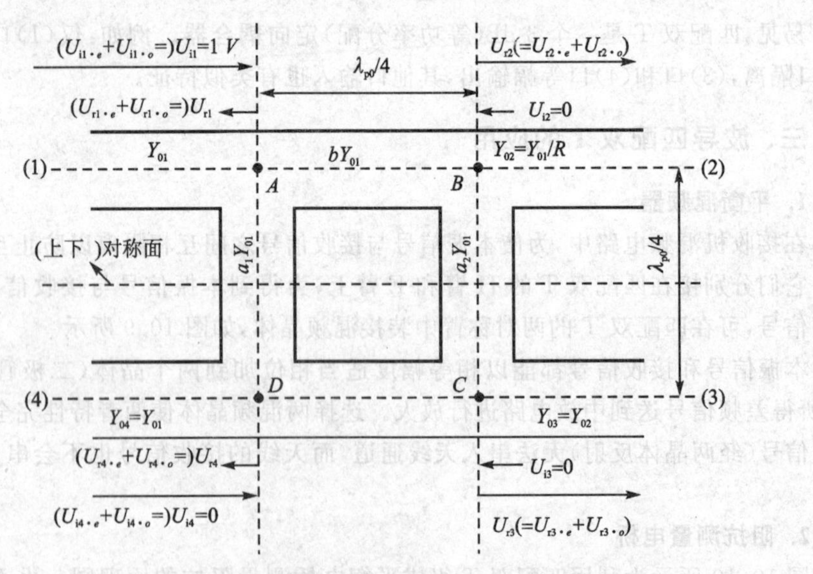

图 10.11 双分支定向耦合器(电路)结构图

和(3)口所接传输线的特性导纳较(1)口和(4)口差同一比例系数($R=\dfrac{Z_{02}}{Z_{01}}=\dfrac{Y_{01}}{Y_{02}}$称为变阻比),因此,这种定向耦合器还同时具有阻抗变换作用。在图 10.11 中,主线$\overline{AB}$段和副线$\overline{DC}$段的特性导纳皆为bY_{01},分支一($\overline{AD}$段)的特性导纳a_1Y_{01},分支二($\overline{BC}$段)的特性导纳为a_2Y_{01}。其中,参数a_1,a_2及b应根据给定的技术指标(或技术要求)设计确定,以实现相应的功能。

2. 实际结构

实用中的双分支定向耦合器既可由双导体传输线段组合构成,也可由矩形波导段组合构成。

图 10.12 所示为由平行双导线(简称平行线)组合构成的双分支定向耦合器。设计时,应保证各平行线段中两导线间距(D)固定不变,适当改变各平行线段中两导线的横截面半径(R)即可满足相应的技术要求。

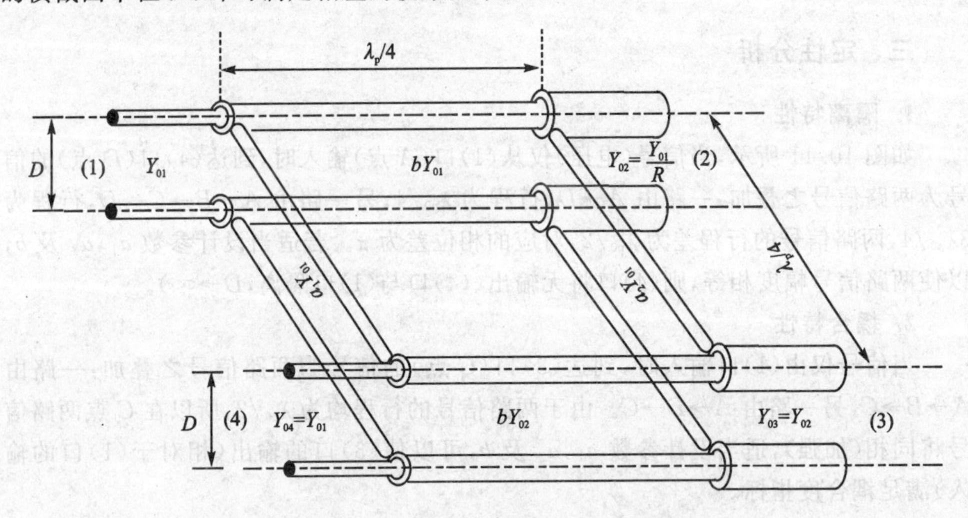

图 10.12　平行线双分支定向耦合器结构图

图 10.13 所示为由同轴线组合构成的双分支定向耦合器。设计时,应保证各同轴线段的外导体内直径(D)固定不变,适当改变各段内导体直径(d)即可满足相应的技术要求。

二、技术指标与技术要求

如图 10.11 所示。

(1) 给定(1)口与(3)口之间的耦合度($C=10\lg P_{i1}/P_{o3}=20\lg 1/|S_{31}|$)。

(2) 给定变阻比($R=Z_{02}/Z_{01}=Y_{01}/Y_{02}$)。

(3) (1)口与(4)口之间隔离($S_{41}=S_{14}=0$)。

(4) 设计时,使(1)口和(4)口本身匹配($S_{11}=S_{44}=0$)。

(5) 保持系统结构(上下)对称。

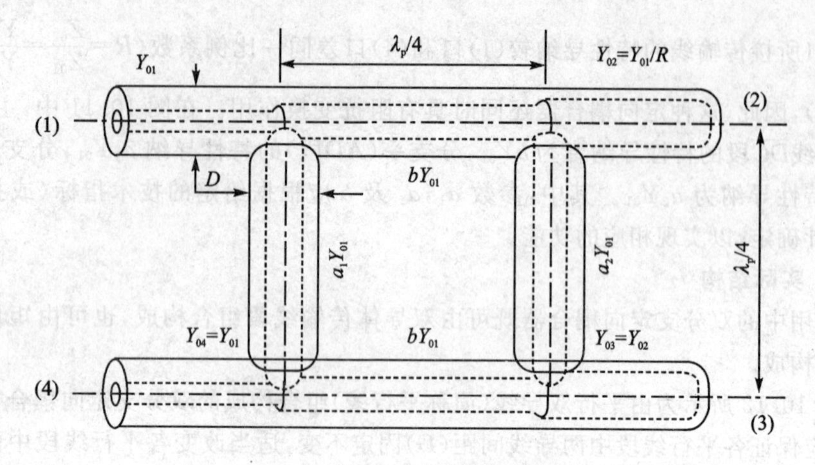

图 10.13　同轴线双分支定向耦合器结构图

三、定性分析

1. 隔离特性

如图 10.11 所示，当信号(电压)仅从(1)口(A 点)输入时，到达(4)口(D 点)的信号为两路信号之叠加：一路由 $A \to D$，行程为 $\lambda_{p0}/4$；另一路由 $A \to B \to C \to D$，行程为 $3\lambda_{p0}/4$，两路信号的行程差为 $\lambda_{p0}/2$，对应的相位差为 π。若适当设计参数 a_1，a_2 及 b，以使两路信号幅度相等，则(4)口将无输出((4)口与(1)口隔离，$D \to \infty$)。

2. 耦合特性

当信号仅由(1)口输入时，到达(3)口(C 点)的信号为两路信号之叠加：一路由 $A \to B \to C$，另一路由 $A \to D \to C$。由于两路信号的行程均为 $\lambda_{p0}/2$，所以在 C 点两路信号将同相(加强)，适当设计参数 a_1，a_2 及 b，可以使(3)口的输出(相对于(1)口的输入)满足耦合度指标。

3. 阻抗变换特性

由于(4)口隔离，(1)口输入功率的一部分将在(2)口(直接)输出，其余部分则在(3)口(耦合)输出。而输出端口((2)口和(3)口)所接传输线的特性导纳较输入端口((1)口)差一系数(由变阻比指标 R 给定，经适当设计参数 a_1，a_2 及 b 来实现)，因此，该定向耦合器兼有阻抗变换作用。

四、定量分析(参数设计)

1. 前提条件

如图 10.11 所示，设仅由(1)口输入电压($U_{i1}=1$ V)，其他端口均接匹配负载($U_{i2}=U_{i3}=U_{i4}=0$)。

2. 设计(分析)思路

为了满足系统的技术指标和技术要求，必须确定系统中各段传输线的(相对)特性导纳(a_1,a_2,b)与给定的技术指标(D,C,R)之间的定量关系。为此,应推求该四端口网路各端口反射电压($U_{r1},U_{r2},U_{r3},U_{r4}$)与(1)口入射电压($U_{i1}=1$ V)之间的定量关系,这就需要利用散射参量进行分析。散射参量的确定又需要利用转移参量,而转移参量仅适用于二端口网路。因此,问题的关键是:如何把实际的四端口网络等效成二端口网络。

利用奇偶模(等效)参量法及线性叠加原理,可以把双分支定向耦合器(四端口网络)等效成相应的二端口网络,从而使问题的分析得以简化。

首先,把图 10.11 所示系统(等效)分解为图 10.14(a)和图 10.14(b)所示系统之线性叠加。

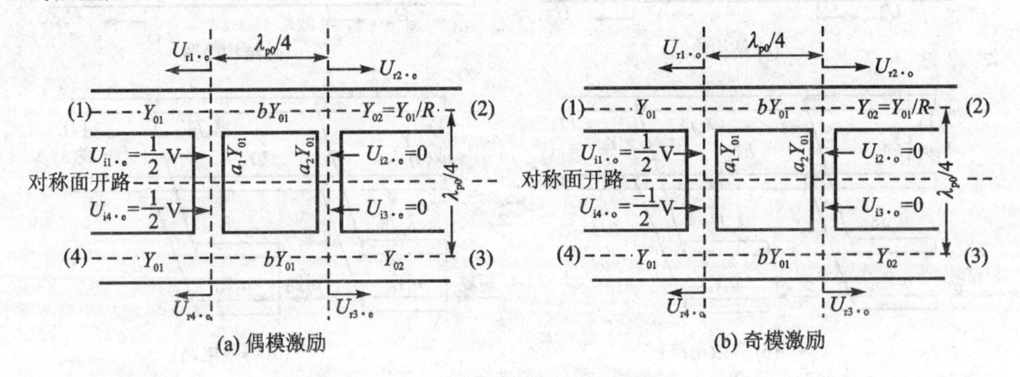

图 10.14　奇偶模(等效)激励

图 10.14(a)对应为偶模激励系统,其特征是:激励(电压)、响应(电压)关于对称面皆呈偶对称性(如:$U_{i1\cdot e}=U_{i4\cdot e},U_{r2\cdot e}=U_{r3\cdot e},U_{r1\cdot e}=U_{r4\cdot e}$)。

图 10.14(b)对应为奇模激励系统,其特征是:激励(电压)、响应(电压)关于对称面皆呈奇对称性(如:$U_{i1\cdot o}=-U_{i4\cdot o},U_{r2\cdot o}=-U_{r3\cdot o},U_{r1\cdot o}=-U_{r4\cdot o}$)。

根据线性叠加原理,有

$$U_{i1}=U_{i1\cdot e}+U_{i1\cdot o}=\frac{1}{2}\ \text{V}+\frac{1}{2}\ \text{V}=1\ \text{V}$$

$$U_{i4}=U_{i4\cdot e}+U_{i4\cdot o}=\frac{1}{2}\ \text{V}-\frac{1}{2}\ \text{V}=0\ \text{V}$$

$$U_{rn}=U_{rn\cdot e}+U_{rn\cdot o}\quad (n=1,2,3,4)$$

分别对偶模激励系统和奇模激励系统求解($U_{rn\cdot e}$和$U_{rn\cdot o}$)之后,再叠加即可求得原系统各端口(总)反射电压(U_{rn})。

3. 偶模激励系统

如图 10.14(a)所示。

(1) 等效电路。此时,在网络对称面上,分支线段的电流为零,对称面为开路面。可沿对称面把原四端口网络分解为两个独立的二端口网络,如图 10.15(a)所示。图中两个二端口网络均可等效成图 10.15(b)及(c)所示的二端口等效电路,且(1)口和

(4)口激励相同，$U_{i1\cdot e}=U_{i4\cdot e}=\dfrac{1}{2}$ V。

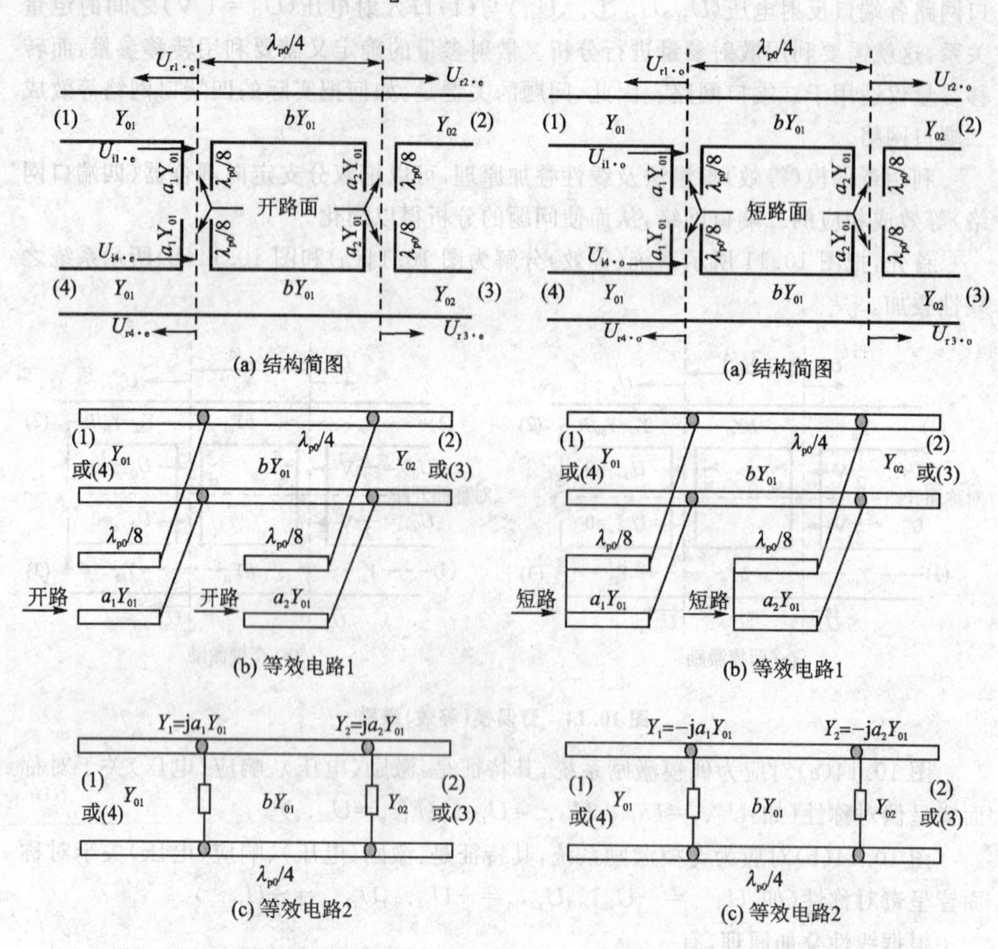

图 10.15　偶模激励等效电路　　　**图 10.16　奇模激励等效电路**

在图 10.15(b)中，两并联分支均为长度等于 $\lambda_{p0}/8$ 的终端开路线。由终端开路均匀无耗长线输入端输入导纳的计算公式 $Y_{in}(l)=jY_0\tan\beta l$，代入线长度 $l=\lambda_{p0}/8$ 及相应传输线段的特性导纳(a_1Y_{01} 和 a_2Y_{01})，可得等效并联导纳分别为 $Y_1=ja_1Y_{01}$ 及 $Y_2=ja_2Y_{01}$，如图 10.15(c)所示。

(2)转移参量。图 10.15(c)所示的二端口网络为 3 个二端口网络(Y_1，$\lambda_p/4$ 传输线段，Y_2)的级联组合。利用第 9 章的有关结论，可求得组合二端口网络的转移参量矩阵为

$$\boldsymbol{A}_e=\begin{bmatrix}a_e & b_e\\ c_e & d_e\end{bmatrix}=\begin{bmatrix}1 & 0\\ ja_1Y_{01} & 1\end{bmatrix}\begin{bmatrix}0 & j/bY_{01}\\ jbY_{01} & 0\end{bmatrix}\begin{bmatrix}1 & 0\\ ja_2Y_{01} & 1\end{bmatrix}=$$

$$\begin{bmatrix}0 & j/bY_{01}\\ jbY_{01} & -a_1/b\end{bmatrix}\begin{bmatrix}1 & 0\\ ja_2Y_{01} & 1\end{bmatrix}=\begin{bmatrix}-a_2/b & j/bY_{01}\\ jY_{01}(b^2-a_1a_2)/b & -a_1/b\end{bmatrix}\tag{10-19a}$$

对应的归一化转移参量矩阵为

$$\widetilde{\mathbf{A}}_{\mathrm{e}}=\begin{bmatrix}A_{\mathrm{e}} & B_{\mathrm{e}}\\ C_{\mathrm{e}} & D_{\mathrm{e}}\end{bmatrix}=\begin{bmatrix}-a_2\sqrt{R}/b & \mathrm{j}/b\sqrt{R}\\ \mathrm{j}\sqrt{R}(b^2-a_1a_2)/b & -a_1/b\sqrt{R}\end{bmatrix} \tag{10-19b}$$

(3) 各端口反射电压。利用散射参量与归一化转移参量之间的变换关系，可求得偶模激励系统各端口的反射电压($U_{rn\cdot\mathrm{e}}$)。

首先，注意到原系统结构的（上下）对称性和偶模激励的（偶）对称性$\left(U_{\mathrm{i1}\cdot\mathrm{e}}=U_{\mathrm{i4}\cdot\mathrm{e}}=\dfrac{1}{2}\ \mathrm{V}\right)$，有

$$U_{\mathrm{r1}\cdot\mathrm{e}}=U_{\mathrm{r4}\cdot\mathrm{e}}\quad 及\quad U_{\mathrm{r2}\cdot\mathrm{e}}=U_{\mathrm{r3}\cdot\mathrm{e}}$$

另由 $S_{11\cdot\mathrm{e}}=\dfrac{\widetilde{U}_{\mathrm{r1}\cdot\mathrm{e}}}{\widetilde{U}_{\mathrm{i1}\cdot\mathrm{e}}}=\dfrac{U_{\mathrm{r1}\cdot\mathrm{e}}}{U_{\mathrm{i1}\cdot\mathrm{e}}}$，得

$$U_{\mathrm{r1}\cdot\mathrm{e}}=U_{\mathrm{i1}\cdot\mathrm{e}}S_{11\cdot\mathrm{e}}=\frac{1}{2}S_{11\cdot\mathrm{e}}=\frac{1}{2}\,\frac{A_{\mathrm{e}}-D_{\mathrm{e}}+B_{\mathrm{e}}-C_{\mathrm{e}}}{A_{\mathrm{e}}+B_{\mathrm{e}}+C_{\mathrm{e}}+D_{\mathrm{e}}}=U_{\mathrm{r4}\cdot\mathrm{e}} \tag{10-20}$$

再由 $S_{21\cdot\mathrm{e}}=\dfrac{\widetilde{U}_{\mathrm{r2}\cdot\mathrm{e}}}{\widetilde{U}_{\mathrm{i1}\cdot\mathrm{e}}}=\dfrac{U_{\mathrm{r2}\cdot\mathrm{e}}}{U_{\mathrm{i1}\cdot\mathrm{e}}}\sqrt{\dfrac{Z_{01}}{Z_{02}}}=\dfrac{U_{\mathrm{r2}\cdot\mathrm{e}}}{U_{\mathrm{i1}\cdot\mathrm{e}}\sqrt{R}}$，得

$$U_{\mathrm{r2}\cdot\mathrm{e}}=U_{\mathrm{i1}\cdot\mathrm{e}}\sqrt{R}S_{21\cdot\mathrm{e}}=\frac{1}{2}\sqrt{R}S_{21\cdot\mathrm{e}}=\frac{\sqrt{R}}{2}\,\frac{2}{A_{\mathrm{e}}+B_{\mathrm{e}}+C_{\mathrm{e}}+D_{\mathrm{e}}}=U_{\mathrm{r3}\cdot\mathrm{e}} \tag{10-21}$$

4. 奇模激励系统

如图 10.14(b)所示。

(1) 等效电路。此时，在网络对称面上，分支线段的电压为零，对称面为短路面。可沿对称面把原四端口网络分解为两个独立的二端口网络，如图 10.16(a)所示。图中两个二端口网络均可等效成图 10.16(b)及(c)所示的二端口等效电路，但(1)口与(4)口的激励等幅度反相，$U_{\mathrm{i1}\cdot\mathrm{o}}=-U_{\mathrm{i4}\cdot\mathrm{o}}=\dfrac{1}{2}\ \mathrm{V}$(激励关于对称面呈奇对称性)。

在图 10.16(b)中，两并联分支均为长度等于 $\lambda_{\mathrm{p0}}/8$ 的终端短路线。由终端短路均匀无耗长线输入端输入导纳的计算公式 $Y_{\mathrm{in}}(l)=-\mathrm{j}Y_0\cot\beta l$，可得相应的等效并联导纳分别为 $Y_1=-\mathrm{j}a_1Y_{01}$ 及 $Y_2=-\mathrm{j}a_2Y_{01}$，如图 10.16(c)所示。

(2) 转移参量。仿照偶模激励系统的相应推导过程，可得图 10.16(c)所示二端口网络的转移参量矩阵为

$$\mathbf{A}_{\mathrm{o}}=\begin{bmatrix}a_{\mathrm{o}} & b_{\mathrm{o}}\\ c_{\mathrm{o}} & d_{\mathrm{o}}\end{bmatrix}=\begin{bmatrix}a_2/b & \mathrm{j}/bY_{01}\\ \mathrm{j}Y_{01}(b^2-a_1a_2)/b & a_1/b\end{bmatrix} \tag{10-22a}$$

对应的归一化转移参量矩阵为

$$\widetilde{\mathbf{A}}_{\mathrm{o}}=\begin{bmatrix}A_{\mathrm{o}} & B_{\mathrm{o}}\\ C_{\mathrm{o}} & D_{\mathrm{o}}\end{bmatrix}=\begin{bmatrix}a_2\sqrt{R}/b & \mathrm{j}/b\sqrt{R}\\ \mathrm{j}\sqrt{R}(b^2-a_1a_2)/b & a_1/b\sqrt{R}\end{bmatrix} \tag{10-22b}$$

把式(10－22b)与式(10－19b)对比，可得

$$A_e = -A_o, \quad D_e = -D_o, \quad B_e = B_o, \quad C_e = C_o \tag{10-22c}$$

(3) 各端口反射电压。首先，注意到原系统结构的(上下)对称性及奇模激励的(奇)对称性，有

$$U_{r1 \cdot o} = -U_{r4 \cdot o} \quad 及 \quad U_{r2 \cdot o} = -U_{r3 \cdot o}$$

类同于偶模激励系统的求解过程，可得奇模激励系统各端口反射电压($U_{rn \cdot o}$)为

$$U_{r1 \cdot o} = U_{i1 \cdot o} S_{11 \cdot o} = \frac{1}{2} S_{11 \cdot o} = \frac{1}{2} \frac{A_o - D_o + B_o - C_o}{A_o + B_o + C_o + D_o} = -U_{r4 \cdot o} \tag{10-23a}$$

$$U_{r2 \cdot o} = U_{i1 \cdot o} \sqrt{R} S_{21 \cdot o} = \frac{1}{2} \sqrt{R} S_{21 \cdot o} = \frac{\sqrt{R}}{2} \frac{2}{A_o + B_o + C_o + D_o} = -U_{r3 \cdot o} \tag{10-23b}$$

5. 原系统各端口反射电压

将奇模激励与偶模激励的结果叠加，可得原系统各端口反射电压分别是

$$U_{r1} = U_{r1 \cdot e} + U_{r1 \cdot o} = \frac{1}{2}(S_{11 \cdot e} + S_{11 \cdot o}) = \frac{1}{2}\left[\frac{A_e - D_e + B_e - C_e}{A_e + B_e + C_e + D_e} + \frac{A_o - D_o + B_o - C_o}{A_o + B_o + C_o + D_o}\right] \tag{10-24a}$$

$$U_{r4} = U_{r4 \cdot e} + U_{r4 \cdot o} = \frac{1}{2}(S_{11 \cdot e} - S_{11 \cdot o}) = \frac{1}{2}\left[\frac{A_e - D_e + B_e - C_e}{A_e + B_e + C_e + D_e} - \frac{A_o - D_o + B_o - C_o}{A_o + B_o + C_o + D_o}\right] \tag{10-24b}$$

$$U_{r2} = U_{r2 \cdot e} + U_{r2 \cdot o} = \frac{\sqrt{R}}{2}(S_{21 \cdot e} + S_{21 \cdot o}) = \frac{\sqrt{R}}{2}\left[\frac{2}{A_e + B_e + C_e + D_e} + \frac{2}{A_o + B_o + C_o + D_o}\right] \tag{10-24c}$$

$$U_{r3} = U_{r3 \cdot e} + U_{r3 \cdot o} = \frac{\sqrt{R}}{2}(S_{21 \cdot e} - S_{21 \cdot o}) = \frac{\sqrt{R}}{2}\left[\frac{2}{A_e + B_e + C_e + D_e} - \frac{2}{A_o + B_o + C_o + D_o}\right] \tag{10-24d}$$

6. 确定参数(a_1，a_2，b)

根据系统的技术指标和技术要求，利用上面得到的相关结论，可以求得参数 a_1，a_2 及 b 的设计公式。

(1)由(1)口本身匹配($S_{11}=0$)，可得 $U_{r1}=0$。再利用式(10－24a)，得

$$S_{11 \cdot e} + S_{11 \cdot o} = 0 \tag{10-25a}$$

(2) 由(1)口与(4)口隔离($S_{41}=0$)，可得 $U_{r4}=0$。再利用式(10－24b)，得

$$S_{11 \cdot e} - S_{11 \cdot o} = 0 \tag{10-25b}$$

联立式(10-25a)及式(10-25b),解得

$$S_{11\cdot e} = S_{11\cdot o} = 0 \tag{10-25c}$$

再利用式(10-24a)及式(10-22c),可得

$$\left.\begin{aligned} A_e = D_e = -A_o = -D_o \\ B_e = C_e = B_o = C_o \end{aligned}\right\} \tag{10-25d}$$

联立式(10-25d)、式(10-19b)及式(10-22b),即得

$$a_1 = a_2 R \tag{10-26a}$$

$$(b^2 - a_1 a_2)R = b^2 R - a_1^2 = 1 \tag{10-26b}$$

(3) 由给定的耦合度指标,得

$$C = 10\lg(P_{i1}/P_{o3}) = 10\lg\left[\frac{|U_{i1}|^2}{2Z_{01}} \Big/ \frac{|U_{r3}|^2}{2Z_{03}}\right] = 10\lg(R/|U_{r3}|^2) \tag{10-27a}$$

另由式(10-24d)、式(10-25d)、式(10-19b)及式(10-26),得

$$U_{r3} = \frac{\sqrt{R}}{2}\left(\frac{1}{A_e + B_e} - \frac{1}{A_o + B_o}\right) = \frac{\sqrt{R}}{2}\left(\frac{1}{A_e + B_e} + \frac{1}{A_e - B_e}\right) =$$

$$A_e\sqrt{R}/(A_e^2 - B_e^2) = A_e\sqrt{R} = -a_2 R/b \tag{10-27b}$$

联立式(10-27a)及式(10-27b),解得

$$(a_2 R/b)^2 = R 10^{-C/10} \tag{10-27c}$$

最后,联立式(10-26)及式(10-27c),解得

$$\left.\begin{aligned} a_1 &= 1/\sqrt{10^{C/10} - 1} \\ a_2 &= a_1/R = 1/R\sqrt{10^{C/10} - 1} \\ b &= \sqrt{(1 + a_1^2)/R} = 1/\sqrt{R(1 - 10^{-C/10})} \end{aligned}\right\} \tag{10-28}$$

给定理想定向耦合器($D\to\infty, S_{41}=S_{14}=0$ 且 $S_{11}=S_{44}=0$)的耦合度[C(单位为 dB)]和变阻比(R),即可利用式(10-28)确定双分支定向耦合器各传输线段的(归一化)特性导纳(a_1, a_2, b),从而设计出相应的双分支定向耦合器。

五、双分支定向耦合器的散射参量矩阵

利用双分支定向耦合器的技术指标和技术要求及可逆性和无耗性,可以求得其散射参量矩阵。

(1) 由隔离特性,得 $S_{41}=0$。

(2) 由(1)口本身匹配,得 $S_{11}=0$。

(3) 由(上下)对称性,得 $S_{44}=S_{11}=0, S_{22}=S_{33}, S_{12}=S_{43}, S_{13}=S_{42}$。

(4) 由可逆性,得 $S_{mn}=S_{nm}(m\neq n)$。

综上有

$$S=\begin{bmatrix}0 & S_{12} & S_{13} & 0\\ S_{12} & S_{22} & S_{23} & S_{13}\\ S_{13} & S_{23} & S_{22} & S_{12}\\ 0 & S_{13} & S_{12} & 0\end{bmatrix}$$

(5) 由无耗性,得 $\boldsymbol{S}^{\mathrm{T}}\boldsymbol{S}^{*}=\boldsymbol{I}$。展开可得

$$|S_{12}|^2+|S_{13}|^2=1$$

$$|S_{12}|^2+|S_{22}|^2+|S_{23}|^2+|S_{13}|^2=1$$

联立上面两个公式,解得

$$S_{22}=S_{23}=0 \quad 及 \quad |S_{12}|=\sqrt{1-|S_{13}|^2}$$

(6) 由耦合度的定义[见式(10-2)],得

$$|S_{13}|=|S_{31}|=10^{-C/20} \quad 及 \quad |S_{12}|=|S_{21}|=\sqrt{1-10^{-C/10}}$$

(7) 由行程关系(见图 10.11),可得

$$S_{13}=S_{31}=|S_{31}|\mathrm{e}^{\mathrm{j}\varphi_{31}}=|S_{31}|\mathrm{e}^{-\mathrm{j}\pi}=-|S_{31}|$$

$$S_{12}=S_{21}=|S_{21}|\mathrm{e}^{\mathrm{j}\varphi_{21}}=|S_{21}|\mathrm{e}^{-\mathrm{j}\frac{\pi}{2}}=-\mathrm{j}|S_{21}|$$

(8) 综上可得双分支定向耦合器的散射参量矩阵为

$$S=\begin{bmatrix}0 & -\mathrm{j}\beta & -\alpha & 0\\ -\mathrm{j}\beta & 0 & 0 & -\alpha\\ -\alpha & 0 & 0 & -\mathrm{j}\beta\\ 0 & -\alpha & -\mathrm{j}\beta & 0\end{bmatrix} \tag{10-29a}$$

式中

$$\left.\begin{aligned}\alpha&=|S_{13}|=10^{-C/20}\\ \beta&=|S_{12}|=\sqrt{1-10^{-C/10}}\end{aligned}\right\} \tag{10-29b}$$

【例 10-2】设计 3 dB 不变阻双分支(理想)定向耦合器,并求其散射参量矩阵。

【解】由题意可得 $C=3$ dB,$R=1$。

(1) 确定参数(a_1,a_2,b)。由式(10-28)得

$$a_1=1/\sqrt{10^{C/10}-1}=1/\sqrt{10^{0.3}-1}=1$$

$$a_2=a_1/R=1$$

$$b=\sqrt{(1+a_1^2)/R}=\sqrt{2}$$

(2) 求散射参量矩阵。由式(10-29)可得

$$\alpha=|S_{13}|=10^{-C/20}=10^{-0.15}=\frac{\sqrt{2}}{2}$$

$$\beta=|S_{12}|=\sqrt{1-10^{-C/10}}=\sqrt{1-10^{-0.3}}=\frac{\sqrt{2}}{2}$$

$$S=\frac{\sqrt{2}}{2}\begin{bmatrix}0 & -\mathrm{j} & -1 & 0\\ -\mathrm{j} & 0 & 0 & -1\\ -1 & 0 & 0 & -\mathrm{j}\\ 0 & -1 & -\mathrm{j} & 0\end{bmatrix}$$

习　题

10-1　在图 10.11 所示的双分支定向耦合器中，仅由端口(1)输入的信号，经 $A \to B$ 及经 $A \to D \to C \to B$ 两条路径到达直通端口(2)，这两路信号的相位也差 π，为什么不抵消？

10-2　有 3 只定向耦合器，其耦合度和隔离度分别如表 10.1 所列，求其定向性各为多少分贝？当仅从(1)口输入功率为 100 mW 时，求每只定向耦合器的耦合端输出功率 P_3 及隔离端输出功率 P_4。

表 10.1　题 10-2 表

C/dB	D/dB	D'/dB	P_3/mW	P_4/mW
3	25			
6	30			
10	30			

10-3　3 dB 不变阻双分支(理想)定向耦合器如图 10.17 所示。已知 $U_{i1}=|U_{i1}|$，$U_{i4}=\mathrm{j}|U_{i4}|$，$U_{i2}=U_{i3}=0$，试求端口(2)的输出电压 U_{r2} 及端口(3)的输出电压 U_{r3}。

10-4　3 dB 不变阻双分支(理想)定向耦合器如图 10.18 所示。信号电压 $U_{i1}=1$ V 仅从(1)口输入，(4)口接匹配负载，(2)口和(3)口分别在长度为 l 处接短路器。试问哪个端口有输出？输出电压 U_r 等于何值？

10-5　已知双分支(理想)定向耦合器的耦合度为 $C=10$ dB，当变阻比分别等于 $1, \frac{3}{4}, \frac{1}{2}$ 及 $\frac{1}{3}$ 时，计算主、副线归一化特性导纳 b 及两分支线归一化特性导纳 a_1 和 a_2。

10-6　两只相同的不变阻双分支(理想)定向耦合器串接后仍形成一定向耦合器，若串接后的定向耦合器的耦合度为 $C=5$ dB，求每只定向耦合器的耦合度。

10-7　两只 3 dB 不变阻双分支(理想)定向耦合器串接后仍形成一定向耦合器，求串接后定向耦合器的耦合度。

10-8　波导匹配双 T 如图 10.7 所示，(4)口接匹配负载，(1)口和(2)口所接负载不匹配，形成的反射系数分别为 Γ_1 和 Γ_2，当仅从(3)口输入电压 $\widetilde{U}_{i3}$ 时，求(4)口负载所得功率 P_4。

10-9　波导匹配双 T 如图 10.7 所示，在以下各种输入情况下，求各口的输出功率。

(1) $\widetilde{U}_{i1}=\widetilde{U}_{i2}=\widetilde{U}_{i4}, \widetilde{U}_{i3}=0$；　(2) $\widetilde{U}_{i1}=\widetilde{U}_{i2}=\widetilde{U}_{i3}, \widetilde{U}_{i4}=0$；

(3) $\widetilde{U}_{i3}=\widetilde{U}_{i4}, \widetilde{U}_{i1}=\widetilde{U}_{i2}=0$；　(4) $\widetilde{U}_{i4}=\widetilde{U}_{i2}=\widetilde{U}_{i3}, \widetilde{U}_{i1}=0$；

(5) $\widetilde{U}_{i1}=\widetilde{U}_{i2}, \widetilde{U}_{i4}=\widetilde{U}_{i3}=0$；　　(6) $\widetilde{U}_{i1}=-\widetilde{U}_{i2}, \widetilde{U}_{i3}=\widetilde{U}_{i4}=0$；

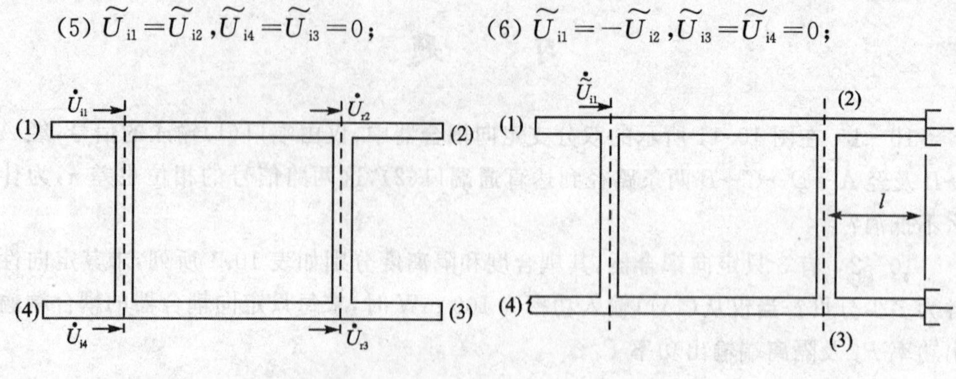

图 10.17　题 10-3 图　　　图 10.18　题 10-4 图

10-10　把习题 10-7 中的两只定向耦合器并接后形成一只定向耦合器，试求并接后定向耦合器的耦合度和散射参量矩阵。

10-11　图 10.19 所示的微波元件由四只相同的双分支理想定向耦合器（耦合度均为 $C_1=8.34$ dB）和两只相同的微波放大器（电压增益均为 $G=-10$）组成，试求该微波元件的散射参量矩阵。

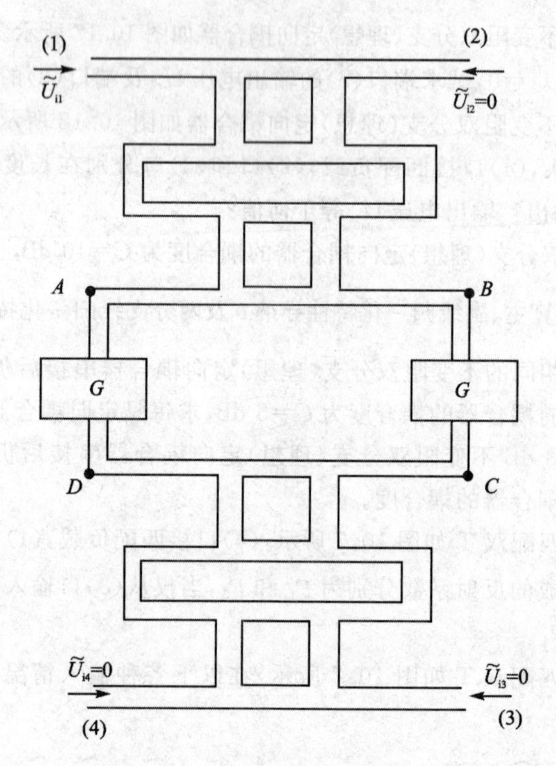

图 10.19　题 10-11 图

附录A　散度计算式的推导

如附图 A.1 所示，在广义正交坐标系中，取体积微元 ΔV 为以 $\mathrm{d}\boldsymbol{l}_1$，$\mathrm{d}\boldsymbol{l}_2$，$\mathrm{d}\boldsymbol{l}_3$ 为邻边的直角六面体($\mathrm{d}V$)，其界面 S 由 6 个有向面元组成：

- $\mathrm{d}\boldsymbol{S}_1=\mathrm{d}\boldsymbol{l}_3\times\mathrm{d}\boldsymbol{l}_2=-\hat{\boldsymbol{u}}_1 h_3 h_2\mathrm{d}u_2\mathrm{d}u_3$（位于 $u_1=$常数坐标面内）；
- $\mathrm{d}\boldsymbol{S}'_1=\hat{\boldsymbol{u}}_1 h'_3 h'_2\mathrm{d}u_2\mathrm{d}u_3$（位于 $u_1+\mathrm{d}u_1=$常数的坐标面内）；
- $\mathrm{d}\boldsymbol{S}_2=\mathrm{d}\boldsymbol{l}_1\times\mathrm{d}\boldsymbol{l}_3=-\hat{\boldsymbol{u}}_2 h_1 h_3\mathrm{d}u_1\mathrm{d}u_3$（位于 $u_2=$常数的坐标面内）；
- $\mathrm{d}\boldsymbol{S}'_2=\hat{\boldsymbol{u}}_2 h'_1 h'_3\mathrm{d}u_1\mathrm{d}u_3$（位于 $u_2+\mathrm{d}u_2=$常数的坐标面内）；
- $\mathrm{d}\boldsymbol{S}_3=\mathrm{d}\boldsymbol{l}_2\times\mathrm{d}\boldsymbol{l}_1=-\hat{\boldsymbol{u}}_3 h_2 h_1\mathrm{d}u_1\mathrm{d}u_2$（位于 $u_3=$常数的坐标面内）；
- $\mathrm{d}\boldsymbol{S}'_3=\hat{\boldsymbol{u}}_3 h'_2 h'_1\mathrm{d}u_1\mathrm{d}u_2$（位于 $u_3+\mathrm{d}u_3=$常数的坐标面内）。

体元 $\mathrm{d}V=\mathrm{d}l_1\mathrm{d}l_2\mathrm{d}l_3=h_1h_2h_3\mathrm{d}u_1\mathrm{d}u_2\mathrm{d}u_3$，矢量 $\boldsymbol{A}=\sum_{i=1}^{3}\hat{\boldsymbol{u}}_i A_i$。

在 $\mathrm{d}V$ 的界面 S 上作面积分，得

$$\oiint_S \boldsymbol{A}\cdot\mathrm{d}\boldsymbol{S}=\sum_{i=1}^{3}[(\hat{\boldsymbol{u}}_i A'_i)\cdot\mathrm{d}\boldsymbol{S}'_i+(\hat{\boldsymbol{u}}_i A_i)\cdot\mathrm{d}\boldsymbol{S}]=\sum_{i=1}^{3}(A'_i\mathrm{d}S'_i-A_i\mathrm{d}S_i)$$

式中：A_i 在 $\mathrm{d}S'_i$ 处取值；A'_i 在 $\mathrm{d}S'_i$ 处取值。

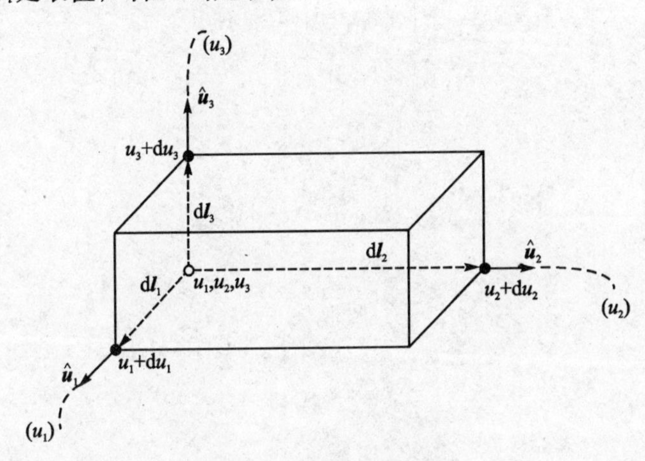

附图 A.1　散度计算模型

注意到 h_i 也可能是位置坐标的函数，则有

$$\begin{aligned}A'_1\mathrm{d}S'_1-A_1\mathrm{d}S_1&=(A'_1h'_2h'_3-A_1h_2h_3)\mathrm{d}u_2\mathrm{d}u_3=\\&[A_1(u_1+\mathrm{d}u_1,u_2,u_3,t)h_2(u_1+\mathrm{d}u_1,u_2,u_3)h_3(u_1+\mathrm{d}u_1,u_2,u_3)-\\&A_1(u_1,u_2,u_3,t)h_2(u_1,u_2,u_3)h_3(u_1,u_2,u_3)]\mathrm{d}u_2\mathrm{d}u_3\end{aligned}$$

利用中值定理，可得（$\boldsymbol{A}$ 一阶连续可微）

$$A_1'\mathrm{d}S_1' - A_1\mathrm{d}S_1 = \frac{\partial}{\partial u_1}(A_1h_2h_3)\mathrm{d}u_1\mathrm{d}u_2\mathrm{d}u_3$$

同理可得

$$A_2'\mathrm{d}S_2' - A_2\mathrm{d}S_2 = \frac{\partial}{\partial u_2}(A_2h_3h_1)\mathrm{d}u_1\mathrm{d}u_2\mathrm{d}u_3$$

$$A_3'\mathrm{d}S_3' - A_3\mathrm{d}S_3 = \frac{\partial}{\partial u_3}(A_3h_1h_2)\mathrm{d}u_1\mathrm{d}u_2\mathrm{d}u_3$$

综之，原面积分为

$$\oiint \boldsymbol{A}\cdot\mathrm{d}\boldsymbol{S} = \left[\frac{\partial}{\partial u_1}(A_1h_2h_3) + \frac{\partial}{\partial u_2}(A_2h_3h_1) + \frac{\partial}{\partial u_3}(A_3h_1h_2)\right]\mathrm{d}u_1\mathrm{d}u_2\mathrm{d}u_3$$

利用散度的定义式(1-31)，得

$$\nabla\cdot\boldsymbol{A} = \lim_{\|\Delta V\|\to 0}\left\{\frac{\oiint_S \boldsymbol{A}\cdot\mathrm{d}\boldsymbol{S}}{\Delta V}\right\} = \frac{1}{\mathrm{d}V}\oiint_S \boldsymbol{A}\cdot\mathrm{d}\boldsymbol{S} = \frac{1}{h_1h_2h_3}\left[\frac{\partial}{\partial u_1}(A_1h_2h_3) + \frac{\partial}{\partial u_2}(A_2h_3h_1) + \frac{\partial}{\partial u_3}(A_3h_1h_2)\right]$$

上式即散度的计算式(1-32)。

附录 B　旋度计算式的推导

如附图 B.1 所示，在广义正交坐标系 u_1 等于常数的坐标面内取面积微元 ΔS_1 为以 $\mathrm{d}\boldsymbol{l}_2$，$\mathrm{d}\boldsymbol{l}_3$ 为邻边的矩形面元（$\mathrm{d}S_1$），$\mathrm{d}\boldsymbol{S}_1$ 的法向 $\hat{\boldsymbol{u}}_1$ 与其周界 l_1 的环绕方向满足右手法则（l_1 由线元 $\mathrm{d}\boldsymbol{l}_2-\mathrm{d}\boldsymbol{l}'_3-\mathrm{d}\boldsymbol{l}'_2-\mathrm{d}\boldsymbol{l}_3$ 构成矩形闭合路径）。

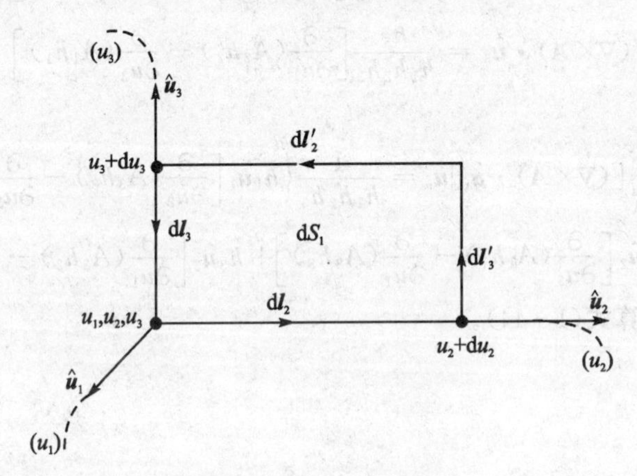

附图 B.1　旋度计算模型

由图可知

$$\mathrm{d}\boldsymbol{l}_2=\hat{\boldsymbol{u}}_2\mathrm{d}l_2=\hat{\boldsymbol{u}}_2 h_2(u_1,u_2,u_3)\mathrm{d}u_2$$

$$\mathrm{d}\boldsymbol{l}'_2=-\hat{\boldsymbol{u}}_2\mathrm{d}l'_2=-\hat{\boldsymbol{u}}_2 h_2(u_1,u_2,u_3+\mathrm{d}u_3)\mathrm{d}u_2=-\hat{\boldsymbol{u}}_2 h'_2\mathrm{d}u_2$$

$$\mathrm{d}\boldsymbol{l}_3=-\hat{\boldsymbol{u}}_3\mathrm{d}l_3=-\hat{\boldsymbol{u}}_3 h_3(u_1,u_2,u_3)\mathrm{d}u_3$$

$$\mathrm{d}\boldsymbol{l}'_3=\hat{\boldsymbol{u}}_3\mathrm{d}l'_3=\hat{\boldsymbol{u}}_3 h_3(u_1,u_2+\mathrm{d}u_2,u_3)\mathrm{d}u_3$$

$$\mathrm{d}\boldsymbol{S}_1=\mathrm{d}\boldsymbol{l}_3\times\mathrm{d}\boldsymbol{l}_2=\hat{\boldsymbol{u}}_1 h_2 h_3\mathrm{d}u_2\mathrm{d}u_3=\hat{\boldsymbol{u}}_1\mathrm{d}S_1$$

矢量 $\boldsymbol{A}=\sum_{i=1}^{3}\hat{\boldsymbol{u}}_i A_i$。在 $\mathrm{d}S_1$ 的周界 l_1 上作线积分，得

$$\begin{aligned}\oint_{l_1}\boldsymbol{A}\cdot\mathrm{d}\boldsymbol{l}=&(A_2\hat{\boldsymbol{u}}_2)\cdot\mathrm{d}\boldsymbol{l}_2+(A'_3\hat{\boldsymbol{u}}_3)\cdot\mathrm{d}\boldsymbol{l}'_3+(A'_2\hat{\boldsymbol{u}}_2)\cdot\mathrm{d}\boldsymbol{l}'_2+(A_3\hat{\boldsymbol{u}}_3)\cdot\mathrm{d}\boldsymbol{l}_3=\\&(A'_3\mathrm{d}l'_3-A_3\mathrm{d}l_3)-(A'_2\mathrm{d}l'_2-A_2\mathrm{d}l_2)=[A_3(u_1,u_2+\mathrm{d}u_2,u_3,t)\\&h_3(u_1,u_2+\mathrm{d}u_2,u_3)-A_3(u_1,u_2,u_3,t)h_3(u_1,u_2,u_3)]\mathrm{d}u_3-\\&[A_2(u_1,u_2,u_3+\mathrm{d}u_3,t)h_2(u_1,u_2,u_3+\mathrm{d}u_3)-\\&A_2(u_1,u_2,u_3,t)h_2(u_1,u_2,u_3)]\mathrm{d}u_2\end{aligned}$$

在上式右侧应用中值定理（$\boldsymbol{A}$ 一阶连续可微），可得

$$\oint_{l_1} \boldsymbol{A} \cdot \mathrm{d}\boldsymbol{l} = \left[\frac{\partial}{\partial u_2}(A_3 h_3) - \frac{\partial}{\partial u_3}(A_2 h_2)\right]\mathrm{d}u_2\,\mathrm{d}u_3$$

利用旋度的定义式(1-43),可得$\nabla\times\boldsymbol{A}$沿$\hat{\boldsymbol{u}}_1$方向的分量(投影)为

$$(\nabla\times\boldsymbol{A})\cdot\hat{\boldsymbol{u}}_1 = \lim_{\|\Delta S_1\|\to 0}\frac{\oint_{l_1}\boldsymbol{A}\cdot\mathrm{d}\boldsymbol{l}}{\Delta S_1} = \frac{1}{\mathrm{d}S_1}\oint_{l_1}\boldsymbol{A}\cdot\mathrm{d}\boldsymbol{l} = \frac{h_1}{h_1 h_2 h_3}\left[\frac{\partial}{\partial u_2}(A_3 h_3) - \frac{\partial}{\partial u_3}(A_2 h_2)\right]$$

用同样的方法,可求$\nabla\times\boldsymbol{A}$沿$\hat{\boldsymbol{u}}_2$及$\hat{\boldsymbol{u}}_3$方向的分量为

$$(\nabla\times\boldsymbol{A})\cdot\hat{\boldsymbol{u}}_2 = \frac{h_2}{h_1 h_2 h_3}\left[\frac{\partial}{\partial u_3}(A_1 h_1) - \frac{\partial}{\partial u_1}(A_3 h_3)\right]$$

$$(\nabla\times\boldsymbol{A})\cdot\hat{\boldsymbol{u}}_3 = \frac{h_3}{h_1 h_2 h_3}\left[\frac{\partial}{\partial u_1}(A_2 h_2) - \frac{\partial}{\partial u_2}(A_1 h_1)\right]$$

综之,可得

$$\nabla\times\boldsymbol{A} = \sum_{i=1}^{3}\left[(\nabla\times\boldsymbol{A})\cdot\hat{\boldsymbol{u}}_i\right]\hat{\boldsymbol{u}}_i = \frac{1}{h_1 h_2 h_3}\left\{h_1\hat{\boldsymbol{u}}_1\left[\frac{\partial}{\partial u_2}(A_3 h_3) - \frac{\partial}{\partial u_3}(A_2 h_2)\right] + h_2\hat{\boldsymbol{u}}_2\left[\frac{\partial}{\partial u_3}(A_1 h_1) - \frac{\partial}{\partial u_1}(A_3 h_3)\right] + h_3\hat{\boldsymbol{u}}_3\left[\frac{\partial}{\partial u_1}(A_2 h_2) - \frac{\partial}{\partial u_2}(A_1 h_1)\right]\right\}$$

上式即旋度的计算式(1-44)。

附录C 矢量恒等式

$$\boldsymbol{A}\times(\boldsymbol{B}\times\boldsymbol{C})=(\boldsymbol{A}\cdot\boldsymbol{C})\boldsymbol{B}-(\boldsymbol{A}\cdot\boldsymbol{B})\boldsymbol{C} \tag{C-1}$$

$$\boldsymbol{A}\cdot\boldsymbol{B}\times\boldsymbol{C}=\boldsymbol{C}\cdot\boldsymbol{A}\times\boldsymbol{B}=\boldsymbol{B}\cdot\boldsymbol{C}\times\boldsymbol{A} \tag{C-2}$$

$$\nabla(f\varphi)=f\,\nabla\varphi+\varphi\,\nabla f \tag{C-3}$$

$$\nabla\cdot(f\boldsymbol{A})=f\,\nabla\cdot\boldsymbol{A}+\boldsymbol{A}\cdot\nabla f \tag{C-4}$$

$$\nabla\times(f\boldsymbol{A})=f\,\nabla\times\boldsymbol{A}+\nabla f\times\boldsymbol{A} \tag{C-5}$$

$$\nabla\cdot(\boldsymbol{A}\times\boldsymbol{B})=\boldsymbol{B}\cdot(\nabla\times\boldsymbol{A})-\boldsymbol{A}\cdot(\nabla\times\boldsymbol{B}) \tag{C-6}$$

$$\nabla\times(\nabla\times\boldsymbol{A})=\nabla(\nabla\cdot\boldsymbol{A})-\nabla^2\boldsymbol{A} \tag{C-7}$$

$$\iiint_V \nabla\times\boldsymbol{A}\mathrm{d}V=-\oint\!\!\!\oint_S \boldsymbol{A}\times\mathrm{d}\boldsymbol{S} \tag{C-8}$$

$$\iiint_V \nabla f\,\mathrm{d}V=\oint\!\!\!\oint_S f\,\mathrm{d}\boldsymbol{S} \tag{C-9}$$

$$\iint_S \nabla f\times\mathrm{d}\boldsymbol{S}=-\oint_l f\,\mathrm{d}\boldsymbol{l} \tag{C-10}$$

附录D 无线电频段的划分

附表 D.1 频段名称及典型业务

名 称	频率范围	波长范围	典型业务
VLF(甚低频)	3～30 kHz	100～10 km	导航,声纳
LF(低频)	30～300 kHz	10～1 km	无线电信标,导航
MF(中频)	300～3 000 kHz	1 000～100 m	调幅广播,海上无线电,海岸警戒通信,测向
HF(高频)	3～30 MHz	100～10 m	电话,电报,传真;国际短波广播,业务无线电;船岸和航空通信
VHF(甚高频)	30～300 MHz	10～1 m	电视,调频广播,空中交流监控,警察,出租车移动通信,导航,雷达
UHF(特高频)	300～3 000 MHz	100～10 cm	电视,监视雷达,卫星通信,无线电探空,导航
SHF(超高频)	3～30 GHz	10～1 cm	卫星通信,机载雷达,微波线路,陆上移动通信,对流层散射通信
EHF(极高频)	30～300 GHz	10～1 mm	卫星间通信,航空和海军卫星通信,雷达

附表 D.2 微波频段名称

旧名称	新名称	频率范围/GHz	波长范围/cm
L	D	1～2	30～15
S	E	2～3	15～10
S	F	3～4	10～7.5
C	G	4～6	7.5～5
C	H	6～8	5～3.75
X	I	8～10	3.75～3
X	J	10～12.4	3～2.42
Ku	J	12.4～18	2.42～1.67
K	J	18～20	1.67～1.5
K	K	20～26.5	1.5～1.13
Ka	K	26.5～40	1.13～0.75

附表 D.3 卫星广播频段分配

频 段	频率范围/GHz	标称频率/GHz	带宽/MHz	1区	2区	3区
				欧洲、非洲、俄罗斯	南美洲、北美洲	亚洲、大洋洲
L	0.62～0.72	0.7	170	√	√	√
S	0.25～2.69	2.6	190	√	√	√
Ku	11.7～12.2	12	500			√
Ku	11.7～12.5	12	800	√		
Ku	12.1～12.7	12	600		√	
Ku	12.5～12.75	12	250			√
Ka	22.5～23	23	500		√	√
Q	40.5～42.5	42	2 000	√	√	√
V	84～86	85	2 000	√	√	√

附表 D.4 电视频道划分(中国)

频 道	频率范围/MHz	中心频率/MHz	中心波长/m	频 道	频率范围/MHz	中心频率/MHz	中心波长/m
VHF				17	502～510	506	0.593
1	48.5～56.5	52.5	5.714	18	510～518	514	0.584
2	56.5～64.5	60.5	4.959	19	518～526	522	0.575
3	64.5～72.5	68.5	4.380	20	526～534	530	0.566
4	76～84	80	3.750	21	534～542	538	0.558
5	84～92	88	3.409	22	542～550	546	0.549
6	167～175	171	1.754	23	550～558	554	0.542
7	175～183	179	1.676	24	558～566	562	0.534
8	183～191	187	1.604	25	606～614	610	0.492
9	191～199	195	1.538	26	614～622	618	0.485
10	199～207	203	1.478	27	622～630	626	0.479
11	207～215	211	1.422	28	630～638	634	0.473
12	215～223	219	1.370	29	638～646	642	0.467
UHF				30	646～654	650	0.462
13	470～478	474	0.633	31	654～662	658	0.456
14	478～486	482	0.622	32	662～670	666	0.450
15	486～494	490	0.612	33	670～678	674	0.445
16	494～502	498	0.602	34	678～686	682	0.440

续表 D.4

频　道	频率范围/MHz	中心频率/MHz	中心波长/m	频　道	频率范围/MHz	中心频率/MHz	中心波长/m
35	686～694	690	0.435	52	822～830	826	0.363
36	694～702	698	0.430	53	830～838	834	0.360
37	702～710	706	0.425	54	838～846	842	0.356
38	710～718	714	0.420	55	846～854	850	0.353
39	718～726	722	0.416	56	854～862	858	0.350
40	726～734	730	0.411	57	862～870	866	0.346
41	734～742	738	0.407	58	870～878	874	0.343
42	742～750	746	0.402	59	878～886	882	0.340
43	750～758	754	0.398	60	886～894	890	0.337
44	758～766	762	0.394	61	894～902	898	0.334
45	766～774	770	0.390	62	902～910	906	0.331
46	774～782	778	0.386	63	910～918	914	0.328
47	782～790	786	0.382	64	918～926	922	0.325
48	790～798	794	0.378	65	926～934	930	0.323
49	798～806	802	0.374	66	934～942	938	0.320
50	806～814	810	0.370	67	942～950	946	0.317
51	814～822	818	0.367	68	950～958	954	0.314

附录 E　复波数的推导

记

$$\dot{k}=\omega\sqrt{\mu\dot{\varepsilon}}=\omega\sqrt{\mu\varepsilon\left(1-\mathrm{j}\frac{\sigma}{\omega\varepsilon}\right)}=\omega\sqrt{\mu\varepsilon}\sqrt{\dot{G}}=k'-\mathrm{j}k''$$

式中

$$\dot{G}=1-\mathrm{j}\frac{\sigma}{\omega\varepsilon}=|\dot{G}|\mathrm{e}^{\mathrm{j}\varphi}=X+\mathrm{j}Y$$

$$|\dot{G}|=\sqrt{1+\left(\frac{\sigma}{\omega\varepsilon}\right)^2},\quad \tan\varphi=\frac{-\sigma}{\omega\varepsilon}$$

$$\sqrt{\dot{G}}=|\dot{G}|^{\frac{1}{2}}\mathrm{e}^{\mathrm{j}\varphi/2}=|\dot{G}|^{\frac{1}{2}}\left(\cos\frac{\varphi}{2}+\mathrm{j}\sin\frac{\varphi}{2}\right)$$

在复平面上(见附图 E.1),有

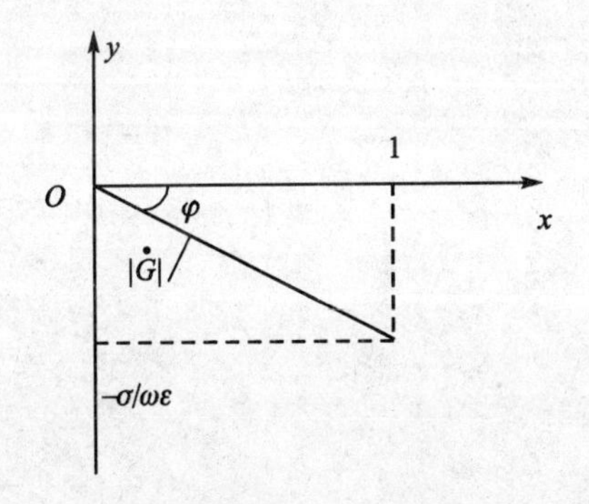

附图 E.1　复平面

$$\cos\varphi=\frac{1}{|\dot{G}|}=2\cos^2\left(\frac{\varphi}{2}\right)-1,\quad \cos\frac{\varphi}{2}=\sqrt{\frac{|\dot{G}|+1}{2|\dot{G}|}}$$

$$\sin\varphi=\frac{\left(\frac{-\sigma}{\omega\varepsilon}\right)}{|\dot{G}|}=2\sin\frac{\varphi}{2}\cos\frac{\varphi}{2},\quad \sin\frac{\varphi}{2}=\frac{\left(\frac{-\sigma}{\omega\varepsilon}\right)}{\sqrt{2|\dot{G}|(1+|\dot{G}|)}}$$

$$\sqrt{\dot{G}}=\sqrt{|\dot{G}|}\left(\cos\frac{\varphi}{2}+\mathrm{j}\sin\frac{\varphi}{2}\right)=\sqrt{\frac{|\dot{G}|+1}{2}}-\frac{\mathrm{j}\frac{\sigma}{\omega\varepsilon}}{\sqrt{2(1+|\dot{G}|)}}=$$

$$\frac{1}{\sqrt{2}}\left(\sqrt{|\dot{G}|+1}-\mathrm{j}\sqrt{|\dot{G}|-1}\right)=$$

$$\frac{1}{\sqrt{2}}\left[\sqrt{\sqrt{1+\left(\frac{\sigma}{\omega\varepsilon}\right)^2}+1}-\mathrm{j}\sqrt{\sqrt{1+\left(\frac{\sigma}{\omega\varepsilon}\right)^2}-1}\right]$$

其中用到$|\dot{G}|^2-1=\left(\frac{\sigma}{\omega\varepsilon}\right)^2$。

最后得

$$\dot{k}=\omega\sqrt{\mu\varepsilon}\sqrt{\dot{G}}=k'-\mathrm{j}k''=$$

$$\sqrt{\frac{\omega^2\mu\varepsilon}{2}}\left[\sqrt{\sqrt{1+\left(\frac{\sigma}{\omega\varepsilon}\right)^2}+1}-\mathrm{j}\sqrt{\sqrt{1+\left(\frac{\sigma}{\omega\varepsilon}\right)^2}-1}\right]$$

对比即得式(3－43)。

附录 F　国产矩形波导参数表

国产矩形波导符号定义如附图 F.1 所示，对应参数表如附表 F.1 所列。

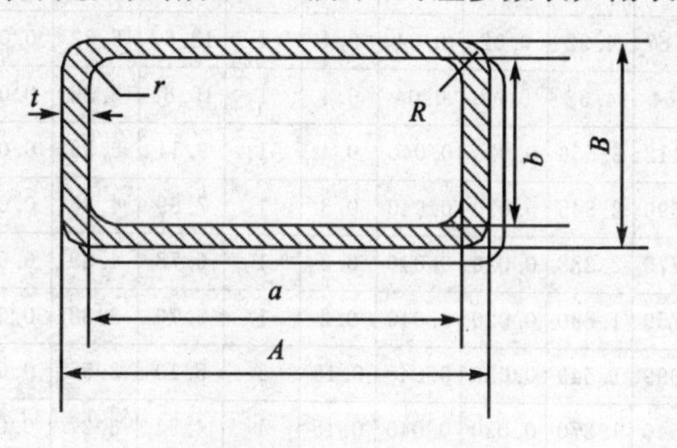

附图 F.1　符号定义图

附表 F.1　国产矩形波导参数表

型号	频率范围/GHz	内截面尺寸/mm					壁厚 t/mm	外截面尺寸/mm					
		a	b	偏差(±) Ⅱ级	偏差(±) Ⅲ级	r_{max}		A	B	偏差(±) Ⅱ级	偏差(±) Ⅲ级	R_{min}	R_{max}
BJ-8	0.64～0.98	292.0	146.0	0.4	0.8	1.5	3	298.0	152.0	0.4	0.8	1.6	2.1
BJ-9	0.76～1.15	247.6	123.8	0.4	0.8	1.2	3	253.6	129.8	0.4	0.8	1.6	2.1
BJ-12	0.96～1.46	195.6	97.8	0.4	0.8	1.2	3	201.6	103.8	0.4	0.8	1.6	2.1
BJ-14	1.14～1.73	165.0	82.5	0.4	0.6	1.2	2	169.0	86.5	0.3	0.6	1.0	1.5
BJ-18	1.45～2.20	129.6	64.8	0.3	0.5	1.2	2	133.2	68.8	0.3	0.5	1.0	1.5
BJ-22	1.72～2.61	109.2	54.6	0.2	0.4	1.2	2	113.2	58.6	0.2	0.4	1.0	1.5
BJ-26	2.17～3.30	86.40	43.20	0.17	0.3	1.2	2	90.40	47.20	0.2	0.3	1.0	1.5
BJ-32	2.60～3.95	72.14	43.04	0.14	0.24	1.2	2	76.14	38.04	0.14	0.28	1.0	1.5
BJ-40	3.22～4.90	58.20	29.10	0.12	0.20	1.2	1.5	61.20	32.10	0.15	0.20	0.8	1.3
BJ-48	3.94～5.99	47.55	22.15	0.10	0.15	0.8	1.5	50.55	25.15	0.10	0.20	0.8	1.3
BJ-58	4.64～7.05	40.40	20.20	0.8	0.14	0.8	1.5	43.40	23.20	0.10	0.20	0.8	1.3
BJ-70	5.38～8.17	34.85	15.80	0.7	0.12	0.8	1.5	37.85	18.80	0.10	0.20	0.8	1.3
BJ-84	6.57～9.99	28.50	12.60	0.06	0.10	0.8	1.5	31.50	15.60	0.07	0.15	0.8	1.3
BJ-100	8.20～12.5	22.86	10.16	0.05	0.07	0.8	1	24.86	12.16	0.06	0.10	0.65	1.15
BJ-120	9.84～15.0	19.05	9.52	0.04	0.06	0.8	1	21.05	11.52	0.05	0.10	0.5	1.15

续表 F.1

型　号	频率范围/GHz	内截面尺寸/mm					壁厚 t/mm	外截面尺寸/mm					
		a	b	偏差(±)		r_{max}		A	B	偏差(±)		R_{min}	R_{max}
				Ⅱ级	Ⅲ级					Ⅱ级	Ⅲ级		
BJ-140	11.9～18.0	15.80	7.90	0.03	0.05	0.4	1	17.80	9.90	0.05	0.10	0.5	1.0
BJ-180	14.5～22.0	12.96	6.48	0.03	0.05	0.4	1	14.96	8.48	0.05	0.10	0.5	1.0
BJ-220	17.6～26.7	10.67	4.32	0.02	0.04	0.4	1	12.67	6.32	0.05	0.10	0.5	1.0
BJ-260	21.7～33.0	8.64	4.32	0.02	0.04	0.4	1	10.64	6.32	0.05	0.10	0.5	1.0
BJ-320	26.4～40.0	7.112	3.556	0.020	0.040	0.4	1	9.11	5.56	0.05	0.10	0.5	1.0
BJ-400	32.9～50.1	5.690	2.845	0.020	0.040	0.3	1	7.69	4.85	0.05	0.10	0.5	1.0
BJ-500	39.2～59.6	4.775	2.388	0.020	0.040	0.3	1	6.78	4.39	0.05	0.10	0.5	1.0
BJ-620	49.8～75.8	3.759	1.880	0.020	0.040	0.2	1	5.76	3.88	0.05	0.10	0.5	1.0
BJ-740	60.5～91.9	3.099	1.549	0.020	0.040	0.15	1	5.10	3.55	0.05	0.10	0.5	1.0
BJ-900	73.8～112	2.540	1.270	0.020	0.040	0.15	1	4.54	3.27	0.05	0.10	0.5	1.0
BJ-1200	92.9～140	2.032	1.016	0.020	0.040	0.15	1	4.03	3.02	0.05	0.10	0.5	1.0
BB-22	1.72～2.61	109.2	13.10	0.10	0.20	1.2	2	113.2	17.1	0.22	0.44	1.0	1.5
BB-26	2.17～3.30	86.40	10.40	0.09	0.20	1.2	2	90.4	14.4	0.17	0.34	1.0	1.5
BB-32	2.60～3.95	72.14	8.60	0.07	0.15	1.2	2	76.14	12.60	0.14	0.28	1.0	1.5
BB-40	3.22～4.90	58.20	7.00	0.06	0.12	1.2	1.5	61.20	10.00	0.12	0.24	0.8	1.3
BB-48	3.94～5.99	47.55	5.70	0.05	0.10	0.8	1.5	50.55	8.70	0.10	0.20	0.8	1.3
BB-58	4.64～7.05	40.40	5.00	0.04	0.08	0.8	1.5	43.40	8.00	0.08	0.16	0.8	1.3
BB-70	5.38～8.17	34.85	5.00	0.04	0.08	0.8	1.5	37.85	8.00	0.07	0.14	0.8	1.3
BB-84	6.57～9.99	28.50	5.00	0.03	0.06	0.8	1.5	31.50	8.00	0.06	0.12	0.8	1.3
BB-100	8.20～12.5	22.86	5.00	0.02	0.04	0.8	1	24.86	7.00	0.05	0.10	0.65	1.15

附录G 分支阻抗调配器的计算机辅助设计

一、单分支阻抗调配器的设计(计算)公式

参见图7.5,匹配时应有:

$$d^{\pm}=\frac{\lambda_{p}}{2\pi}\arctan\left[\frac{1}{2a}(-b\pm\sqrt{b^{2}-4ac})\right] \tag{G-1}$$

式中:

$$a=\widetilde{G}_{L}^{2}+\widetilde{B}_{L}^{2}-\widetilde{G}_{L}$$

$$b=-2\widetilde{B}_{L}$$

$$c=1-\widetilde{G}_{L}$$

$$\widetilde{Y}_{L}=\widetilde{G}_{L}+j\widetilde{B}_{L}\ (\text{负载导纳})$$

【讨论】式(G-1)中

$$f=b^{2}-4ac=4\widetilde{B}_{L}^{2}-4(\widetilde{G}_{L}^{2}+\widetilde{B}_{L}^{2}-\widetilde{G}_{L})(1-\widetilde{G}_{L})=$$

$$4\widetilde{G}_{L}\cdot\widetilde{B}_{L}^{2}+4\widetilde{G}_{L}(\widetilde{G}_{L}-1)^{2}\geqslant 0\quad(\widetilde{G}_{L}\geqslant 0)$$

易见:$d^{\pm}$总有实数解。

$$\widetilde{B}^{\pm}=B^{\pm}\cdot Z_{0}=-\widetilde{B}_{D}^{\pm}=\frac{\widetilde{G}_{L}^{2}\cdot\tan\beta d^{\pm}-(\widetilde{B}_{L}+\tan\beta d^{\pm})(1-\widetilde{B}_{L}\cdot\tan\beta d^{\pm})}{\widetilde{G}_{L}\cdot\sec^{2}(\beta d^{\pm})} \tag{G-2}$$

二、双分支阻抗调配器的设计(计算)公式

参见图7.6,匹配时应有

$$\widetilde{B}_{1}^{\pm}=B_{1}^{\pm}\cdot Z_{0}=\widetilde{B}_{D}^{\pm}-\widetilde{B}_{C} \tag{G-3}$$

式中:

$$\widetilde{B}_{D}^{\pm}=\frac{1\pm\sqrt{\widetilde{G}_{D}\sec^{2}(\beta l)[1-\widetilde{G}_{D}\sin^{2}(\beta l)]}}{\tan\beta l}$$

$$\widetilde{G}_{D}=\widetilde{G}_{C}=\frac{\widetilde{G}_{L}\sec^{2}(\beta l_{1})}{(1-\widetilde{B}_{L}\tan(\beta l_{1}))^{2}+\widetilde{G}_{L}^{2}\tan^{2}(\beta l_{1})}$$

$$\widetilde{B}_{C}=\frac{[\widetilde{B}_{L}+\tan(\beta l_{1})][1-\widetilde{B}_{L}\cdot\tan(\beta l_{1})]-\widetilde{G}_{L}^{2}\tan(\beta l_{1})}{[1-\widetilde{B}_{L}\tan(\beta l_{1})]^{2}+\widetilde{G}_{L}^{2}\tan^{2}(\beta l_{1})}$$

$$\widetilde{Y}_{\mathrm{L}} = \widetilde{G}_{\mathrm{L}} + \mathrm{j}\widetilde{B}_{\mathrm{L}} \quad (负载导纳)$$

$$\widetilde{B}_2^{\pm} = B_2^{\pm} \cdot Z_0 = -\widetilde{B}_E^{\pm} = \frac{\widetilde{G}_{\mathrm{D}}^2 \tan(\beta l) - [\widetilde{B}_{\mathrm{D}}^{\pm} + \tan(\beta l)][1 - \widetilde{B}_{\mathrm{D}}^{\pm} \tan(\beta l)]}{\widetilde{G}_D \cdot \sec^2(\beta l)} \tag{G-4}$$

【讨论】可调配条件

由 $\widetilde{B}_D^{\pm}$ 的计算公式易见，欲实现匹配，$\widetilde{B}_D^{\pm}$ 必须有实数解（注意电导 $\widetilde{G}_D = \widetilde{G}_C$ 非负），即得可调配条件为

$$\widetilde{G}_D = \widetilde{G}_C \leqslant \frac{1}{\sin^2(\beta l)}$$

【例】$l = \frac{\lambda_{\mathrm{p}}}{4}$，可调配条件为：$\widetilde{G}_D = \widetilde{G}_C \leqslant 1$。

$l = \frac{\lambda_{\mathrm{p}}}{8}$，可调配条件为：$\widetilde{G}_D = \widetilde{G}_C \leqslant 2$。

三、三分支阻抗调配器的设计（计算）公式

利用三分支阻抗调配器，可以解决双分支阻抗调配器存在的不可调配问题。

参见图 7.9 $\left(l = \frac{\lambda_{\mathrm{p}}}{8}\right)$，匹配时应有 2 种情况：

(1) $$\widetilde{G}_D = \widetilde{G}_C \leqslant \frac{1}{\sin^2(\beta l)} = 2$$

$\widetilde{B}_3 = 0$；$\widetilde{B}_1$ 及 $\widetilde{B}_2$ 由式(G-3)及式(G-4)确定。

(2) $$\widetilde{G}_D = \widetilde{G}_C > \frac{1}{\sin^2(\beta l)} = 2$$

$$\widetilde{B}_1 = 0 \tag{G-5}$$

$$\widetilde{B}_2^{\pm} = B_2^{\pm} \cdot Z_0 = \widetilde{B}_F^{\pm} - \widetilde{B}_E \tag{G-6}$$

式中：
$$\widetilde{B}_E = \frac{1 - \widetilde{G}_C^2 - \widetilde{B}_C^2}{(1 - \widetilde{B}_C)^2 + \widetilde{G}_C^2}$$

$$\widetilde{B}_F^{\pm} = 1 \pm \sqrt{\widetilde{G}_E(2 - \widetilde{G}_E)}$$

$$\widetilde{G}_E = \frac{2\widetilde{G}_C}{(1 - \widetilde{B}_C)^2 + \widetilde{G}_C^2}$$

$$\widetilde{G}_C = \frac{\widetilde{G}_{\mathrm{L}} \cdot \sec^2(\beta l_1)}{[1 - \widetilde{B}_{\mathrm{L}} \cdot \tan(\beta l_1)]^2 + \widetilde{G}_{\mathrm{L}}^2 \cdot \tan^2(\beta l_1)}$$

$$\widetilde{B}_C = \frac{[\widetilde{B}_L + \tan(\beta l_1)]\cdot[1-\widetilde{B}_L\cdot\tan(\beta l_1)] - \widetilde{G}_L^2\cdot\tan^2(\beta l_1)}{[1-\widetilde{B}_L\cdot\tan(\beta l_1)]^2 + \widetilde{G}_L^2\cdot\tan^2(\beta l_1)}$$

$$\widetilde{Y}_L = \widetilde{G}_L + j\widetilde{B}_L \quad \text{（负载导纳）}$$

$$\widetilde{B}_3^{\pm} = B_3^{\pm}\cdot Z_0 = \frac{\widetilde{G}_E^2 + (\widetilde{B}_F^{\pm})^2 - 1}{2\widetilde{G}_E} \tag{G-7}$$

【讨论】因 $\widetilde{G}_C > 2$，有 $\widetilde{G}_E \leqslant \dfrac{2}{\widetilde{G}_C} < 1$，即知 $\widetilde{B}_F^{\pm}$、$\widetilde{B}_2^{\pm}$ 及 $\widetilde{B}_3^{\pm}$ 皆有实数解，可实现阻抗匹配。

参考文献

[1] 杨儒贵.电磁场与波简明教程[M].西安:西安交通大学出版社,2006.

[2] 高建平.电磁波工程基础[M].西安:西北工业大学出版社,2008.

[3] 吴明英,毛秀华.微波技术[M].西安:西安电子科技大学出版社,1989.

[4] 陈俊杰,尹文,李斯妍,等.三分支阻抗调配器的计算机辅助设计(CAD)[J].沈阳航空航天大学学报,2011,4.

[5] 高建平.电磁对偶原理的准确叙述与证明[J].大学物理,1991(9).

[6] 杨儒贵.电磁场与电磁波[M].北京:高等教育出版社,2007.

[7] 宋铮,张建华,唐伟.电磁场、微波技术与天线[M].西安:西安电子科技大学出版社,2011.

[8] 谢处方,饶克谨.电磁场与电磁波[M].北京:高等教育出版社,2006.

[9] 姜宇.工程电磁场与电磁波[M].武汉:华中科技大学出版社,2009.

[10] 刘晶,高建平.宽带变负载阻抗匹配网络的设计研究[J].沈阳航空工业学院学报,2004(4).

[11] 高建平.矩形微波谐振腔单模谐振条件[J].沈阳航空工业学院学报,2001(3).

[12] 高建平,赵红钧.双翼金属圆柱体散射场的整体计算[J].沈阳航空工业学院学报,2002(1).

[13] 林志瑗,榜全让,沙玉钧.电磁场工程基础[M].北京:高等教育出版社,1983.

[14] 田加胜,陈柯,刘巧云,等.微波技术基础[M].武汉:华中科技大学出版社,2011.

[15] 高建平,张述杰,闫秀丽.电波传播典型题解析及自测试题[M].西安:西北工业大学出版社,2003.

[16] 董金明.微波技术[M].北京:机械工业出版社,2010.

[17] 刘学观,郭辉萍.微波技术与天线[M].西安:西安电子科技大学出版社,2012.

[18] 殷际杰.微波技术与天线[M].北京:电子工业出版社,2012.

[19] 李媛,李久生.电磁场与微波技术[M].北京:北京邮电大学出版社,2010.

[20] 戈鲁,赫兹若格鲁.电磁场与电磁波[M].北京:机械工业出版社,2006.

[21] 葛德彪,魏兵.电磁波理论[M].北京:科学出版社,2011.

[22] 王家礼.电磁场与电磁波[M].西安:西安电子科技大学出版社,2009.